U0144796

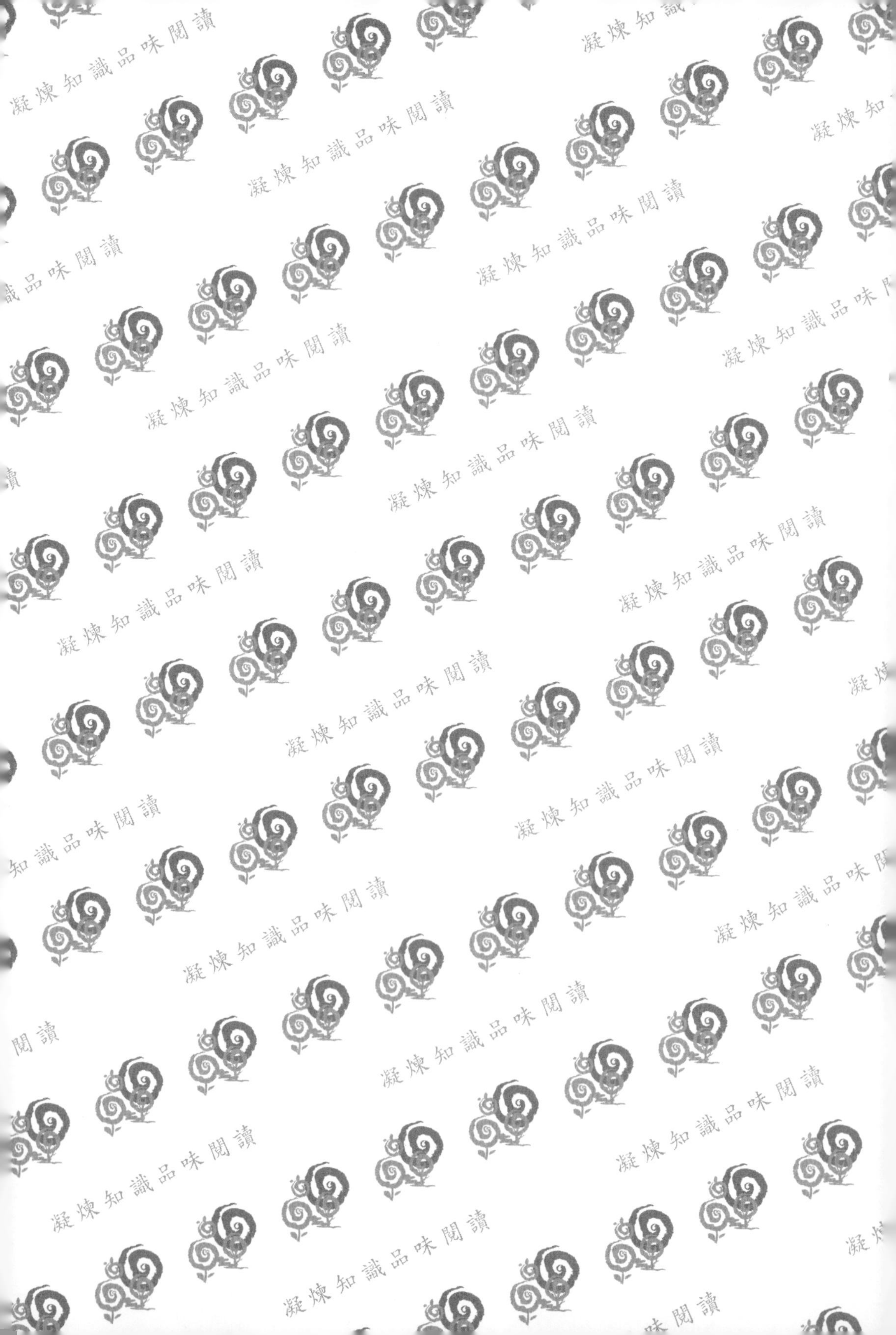

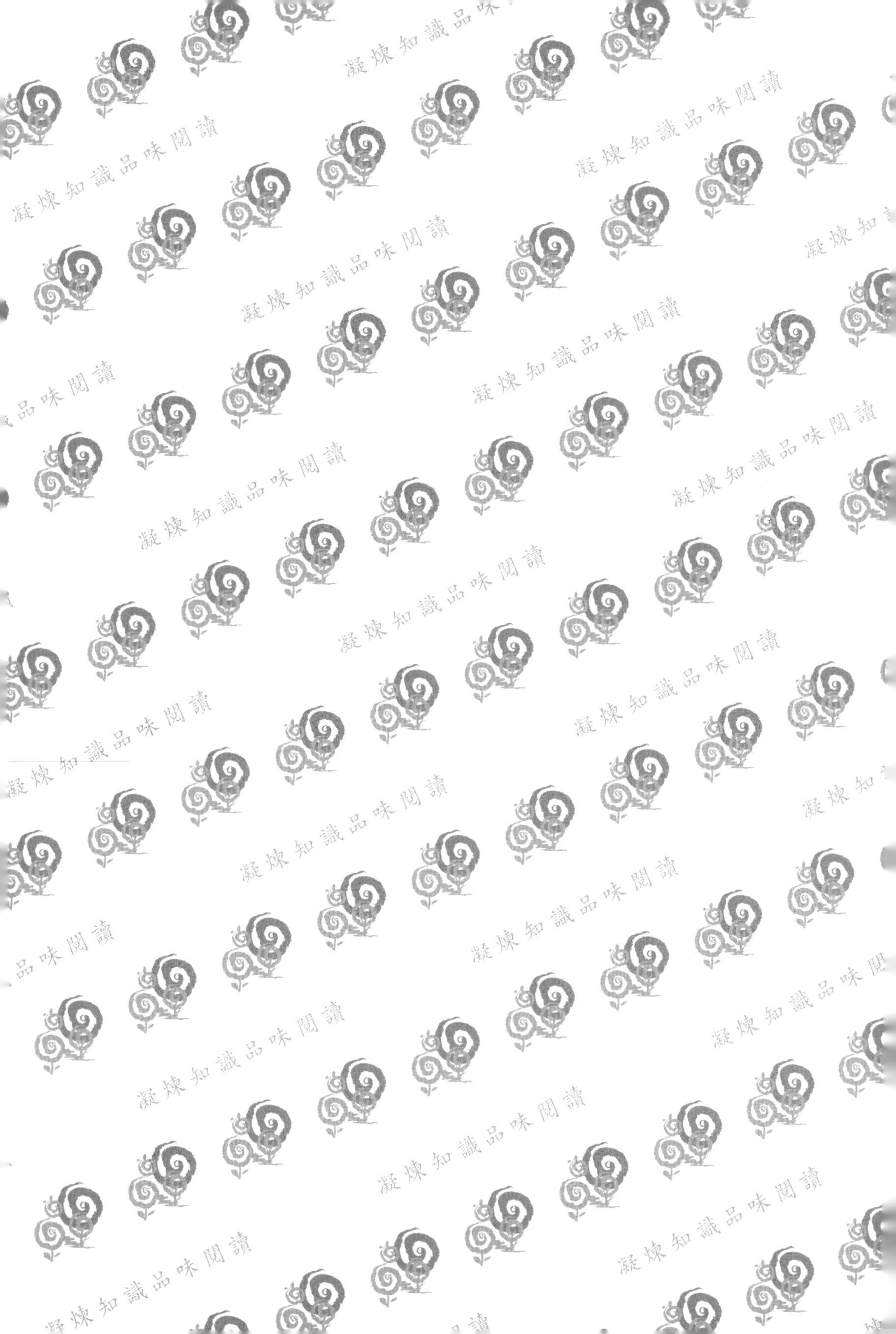

磁感測器與類比積體電路原理與應用

吳樂先 著

五南圖書出版公司 印行

序

只要知道咱在何處、欲往何走、為何要去，
則咱雖無法全知，仍能安定。
因為深奧的基礎在簡化。

——吳樂先

目　錄

第一章

磁感測器與類比積體電路

1.1 磁感測器（MAGNETIC SENSOR）

現今的感測器智慧大增，就像一有機體——類比前端電路像周邊神經系統把人周遭的冷熱、明暗和輕重感覺傳回大腦；數位電路像人的中樞神經系統負責編碼判斷、記憶和下命令；時鐘電路產生時脈就像人的心臟產生心跳去推動循環系統。

磁感測器，從另一方面說，算是一個麻雀雖小，五臟俱全的系統；其設計過程貫穿諸多重點課題之於類比電路設計領域。這些課題可嘉惠多種磁感測器的應用，其包括感測馬達轉速（於電動車輪軸）、轉軸轉角（於監視器）、地磁方向（於電子羅盤、VR）、電流（於電流勾表和充電樁），還包括近接開關（於筆電、手機、水電瓦斯表）與其他聽來很科幻的項目。

感測器的兩大任務爲感知和檢測。以溫度計爲例，水銀感知冷熱於高度，而刻度幫助檢測該高度去定量溫度，如下圖 1-1(A) 所示。

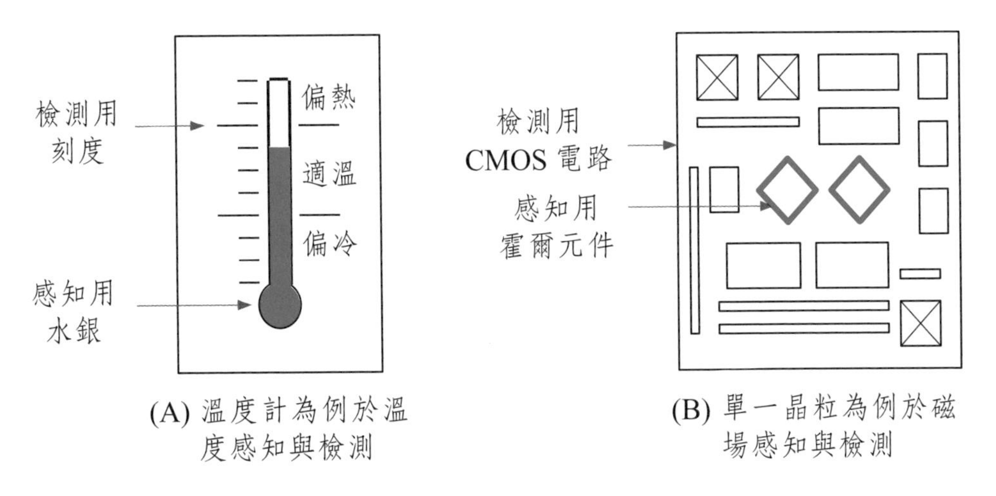

(A) 溫度計為例於溫度感知與檢測

(B) 單一晶粒為例於磁場感知與檢測

圖 1-1

同理，簡單的磁感測器就像一個磁場的溫度計，比方上圖 1-1(B)，由霍爾元件感知磁場高低於電訊，再由 CMOS 電路檢測該電訊並量化，以判磁場是否達臨界值。

上圖 1-1(B) 是一種積體電路方案，其中霍爾元件被整合與 CMOS 電路共處一晶粒，因該霍爾元件製程能相容於 CMOS 製程中，且元件尺寸常小於或等於數百微米。

以羅盤或指南針爲另一例，磁針感知地磁方向，周圍刻度檢測角度作解析手段。該例如下圖 1-2(A) 所示。

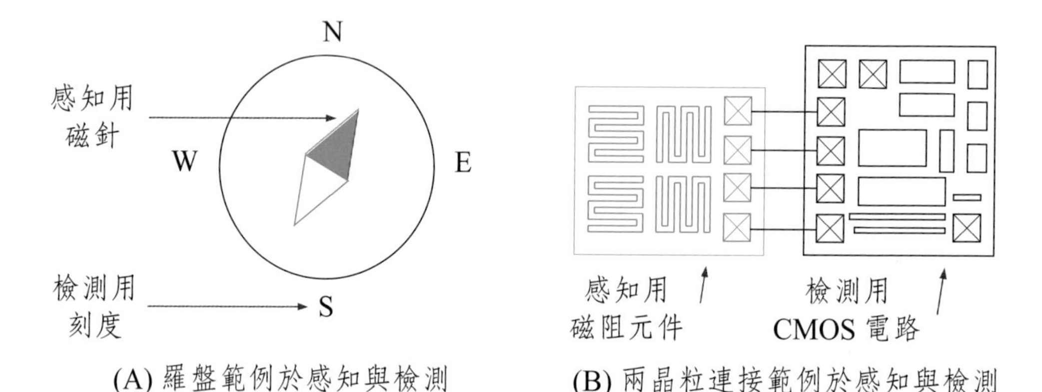

(A) 羅盤範例於感知與檢測　(B) 兩晶粒連接範例於感知與檢測

圖 1-2

此概念於上圖 1-2(A) 可被類比到上圖 1-2(B)，其中一積體電路連接兩晶粒作爲角度傳感器。該兩晶粒中的磁阻元件感知磁場向量，並反應出兩電壓，一旁的 CMOS 電路則檢測此兩電壓於一量化過程，並依所得量去輸出一組信號代表磁場角度。

上圖 1-2(B) 的磁阻元件常需特殊製程，其迥異於傳統 CMOS 製程。因此，磁阻元件常被造在專屬的晶粒上，其並排或重疊於 CMOS 檢測器的晶粒，並藉額外的金屬連接或打線過程，去拼出一角度感測器，其應用就包括電子羅盤。

最後舉一個生活例子，只要開車或騎機車就會遇到。如下圖 1-3(A) 示意，一個霍爾探測頭被安裝在輪胎轉子附近、感知磁波動受激於磁通阻齒輪環，其與轉子同步。隨後圖 1-3(B) 的車速表內含轉換器將磁波動譯成指針轉角，使駕駛能檢測車速憑相對位置於指針和刻度。

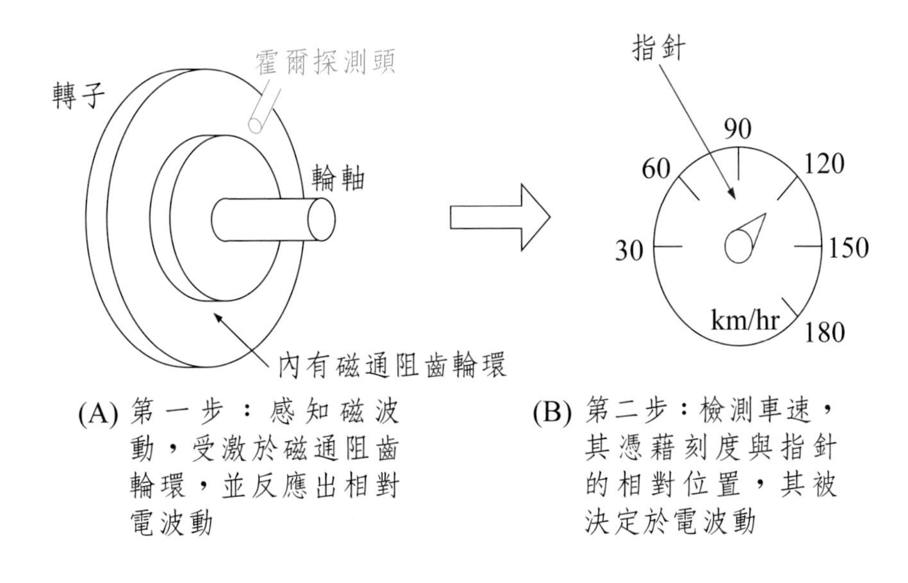

(A) 第一步：感知磁波動，受激於磁通阻齒輪環，並反應出相對電波動

(B) 第二步：檢測車速，其憑藉刻度與指針的相對位置，其被決定於電波動

圖 1-3*

以上的三個例子提示了三種銷售型態予製造商：一是納全系統於一晶粒和包裝，如霍爾元件和 CMOS 電路共用製程、基板、乃至封裝；二是賣裸晶，比如單獨賣磁阻元件晶粒、讓系統設計者自己去想辦法打線整合檢測電路；三是分拆銷售部分檢測功能和前端探針，比方霍爾探針和車速表被分開賣。

如何選用合適的感知和檢測手段呢？通常咱得先決定感知器種類。磁場強度往往決定了適用的感知器。比如下表 1-1（取材自 [1][2]）告訴咱，若想偵測強磁有高斯值在 10 的 3 次方到 6 次方以上，則霍爾感測器屬優選；若想偵測地磁有高斯值在 10 的 –1 次方到 0 次方之間，則向異性磁阻（AMR）感測器或磁通閘（fluxgate）感測器可擔此任。

不同種的感測器常需配套不同的檢測技巧：霍爾感測器以霍爾元件感知磁場，並常搭配旋轉電流技巧去檢測場強 [1.6 節]；AMR 感測器以 AMR 元件感知磁場，並常搭配磁化 / 反磁化技巧去做檢測 [1.4 節]；磁通閘感測器一般用線圈去繞磁芯做感知器，並常搭配 H 電橋振盪器去做檢測 [1.5 節與 8.2 節]。

表 1-1

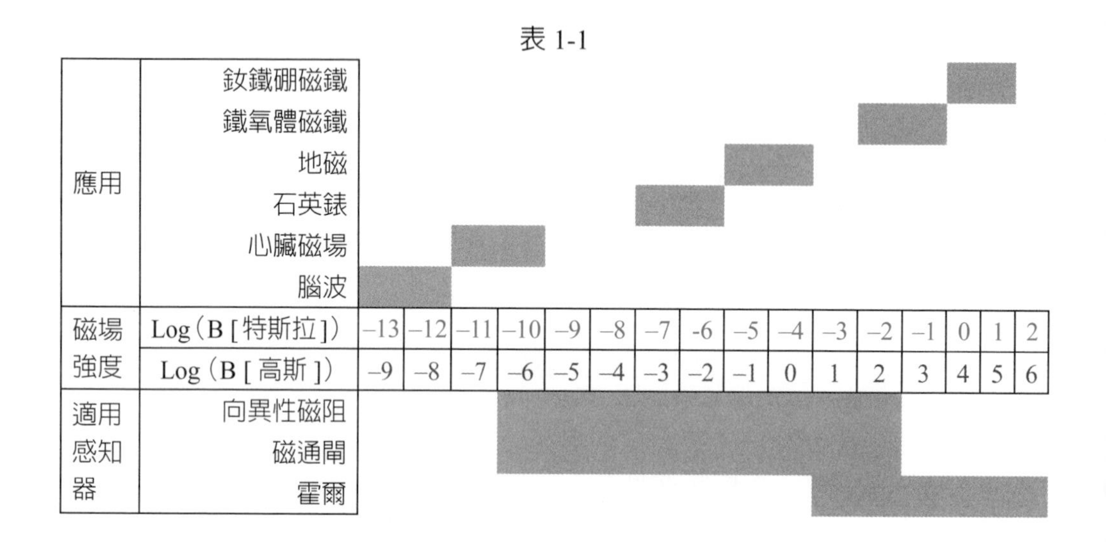

應用	釹鐵硼磁鐵																
	鐵氧體磁鐵																
	地磁																
	石英錶																
	心臟磁場																
	腦波																
磁場強度	Log（B [特斯拉]）	–13	–12	–11	–10	–9	–8	–7	-6	-5	-4	-3	–2	–1	0	1	2
	Log（B [高斯]）	–9	–8	–7	–6	–5	–4	–3	–2	–1	0	1	2	3	4	5	6
適用感知器	向異性磁阻																
	磁通閘																
	霍爾																

接下來咱先講一些常用的單位於磁測量，提供一致的說法予後續章節。

1.2 單位於磁測量（UNITS OF MAGNETIC MEASUREMENT）

1.2.1 磁場單位（magnetic field units）

磁場強度一般由兩種向量場描述，分別是 H 場和 B 場。

H 場強度的一般單位爲 A/m。另一單位 Oersted，簡稱 Oe，則是一乘積予 A/m 於特定倍數。該兩者是最常見的 H 場單位：

$$\frac{\text{安培}}{\text{公尺}}=\frac{A}{m}\text{，一般單位於 H field} \qquad (1\text{-}1.2)$$

$$\text{Oersted}=\frac{1000}{4\pi}\times\frac{A}{m}\text{，另一單位於 H field} \qquad (2\text{-}1.2)$$

B 場強度的一般單位爲特斯拉（Tesla，簡寫爲 T），是最常見的磁場單位在各種磁產品規格書上。另一單位高斯（Gauss，簡寫爲 G），等於萬分之一特斯拉。T 和 G 爲最常見的 B 場單位：

$$\text{Tesla} = \frac{\text{公斤}}{\text{安培秒平方}} = \frac{kg}{A \times s^2}\text{，一般單位於 B field} \tag{3-1.2}$$

$$\text{Gauss} = 10^{-4} \times \text{Tesla，另一單位於 B field} \tag{4-1.2}$$

以上不管 H 或 B 的強度，咱都有個一般單位，其被造於四則運算於 mks 制單位（比如 T = kg/(A*s*s)）。

但另一套單位，即 Oe 與 G，有助 H 與 B 去相互推算。比方 1Oe 的 H 場在眞空中恰可被推算得到 1G 的 B 場：

$$B(\mu_0,\ 1Oe)\left(4\pi \times 10^{-7}\frac{m \cdot kg}{A^2 s^2}\right) \times \left(\frac{1000}{4\pi}\frac{A}{m}\right) = 10^{-4}T = 1G \tag{5-1.2}$$

使用 Oe 對照 G 因此還可以反映相對磁導率於一些鐵磁性材料的 BH 磁滯曲線如下圖 1-4 所示，其中磁導率可被反映於曲線斜率：

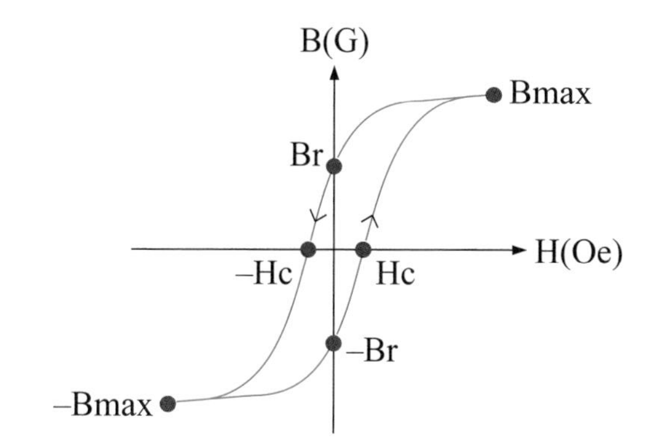

1. 曲線斜率可反映相對磁導率
2. 曲線可能隨 H 頻率變化
3. Bmax 為飽和磁場值
4. Br 為頑磁（retentivity）
5. Hc 為矯頑力（coercivity）

示意 B-H 圖展示磁滯曲線於一鐵磁性材料

圖 1-4

上圖 1-4 顯示，曲線有大斜率於 H = Hc 處，咱說此時相對磁導率大；曲線的斜率逐漸變小於右半平面遠處，此時相對磁導率下降，最後趨近於 1，也就是空氣磁導率，因爲咱描述的是在空氣中的鐵磁性物體。當磁導率趨近於 1，增加 H 只能小幅度地增加 B，咱說此時材料達磁飽和狀態。磁滯曲線圖與其參數乃相當重要於磁通閘感測器應用，其通常搭配交流 H 場，使感知磁環交替操作於磁飽和與非飽和區。

1.2.2 感度單位（sensitivity units）

感度是敏感度的簡稱，有多種表示法。在本書，感度表示所得電壓下除以偏壓乘磁場，且以 S 爲其記號：

$$感度 = S = \frac{V_{detect}}{V_{bias} \times B}，單位爲 [\frac{V}{V \times G}] \quad (6\text{-}1.2)$$

註：咱用英文描述分數時有時會用 over、upon、under、beneath 等空間性詞彙去表達算數關係。這種方法在中文也方便。比如說 A 下除以 B 乘 C 右乘 D 代表 (A/(B*C))*D，能助區分結合順序。

咱現申論上式（6-1.2）於下圖 1-5(A)，其中一平面霍爾元件受偏壓電壓 Vbias，也受磁 Bz，並反應出電壓 Vdetect，其感度就爲 (Vdetect/Vbias)/Bz。該圖 (A) 中感度 S = 5uV/V/G 被唸作 5micro-volt per volt per gauss，表示 Vdetect = 5uV 若 Vbias = 1V 且 Bz = 1G。換言之，加倍 Vbias 會使 Vdetect 加倍，且加倍 Bz 也會使 Vdetect 加倍。

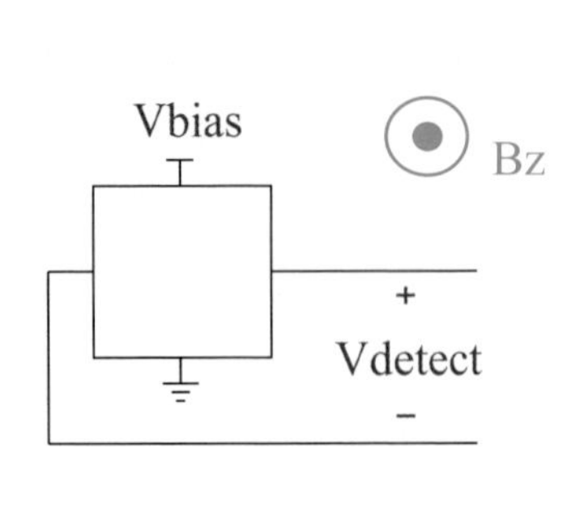

S = 5uV/V/G

(A) 一平面霍爾元件感知磁場於 Z 軸

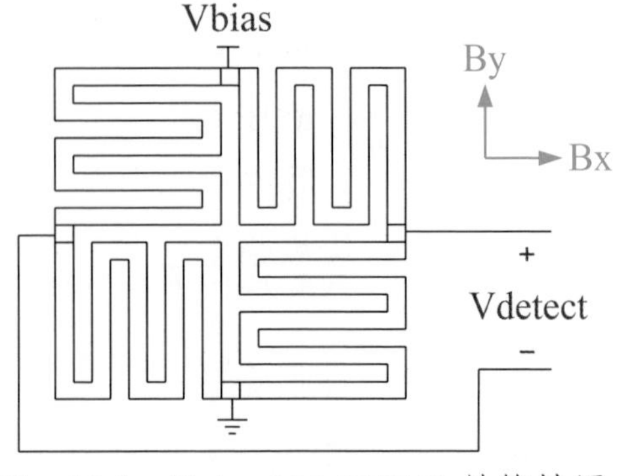

|S| = |Sx| = |Sy| = 500uV/V/G 於線性區

(B) 一 AMR 元件感知磁場於 X 軸和 Y 軸

圖 1-5

上圖 1-5(B) 中，|S| = |Sx| = |Sy| = 500uV/V/G 於線性區，表示該 AMR 元件在 Bx 或 By 方向上都有感度絕對值 500uV/V/G，前提是當 AMR 工作在其線性區時。因爲 AMR 元件整體上非線性元件，該 S 不代表其感度於低場和高場下，此事被申論於後。

上圖 1-5 雖僅示意，但其中 S 反應著常見的數量級，該 S 於 AMR 高過其在霍爾元件以兩個數量級。另一種元件叫穿隧磁阻 TMR（tunnel magnetoresistance）元件，感度甚至可達 5mV/V/G。

在本書裡，咱定磁感度一詞爲所得電壓除以磁場，即 Vdetect/B，其單位爲 [V/G]，相較感度一詞少了一個偏壓變量。

1.3 霍爾效應元件（HALL EFFECT DEVICE）

1.3.1 平面霍爾元件（planar Hall effect device）

平面霍爾（planar Hall device）元件靠以下方法感知磁場：偏壓霍爾元件於垂直磁場中，使動電受磁而逢一作用力，其改變電荷分布、造成一霍爾電壓 Vh 在正交方向相對於該磁場與動電，如下圖 1-6(A) 所喻。該作用力其來自動電受磁被稱作洛倫茲力（Lorentz force），如下圖 1-6(B) 所示。因爲洛倫茲力在圖 1-6(A) 中沿平面方向走，本類元件被稱爲平面霍爾元件。

霍爾電壓 Vh = u*B*G*(W/L)*Vdd，其中 W 爲寬度於霍爾元件，L 爲長度於霍爾元件、u 爲主要載子的移動率於霍爾元件、Vdd 爲所施操作電壓於霍爾元件，B 爲磁場強度其沿敏感軸方向垂直於霍爾元件平面，G 爲幾何校正因子。

感度於霍爾元件很受牽制於其幾何形狀。不少元件被做成十字型，讀者可以參閱 [7] 去深究。

下圖 1-6 中假設霍爾元件爲 N 型，即主要載子爲電子。若霍爾原件爲 P 型，則主要載子爲電洞，輸出電壓極性相反。因此量測霍爾電壓可助判斷材質予半導體。

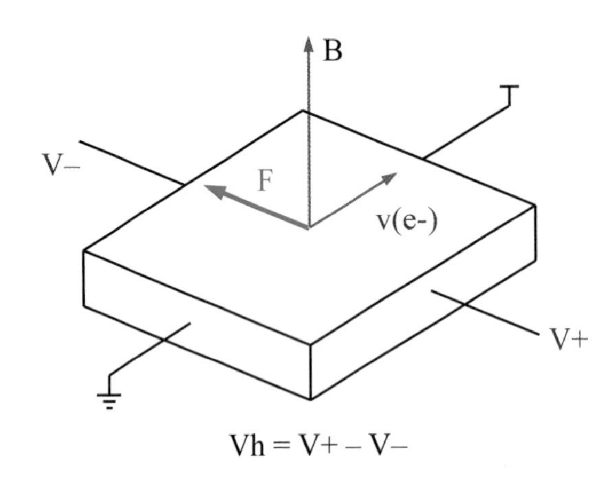

(A) 作用力於負電荷在受偏壓的 N 型霍爾元件

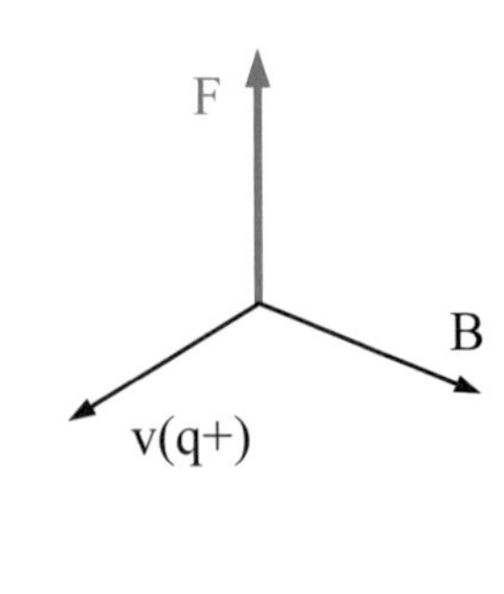

$$\vec{F} = q\vec{v} \times \vec{B}$$

(B) 作用力於動電受磁（洛倫茲力）

圖 1-6

下一節咱將談利用垂直方向的洛倫茲力去產生霍爾電壓，屆時該霍爾元件就被稱爲垂直霍爾元件（vertical Hall device）。

當霍爾元件不受磁時，也產生輸出電壓，即當 B = 0 時有非零的輸出電壓 Vh = Vos，常被稱爲「偏置電壓」（offset voltage，或僅稱 offset）。偏置電壓肇因於霍爾元件內部電位分布不均衡，其有關於製作過程所生的對準偏離、應力和其他因素。若一 N 型霍爾元件被擺設如下圖 1-7(A)，則其典型特性曲線可被示以下圖 1-7(B)，其中虛線代表特性曲線伴偏置特徵。

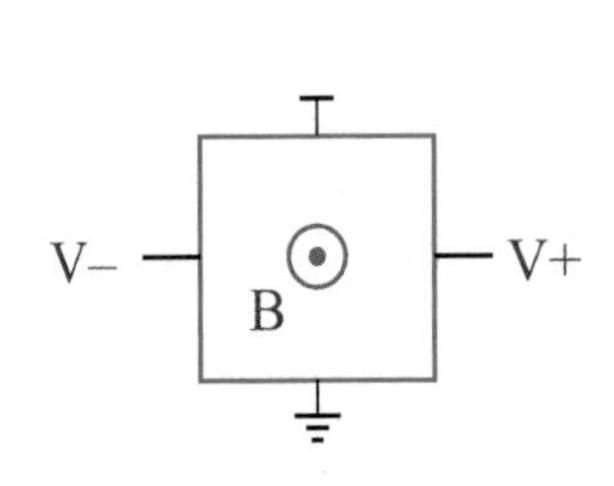

(A)N 型平面霍爾元件受偏壓且受磁

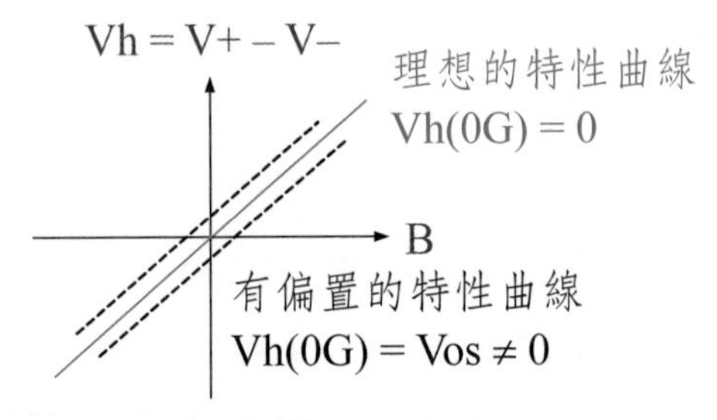

(B) 左側霍爾元件的特性曲線

圖 1-7

爲了避免上述偏置去造成應用問題，一般至少有下述兩種常見方法去補償偏置電壓。第一種方法被稱之爲旋轉電流（spinning current）方法。在此方法中，霍爾元件的偏壓電流被沿著四個方向依序旋轉，且同步地，四個霍爾電壓被依序產生、加總，達到一種平均效果，或以倍數效果平均。理想中，霍爾電壓被如此平均後就不再帶有偏置成分，相當於偏置被抽離或消除了一般 。第二種方法牽涉改變元件擺設角度和數量。

上圖 1-7(B) 這種輸出特徵有個名稱，爲 ratiometric，咱稱它「定比的」，即輸出變化正比於輸入變化。若一感測器有此特性即被稱爲 ratiometric sensor，咱稱它「定比的感測器」或「等比的感測器」。

1.3.2 垂直霍爾元件（vertical Hall effect device）

垂直霍爾元件（vertical Hall device）也靠作用力於動電過磁去運作，只是這回該作用力垂直於元件上平面，即洛倫茲力垂直於元件基板平面。

下圖 1-8 展示了簡化的工作原理於垂直霍爾元件，其中磁場方向指向晶粒側邊，因此有時咱說該磁場爲側場（lateral field）。該側場中有動電與其正交，產生作用力於電子，其受力方向由空心箭頭表示。依圖可見受力方向有負號，代表負電荷累積。順理知有正電荷累積在反受力方向上，以加

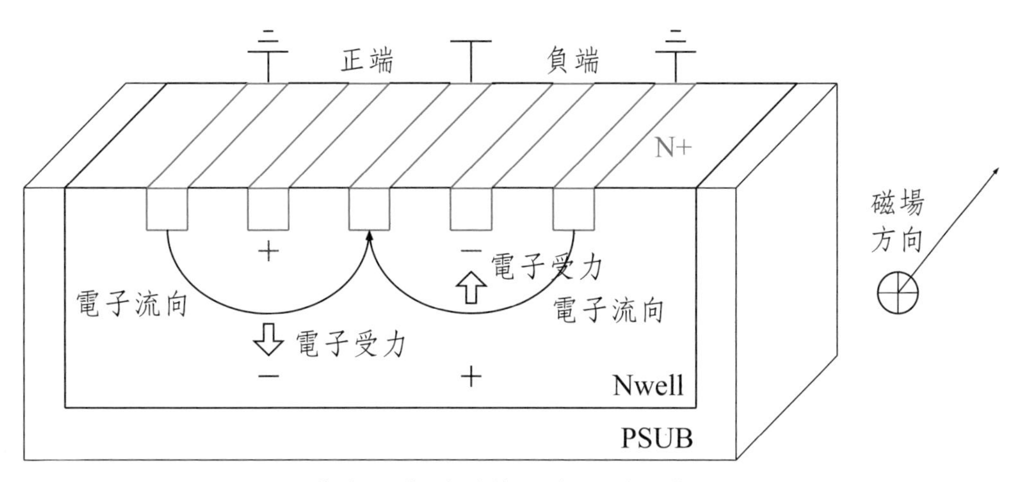

簡化工作原理於垂直霍爾元件

圖 1-8

號表示。該正負電荷造就庫倫力去抵消洛倫茲力。若所擇端帶灰色加號為正端，則另一端帶灰色負號為負端。所得電壓差跨正負端便是霍爾電壓。

感度於垂直霍爾元件低過它在平面霍爾原件，設計原理也較複雜，有興趣的讀者可以參照 [3] 進一步了解。咱僅點到為止。

1.4 磁阻元件（MAGNETO RESISTANCE DEVICE - MR）

1.4.1 向異性磁阻元件（AMR device）

文獻 [1] 有豐富的說明於磁性元件。其中一種元件叫做 anisotropic magneto resistive（AMR，又稱向異性磁阻）元件。AMR 的 anisotropic 是相對 isotropic 而言的。isotropic 指一致於諸方向的，anisotropic 指非一致於諸方向的、即應變隨磁方向的，所以稱為向異性。AMR 元件的電阻值可變化達 2%～4% 當應變於磁方向時，因此該元件得名為向異性磁阻，即向異性磁控電阻之意。相較之下，一般導體的向異性極小，即使改變受磁方向，一般導體的量變於阻值往往遠小於 1%。

磁化特性於 AMR 可由設計決定、調整於元件形狀。設計者可挑出一方向，沿其所擇 AMR 較易被磁化，並稱此方向為易軸；也可挑出另一方向，沿其所擇 AMR 較難被磁化，並稱該方向為難軸。

一種常見的外型及特性曲線於 AMR 被展示於下圖 1-9，其中圖 (A) 標示了易軸與難軸方向。

下圖 1-9(A) 展示難軸與易軸方向於一個 AMR 單元，其中難軸為敏感方向，也就是沿該方向施加磁場能獲得電阻值變化。

下圖 1-9(B) 的特性曲線反應一商數於差分值比全額值，即 ΔR/R 作為一電阻特性。當磁場加強越沿難軸去，阻值越低，直到磁飽和才趨向定值。且差分 ΔR 算一小量相對於 R 全額。

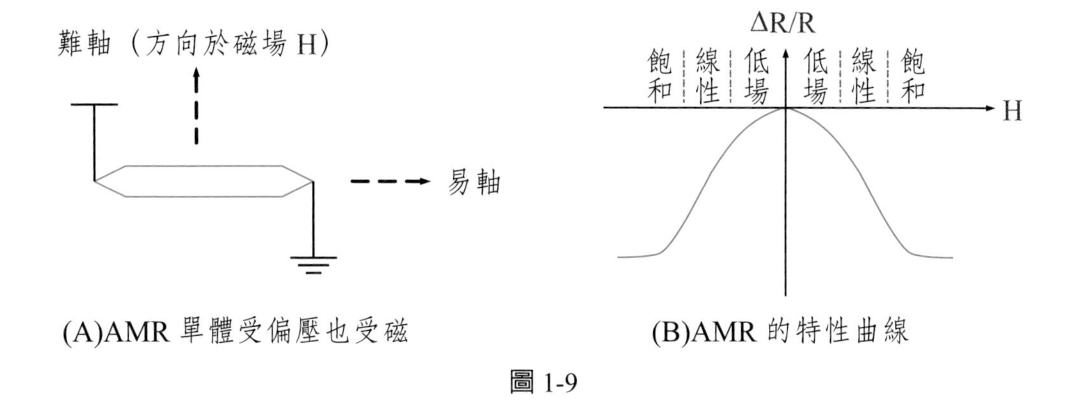

(A)AMR 單體受偏壓也受磁　　(B)AMR 的特性曲線

圖 1-9

上圖 1-9(B) 分特性曲線到三種操作區域：低場區、線性區和飽和區。低場區指 H 場強接近 0 處，此處，曲線較平緩、反映感度低；線性區指所擇 H 場範圍其間曲線較陡峭且斜率接近定值，此處反映高感度（磁開關通常在此區設操作點）；飽和區指所擇範圍其 H 場較高，且曲線回歸平緩、意味感度低（角度感測器常被操作在此區）。

現咱用四個 AMR 單體如上圖 1-9(A) 去組合一風車形如下圖 1-10(A)，此時若磁場方向屬易軸予 Ra1 和 Ra2，則該方向恰屬難軸予 Rb1 與 Rb2。

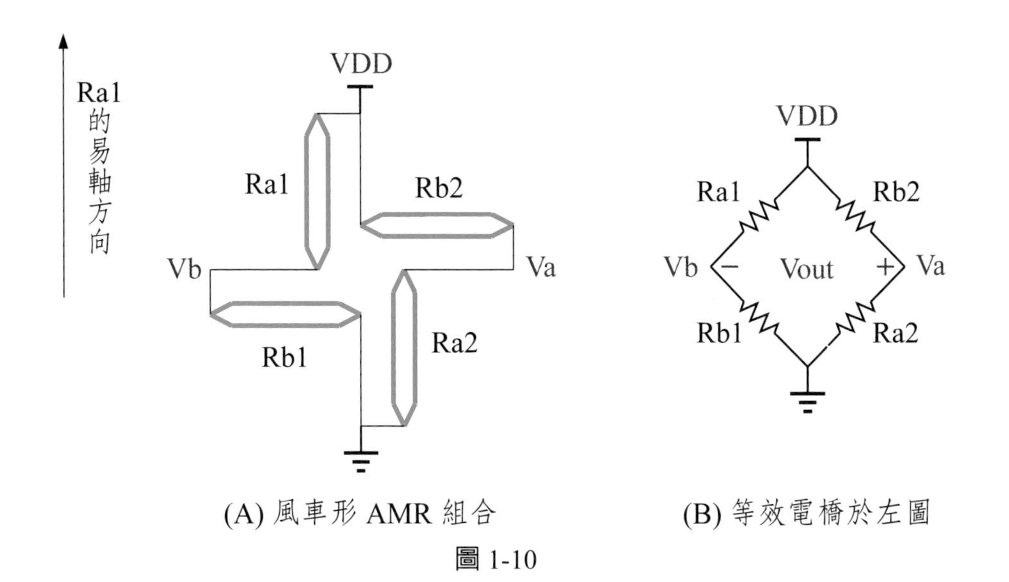

(A) 風車形 AMR 組合　　(B) 等效電橋於左圖

圖 1-10

上圖 1-10(A) 的電性特徵可由上圖 1-10(B) 去評估。圖 1-10(B) 的結構一般被稱爲惠斯通電橋（Wheatstone bridge）結構。

咱假設無磁場時，上圖 1-10(A) 中 Ra1 = Ra2 = Rb1 = Rb2 = R0。

則當磁場發生在易軸於 Ra1 和 Ra2 於上圖 1-10(A)，也就是難軸方向於 Rb1 和 Rb2，導致 Ra1 = Ra2 = R0，且 Rb1 = Rb2 < R0，就會使得電橋輸出電壓 Vout 特性曲線如下圖 1-11(A) 所示。

反之若磁場發生在難軸予 Ra1 和 Ra2 於上圖 1-10(A)，則該方向恰是 Rb 易軸，導致 Ra1 = Ra2 < R0 且 Rb1 = Rb2 = R0，順理可得電橋輸出電壓 Vout 特性曲線如下圖 1-11(B) 所示。

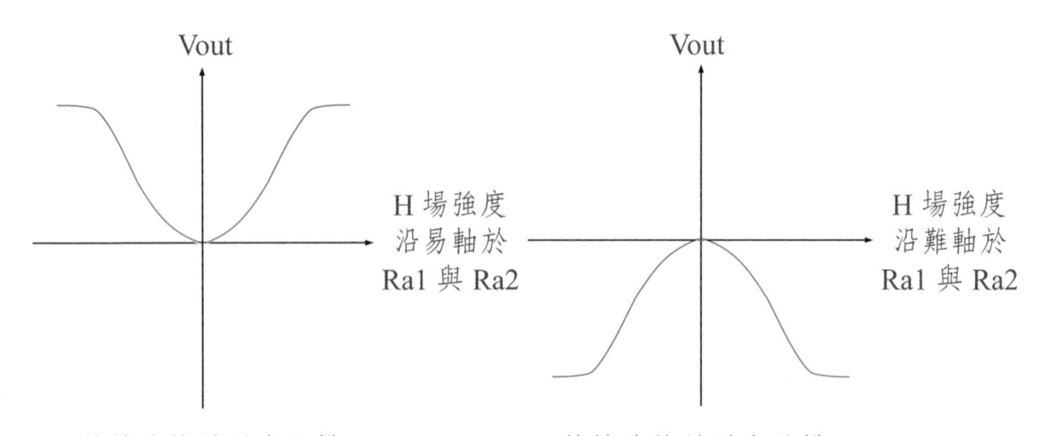

(A) 特性曲線於風車結構 AMR 當磁場沿易軸於 Ra

(B) 特性曲線於風車結構 AMR 當磁場沿難軸於 Ra

圖 1-11

若 AMR 工作於飽和區，則 AMR 單體阻值可爲一函數於角度開闔倚磁場方向及易軸方向。該阻值可由算式如下表達 [5]：

$$R = R_0 + r\cos^2(\theta) \quad (1\text{-}1.4)$$

其中 R 爲感知阻值，R_0 爲未激勵感知阻值。r 爲變化基數，θ 則爲所構夾角其開闔倚磁場方向和元件易軸方向。

這提示了咱一事：既然阻值可作為一函數於角度，咱也許可用阻值去表達輸出電壓於電橋結構，使該電壓間接用符於角度。這相當於得一角度感知器其用電壓為輸出。

怎辦呢？咱用圖 1-10(A) 的風車結構和圖 1-10(B) 的等效結構如前述，再依據上一條算式，令其中電阻值 Ra1 = Ra2 = Ra 且 Rb1 = Rb2 = Rb，並將 Ra 和 Rb 表達如下，其中 Ro 為 Ra 阻值於 $\theta = \pi/2$ 時

$$R_a = R_0 + r\cos^2(\theta) \tag{2-1.4}$$

$$R_b = R_0 + r\sin^2(\theta) \tag{3-1.4}$$

又知電橋壓差 Vout = Va – Vb，因此可得：

$$Vout = \left(\frac{R_a}{R_a + R_b} - \frac{R_b}{R_a + R_b}\right)V_{dd} \tag{4-1.4}$$

再用以上三條算式得到：

$$Vout = \frac{rV_{dd}}{2R_0 + r}\cos(2\theta) \tag{5-1.4}$$

至此咱可看到輸出電壓用磁場角度為變數。因此該電橋可以被當作一種角度傳感器，其特徵如下圖 1-12 所示：

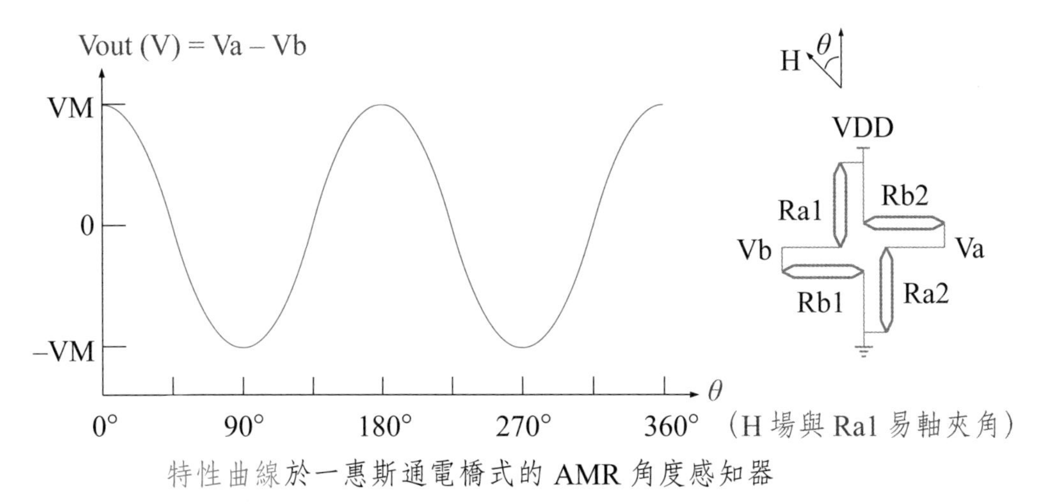

特性曲線於一惠斯通電橋式的 AMR 角度感知器

圖 1-12

上圖 1-12 中，風車形的電橋又被繪示一遍，其可被等效成一惠斯通電橋。讀者能發現，Vout 非一單調函數（monotonic function）之於 θ。它是單調於 0° 到 90°，但否於 0° 到 360°。因此，若要判定唯一角度 θ，且單憑測 Vout 於此結構，則咱僅能靠限制應用角度去辦到。

有沒有辦法把應用角度拓寬呢？有的，安排兩個惠斯通電橋並把其中一個旋轉 45° 就可以得到灰藍兩種輸出如下圖 1-13 所示。咱把灰線稱爲 VM*SIN(2θ)，藍線稱爲 VM*COS(2θ) 就可以進一步利用 arctan2 函數去算得一個 2θ，再將其除以 2 就得到一個唯一的 θ 角度在 0° 到 180° 之間。以上原理其實只是靠檢測藍線時同時檢測灰線的正負值去替角度分辨象限。簡單說，就是讓灰藍值組成一座標集合去一對一地對照更大的角度範圍。

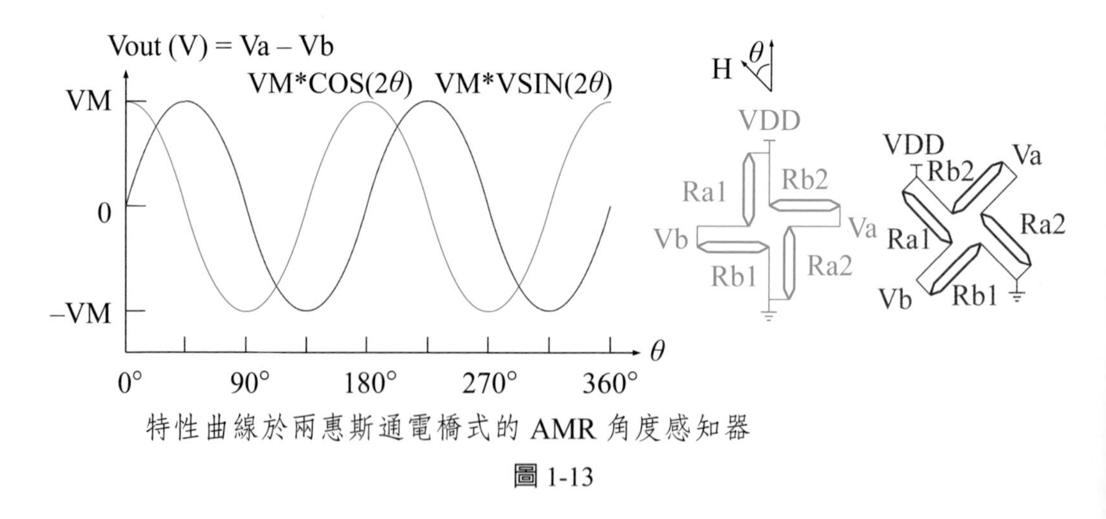

特性曲線於兩惠斯通電橋式的 AMR 角度感知器

圖 1-13

有進步，但是，不夠好。咱現僅能唯一地鑑別 θ 角度於半圓弧內，還需要更進步，怎辦？方法確實不只一種。舉一例來說，若咱用 TMR 取代 AMR 做感知器，則只需四個 TMR 單元，其易甚較於上圖 1-13 的八個單元 AMR，且工作角從 0° 到 360°，有完整覆蓋，只是成本高出 AMR 版本很多。有興趣的讀者可以繼續研究改進方法。

1.4.2 斜紋柱元件（barber pole AMR device）

使用斜紋柱 AMR 能做到兩件事，第一是能鑑別南北極性予磁場；第二是能在 0 磁場處有高感度又近線性的 V-B 特徵（輸出特徵於電壓對磁場），因此，斜紋柱很有益於偵測弱場。咱現就來看看這是什麼寶貝。

斜紋柱的原文爲 barber pole，即理髮廳常用的紅白藍旋紋招牌。barber 爲理髮師，pole 爲柱子。斜紋柱雖有相似外觀，但該硬體不旋轉，因此這裡譯作斜紋柱。文獻 [1] 對斜紋柱 AMR 有初步介紹。咱順其文理，並稍改其結構、簡化地討論，如下圖 1-14 所示。

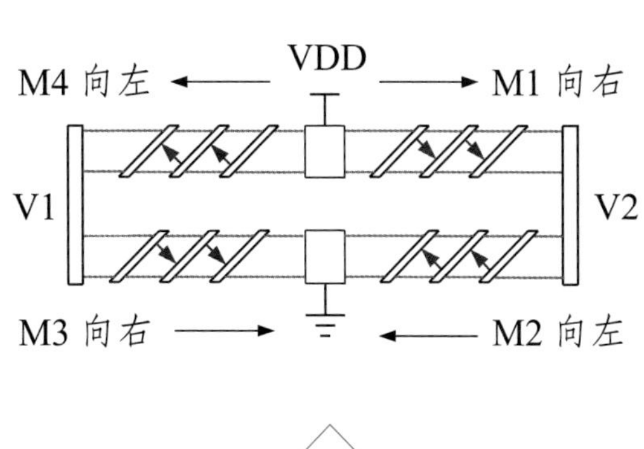

(A) 一種斜紋柱配置

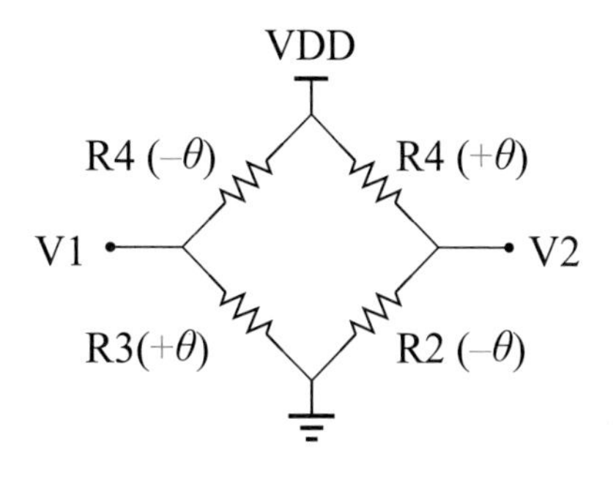

(B) 等效惠斯通電橋

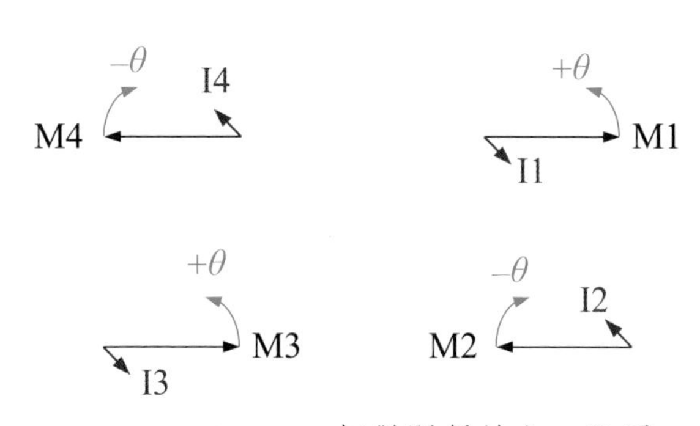

(C) M-I 相對關係於上一張圖

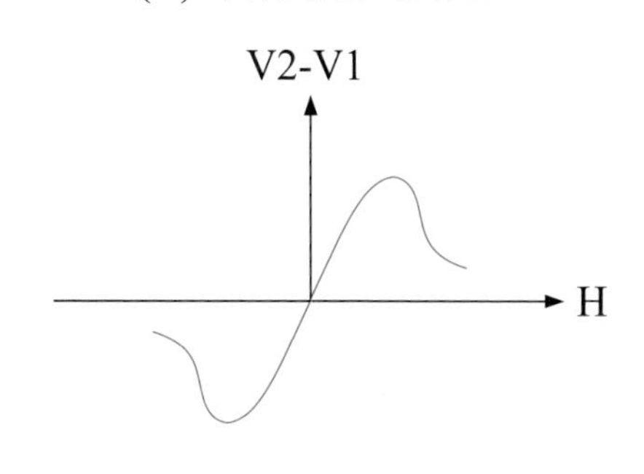

(D) 輸入特徵於上一張圖

圖 1-14

上圖 1-14(A) 中包含了四柱，其造型確實類似理髮店的招牌；灰色箭頭爲電流方向。該圖可被等效其右側的圖 1-14(B)，即一惠斯通電橋，其中 R1～R4 分別對應一斜紋柱於其左圖 1-14(A) 的相對位置，且 V2 代表輸出電壓於正端、V1 代表輸出電壓於負端。上圖 1-14(A)M1～M4 代表磁化方向於四柱，其分別對應 R1～R4 於上圖 1-14(B)。

上圖 1-14(B) 的加減號提示 R1 與 R3 有相似行爲，包括相同的變化趨勢於阻值，其趨勢相反於 R2 和 R4。R1 後括弧內有個 θ，代表一增量於角度其開闔倚所擇磁化方向和電流方向。θ 的前面印一個藍色加號，表示增量予角度加大，當外加 H 場循上圖 1-14(A) 藍箭頭方向、且其值不大時。θ 的加減變化如上圖 1-14(C) 所示，其中 I1～I4 即各柱電流，M1～M4 即各柱磁化方向。

M 與 I 的夾角決定了電阻值於斜紋柱 —— 當 M 與 I 越平行，阻值於柱越大。當 M 與 I 越垂直，阻值於柱越小。

因應上圖 1-14(A) 的藍空心箭頭 H 場，上圖 1-14(C) 的 M 方向變化隨藍色箭弧方向。當該 H 夠小時，$0° < \theta < 45°$，即當 M1 與 I1 夾角向垂直趨近但尙未垂直時，上圖 1-14(B) 的 R1、R3 阻值下降，同時 R2、R4 阻值上升，電橋的 V2-V1 隨之上升。若 H 夠小，且方向相反，即 $-45° < \theta < 0°$，則 M1 與 I1 夾角向平行趨近，各電阻變化趨勢與前述相反，電橋的 V2-V1 轉而下降。本段所論可反映到特性曲線於上圖 1-14(D)，其呈現奇函數特徵。

當咱增加 H 場至 $\theta > 45°$，上圖 1-14(C) 夾角之於 M1 與 I1 就開始超過 90°，也就開始遠離垂直關係，導致 V2-V1 的曲線逐漸自高處反轉而跌於上圖 1-14(D) 中。若引前一節的內容做比較，咱可用下圖 1-15(A) 去呈現特性予風車式 AMR 電橋，不但感度近 0 於低場區，且同一輸出電壓對應兩種場強。反觀斜紋柱 AMR 電橋可得下圖 1-15(B) 的特徵曲線，不僅感度高且線性於近 0H 場區，且 Vout 極性能反轉當 H 場極性反轉時。只要能限定 H 場的絕對值，下圖 1-15(B) 就能給出一個單調函數去對應正負磁場而得不同的輸出電壓。

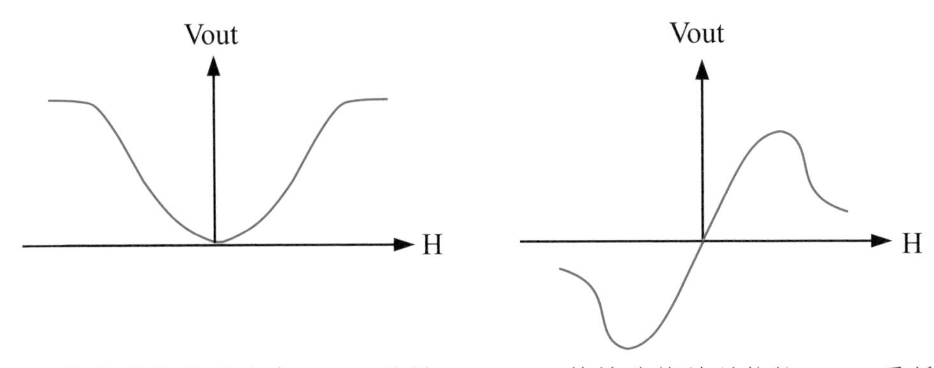

(A) 特性曲線於風車式 AMR 電橋　(B) 特性曲線於斜紋柱 AMR 電橋

圖 1-15

綜上所述，只要咱用兩組斜紋柱電橋，一組顧 X 軸，一組顧 Y 軸，咱就能檢測弱場分量於該兩軸，從而分析地磁的平面角度，且沒有角度限制。這是不是也提供了另一個答案給上節末的問題呢？

1.5 感知於電橋（SENSING BY ELECTRICAL BRIDGE）

1.5.1 電阻電橋（resistive bridge）

電橋很適合去類比磁感測系統。電橋的左右兩臂，即藍色部分及其對側部分於下圖 1-16(A)，可被類比於感知器如磁阻元件或霍爾元件；電橋的橋接元件，即下圖 1-16(A) 的 E 部分，可被類比於 CMOS 檢測電路。

下圖 1-16(A) 繪示出一個基本型態於一般電橋，其中橋接元件 E 可以是檢測元件如檢流計，也可以是驅動元件如馬達或其他負載，還可以是感知元件的一部分如電感線圈於磁通閘；Z1～Z4 可代表組抗原件，其可爲電阻性、電感性、電容性或一組合於此三種元件。若被用在整流上，Z1～Z4 還可代表二極體。

電橋在早期被運用在鑑定電阻值、電容值和電感值等等，且到這個世紀都還是高普考中的常見題材。讀者可參考 [8] 去深究。

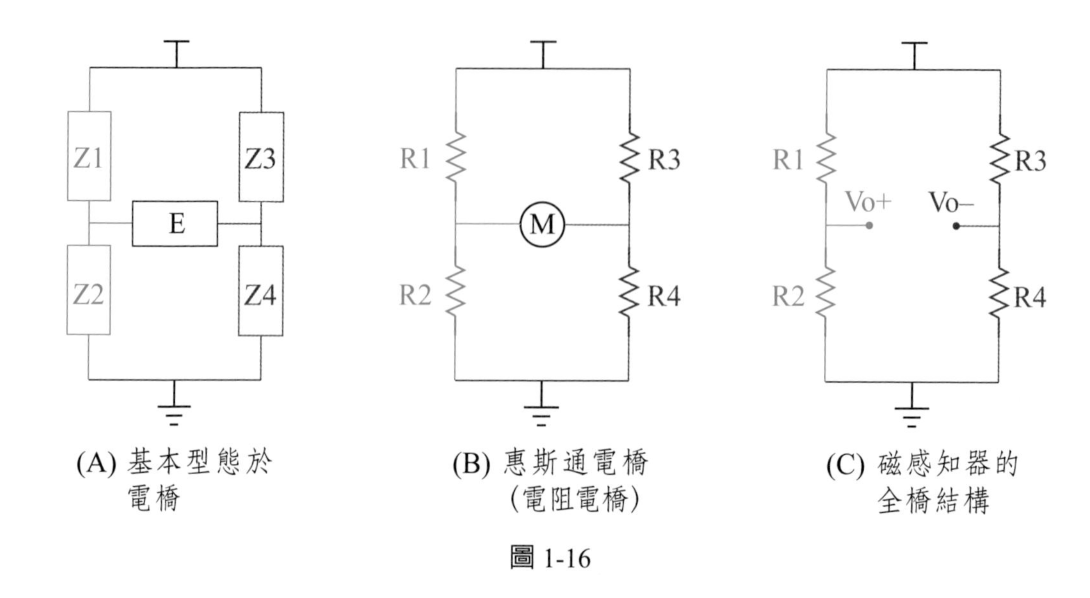

(A) 基本型態於電橋　(B) 惠斯通電橋(電阻電橋)　(C) 磁感知器的全橋結構

圖 1-16

咱在前一節提到的惠斯通電橋（Wheatstone bridge）就是一種最常見的電橋，它的構造原本如上圖 1-16(B) 所示，在兩臂之間有個檢流計 M 去檢定跨橋電流是否爲 0。後來磁感知器的全橋結構略去 M，僅用上圖 1-16(C) 代表，但依然被稱爲惠斯通電橋。這種省略不難理解——因爲檢測用的橋接元件如 CMOS 電路往往不對兩臂形成負載，使跨橋電流自動爲 0，所以被簡化略去，仍稱惠斯通電橋，只是作用不同於原設計而已。

若一電橋有左右兩臂，咱說該電橋爲「全橋」；若只有藍色半邊或其對側半邊，咱說該電橋爲「半橋」。

電橋結構不只被大量用在磁感測，還被用在光感測和壓力感測等其他感測器，請參照文獻 [14] 去深入了解，讀者可發現這些應用的感測電路有許多相似處。

對磁阻（magneto-resistance，簡稱 MR）感知原件來說，一個磁阻單元常就恰好對應一個電阻於全橋結構；對霍爾原件來說，雖然元件本身可能僅有一單元，但仍經常用電橋去類比。若元件行爲可被類比於這類簡單結構，則代表咱可用簡單模型給計算機做模擬去預測元件行爲。

下圖 1-17(A)(B) 說明當等量的微磁阻變化發生在對角元件於電橋時，

輸出電壓與磁阻變化呈線性關係。因此，若磁阻變化正比於磁場 B，則輸出電壓正比於磁場變化。

下圖 1-17(A)(B) 所示模型可被用於模擬，於其中工程師甚至可替電阻值加入溫度係數，去改變輸出的磁感度於變溫。這些技巧也可被用在霍爾元件上。

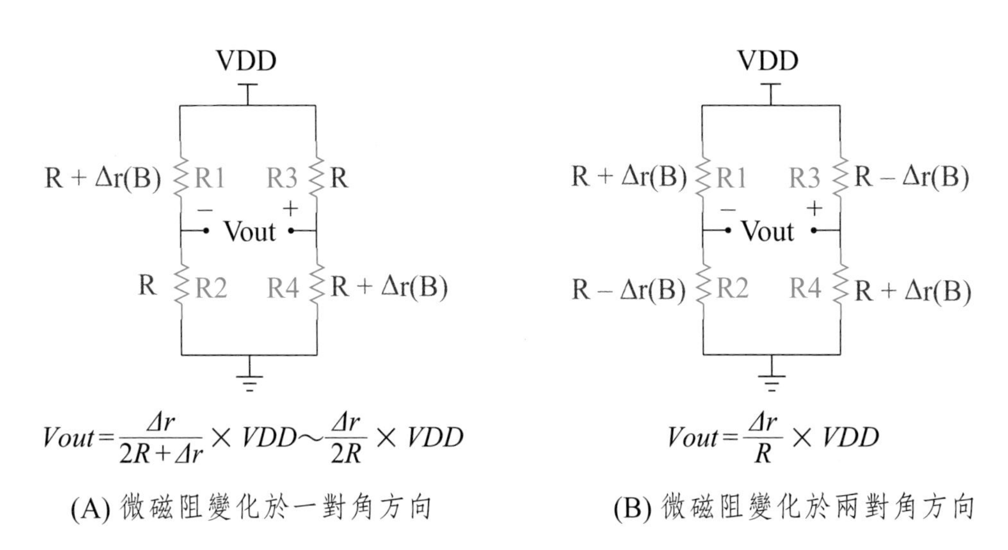

$$Vout=\frac{\Delta r}{2R+\Delta r}\times VDD \sim \frac{\Delta r}{2R}\times VDD$$

(A) 微磁阻變化於一對角方向

$$Vout=\frac{\Delta r}{R}\times VDD$$

(B) 微磁阻變化於兩對角方向

圖 1-17

1.5.2 H 電橋（H bridge）

另一種電橋稱爲 H bridge，其得名於所涉電路之網路圖示如一個英文字母 H，且如下圖 1-18 所示。這種電橋可被用在磁通閘感測器上，其待測信號在單端輸出時爲 VR 於圖 1-18(A)；在雙端輸出時爲 V+ 和 V− 於圖 1-18(B)，其中不論 VR 或 V+ 和 V− 在操作時皆爲振盪訊號，其占空比（duty ratio）和頻率都會隨磁場強度改變。這種複雜現象肇因於電感 L 的非線性磁芯特徵，作爲核心特徵予磁通閘去感知磁強。

H 電橋的電流於圖 1-18 中被控制在兩條路線上交替進行。當不受磁時，電流反應一致於兩不同路線。受磁時，電流反應則起異於兩不同條路線，使後級電路能憑該差異去分辨磁場大小。

咱待本書第 8 章再申論上段內容。總之，電路設計者必須先建個電路模型去描述該非線性特徵，其包括矯頑力、頑磁、磁飽和等參數，才能模擬近似其行爲。對電路設計者來說，這離教科書範疇更遠、概念更不容易被掌握。下圖方法用 H 電橋搭配電感去偵測磁場，該方法被稱爲磁電感性（magneto inductive，簡稱 MI，其相對於 MR 代表磁阻性而言）。

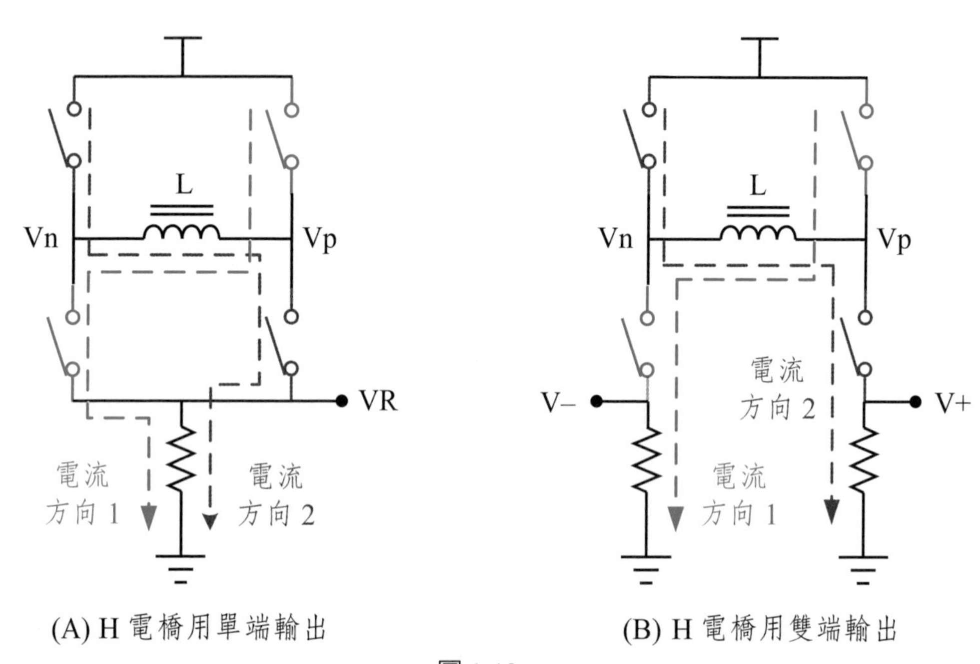

圖 1-18

1.5.3 電橋和檢測（bridge & metering）

咱現把電橋和檢測系統放接在一起，想像幾個簡單的磁系統。第一個例子如下圖 1-19 中的磁感測器，其包含了一電橋去代表感知器，和一檢測器其組成於一放大器 A 和一比較器。該放大器放大差分電壓自電橋、得類比信號 Va；比較器判高低予 Va 相較一閾值、出口數位信號 Vd。

下圖 1-19 實現感知、放大和比較。即便是複雜的磁系統通常也不脫離這個簡單概念。

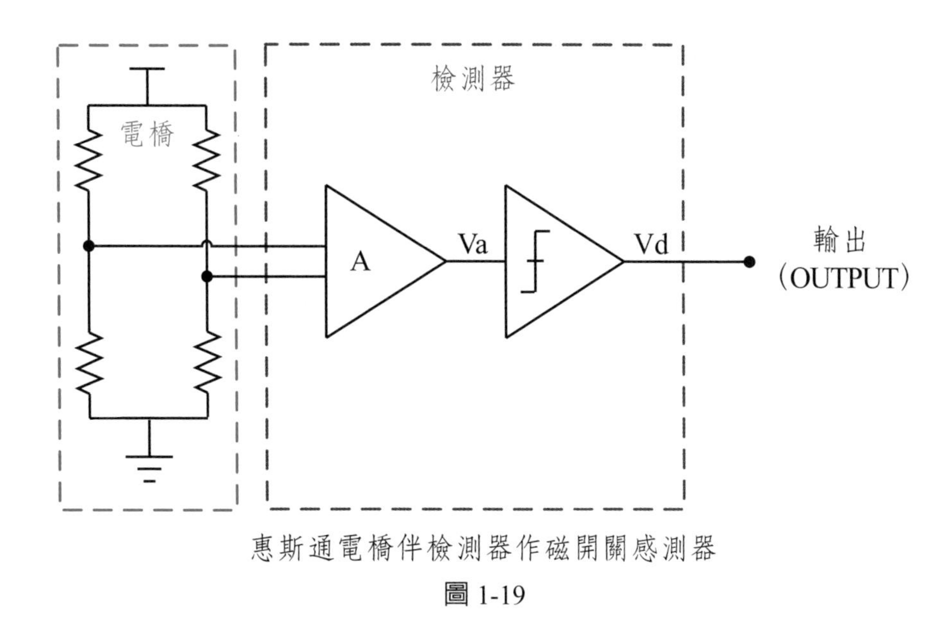

惠斯通電橋伴檢測器作磁開關感測器

圖 1-19

咱現舉第二個例子，下圖 1-20 中 H 電橋搭配一檢測器 *。該檢測器進行濾波、放大和 A/D 過程，乍看之下複雜得多，但終究還是不脫感知、放大、比較（由 A/D 替代比較器）這三件事。咱在本章談感知，之後會用第 2 章去細說包括放大和比較的檢測部分。

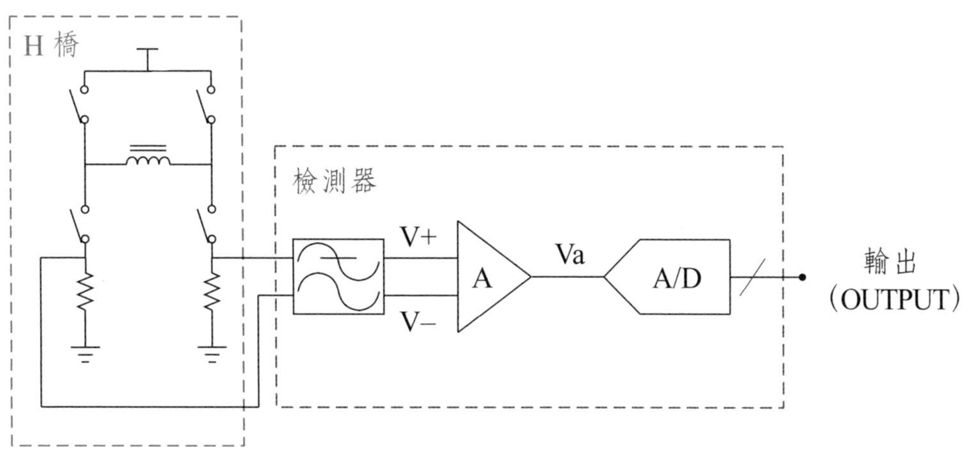

H 橋伴檢測器作磁通閘電流感測器

圖 1-20

1.6 旋轉電流和截波（SPINNING CURRENT & CHOPPING）

本節將介紹兩種技巧。第一種叫旋轉電流，其可被用來抵消感知器的偏置電壓效應於霍爾元件；第二種叫截波，其可被用來抵消放大器偏置電壓的效應。該兩種方法可以被合併使用。

咱打比方予偏置概念用溫度計去類比：一個沒有偏置的磁系統像下圖 1-21(A)，其讀值符合實際。若感知器如霍爾元件有偏置，則像下圖 1-21(B)，因水銀柱本身變形，使讀值不符實際。若檢測器部分如放大器有偏置，則像下圖 1-21(C)，因刻度偏移，使讀值不符實際。

1.6.1 小節的旋轉電流技巧就似針對問題如下圖 1-21(B)。1.6.2 的截波技巧則似針對問題如下圖 1-21(C)。併用旋轉電流和截波技巧就像同時矯正下圖 1-21(B)(C) 兩問題去達到下圖 1-21(A) 的狀態。

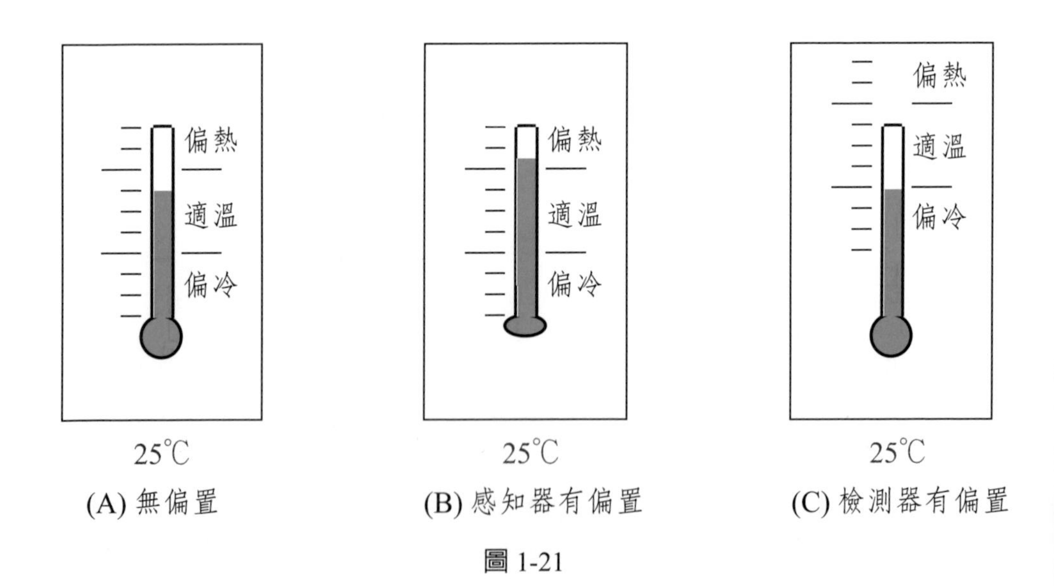

圖 1-21

1.6.1 抵消感知器偏置（cancel sensor offset）

旋轉電流（spinning current）通常指一種方法其改變電流方向於霍爾元

件。在該方法的一個週期裡，每個電流方向產生一個霍爾電壓。若加算該週期內所有霍爾電壓，咱就能降低殘餘的偏置效果。一般稱這種方法能達成偏置消除（offset cancellation）。

偏置電壓於霍爾元件往往相當於數十倍或更多的霍爾電壓。且該偏置電壓因晶粒而異，具有隨機性 *。旋轉電流主要就是爲了克服這個隨機變異而存在的。旋轉電流的示意圖 1-22 如下所示，其中方塊代表霍爾元件，箭頭代表電流方向。電流依序沿四個不同的方向流過霍爾元件，完成一個旋轉週期。電流方向旋轉即何以本方法得其名。

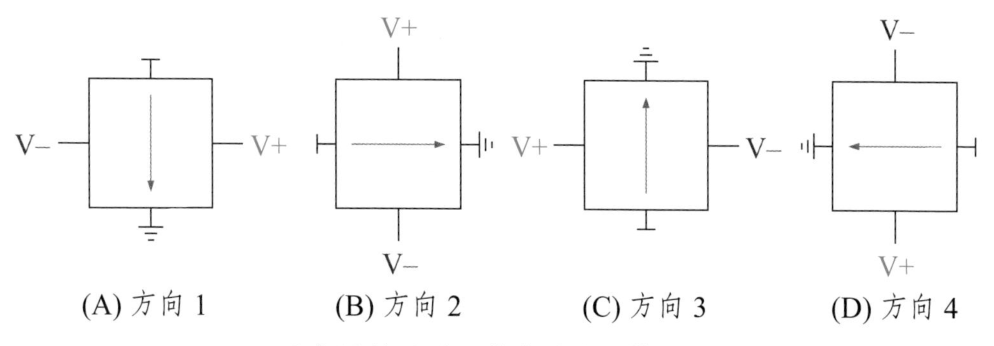

示意圖於霍爾元件在電流旋轉過程

圖 1-22

咱若想等效電橋電路之於上圖 1-22，咱就需要一個模型，其具有足夠的參數，能對照求解於上述四組情況於實測。有興趣的讀者可深究建模方法於霍爾元件。爲簡化問題，咱用下圖 1-23 去近似完整模型，看啥結論爲所獲。

下圖 1-23 爲 0 磁場狀態的電路模型，此時 V+ 和 V– 的差值代表了偏置電壓。r1～r4 反應了製程誤差。咱假設 r1～r4<<R。咱寫出偏置電壓（V+ – V–）依方向 1～方向 4 順序可得 V1～V4：

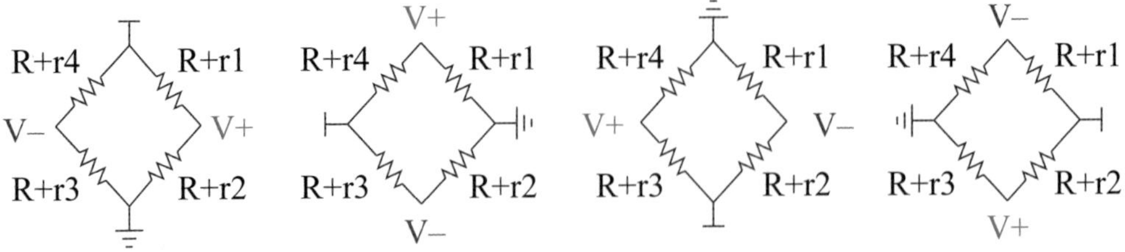

(A) 方向 1　(B) 方向 2　(C) 方向 3　(D) 方向 4

簡化的近似模型於霍爾元件在電流旋轉過程

圖 1-23

$$V_1 = \left(\frac{R+r2}{2R+r1+r2} - \frac{R+r3}{2R+r3+r4}\right)VDD \quad (1\text{-}1.6)$$

$$V_2 = \left(\frac{R+r1}{2R+r1+r4} - \frac{R+r2}{2R+r2+r3}\right)VDD \quad (2\text{-}1.6)$$

$$V_3 = \left(\frac{R+r4}{2R+r3+r4} - \frac{R+r1}{2R+r1+r2}\right)VDD \quad (3\text{-}1.6)$$

$$V_4 = \left(\frac{R+r3}{2R+r2+r3} - \frac{R+r4}{2R+r1+r4}\right)VDD \quad (4\text{-}1.6)$$

若咱加算以上所有偏置電壓，咱會得到以下結果：

$$V_1 + V_2 + V_3 + V_4 \sim 0\text{，if } r1 \sim r4 << \mathrm{R} \quad (5\text{-}1.6)$$

這給咱一個提示，表示若咱能加算偏置電壓於一個旋轉週期，咱就可能可消除其影響。

有些讀者可能會多想一些，覺得 V1 和 V3 理論上會相等，也覺得 V2 和 V4 理論上會相等，似乎只要將 V1 和 V2 相加就能完全消除偏置。但是，當電流方向不同時，各個等效電阻值於電橋會微幅改變導致 V1 和 V3 不相等*，且 V2 和 V4 不相等。因此，有的產品運用旋轉電流於四個方向，有的產品運用旋轉電流於兩個方向且搭配不同的配套措施。

最後再次提醒讀者，該電橋式的模型，只是一簡化的近似模型。該模型提示，若咱加算輸出電壓於一旋轉週期內，則咱能降低偏置效果而純化所算得的霍爾電壓。

既然如此，是否咱能運用旋轉電流在 AMR 或 TMR 這類磁阻元件上？很遺憾，在風車式磁阻元件上，這招沒有同等效果。何以？因咱不只要考慮消除偏置，還要能保存有效信號（當磁場非 0 時）。

咱加算輸出於一旋轉週期內，不只欲抵消偏置於霍爾元件，還欲加乘霍爾電壓。但是，對 AMR 來說，當電流旋轉 90° 時，兩有效電壓有相反極性，因此加算兩輸出信號抵消了有效電壓，雖然確可抵消偏置。當電流旋轉 180° 時，AMR 的有效電壓同極性了，但偏置也同極性了，再度無助差異化。

換言之，旋轉電流旨在增強待測信號、抑制偏置作用。但，該方法被用在磁阻元件上時，不同時產生所需效果。

1.6.2 抵消放大器偏置（cancel amplifier offset）

若咱欲抵消放大器偏置，則可以使用截波（chopping）技巧——這回不分霍爾感測器或磁阻感測器，一併通用。

晢核心單元於截波技巧是一組平行開關通路，和一組交錯開關通路。此概念如下圖 1-24(A) 所示，其中，S1 和 S2 同時閉合時，SS1 和 SS2 同時斷開，信號走平行通路；當 S1 和 S2 同時斷開時，SS1 和 SS2 同時閉合，信號走交錯通路。因此，當輸入信號固定時，平行通路給出一組輸出，其值互換於交錯通路情況，造成差模電壓有反向效果。許多文獻和規格書都替換圖 1-24(A) 爲以下圖 1-24(B)，作爲簡化。

若讓一放大器被夾於兩截波單元間，如下圖 1-25 所示，則咱可各得一 VOUT 值於各組態，其中 || 代表平行組態、X 代表交錯組態。所得平均值於 VOUT 關於該兩組態則被記作 AVG（VOUT），如圖 1-25 所載。該均值爲 A*VIN，且不含偏置電壓 Vo 予放大器。

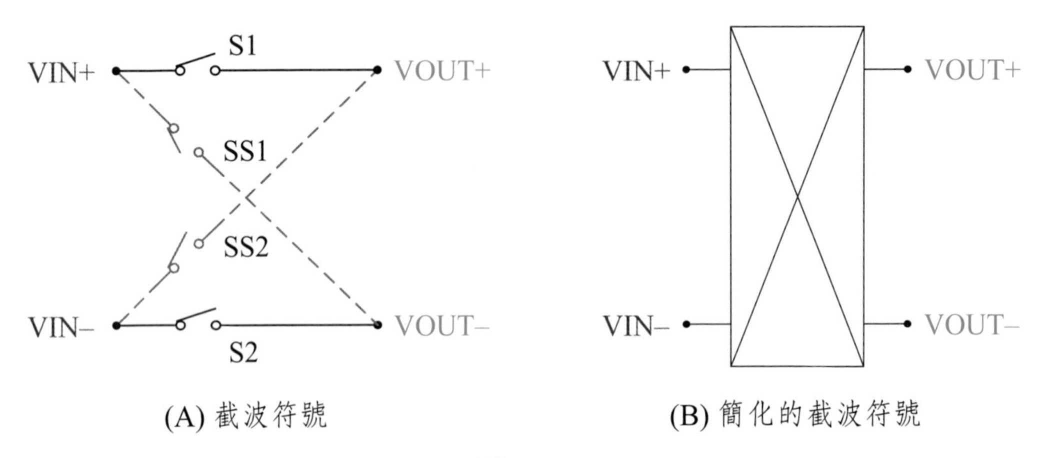

(A) 截波符號　　(B) 簡化的截波符號

圖 1-24

進一步說，因爲截波變換電路組態，所以放大器看到交錯的 VIN 行爲，好像一雙筷子（chopsticks）開合，造出被截成一段一段的截波信號（chopped signal），因而得其名（chopping）予本技術。且因 Vo 固定極性，故咱可相加或相減兩段截波信號去分離偏置 Vo 和輸入 VIN。

下圖中放大器 A 兼具放大與隔離作用，其隔離 VIN 與負載來自 VOUT，同時放大（± VIN + Vo）於 A 倍得 V1。V1 再經一次截波，即合用予平均過程，且可助解調噪聲，其被申論於本書第 4 章。

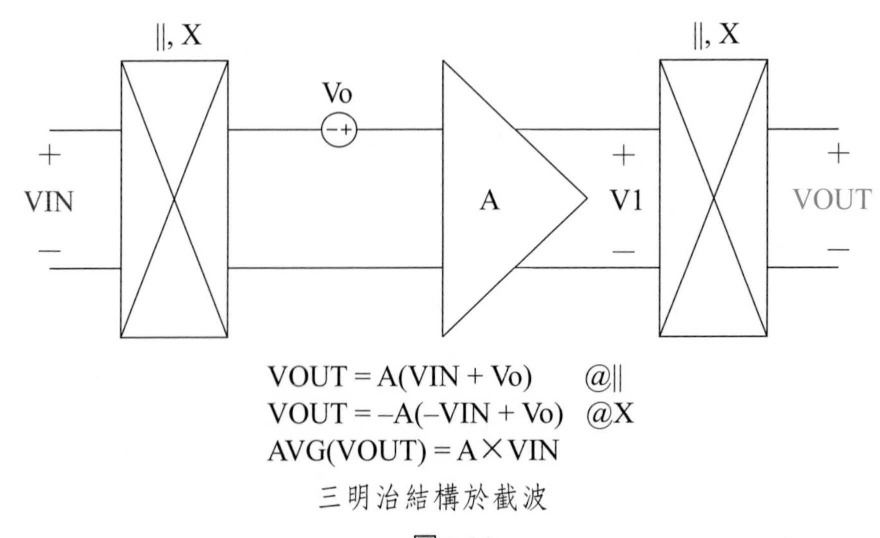

三明治結構於截波

圖 1-25

咱以 A = 2 的情況爲例，展示波形於輸入端截波（調變）和輸出端截波（解調）於下圖 1-26，其中虛線爲視覺輔助，實線爲信號於電路節點。本圖未繪平均電路去造 AVG（VOUT），其只需多接一個低通濾波器即可完成。該 AVG（VOUT）爲 VIN 之兩倍，且沒有 Vo 的痕跡。

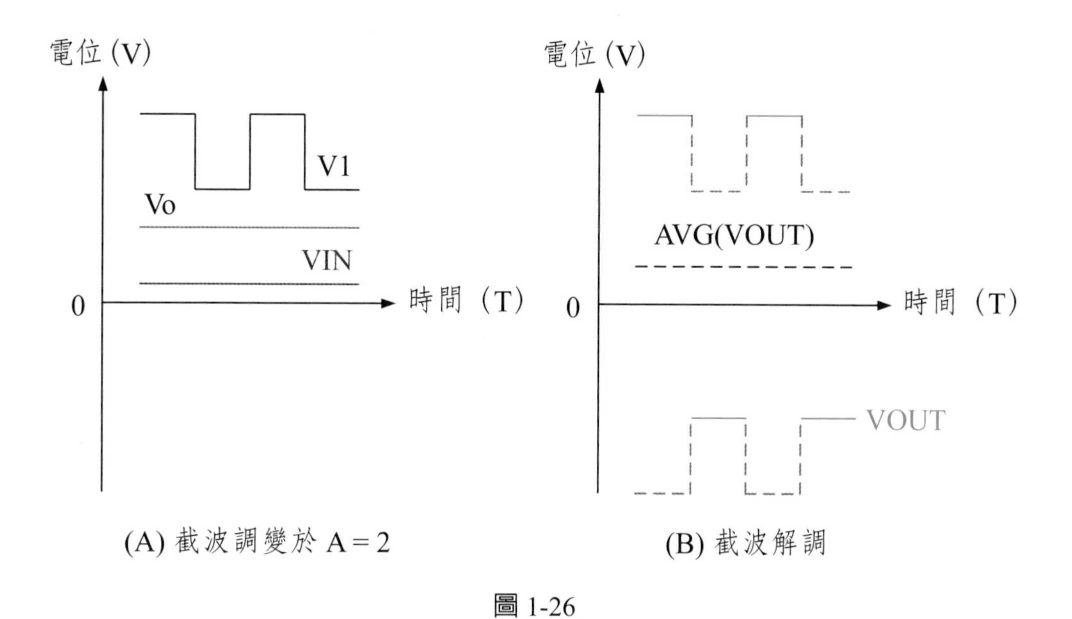

(A) 截波調變於 A = 2　　(B) 截波解調

圖 1-26

有的文獻中另有所謂 chopper stabilized amplifier。它通常指的是所擇放大器運用了截波或類截波技巧作爲輔助級，去搭配寬頻的主放大級，使得系統整體頻寬不受限於半截波頻率，卻又能穩定地消除偏置。也許，因爲早期該輔助放大級部分被稱爲 stabilizing amplifier，因此該技術才得其名。有些文獻把類截波放大器如 auto-zero amplifier（簡稱 AZA）也歸類到 chopper stabilized amplifier。

1.6.3 合旋轉和截波（combine spinning & chopping）

咱在 1.6.1 講旋轉電流技巧配合加算霍爾電壓、並抵消偏置電壓來自於感知器；隨後在 1.6.2 講截波技巧能搭配求平均電路，放大輸入電壓，並抵消偏置電壓來自於放大器。

此時魚與熊掌可否得兼？可。怎做？先承兩圖前的圖 1-24 標記，並假設 Vh 爲霍爾電壓，Vos 爲偏置電壓於霍爾元件，然後確保 VIN = Vh + Vos 於平行態，且 VIN = Vh – Vos 於交錯態，則咱可得結果如下：

調變處：

平行態 [||]：V1 = A((Vh + Vos) + Vo)　（6-1.6）

交錯態 [X]：V1 = A(–(Vh – Vos) + Vo)　（7-1.6）

解調處：

平行態 [||]：VOUT = V1　（8-1.6）

交錯態 [X]：VOUT = –V1　（9-1.6）

其中，Vh 爲霍爾電壓，Vos 爲偏置電壓於霍爾元件，Vo 爲偏置電壓於因此，兩解調信號取平均得 (VOUT[||] + VOUT[X])/2 = A*Vh。

因此，只要咱妥善地搭配旋轉電流與截波，原則上咱可同時受惠於該兩技巧（請注意 V1 有不同數值在 [11] 和 [X]，故 VOUT 和於兩態非 o）*。

1.7 電晶體——金氧半導元件（TRANSISTOR - MOS DEVICES）

判斷感知信號狀態需要檢測定量，屬強項於電晶體，其原文 transistor* 有轉阻管或側控電阻的味道，去統稱一類元件其偏壓於控制埠能影響阻值於輸出埠。故，藉觀察輸出埠的電流變化及其放大作用，狀態於控制埠就能被反推論予該電晶體。這表示若感知信號被引至控制埠，其狀態就可被轉至輸出埠去檢測。此特徵在 CMOS 電晶體更顯優勢，因爲 CMOS 有良好的隔離介於輸出埠和控制埠間，使得控制端可單純，但輸出檢測端卻可細緻。這也是電晶體的初衷之一。

CMOS 指的是一種製程予電晶體，全稱爲 complementary metal oxide

semiconductor。該製程提供 P 與 N 兩種特性互補的 MOS，因而得頭一字母 C。又因其有個三明治結構去控制電流量於電晶體通道，且該三層由上到下依序爲金屬層、氧化層和半導體層，所以得後三字母 M、O、S。整串中文唸起來叫「互補式金氧半導體」，有八字和八音節，太長了，即便叫「互金氧半」也耗四字和四音節，所以通常大家只稱 CMOS，有四字母、兩音節。

由於歷史原因，電晶體有其他稱呼如「管子」、「晶體管」，雖好唸，但不專搭 CMOS 製程。須知「雙載子接面電晶體」（bipolar junction transistor，簡稱 BJT）也可叫管子，但此時製程與 CMOS 不同。

不論是類比輸出或是數位輸出，CMOS 積體電路都在行。目前的混合信號（mixed signal）CMOS 製程提供相對精確又小尺寸的電容電阻給類比電路使用、兼容不同耐電壓程度和轉導特性的小尺寸 MOS 元件，使得設計者能同時追求功能、節電與微型化。CMOS 電晶體可做一電流閥。此電流閥功能經過百年演變至今仍占主流於電子零件，雖早年工藝不同於今。

舉例說，下圖 1-27(A) 展示一眞空管電晶體，被稱作三極體（triode），其靠網格端電壓去調節電流跨陰陽兩極；下圖 1-27(B)(C) 展示一組 CMOS 電晶體，靠閘極電壓去調節電流跨漏源兩極，其中 N 代表矽摻五族元素，P 代表矽摻三族元素。

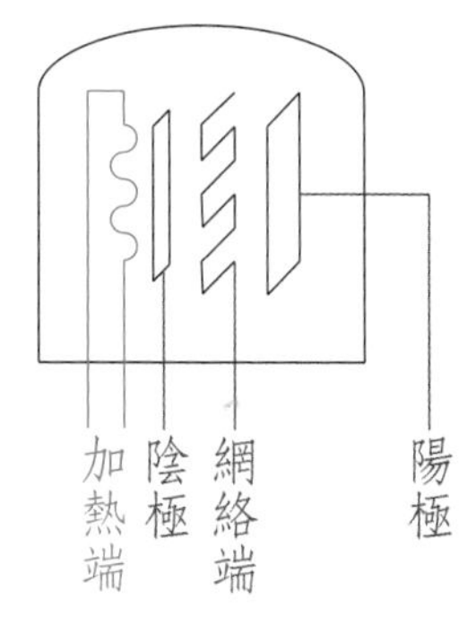

(A) 示意圖於真空管三極體

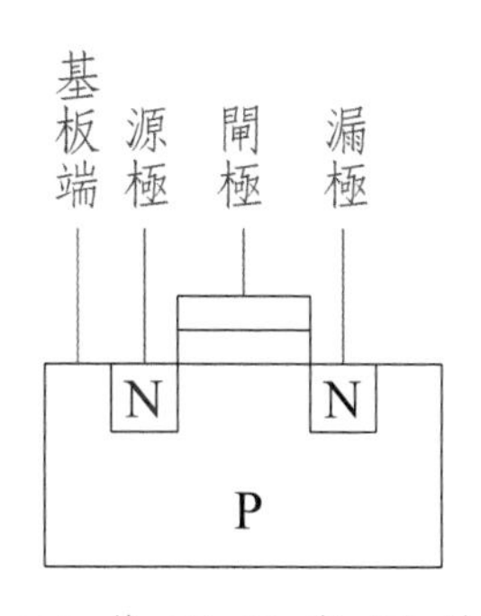

(B) 截面示意圖於 CMOS 的 NMOS

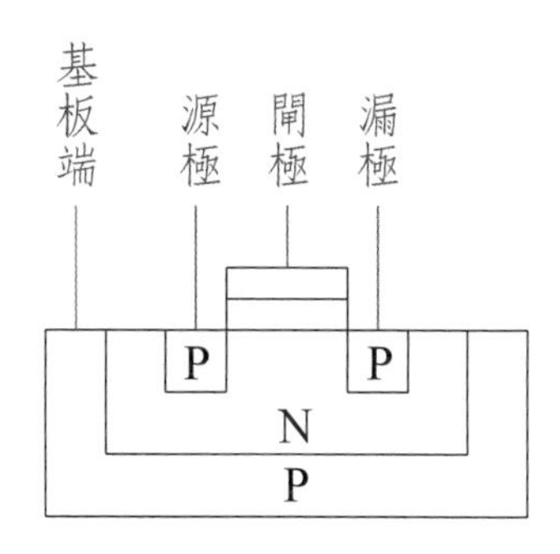

(C) 截面示意圖於 CMOS 的 PMOS

圖 1-27

三極體眞空管工藝依賴熱和眞空去產生游離電子，藉網格（grid）端電壓去對該游離電子產生吸引或排斥力，進而調節電流量跨陰極（cathode）與陽極（anode，用在三極管時亦稱 plate，因其起初長相如一平板）。其中 grid 因其起初長得像烤肉架（gridiron）而得名。grid 就像個閥，控制電流大小。若筆者沒查錯，這是上世紀 10 年代前的事。

CMOS 工藝依賴閘極電壓形成可動電載子，也憑藉閘極端電壓去調節電流量跨漏源兩極。閘極如同 grid 一般，就像個閥能控制電流。但閘極下的通道電流可依情況爲正或逆向，此點不同於眞空管的單向性。CMOS 的源極英文 source 代表源頭，是主要通道載子的出發點；漏極 drain 的英文代表排水管，表示主要載子離開處。相對三極體而論，CMOS 能展現更小體積，和小功耗（不需要像當年三極體熱到發亮才能操作一個電晶體），和更優穩定度。

若從常用符號去看三極體和 CMOS 電晶體，咱能察覺相似性。如下圖 1-28(A) 所示，三極體的加熱端腳位被省略，只留ㄇ字型記號示之。所以在符號上只剩收發電訊號的三極，其受控電流由 A 流向 K。一種 CMOS 電晶體符號如下圖 1-28(B)(C) 所示。雖然爲四端元件，但主要功能來自 D、G、S 三端。其中受控電流由 D 流向 S 或由 S 流向 D。對 CMOS 電晶體來說，S（source，代表源頭），通常被標示在主要載子進入端，但這只是一種標示

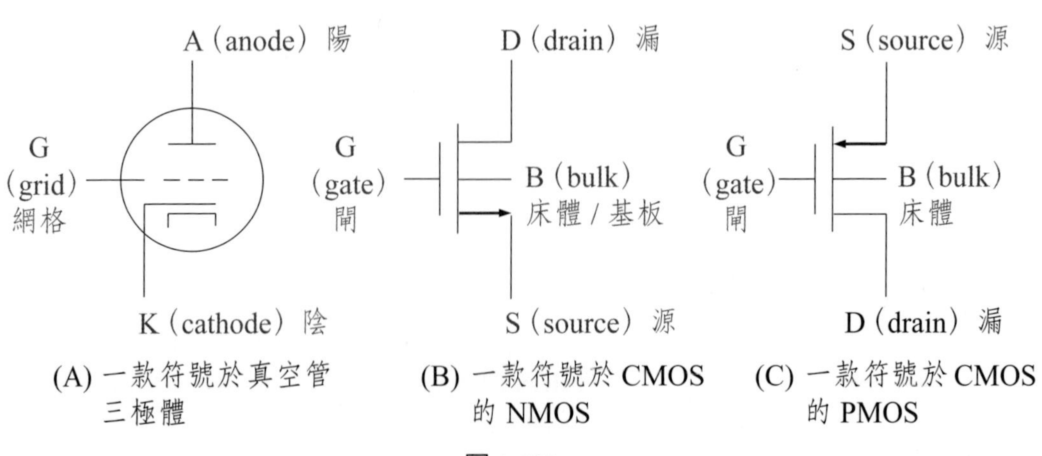

(A) 一款符號於真空管三極體
(B) 一款符號於 CMOS 的 NMOS
(C) 一款符號於 CMOS 的 PMOS

圖 1-28*

原則，即使在線路圖上標訂了 D 和 S，電流仍可能時而由 D 向 S 又時而由 S 向 D，這起因於偏壓情況和實體結構的對稱性。在布局上，D 和 S 經常結構相同而能互換角色憑藉改變偏壓。這點很不同於上圖 (A) 的三極體，其中電子總是由K向A運動，不會由A流向K，因K近加熱端而A遠離加熱端。

早年，眞空管電晶體就像心臟瓣膜一樣，只允許電流向單方向運動，如同心臟的瓣膜（valve，和閥字英文相同），因而當時有電晶體放大器被稱爲閥放大器（valve amplifier）。這種放大概念至今依然適用。比如 common cathode 放大器之於電晶體電路，其實就類似 common source 放大器之於 CMOS 電路，如下圖 1-29 所示。

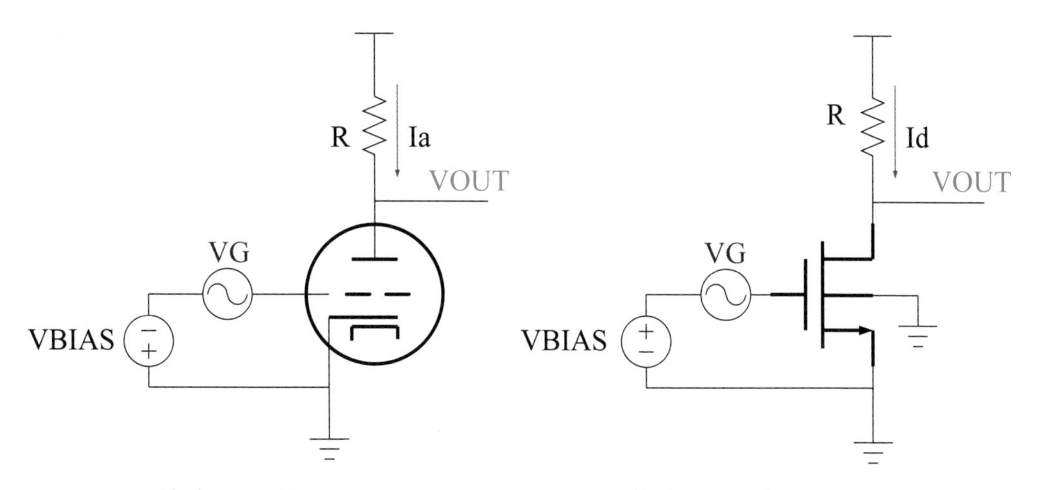

(A) 放大 VG 以 common cathode 結構伴真空管電晶體

(B) 放大 VG 以 common source 結構伴 MOS 電晶體

圖 1-29

上圖 1-29(A)(B) 主要概念相同，小地方相異。該兩圖皆示意有電流調整去因應變化於輸入電位 VG。VG 像控制了電流閥鬆緊，能調節陽極電流 Ia 和漏極電流 Id。Ia 和 Id 皆通過 R 去產生電位變化於 VOUT，且此量變能大於其在 VG，只要 R 值恰當。因此，當配合適當偏壓，電流閥和電阻就成爲晢核心於放大功能。

由於早年眞空管放大器被稱爲 tube amplifier，直接翻譯被稱爲管子放大器，所以到今天有些人仍然稱 CMOS 電晶體爲晶體管，或管子，雖然它們現在已經長成了其他形狀。

上圖 1-29 中 (A)(B) 兩子圖各用一不同的接法予 VBIAS，這肇因於元件特性不同。眞空管三極體，有特性曲線如下圖 1-30(A) 所示，整體來說並不線性。這問題也發生在 CMOS 特性曲線，當電晶體操作在和弱反轉區和飽和區時，其如下圖 1-30(A)(B) 所示。若設計者追求高線性度予放大，則他通常有兩種選擇可以考慮：第一種方法是約束控制信號在小範圍內，使輸出入差分信號關係近似線性。第二種方法是用回授技巧，使放大倍率可被控制於其他因素，如電阻值。

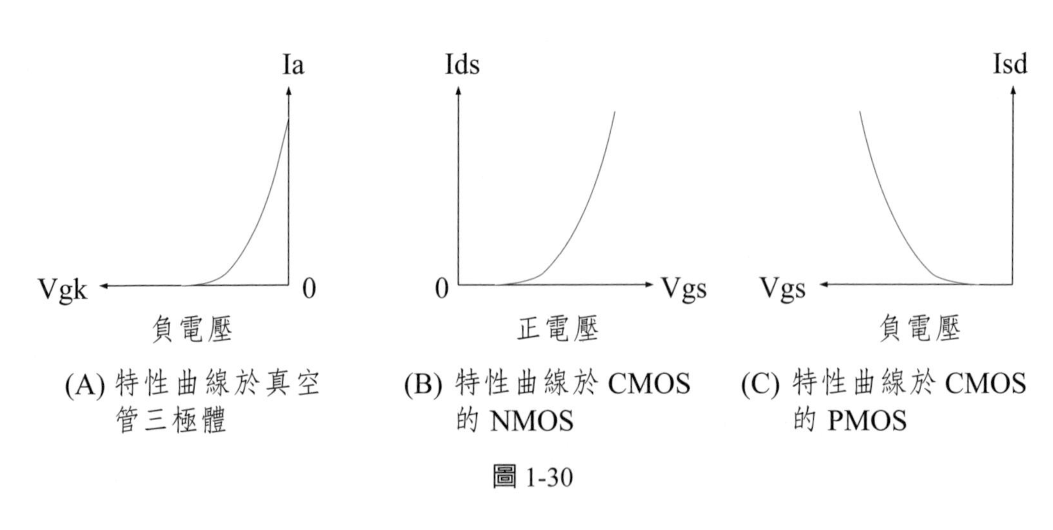

(A) 特性曲線於真空管三極體

(B) 特性曲線於 CMOS 的 NMOS

(C) 特性曲線於 CMOS 的 PMOS

圖 1-30

CMOS 管子有個好處，就是當其在飽和區（saturation region）工作時其輸出阻抗 ro 甚大，有利於搭配轉導 gm 特性去產生大的開迴路增益（open loop gain）。該增益若搭配回授，可助提升線性度、並降低誤差。

高輸出阻抗予飽和區還能間接使 MOS 成爲一個單埠控制元件。在三極區（triode region，又稱線性區）中，Ids 於 MOS 受控於三端電壓，並可被決定於 Vds 和 Vgs 兩變數，即有兩埠一起影響電流。而在飽和區中，Ids 幾乎只受 Vgs 影響，即僅靠單埠、雙端就能決定電流，使電流鏡等參考電路能被簡單地實現。

咱回憶一下早年教科書裡關於 CMOS 知識如下表 1-2、表 1-3 所示：

表 1-2

MOS 操作區	I_D（漏級電流 [A]）	g_m（小信號轉導[A/V]）
飽和區（saturation region）	$\frac{1}{2}\mu C_{ox}\frac{W}{L}(V_{GS}-V_{TH})^2$	$\mu C_{ox}\frac{W}{L}(V_{GS}-V_{TH})$
線性區（linear region）	$\mu C_{ox}\frac{W}{L}[(V_{GS}-V_{TH})V_{DS}-\frac{1}{2}V_{DS}{}^2]$	$\mu C_{ox}\frac{W}{L}V_{DS}$
弱反轉區（weak inversion region）	$I_{DO}\frac{W}{L}e^{q(V_{GS}-V_{TH})/nkT}$	$\frac{qI_D}{nkT}$

有時上表的內容還有其他方式表示如下表：

表 1-3

其他等價的表達方式		
NMOS 操作區	I_D（漏級電流 [A]）	g_m（小信號轉導 [A/V]）
飽和區（saturation region）	$\frac{1}{2}\beta(V_{GS}-V_{TH})^2$	$\beta(V_{GS}-V_{TH})$，or $\sqrt{2\mu C_{ox}\frac{W}{L}I_D}$，or $\frac{I_D}{V_{GS}-V_{TH}}$
線性區（linear region）	$\beta[(V_{GS}-V_{TH})V_{DS}-\frac{1}{2}V_{DS}{}^2]$	βV_{DS}

註：若 $I_D=\frac{1}{2}\beta(V_{GS}-V_{TH})^2(1+\lambda V_{DS})$，則 $r_o=\left(\frac{\partial I_D}{\partial V_{DS}}\right)^{-1}\approx\frac{1}{\lambda I_D}$。

處理線性電路時，前輩工程師通常會要求新進工程師關注電晶體的 V_satmargin（代表 saturation margin voltage）、gm、ro 等幾項參數，從而確定電晶體有足夠餘裕去應付製程變異、確保電晶體在飽和區內工作同時儘可能提升電路特性。比如在下圖 1-31(A) 的設定中，先確保 Vgs > Vth（即電晶體閾值），咱可接著繪出 Ids 與 gm 曲線如下圖 1-31(B)(C) 所示。該組曲線在 P 點右側爲飽和區，分界點爲 Vds = Vgs – Vth。Vm 即 V_satmargin 簡寫，其表示距離自 Vds 到該分界點，即 Vds – (Vgs – Vth)。可見 Vm 在 R 點大於其在 Q 點，表示裕度較大，即使製程稍有變化，也較能維持在飽和區內。

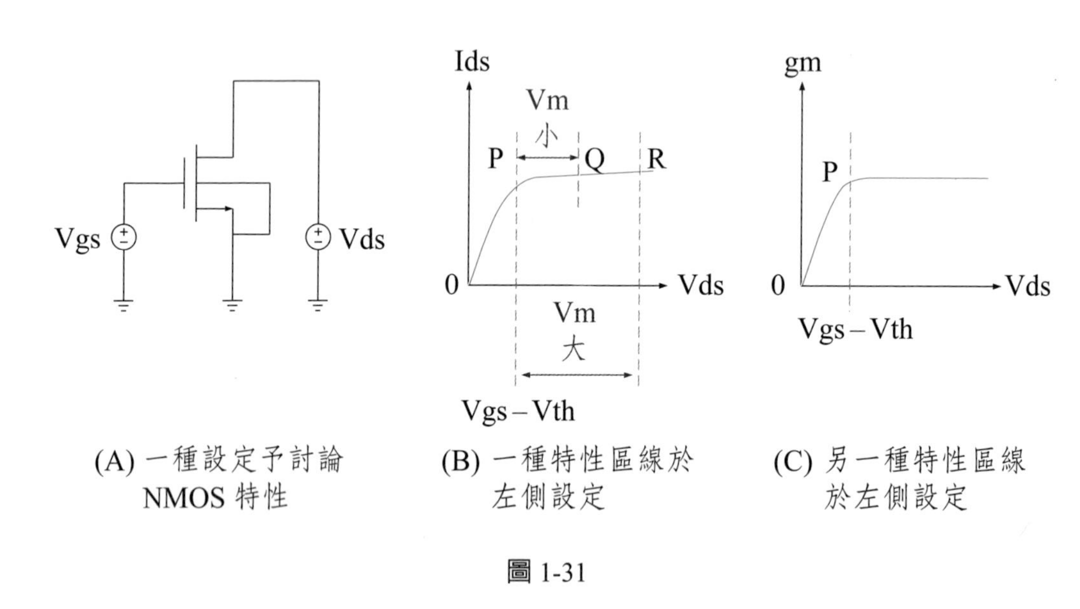

(A) 一種設定予討論 NMOS 特性　(B) 一種特性區線於左側設定　(C) 另一種特性區線於左側設定

圖 1-31

筆者做學生時，類比電路教科書包括 [9][10][11] 都以 CMOS 元件爲基礎。當時 [12] 的教科書額外涉及了 BJT 元件，但是也包含了許多 CMOS 的討論。

若咱稱 MOS 爲管子，則當該些管子被組成邏輯閘（logic gate）時，有近 0 的靜態漏極電流，和兩極化的輸出電位。所謂邏輯閘表示管子的閘門不是全開就是全關，沒有半開或半關的終止態，適合實現數位電路。因爲這類邏輯閘有低漏電，所以有利於高密度集成，算一關鍵於諸主因其讓現今積體電路（integrated circuit，簡稱 IC）能做非常大規模集成（very large scale integration，簡稱 VLSI）。

CMOS 技術發展占了大篇幅於臺灣的積體電路史。電路設計師的工作型態也大有變化。早年電路功能常由類比電路完成，WIKI 上載有文章說傳奇人物 Bob Widlar 當年發明了許多類比電路後評論到「every idiot can count to one」，去詰問只有 0 和 1 有何困難，開了數位電路一大玩笑。據說這則軼事爲上世紀 60 年代的事，不一定精確。

現即使小如磁感測系統，也已經無法避免大量數位電路作爲其骨幹。筆者剛開始設計全系統晶片時，還可以直接修改電路圖、繪製通訊系統於軟體去令其接收指令、改變指令作用。當時的心態是找出一套簡單方案，把數位功能制式地對應到若干基本模塊，比如需要迴圈功能就放個計數器、需要狀態記憶元件就放個正反器等等，把任務變成拼樂高。這種工作現在都被自動合成取代。類比積體電路設計師會請專職的數位電路設計師幫忙完成這類工作。其實從上世紀 70 年代起，這種生態就有跡可循。

可以說，現在的電路設計極度依賴電腦設計輔助（EDA）工具，才能處理複雜任務、預測複雜行爲。比方想預測電路的統計特性，常需要運用晶圓廠提供的特製電晶體模型去進行蒙地卡羅式模擬、想確知穩定度就必須請軟體做穩定度分析，這些東西由電腦做只是一瞬間的事，但是由人來做那就日月無光很沒效率。所以現在的電路設計師的工作有很多像在打電動玩具一般。這也說明積體電路設計在方方面面都是依賴性很高的行業，軟硬體設備往往都索價不菲，卻又缺一不可。

現在的設計者鑽研技術時還需要另一種眼光，去了解，今天咱花了兩禮拜推敲的事，在世界上另一個地方都有可能有人只按一個按鍵就在數分鐘內把所有事情都做完了。換言之，完成一次設計很重要，將慣例自動化也很重要。反覆用人去做機器的事能有效浪費國力。

通常 CMOS 電路設計師也需要知道一些其他元件特性，比如 BJT（bipolar junction transistor）。在未來還有其他元件等著設計者學習應用。咱略過這些大部分，只列出一些常用特性表格給 BJT，去作爲參照和 CMOS 比較，咱把 BJT 元件的 Ebers-Moll 電流模型和相關算式陳列於圖 1-32、表 1-4、表 1-5、圖 1-33 和表 1-6：

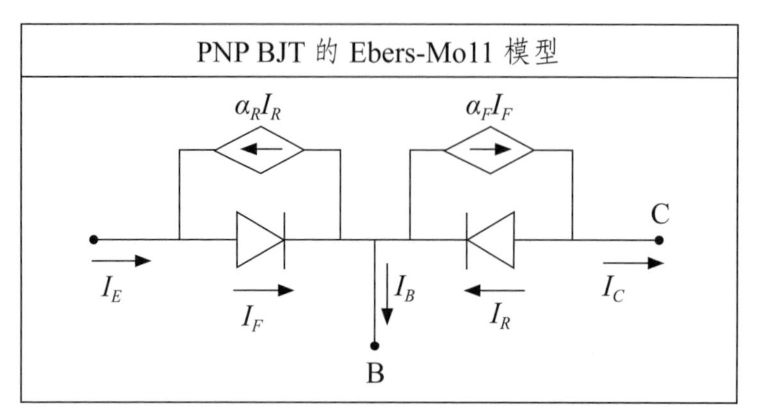

圖 1-32

表 1-4

主要電流公式之於 PNP BJT 的 Ebers-Moll 模型
$I_E = I_{F0}(e^{V_{EB}/V_T} - 1) - \alpha_R I_{R0}(e^{V_{CB}/V_T} - 1)$ $I_C = \alpha_F I_{F0}(e^{V_{EB}/V_T} - 1) - I_{R0}(e^{V_{CB}/V_T} - 1)$ $I_F = I_{F0}(e^{V_{EB}/V_T} - 1)$ $I_R = I_{R0}(e^{V_{CB}/V_T} - 1)$

表 1-5

近似公式之於 PNP BJT 的 Ebers-Moll 模型 條件為 ACTIVE 區 $V_{EB} > 0$，$V_{CB} < 0$
$I_E \sim I_{F0}\, e^{V_{EB}/V_T}$ $I_C \sim \alpha_F I_{F0}\, e^{V_{EB}/V_T}$ $I_B \sim (1 - \alpha_F)\, e^{V_{EB}/V_T}$ $\frac{I_C}{I_E} \sim \alpha_F$ $\frac{I_C}{I_B} \sim \frac{\alpha_F}{1 - \alpha_F} = \beta_F$

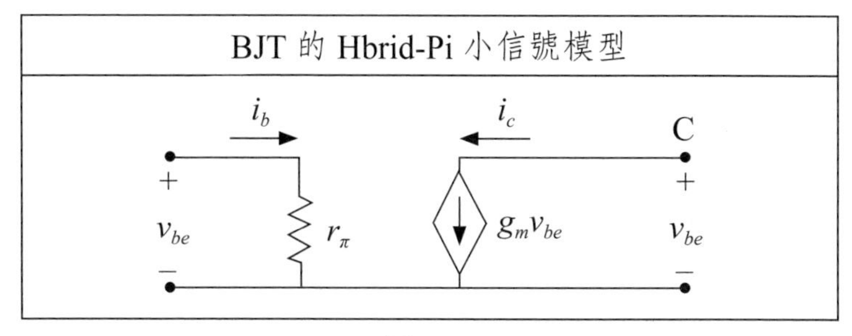

圖 1-33

表 1-6

主要參數於 Hbrid-Pi 小信號模型（ACTIVE 區）
$g_m=\frac{\partial IC}{\partial V_{EB}}=\frac{I_C}{V_T}$
$r_\pi=\frac{1}{\frac{\partial I_B}{\partial V_{EB}}}=\frac{V_T}{I_B}=\frac{I_C}{I_B}\frac{1}{g_m}$

看過了以上圖表 [13] 之於 BJT，咱首先發現 BJT 的各端點的電流都以指數型態表示，一眼看下去就比較複雜。辛苦了，學微電子的同行們。

老式的類比積體電路教科書採取由底層向上（bottom up）手段，先細講半導體元件物理，再說基本模組如放大器、比較器等等。這條路子鋪陳足，底蘊夠。但這只是手段，很花時間，絕非目的。

設計者的思維通常是由上往下（top down），擇所需而習之，不用會的可以日後再會。若能在埋頭學習之前先看到一個前景，以實現諸功能其管用或有潛力爲前提去學習，學習會比較有方向、水到渠成。

詞彙釐清：一般所謂的閾值有時在本書內被稱為閥值，其實是起因於該值有流量閥的概念，表達一個門檻的參數，英文稱 threshold，是類似的東西。

1.8 於語言——右分支（ON LANGUAGE-RIGHT BRANCHING）

在本書，雖然工程部分占大部分篇幅，但整體目的卻更偏重人文。怎回事呢？咱在每章末段提一些相關人文語言部分，做漸近式引導，最後再集大成於末章，讀者就會明白了。

咱在這書裡刻意增加了右分支語法（right branching，簡稱 RB）的比重。簡單說，RB 就是主體在左（前），修飾在右（後）的句法。比如咱在章節 1.4 中說「函數於夾角」就屬 RB，若說「夾角的函數」就屬 left branching，簡稱 LB。

另外，咱也經常地調整語序，運用右分支語法去搭配就近修飾。比如一例句如章節 1.2.1 所載：

「磁滯曲線圖與其參數乃相當重要於磁通閘感測器應用，其通常搭配交流 H 場，使感知磁環交替操作於磁飽和與非飽和區」。

（句 1）

在一般情況下，咱可能會轉述該句如下：

「磁滯曲線圖與其參數對磁通閘感測器應用來說相當重要。磁通閘常搭配交流 H 場，使感知磁環交替操作於磁飽和與非飽和區」。

（句 2）

讀者會說「我知道，然後呢？這有何意義？」

咱就先從結果說起。首先看句 2，A「磁滯曲線圖與其參數」和 B「相當重要」之間隔了一大堆字，而且 C「磁通閘感測器」和 D「常搭配交流 H 場」之間又隔了一堆字。也就是說，咱想關聯 A 和 B、並且關聯 C 和 D，但是咱卻描述於 ACBD 的穿插順序，沒有做到就近修飾。

ABC 結構於句 1 有較多 RB 的味道；ACB 結構於句 2 相較之下多了一些 LB 的味道。咱在最後一章會更精確計算一個句子裡有幾個 RB 和 LB。上述句 1 和句 2 都兼具 RB 和 LB，只是比重不同。咱發現只要改變 BC 順序，就能避免 ACBD 的交錯模式於句 2，去獲得 ABCD 的串流模式。

從視覺角度上來講，這就像電影分鏡。成龍的打鬥電影習慣採取「ABCD」的運鏡方式，啥意思呢？那就是動作和反應被放在同一鏡頭中、依序發生，好比一拳打去人的頭後仰，大家很有感覺，因爲沒有分鏡。但是有些電影會把出拳和頭後仰分成兩個鏡頭，這種視覺上的中斷，就會造成因果感和關聯感降低，就像「ACB，D」。在第 6 章時，咱會把這個比喻再用到環狀分析上。咱先繼續往 RB 概念前進。

若做英文翻譯於改述前的文句，則咱可得如下：

「the hysterysis curve and its parameters are very important to **flxugate sensor applications, which usually work with alternating H field**, making the sensing magnetic ring alternately operate in the saturation and non-saturation region」

（句 3）

大家有沒有注意到這回 A 和 B 用底線標出、之間只多了一個 copula「are」，且 C 和 D 用粗體標出、之間只有逗點和 which。這種句型的第一個特點就是那被關聯者依序緊接出現。比如咱寫數學證明

X = >Y = >Z（有如單一鏡頭，不需斷句）

這代表：

X = >Y，Y = >Z，所以 X = >Z（有如好的分鏡，語序好）

比如下更容易懂：

Y = >Z，X = >Y，所以 X = >Z（有如糟糕的分鏡，語序糟）

這最後一個證明把因果順序改變了方向，本來從左到右一直線就完成的視覺運動可以配合邏輯演化方向，但是糟糕的分鏡中斷了這個節奏，也就是當咱的視線要沿 X = >Y 向右尋找結果，咱卻被迫把視線向左移，到 Y = >Z，這種分鏡迫使視覺運動衝突邏輯慣性方向，不利於記憶。而在單一鏡頭或好的分鏡裡，尾軍自動成爲前軍，可立即拖曳更多尾軍，如同火車一般，可拖曳很多節車廂，但只需一個火車頭。

第二個特點爲，雖它是一長句，但咱可從中輕易分出多個句子，且在視覺上區分出完整不零散的段落。比如雖然咱寫 G = >H = >I，但實際上咱了解可分解爲 G = >H，H = >I 的關係，不僅憑理解達成，因爲視覺上也給出這樣位置關係。

以上所說的兩個特點，使得英文能製造長句，讓讀者能從簡單的直線運動裡讀出豐富的關係。這些都和 RB 很有關。中文若要像英文般能掌握長句好處，最重點不在於改成拼音像日文一樣，而是在善用語序、改變語序。

在短句中，讀者不一定能感受到 RB 的好處。可是在工程專利類文件裡，讀者動輒看到四五個逗點或頓點以上的分鏡效果，那時候 LB 就嚴重阻礙了理解，讓閱讀和翻譯都費事，這點將再被申論於末章。

然而，若要有效運用 RB，中文必須做出一些配套調整，其中除了微調一些字詞和其用法之外，最重要的一項在於「簡化」這兩字。

咱先做個引子，介紹一種字母集，其筆者當初爲了速寫而設，後來發現大發展潛力於這類設計，就稱其爲「單筆號」，簡稱「單筆」，英暫名爲「Danby Suite」，除最後一個外，其他每個單筆都可被一筆畫完成。舊版的單筆號如下圖 1-34 所示：

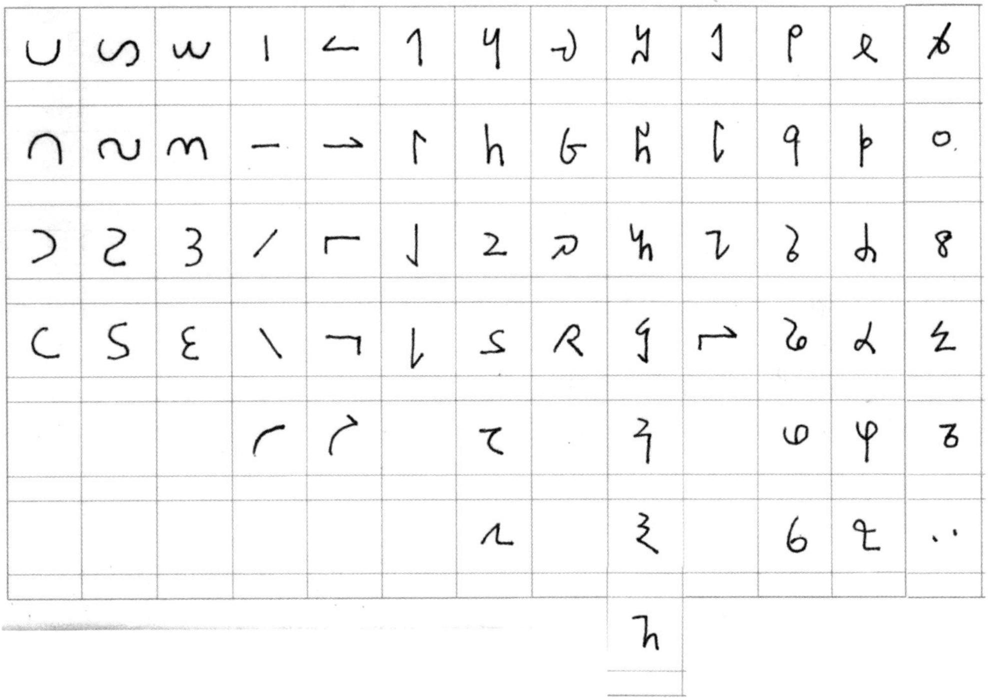

圖 1-34

這些筆號被應用到一種中文字體叫做「拼筆字形」，簡稱「拼筆」，英文暫名爲「Pinby Font」，其中每個中文字都被對應到一個「拼筆字」，其大部分僅需少於五個單筆。

舉例來說咱摘錄先前句 1，稍改幾個字變成「滯迴曲線是極重要於磁通閘應用，其通常搭配交流 H 場」，然後用拼筆字寫如下圖 1-35。

圖中數字代表單筆數量，比方「滯」用了六個單筆，「是」用了二個。所以該文字片段共用了七十九個單筆，每個單筆顧名思義都用一筆畫完成（若咱參照圖 1-34，最後一個符號是唯一的例外）。上圖中於字對應了一個奇怪的拼筆，那是因爲於字在 RB 裡有特殊地位，相當重要，所以才被賦予一個特殊拼法。

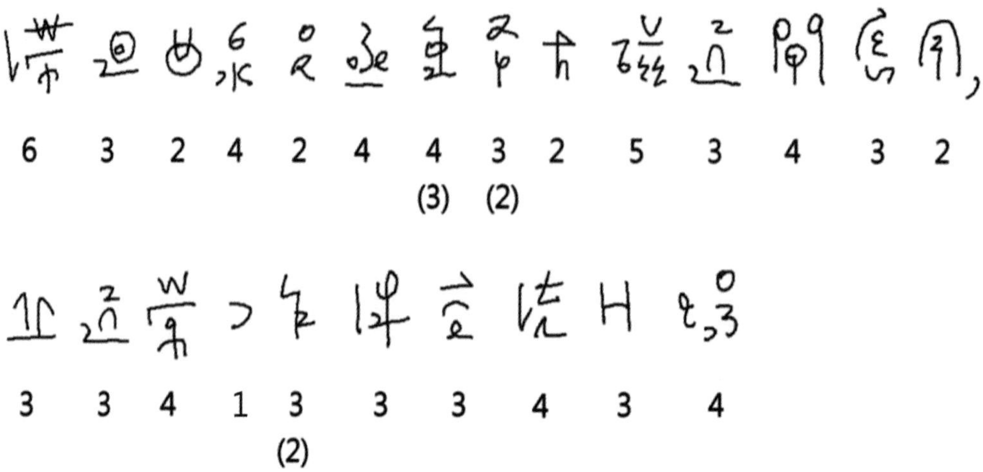

6 3 2 4 2 4 4 3 2 5 3 4 3 2
(3) (2)

3 3 4 1 3 3 3 4 3 4
(2)

圖 1-35

咱把上圖這片段改寫成英文，並省去 the 字，就得下圖 1-36：

hysteresis curve is very important to fluxgate applications,
10 5 2 4 9 2 8 12

which usually work with alternating H field
5 7 4 4 11 1 5

圖 1-36

咱先不管英文常用的 the 字，僅比較剩下的部分，咱發現拼筆字於圖 1-35 版本用了七十九個單筆，而英文於圖 1-36 版本用八十九個字母。若咱用繁體中文寫，就得到下圖 1-37 版本，共有 223 畫，幾乎三倍於前兩者。

這告訴咱一件事，減少筆畫是容易理解的簡化，而雖然改變語序也能造成極重要的簡化，其效果卻較不易被理解。為了兼具這兩效果，簡化不只需要有普遍性、使每字都受其益，同時還要有針對性——尤其針對那些關鍵字詞其為優化語序所需者，更要全面仔細地簡化。

滯 迴 曲 線 是 極 重 要 於 磁 通 閘 應 用，
13 9 6 15 9 13 9 9 8 14 10 13 14 5
其 通 常 工 作 伴 交 流 H 場
8 10 11 3 7 7 6 9 3 12

圖 1-37

讀者可能會說，咱有電腦，有了好輸入法可以彌補這類缺失。某個程度上確實如此，但根本問題沒有解決。讀者可能還會說，拼筆字太自由心證，咱怎知道繁體字怎轉成拼筆字呢？這是一個好問題，這些咱會討論於後續章節。

咱現在回到 RB 結構，請讀者看看，上面的句子裡，哪些字是促成就近修飾的關鍵？答案是「於」和「其」。

「於」字使得修飾可以跟在主體之後，可以被變通用來發揮 [of、in、on」之類的功用，它的作用包括連接、並表達邏輯、空間、時間上的關係（英文上，表達時空關係的連接詞被稱作介系詞）。但無論它叫什麼，它都是核心部件於 RB 語法，猶如車廂掛鉤於兩火車箱間，讓更多車廂能一節一節地接上去。咱其實平常說大於、等於、小於其實就已經把於字當車廂掛鉤在用。「其」字詞性雖不同，但也起掛鉤的作用讓修飾語自己可以立即再被修飾。

剛開始練習時只講「於」字會讓人有些不適應，比如有些人一開始無法適應「我們來看分析於實驗結果」這類講法，非要講「我們來看實驗結果的分析」才習慣。這時，把「於」字改成「關於」兩字就會順口一點，比方「我們來看分析關於實驗結果」。練習 RB 在書寫更容易於口語，上述把「於」字變成「關於」兩字只是一種手段去讓自己更常運用 RB。

這有啥關係於簡化呢？有的，因爲這些車廂掛鉤經常出現於語句中，若不被簡化，將成爲大量負荷於口語和書寫上。您看英文的連接詞和介系詞是不是普遍都用很少字母？比如（of、in、on、at、for、when 等等）這背後的道理就是因爲重要，所以讓它簡單，因爲簡單，所以有力。所以大家看圖 1-35 裡的「是」字只用了兩單筆「其」字只用了三單筆，就是這個原因，而且發音只有一個音節。若做不到如此簡單，實用性就會大大下降。讀者可以注意到圖 1-35 雖然看起來有點草，但是讀者並不難認出這些字，基本上只要有學過中文的大多就看得懂。這告訴咱一件事，那就是簡化後若仍可辨識、與原字有相似性，則可用性將提高很多。

拼筆字將被持續用在往後章節，去討論問題於傳統理工科範疇，但是它的最終目標是能作爲所有科別的工具，包括生、醫、文、法、商。大家也別擔心，單筆號能對應注音和英文，也能對應很多部首，可作爲簡單的轉換工具，能做字型工具、也能做拼音工具，有很多功能。等到末章，咱會用語法結構圖去總結一個重點。

本部分作爲一個引子開場，咱加重了 RB 比重到文句裡於第 1 章。將來咱也會申論 LB 格式的好處和壞處。咱現再回到工程問題。

練習（Exercise）

練習 1.1（derivation of hall voltage）

一垂直霍爾元件有三視圖如下，其長寬厚分別爲 L、W、d，受一垂直磁場 B。請估計 (1) 霍爾電壓 Vh = Vb − Va，在磁力抵銷電力時。洛倫茲磁力 F = qvB。電力爲 –Vh/W。電洞飄移速度 v 可估計於下圖所示，有關於電流 I、正電荷單位電量 q、電洞密度 p、以及導材尺寸。

(2) 若 Va 和 Vb 接點位置沿 L 方向移動，使兩者其更接近 Vdd，則是否 Vh 改變而不同於估計？若是，何以？

(3) 若使厚度 d 變薄，是否使 Vh 增大？代價爲何？

提示 本練習旨在幫助理解成因於霍爾電壓。它可搭配 1.3.1 小節。

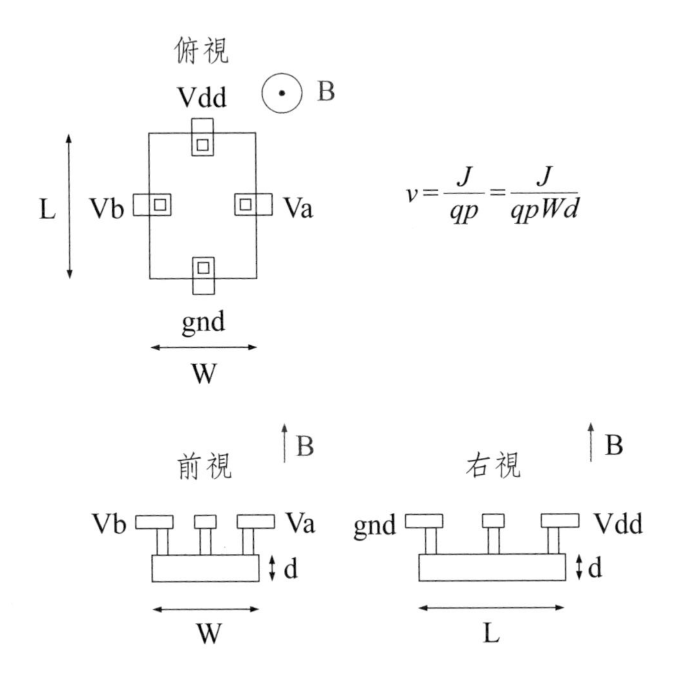

練習 1.2（understanding offset）

請估計偏置電壓於以下四種情況，依據某工程師所得垂直霍爾元件樣品和測量狀況如下圖和下表（圖中斜線處為 P-type、其他處為 N-type、虛線代表 N1 和 N5 被金屬線連接、測量時敏感軸的磁場為 0）：

(1) N3 接 2V，N1 和 N5 接 0V，N2 測得 Vb、N4 測得 Va，偏置為 Vb-Va。

(2) N3 接 0V，N1 和 N5 接 2V，N2 測得 Va、N4 測得 Vb，偏置為 Vb-Va。

(3) N2 接 2V，N4 接 0V，N3 測得 Vb、N1 和 N5 測得 Va，偏置為 Vb-Va。

(4) N2 接 0V，N4 接 2V，N3 測得 Va、N1 和 N5 測得 Vb，偏置為 Vb-Va。

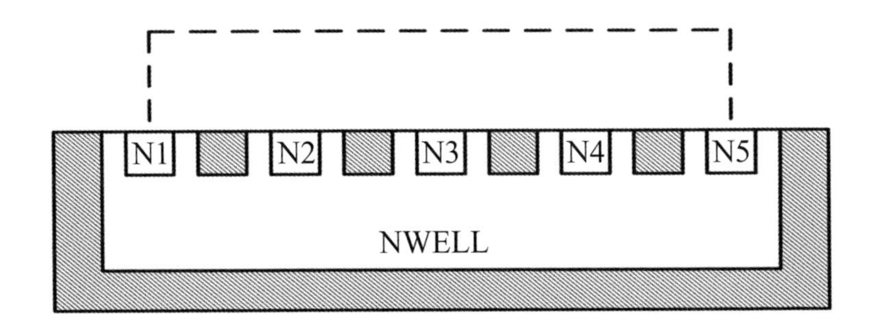

阻值表	N1	N2	N3	N4	N5
N1		1050			
N2	1050		1000		
N3		1000		1010	
N4			1010		1040
N5				1040	

上表數字單位為 Ω

提示 本練習旨在用阻值去算偏置、觀察對稱性。它可搭配 1.3.2 小節。

練習 1.3（temperature compensation of sensitivity）

請估計出 AMR 全橋溫飄在 S 閉合時。此時 S 左側的溫度補償電路與 AMR 全橋連接。該溫飄應該要更緩於原始的 AMR 全橋溫飄於下表。其原理在於── 當溫度升高時，讓 AMR 全橋獲得更多電流去補償感度的損失。

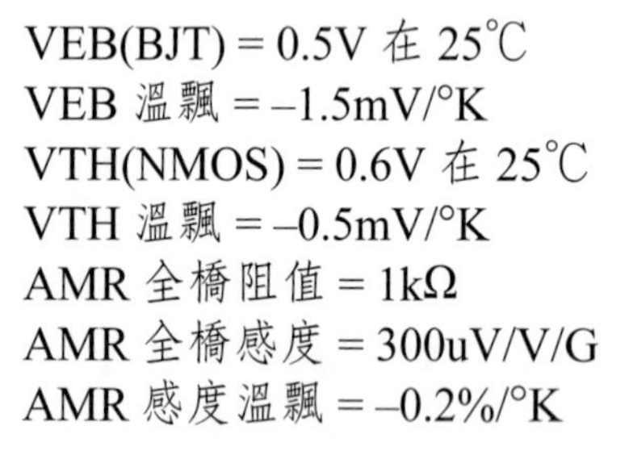

VEB(BJT) = 0.5V 在 25℃
VEB 溫飄 = –1.5mV/°K
VTH(NMOS) = 0.6V 在 25℃
VTH 溫飄 = –0.5mV/°K
AMR 全橋阻值 = 1kΩ
AMR 全橋感度 = 300uV/V/G
AMR 感度溫飄 = –0.2%/°K

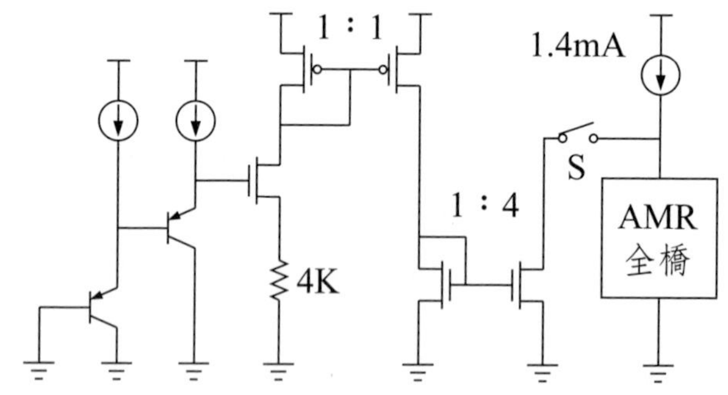

提示 本練習旨在熟悉磁感知器規格。可搭配 1.2.2 小節、1.5 節和 2.4.5 小節。

文獻目錄

1. Michael J. Caruso,Tamara Bratland, Dr. Carl H. Smith, Robert Schneider [A new perspective on magnetic field sensing] 網文於 Honeywell
2. 鄭振宗 [Fluxgate and its application to current sensing] 2016 投影片
3. Mirjana Banjevic [High Bandwidth CMOS Magnetic Sensors Based on the Miniaturized Circular Vertical Hall Device] 2011 博士論文於 Polytech Lausanne
4. Hadi Heidari, Umberto Gatti, Franco Maloberti [Sensitivity Characteristics of Horizontal and Vertical Hall Sensors in the Voltage- and Current-Mode] 2015 期刊於 IEEE
5. Robert Guyol [AN1314-APPLICATION NOTE] Analog Devices
6. Hyungil Chae [Circuit Modeling of a Hall Plate for Hall Sensor Optimization] 2017 期刊於 JSTS，網文 ISSN2233-4866
7. Hioka Takaaki, Omi Toshihiko〔測霍爾感測器〕2015 中華民國專利於精工電子
8. 蕭家源〔電子儀表〕2009 書 ISBN978-957-21-7182-0 於全華圖書
9. Behzad Razavi [Design of Analog CMOS Integrated Circuits] 2001 書 ISBN0-07-118839-8
10. R. Jacob Baker [CMOS circuit design, layout, and simulation] 2007 書 ISBN978-0-470-22941Revised2ndEdition
11. P. E. Allen, D. R. Holberg [CMOS Analog Circuit Design] 2002 書 ISBN0-19-511644-5
12. P. R. Gray, P. J. Hurst, S. H. Lewis, R. G. Meyer [ANALYSIS AND DESIGN OF ANALOG INTEGRATEDCIRCUITS] 2001 書 ISBN9780471321682
13. R. F. Pierret [Semiconductor Device Fundamentals] 1996 書 ISBN0-201-54393-1
14. 盧明智、盧映宇〔感測器應用與線路分析〕2018 書 ISBN978-957-21-6290-3

第二章

放大偵測訊號並數位化

2.1 為何放大（WHY AMPLIFICATION？）

磁感知器的輸出差動電壓常很微小，其常需被放大予進一步處理。

舉例說，一霍爾電壓可能小於電路噪聲，導致系統無法判定有無磁場。此概念可用下圖 2-1 說明，其中，比較器用輸出 1 表示環境磁場爲正、用輸出 0 表示磁場爲負。因霍爾元件感度低，其輸出霍爾電壓 S 僅 10uV 於 1G 磁場下。這使比較器收一信噪比 SNR 僅 $P(S)/P(N) = (10uV/100uV)^2 = 0.01$。

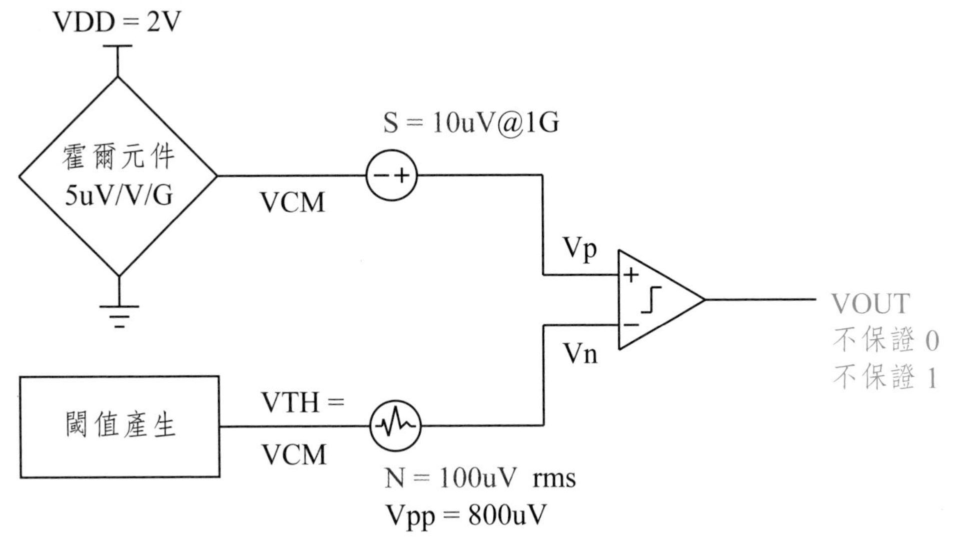

示意圖：信噪比 P(S)/P(N) 太低，無法鑑別是否輸出 Vp > 閾值 VTH 於 1G 磁場下

圖 2-1

上圖 2-1 中，VCM 爲輸出電壓於霍爾元件在 0 磁場態；VCM 也是閾值 VTH；N 則爲噪聲其來自閾值產生器。

上圖 2-1 喻：雖 Vp = 10uV + VCM，已大於閾值 VTH = VCM，但 Vn 仍時高於 Vp、時低於 Vp，使比較器輸出不定，其肇因於 N。

且因 N 的峰對峰值 Vpp 在上圖爲 800uV，結果咱或需 40G 以上的磁場才可能確保輸出為 1，否則就需 40G 以下才可能確保輸出總是為 0。這樣的鑑別力往往過於粗糙。

換句話說，當比較器輸出為 1 時，磁場可能是 20G，也可能是 –30G 或其他數值。這種動輒數十 G 的誤差，缺精確度而妨礙判別小磁場。

因此，放大感知電壓、提高信噪比，讓其後級電路能解析它於更高精度，就是主要任務於前端電路（analog frontend circuit，簡稱 AFE）。該 AFE 即以放大器為核心。此概念可由下圖 2-2 表示：

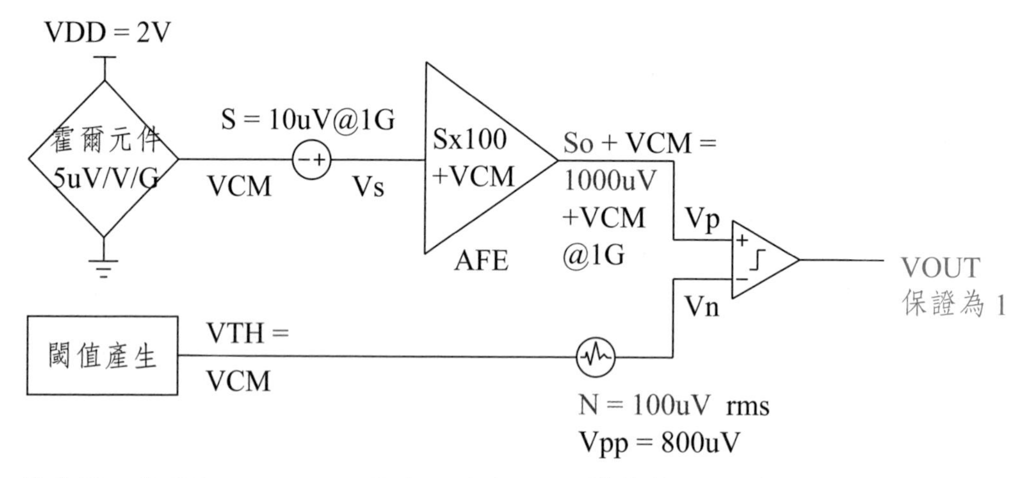

示意圖：信噪比 P(So)/P(N) 夠高，確定 Vp > 閾值於 1G 磁場下

圖 2-2

上圖 2-2 說明若咱能將霍爾信號 S 放大一百倍，則同樣在 1G 磁場下就能得到 $SNR = P(So)/P(N) = (1000uV/100uV)^2 = 100$。這裡電壓平方非真的功率單位，但在討論噪聲時，慣用它為功率單位，這點在第 4 章將被再論且註解。上圖中被放大的訊號 So > 峰對峰值 Vpp 於噪聲 N。續推得 Vp = So + VCM > VTH + Vpp > Vn，使比較器必給出 1。所以當比較器輸出剛從 0 轉態成 1 時，咱可確定誤差絕對值於磁場必小於 1G。這精確度就高了許多，相較先前無放大例言。

一乍看，放大器能提高系統精度。但，放大感知信號會帶來額外挑戰，咱稍後申論。

一些應用如電子羅盤要求較高解析度，不只判斷磁場正負，還細分磁場大小於類比數位轉換器（analog to digital converter，簡稱 ADC），因此需要更高的 SNR。此時圖 2-2 中的比較器可被換成一個 ADC。咱在第 4 章會對此多分析。

有些磁感知器有高感度 ，比如 tunnel magnetic resistance sensor，簡稱 TMR 感知器。該感度可數倍於其在 AMR 感知器。因此，TMR 感知器有時不搭配放大器，卻仍能完成感測功能。

多數情況下，放大主信號是提高 SNR 的直覺選項，但有限制，咱稍後將申論之。

2.2 放大半橋信號（AMPLIFY HALF BRIDGE SIGNAL）

現咱就論如何放大感知器信號。在第 1 章，咱說感知器可用半橋或全橋方式出現。咱先用半橋爲例，回顧其結構如下圖 2-3 所示：

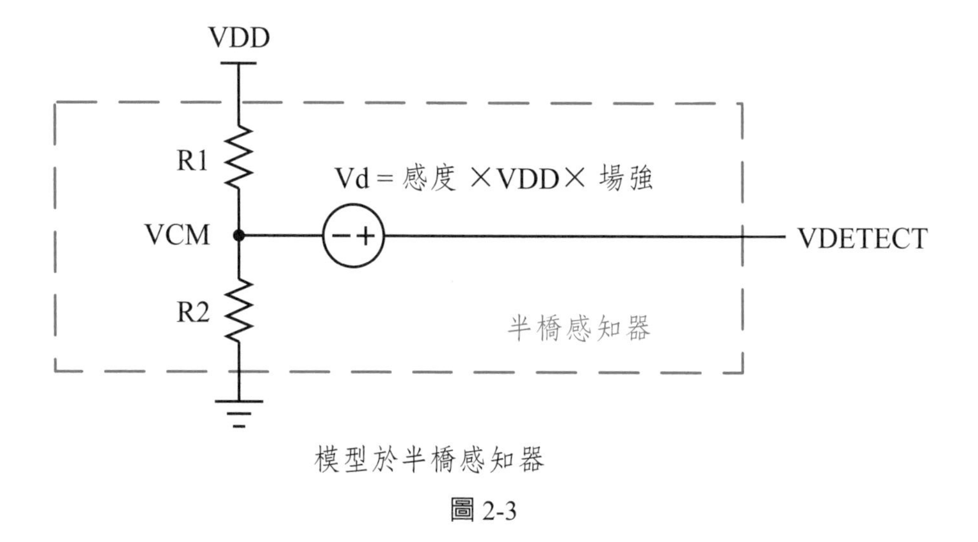

圖 2-3

上圖 2-3 表示，半橋感知器輸出一個電壓 VDETECT = Vd + VCM；Vd

正比於磁場強，VCM 則等於 VDETECT 於 0 磁場狀態。

因此，咱的任務其實是找一方法去放大 Vd，不放大 VCM，再把結果供後級電路解析。其中 Vd 像是一差模信號，VCM 就像是一種共模信號。

咱立刻回顧大學時代電子學，發現電子學教我們用「理想運算放大器」（ideal operational amplifier，簡稱 OP）作爲一概念上的工具，其搭配電阻和回授可獲得多樣的放大特性。理想放大器的符號如圖 2-4 所示，其中尖頭輸出端於 OP 象徵了低輸出阻抗，而寬頭輸出端於理想轉導放大器（ideal operational transconductance amplifier，簡稱 OTA）則象徵了高輸出阻抗。當同一組符號被用來表示實際放大器時，放大倍率於 OP 常用 Av 表示，且放大倍率於 OTA 常用 Gm 表示。

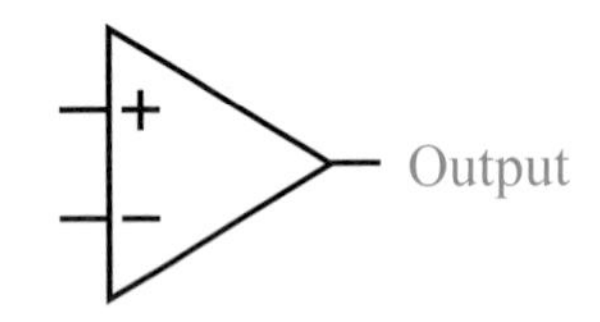

1. 電壓輸入、電壓輸出
2. 放大倍率 = ∞
3. 輸入阻抗 = ∞
4. 輸出阻抗 = 0

(A) 理想運算放大器（OP）

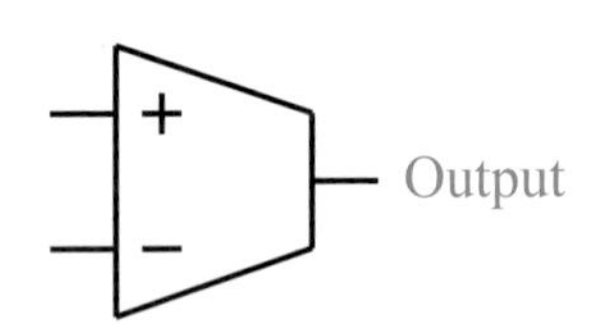

1. 電壓輸入、電流輸出
2. 放大倍率 = ∞
3. 輸入阻抗 = ∞
4. 輸出阻抗 = ∞

(B) 理想轉導放大器（OTA）

圖 2-4

在回授電路中，理想運算放大器可幫咱得一準確的放大倍率。比如非反向放大組態如圖 2-5(A)，或反向放大組態如圖 2-5(B)，都決定放大倍率於兩電阻比值；其中負回授降低了放大誤差。但是，若咱把兩圖前的圖 2-3 的 VDETECT 用在下圖 2-5(A)(B) 裡，咱不只放大了 Vd，還同時放大了 VCM，也就是沒有針對差模信號放大。

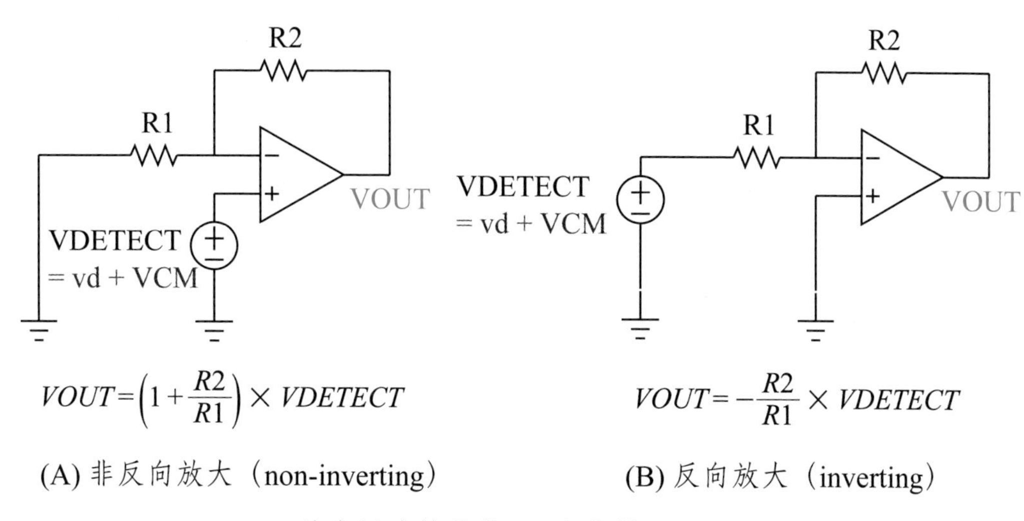

$$VOUT = \left(1 + \frac{R2}{R1}\right) \times VDETECT$$

$$VOUT = -\frac{R2}{R1} \times VDETECT$$

(A) 非反向放大（non-inverting） (B) 反向放大（inverting）

放大同時於差動 Vd 和共模 VCM

圖 2-5

這和咱當初的計畫不同。而且圖 2-5(B) 會對 VDETECT 造成負載，改變感知器輸出。因此，咱略做修改。改變非反向放大如下圖 2-6：

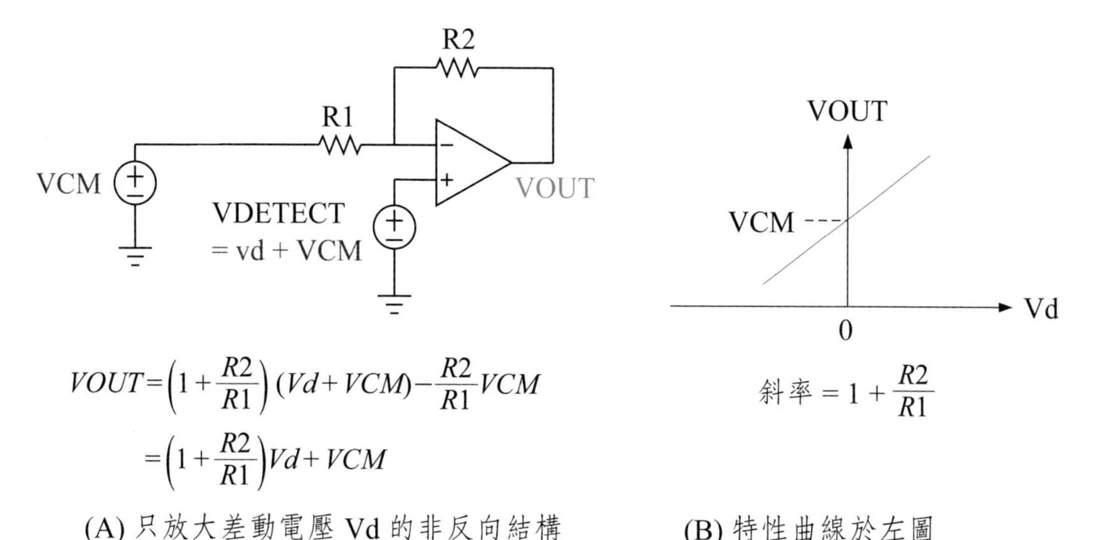

$$VOUT = \left(1 + \frac{R2}{R1}\right)(Vd + VCM) - \frac{R2}{R1}VCM$$

$$= \left(1 + \frac{R2}{R1}\right)Vd + VCM$$

斜率 $= 1 + \frac{R2}{R1}$

(A) 只放大差動電壓 Vd 的非反向結構 (B) 特性曲線於左圖

圖 2-6

上圖 2-6 由於在 R1 端接了電壓源，使 VCM 的放大部分被抵消於 VOUT，咱就初次完成目標 。實作上，爲造一電壓源去承擔負載自 R1，咱需多用一運算放大器，其供緩衝且輸出 VCM 電壓。

同理，反向放大器也能被修改，去放大差模電壓如下圖 2-7 所示：下圖 2-7 裡，VDETECT 面對負載自 R1，所以實作上需要多一個放大器做緩衝級去隔離感知器與 R1。

實際上，VDETECT 所攜的共模電壓和那 VCM 電源可能有差異，使輸出有偏置電壓。這時只要調整 VCM 電源就可以上下移動藍線於下圖 2-7(B) 和圖 2-6(B)。

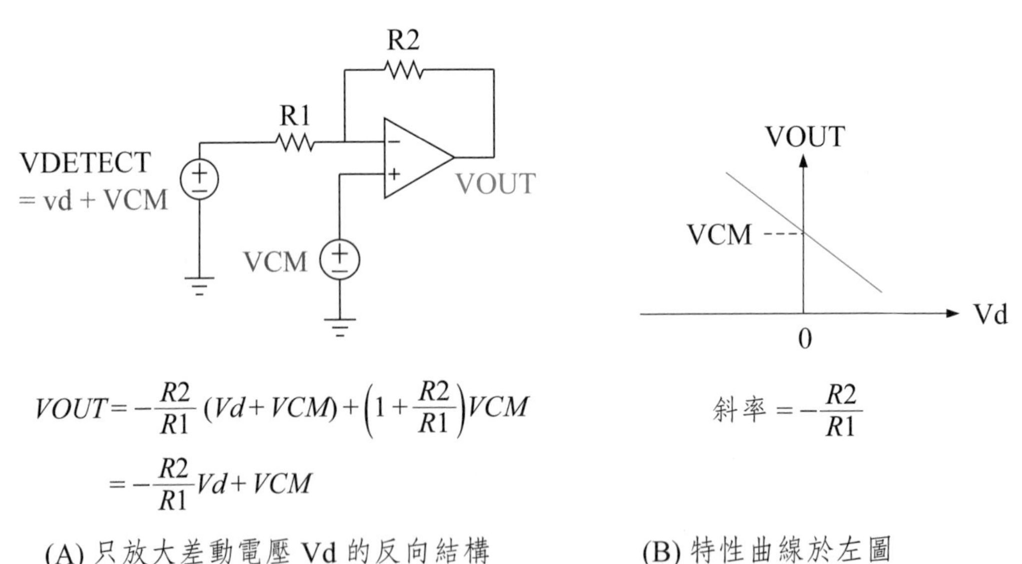

$$VOUT = -\frac{R2}{R1}(Vd + VCM) + \left(1 + \frac{R2}{R1}\right)VCM$$
$$= -\frac{R2}{R1}Vd + VCM$$

$$斜率 = -\frac{R2}{R1}$$

(A) 只放大差動電壓 Vd 的反向結構　(B) 特性曲線於左圖

圖 2-7

萬一在實驗室裡，咱想用離散元件去量測感度於感知器，且手頭上恰只有一個放大器，沒有多餘放大器做緩衝級，怎辦呢？一個變通方案如下圖 2-8 所示：

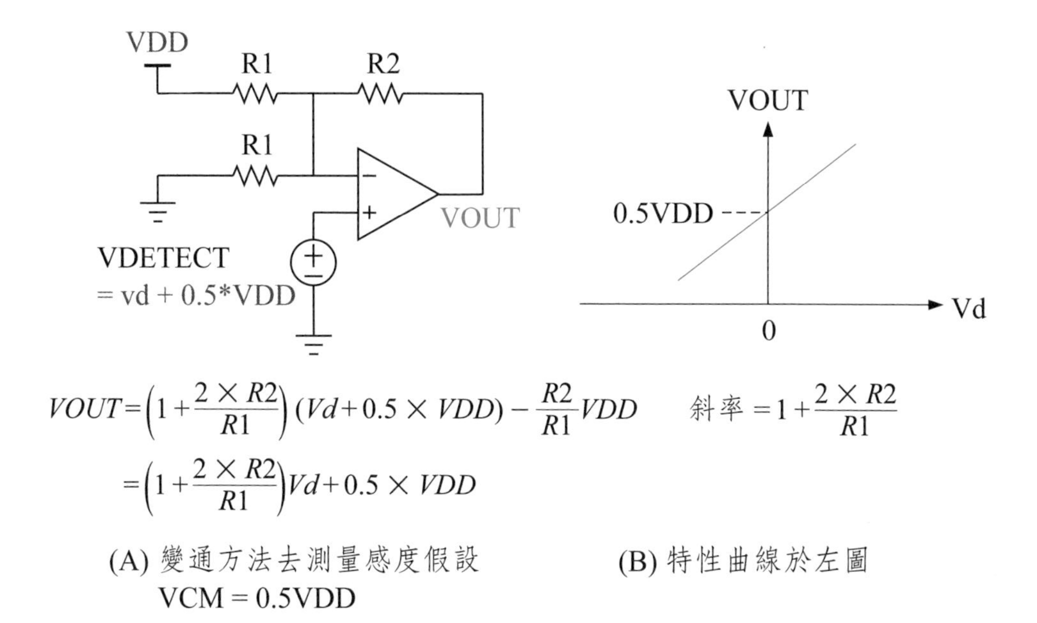

圖 2-8

上圖 2-8(A) 中，咱假設感知器 VCM = 0.5VDD。此時咱只要把非反向電路的 R1 一分爲二，其中一個 R1 接電源 VDD，另一個 R1 接地，如此就能針對差模信號放大。感知器的磁感度也可計算於 VOUT 變化除以磁場變化再除以斜率於上圖 2-8(B)。

此法好處在不用額外放大器去緩衝 R1 端負載；缺點在若 VCM 沒有恰等於 0.5VDD，咱也無法上下平移特性曲線去消除偏置。

以上原理予放大半橋信號，強調區分差模與共模，其餘無甚區別與一般電子學所說的單端放大。咱接下就講放大全橋信號，繼續演繹核心。

2.3 放大全橋信號（AMPLIFY FULL BRIDGE SIGNAL）

全橋相對半橋就像雙端輸出對單端輸出一樣。全橋輸出概念如下圖 2-9 所示，其輸出 VDETECT 理想爲 2Vd，只有差模成分，不具有共模成分。

該理想情況或需 R1 = R2 = R3 = R4。實際上由於各阻值有微幅差異，導致 VDETECT 有偏置電壓，其可以被後級電路消減。

全橋可提供兩倍感度相對於半橋。一般霍爾元件都提供全橋式輸出，其 R1～R4 模型屬於同一個霍爾元件。但是對 TMR 或 AMR 這種高感度磁阻元件而言，每一個 R 需要一個磁阻單體去構造，結果全橋成本就成爲半橋的兩倍，所以很多高感度磁阻感知元件採取半橋方式輸出，以節省成本。

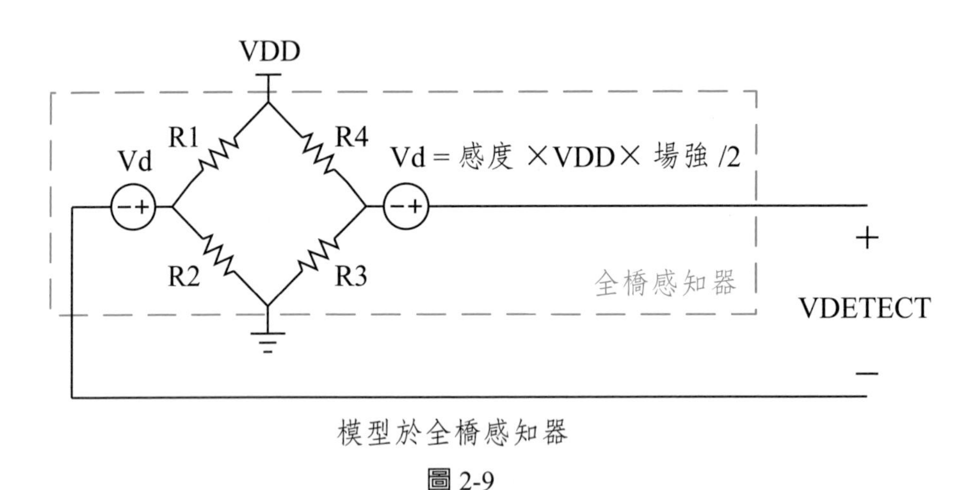

模型於全橋感知器

圖 2-9

咱現先來看一個簡單的全橋放大方案，順便講它的附帶彈性，其來自無視共模的主要特色。方案圖 2-10 如下所示：

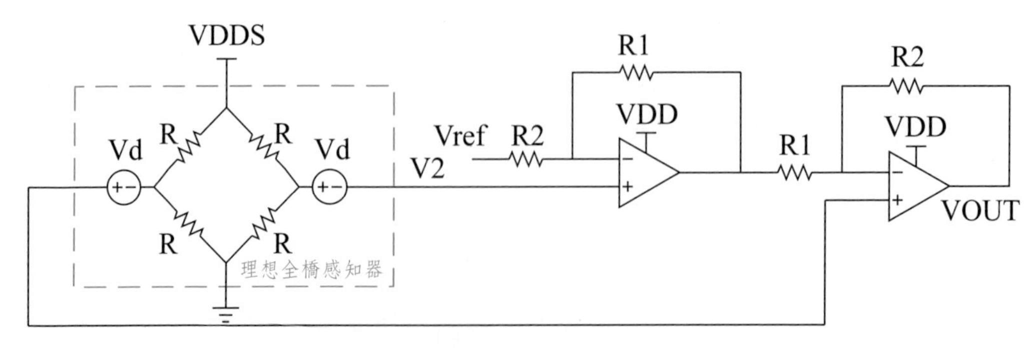

一種範例於全橋放大

圖 2-10

這時輸出就可表示成：

$$VOUT = \left(1 + \frac{R2}{R1}\right) \times (V1 - V2) + Vref$$
$$= \left(1 + \frac{R2}{R1}\right) \times 2Vd + Vref \quad (1\text{-}2.3)$$

咱發現此時 Vref 並不需像先前一般等於感知器共模 VCM。這代表在圖 2-10 中，咱可改變感知器電源 VDDS，令其與放大器電源 VDD 不同。藉調整 VDDS 隨溫，咱可以進行所謂的溫度補償，使感知器的磁感度不隨溫度變化。此彈性於 VDDS 不發生在單橋電路。〔註：先前咱說的感度單位是 V/V/G，當偏壓固定時，該感度會隨溫度變化。但咱可以調整偏壓，使磁感度（單位爲 V/G）具有 0TC（zero temperature coefficient）〕。

從噪聲的角度看，全橋也較有優勢相對半橋言。一則因噪聲自 VDDS 大多成爲共模訊號，易被後級拒斥；二則因信號加倍，但電阻熱噪電壓爲開根號予平方和於兩半橋的壓噪，使 SNR 略高過半橋情況。

上圖 2-11 放大核心爲兩放大器，但往往仍需另一放大器去造就 Vref，以應負載變化。

本來若要放大雙端的全橋差模信號，咱可以考慮下圖 2-11(A) 所示的雙端轉單端放大器，其簡化後可變成咱熟知的減法器（subtractor）如圖 2-11(B) 所示，它只用了一個 OP。但 V1 和 V2 點對電橋而言非高阻抗，所以咱還需緩衝隔它們離感知器。

圖 2-11(A) 的放大器常見於一般儀表放大器的後級。淺地說，該電路的輸出取決於輸入差值，且和輸入共模完全無關；但深地說，要電阻值完全精確匹配並不容易，致該電路有時需改善共模互斥比（common mode rejection ratio，簡稱 CMRR），有興趣讀者可以參照 [1] 去進一步了解相關討論於儀表放大器的 CMRR。

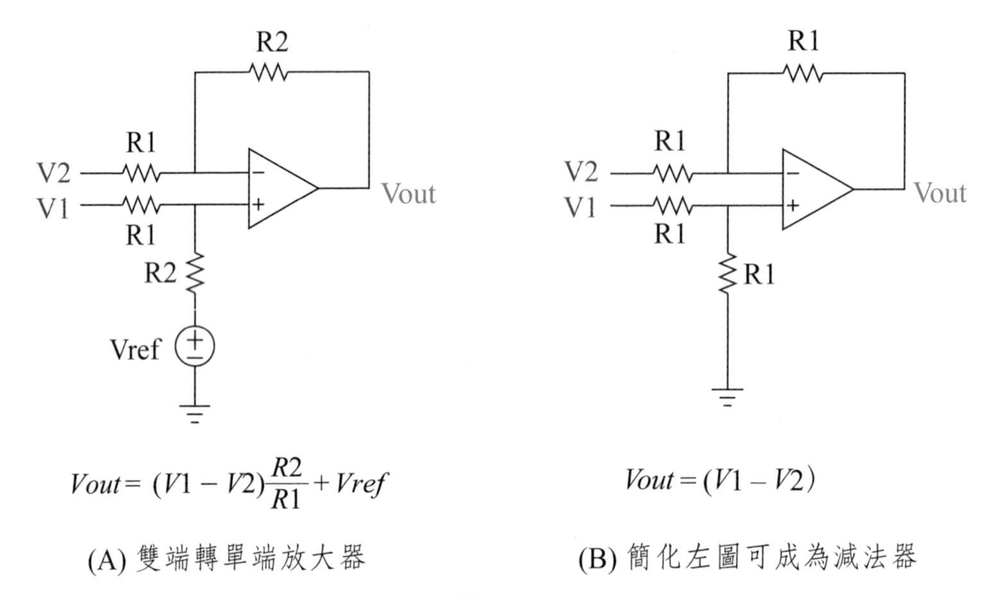

$$Vout = (V1 - V2)\frac{R2}{R1} + Vref$$

(A) 雙端轉單端放大器

$$Vout = (V1 - V2)$$

(B) 簡化左圖可成為減法器

圖 2-11

常見的儀表放大器（instrumentation amplifier，簡稱 INA）如圖 2-12 所示，就提供緩衝於兩個額外的 OP。緩衝級先提供放大倍率 2Ra/Rb + 1，後級再提供放大倍率 R2/R1，同時不忘定義輸出共模電位。

該 INA 把放大倍率分散到兩級有幾個好處：第一是可讓使用者調整放大倍率於單一電阻 Rb；第二是提高反應速度；第三則有關 CMRR，對 INA 重要，咱略過。

上述 INA 可被用來放大全橋信號於下圖 2-13 結構。咱在這更簡化地表達全橋結構於四個可變電阻：

下圖 2-13 裡的 INA 能放大差動信號，又能隔信號源離負載，同放大倍率下還可有速度及頻寬優勢較於單級高倍率放大。但該 INA 主體用了三個運算放大器（Vref 端那個不算），比圖 2-10 多了一個，也就多了一個偏置和噪聲來源。

有些特殊應用如示波器的差動探針電路可選兩顆低噪的放大器做緩衝前級，再選一差動放大 IC 搭較高的共模互斥比去做後級放大，還附帶工具讓使用者手動轉螺絲調整偏置電壓等等。

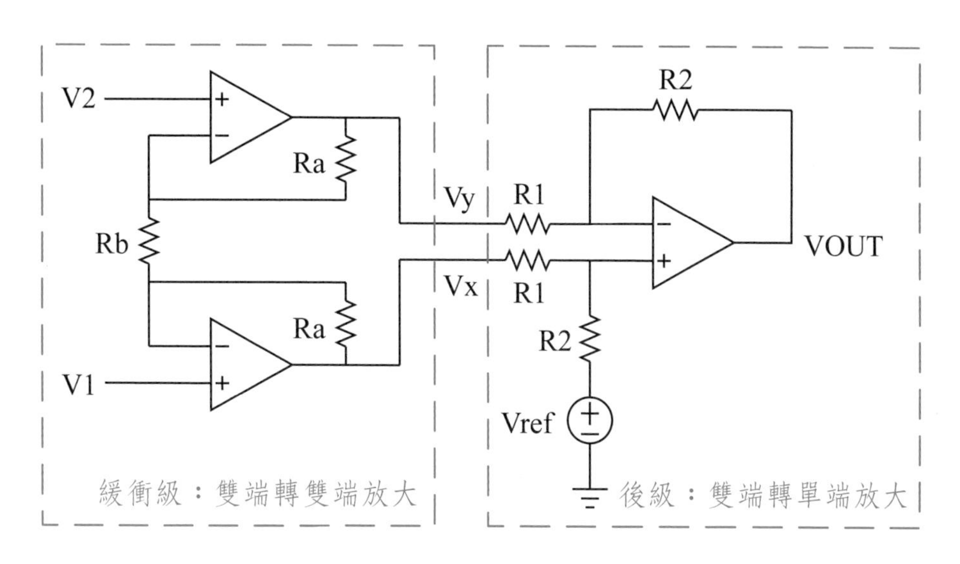

$$VOUT=\left(\frac{2R_a}{R_b}+1\right)\times\frac{R2}{R1}\times(V1-V2)+Vref$$

一種範例於儀表放大器（INA）

圖 2-12

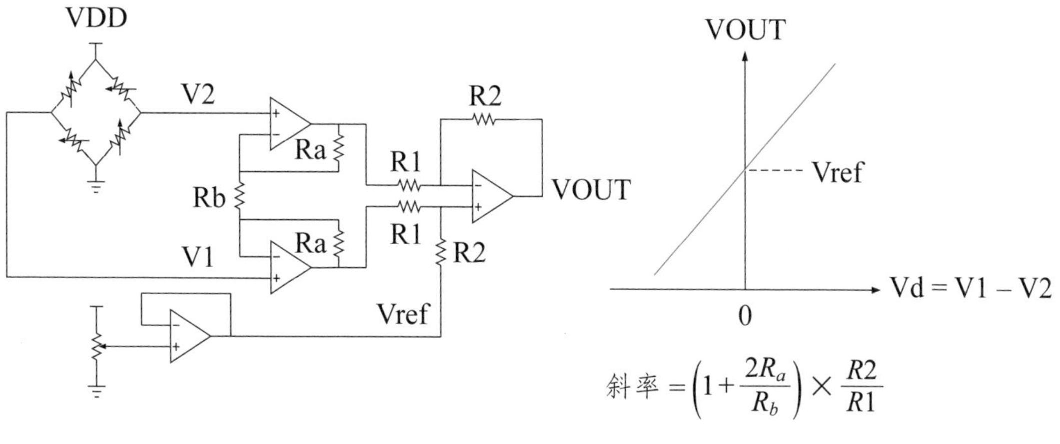

$$斜率=\left(1+\frac{2R_a}{R_b}\right)\times\frac{R2}{R1}$$

(A) 用 INA 去放大全橋信號　　(B) 左圖的特性曲線

圖 2-13

但，在很多磁感測器應用，所有主動電路需要被集成在單一個晶粒上，其容納各部件包括電源、放大、信號處理、修調、記憶、輸出等電路。除了面積預算相對吃緊之外，功耗預算也促使我們考慮其他折衷方案。

以下要介紹一種折衷方案，其核心被稱爲「差動差放大器」（Differential difference amplifier，簡稱 DDA，其符號如下圖 2-14(A)，可見於 [2]）。該放大器先等倍率放大兩差動信號，再相減兩放大結果。該效果相當於放大一「差動差」信號，故得其名，其概念如下圖 2-14(B)。DDA 可被運用如兩圖後圖 2-15(A) 予全橋放大。

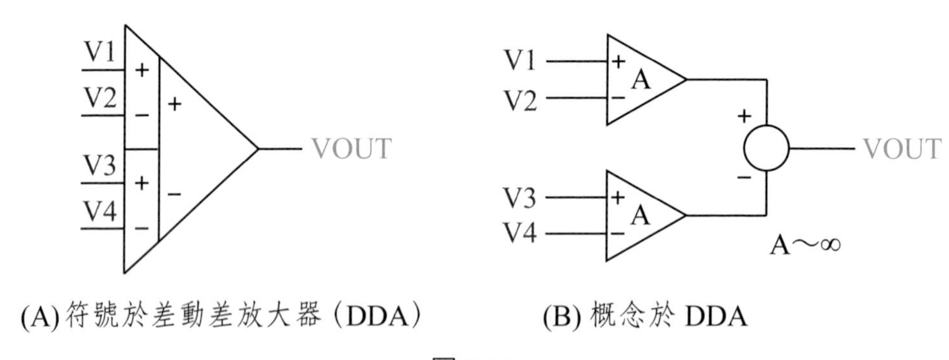

(A) 符號於差動差放大器（DDA）　(B) 概念於 DDA

圖 2-14

上圖 2-14(B) 中，咱可得 VOUT 其依圖理爲：

$$VOUT = A((V1 - V2) - (V3 - V4)),\ A \sim \infty \qquad (2\text{-}2.3)$$

上式再次說明了「差動差」的由來。且正負號於上圖 2-14(B) 有相同的位置關係對正負號於上圖 2-14(A)。不少文獻有不同的標號習慣，有的看來更有「差動和」的味道，但原理是相同的，請讀者明辨。

下圖 2-15 則說明了如何造一雙端轉單端放大器其用 DDA 爲核心於一回授組態，其中電阻值決定放大倍率。

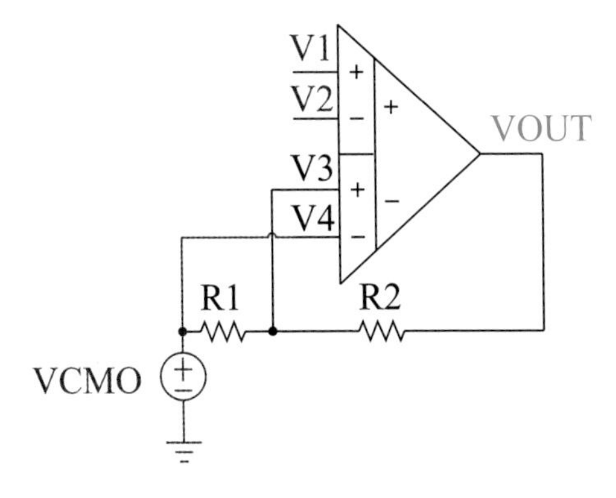

(A) 雙端轉單端放大器用 DDA

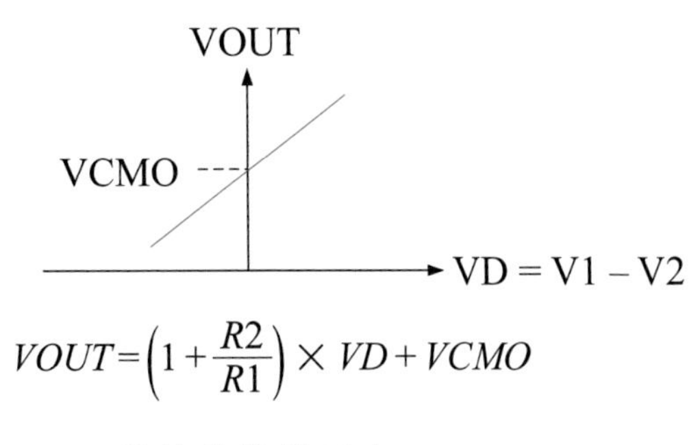

(B) 特性曲線於圖左

圖 2-15

上圖 2-15(A) 繪示差動信號 (V1 – V2) 位於減法正端，可緩衝全橋輸出；(V3 – V4) 位於減法負端，作爲負回授埠。因該圖有負回授且 DDA 的理想放大率爲無窮大，故 V3 – V4 被迫與全橋信號 V1 – V2 相等。這回授原理類似於其在非反向放大器中。因此曲線斜率在圖 2-15(B) 裡也是 (1 + R2/R1)、有如放大倍率於單端輸入的非反向放大器。爲了強調，咱把它再寫一次：

$$VOUT = \left(1+\frac{R2}{R1}\right) \times VD + VCMO，VD = V1 - V2 \qquad (3\text{-}2.3)$$

若大家參考 [2] 的說明會發現，DDA 結構可以把電路面積壓縮到小於兩個運算放大器，但是能完成類似的工作於 INA 在圖 2-12 裡，其用了三個運算放大器。相較圖 2-12 的 INA，上圖 2-15(A) 的組態予 DDA 可犧牲速度去換取優勢於面積功耗和噪聲。這常是划算的買賣。

至於 VCMO 則代表輸出端的共模電壓，其需要另一緩衝級去製造。

DDA 可造就雙端轉單端放大器，當然也可以造就雙端轉雙端轉放大器。爲了完整性，咱把 DDA 的另兩種應用展示在下圖 2-16 作爲補遺：

下圖 2-16(A) 有一全差動的 DDA*，作爲雙端轉雙端的放大核心，其兩輸出端分別爲 VPO 搭正號、VNO 搭負號。該放大器之各種特性可見於 [2]。下圖 2-16(B) 則名爲位準偏移器，即一雙端轉單端放大器伴放大倍率爲 1。讀者可擴充技巧於 2.6.1 小節去建造 DDA 助模擬。

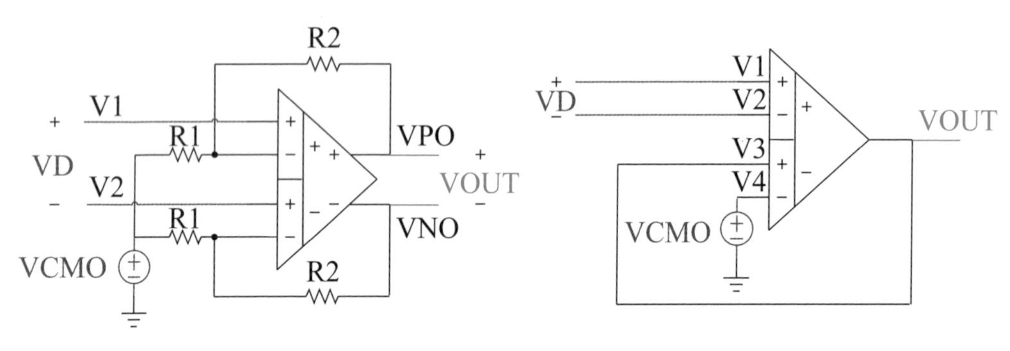

$VOUT = \left(1 + \frac{R2}{R1}\right) \times VD$，$VD = V1 - V2$

$VOUT = VD + VCMO$，$VD = V1 - V2$

(A) 雙端轉雙端放大器用全差動 DDA，其中共模回授被省略

(B) 位準偏移器用 DDA

圖 2-16

2.4 挑戰對於放大（CHALLENGES TO AMPLIFICATION）

2.4.1 偏置被放大（offset is amplified）

咱曾提起於第 1 章，論感知器不只輸出待測信號 Vdetect，還輸出偏置電壓與其疊加。它們被放大前，還疊加了放大器的偏置電壓。此概念如下圖 2-17 所示，其中 Vosense 作爲偏置電壓予感知器輸出端，Voamp 作爲偏置電壓予放大器輸入端，且兩者皆變化隨溫，因此 Vdetect 可能無法被分離自 Vout 於減法搭同一減數跨整個溫度範圍。

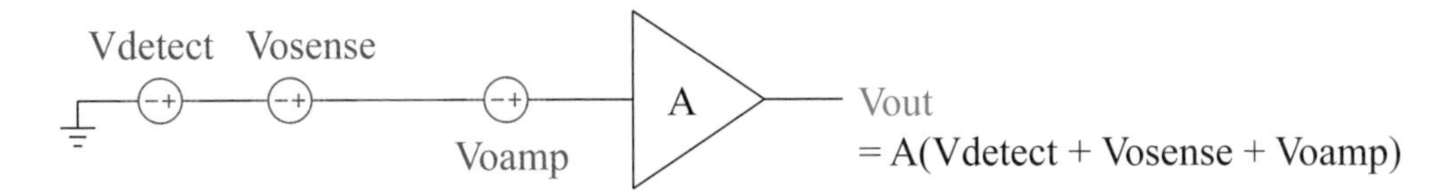

放大待測信號 Vdetect 連帶放大偏置 Vosense 和 Voamp

圖 2-17

基於這等考量，第 1 章有個章節談寓旋轉電流於截波放大，其旨即在消除影響自 Vosense 和 Voamp。在文獻 [9] 裡，圖 2-9 與圖 2-10 說明用截波消除 Voamp。該觀念可被拓展去搭配旋轉電流，被繪示於下圖 2-18：

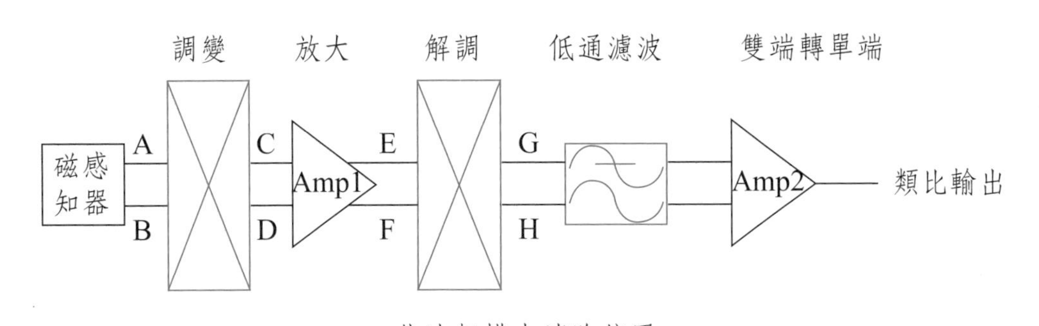

截波架構去消除偏置

圖 2-18

上圖 2-18 中，調變和解調用長方型和叉叉代表，象徵有時 A、B 分別接到 C、D，有時則分別接到 D、C，表達一種反覆交換的概念，其也是暫核心於截波技巧，EFGH 亦有相似行爲。此等動作改變放大器輸出入極性，造成頻譜上的調變和解調效果，因此調變和解調兩字被放在方塊圖上。此等操作效果被申論於第 4 章。

對設計者而言，運用這個技巧需要額外的時序控制，也需要正確的截波頻率防止噪聲疊頻，還需處理突波問題其肇因於開關切換。就最單純的截波技巧本身論，一週期需至少兩個相位的處理時間，使系統資料輸出率受制於截波頻率。這些，都是成本。

調變和解調手段很多，不只上圖 2-18 所示。但是諸家規格書通常用簡圖帶過。比如下圖 2-19(A)，經常把濾波或取樣直接略去，又比如下圖 2-19(B)，甚至把調變解調合併在一個方塊裡。規格書這麼做只是在告訴讀者，咱的產品用截波把偏置和噪聲都搞定了，請不用擔心。

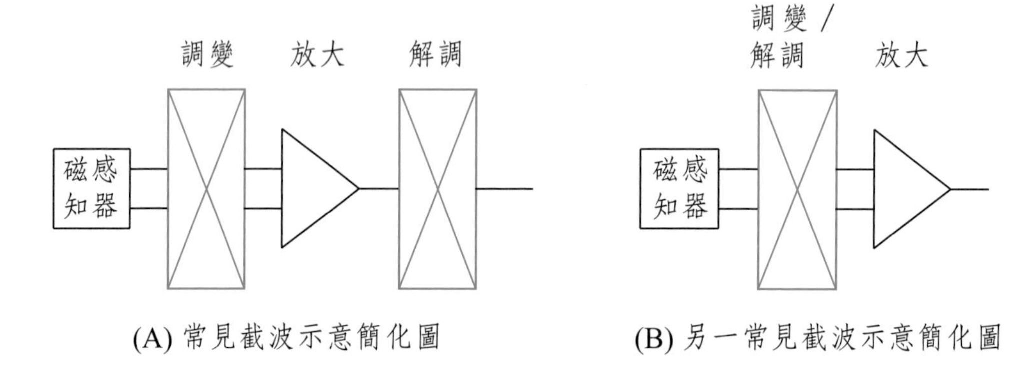

(A) 常見截波示意簡化圖　(B) 另一常見截波示意簡化圖

圖 2-19

如第 1 章所說，截波不是萬能，面對 AMR 和 TMR 這類元件，截波只能消除放大器偏置，不能消除感知器偏置。幸好，AMR 與 TMR 感度較大，往往可容忍較大偏置誤差，因此常可用更簡單值接的方法去消除偏置。

2.4.2 噪聲被放大（noise is amplified）

本章一開始用圖 2-2 說明，講放大可提升信噪比予輸出信號相對閾值噪聲。這不代表放大信號可無限地提升信噪比。若僅考慮放大器和感知器，信噪比於放大器輸出端等同其在放大器輸入端，假定放大器有無窮大頻寬，如下圖 2-20 所示。因此，若不運用濾波或其他技巧，該信噪比就建立了一個上限，其無法被突破以單單放大一技。

下圖 2-20 中噪聲信號以慣用的電壓平方去表達。雖然該表達並無眞的功率單位，但習慣上，大家簡稱它爲功率。[3]{page204} 解釋了這一習慣。相關內容被申論在第 4 章。

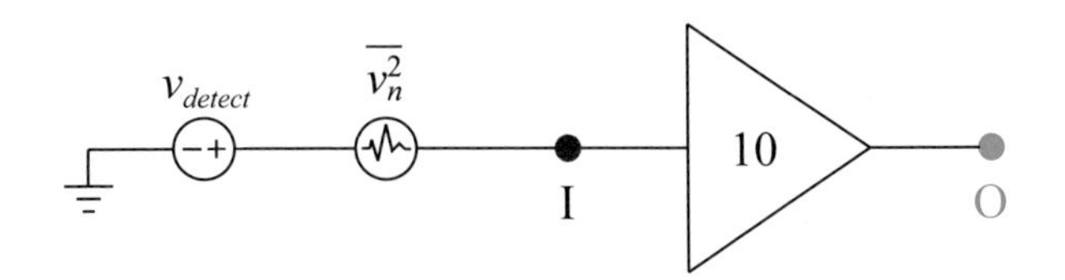

$$SNR_I = \frac{{v_{detect}}^2}{\overline{v_n^2}} \Rightarrow SNR_O = \frac{(10 \times V_{detect})^2}{10^2 \times \overline{v_n^2}} = SNR_I$$

從放大器 I 端到 O 端，信噪比沒被放大 *

圖 2-20

咱接著講另一特點：若待測信號需經多級放大，則咱應令高倍率放大級在前、低倍率放大級在後，以得較低輸出噪聲。該特點可見於下圖 2-21，其中噪聲源代表放大器的等效噪聲於輸入端。該圖明示若採 x1x10 順序，則咱見近兩倍輸出噪聲相較其在 x10x1 順序中。

除了令高倍率放大級擺前端，在第 4 章咱還會提到，咱還可擇機提高電流於放大器，此舉有助稍降等效噪聲在該放大器輸入端。

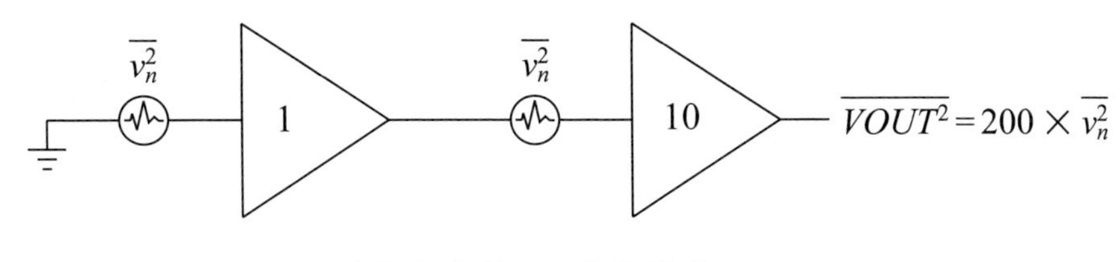

(A) 高倍率在後 ⇒ 噪聲較大

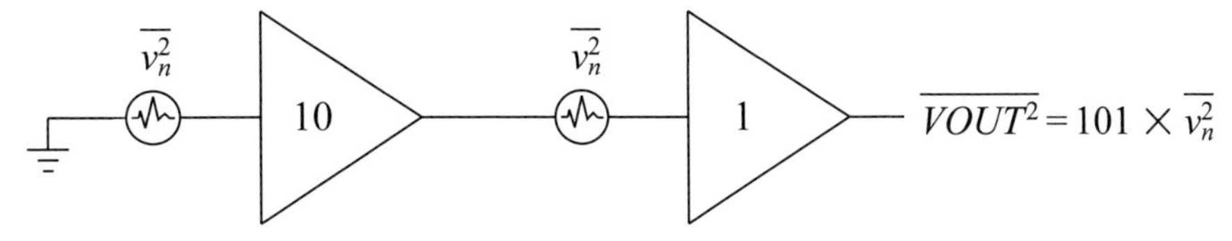

(B) 高倍率在前 ⇒ 噪聲較小

圖 2-21

若前端放大電路噪聲太高，後端判斷就受妨礙，這從另一個角度說，就是降低了解析度（resolution）。

因爲噪聲遍自磁感知器、放大器、類比 / 數位轉換器，無可避免地存在，所以，降噪去提高解析度成爲常用技巧，其受制於多條件——比如降感知器阻值雖能促降感知器噪聲，但連帶增加了工作電流；又比如截波技巧雖能抑低頻噪聲其來自放大器，但連帶迫降整體反應速度；還比如直接濾波雖能降噪，但犧牲頻寬，等等。

結果，針對噪聲限制解析度一事，很多磁感測系統用下圖 2-22 所示概念去放大待測信號、降噪、並提高 ENOB（effective number of bits）這個參數，用來衡量磁系統的眞實解析度。

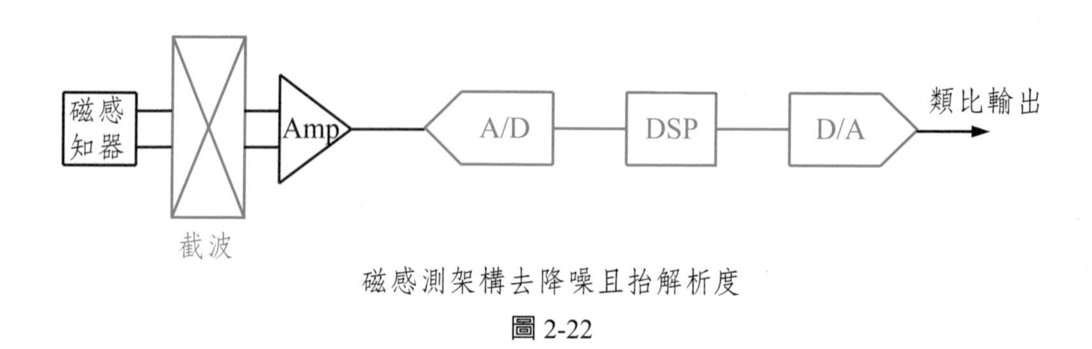

磁感測架構去降噪且抬解析度

圖 2-22

上圖 2-22 的架構除了能搭配旋轉電流、消除偏置電壓來自於感知器，同時能調變低頻噪聲、產生一個被調變過的放大信號予 A/D 去量化。該 A/D 和後級的 DSP 功能可以包含超取樣、噪聲塑形、濾波和降取樣——此時，噪聲於該放大信號被衰減使得 ENOB 能高於位元數於 A/D 本身。DSP 單元可以輸出數位信號，也可以命令 D/A 去用類比形態作爲解析結果。

2.4.3 放大妨礙速度（amplification hinders speed）

一般論，所需放大倍率之於待測信號取決於動態區間（dynamic range）。即先設定邊界電位值予放大後的信號，再依磁感知器的感度（可用 mV/V/G 爲單位）去算所需放大倍率。

選擇放大倍率有代價相伴。高放大倍率於閉迴路組態常迫降電路速度、促增噪聲。如下圖 2-23 所示，頻寬 f_b 於一非反向放大器常反比於其放大倍率（1 + R2/R1）。該圖中 fug 代表頻率予單倍增益回授（通常稱 unity gain bandwidth frequency，有些文獻簡稱它 UGB）。f_b 能決定反應時間 Tresponse 其近似 0.35/fb（理由在圖 2-24 及其後敘述）。咱簡言下圖，即放大倍率越高、頻寬越小、反應時間就越長、可能迫降系統的輸出資料速率（output data rate，簡稱 ODR）。

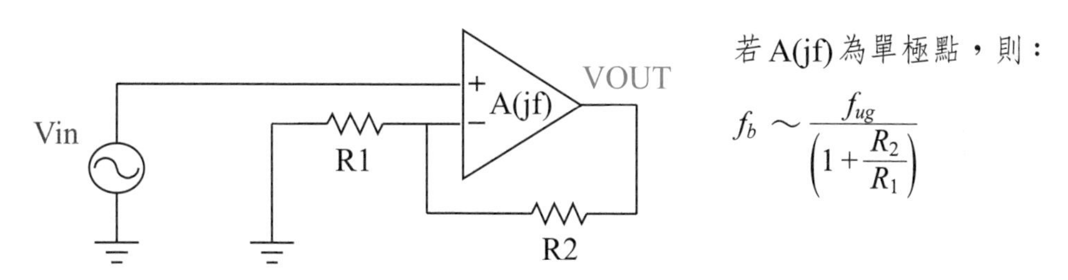

$$f_b \sim \frac{f_{ug}}{\left(1+\frac{R_2}{R_1}\right)}$$

回授頻寬縮減伴隨一上升於放大倍率

圖 2-23

咱來看上圖 2-23 如何得出其結論予 fb。首先，假設非理想運算放大器有轉移函數如下（其中 A0 與 fa 爲常數，且 f 爲頻率變數）：

$$A(jf) = \frac{A_0}{1+j\frac{f}{f_a}} \quad \text{（1-2.4）}$$

則閉迴路轉移函數可近似如下（假設 Ao 很大）：

$$A_{cl}(jf) \sim \frac{\left(1+\frac{R_2}{R_1}\right)}{1+j\frac{f}{f_b}} \quad \text{（2-2.4）}$$

讀者可自行驗證此時頻寬 fb 如下：

$$f_b = \frac{f_a A_o}{1+\frac{R_2}{R_1}} = \frac{f_{ug}}{1+\frac{R_2}{R_1}} \tag{3-2.4}$$

因此，放大倍率（1 + R2/R1）反比於頻寬 fb 於此例。

現在咱開始來看上述頻寬 fb 如何關聯一反應時間 Tr。首先，一單極點的一階系統可被一般化如下圖 2-24(A)，咱先假設其 DC 增益為 1。此時該時間常數予其步階響應等於 1/(2πfb)。

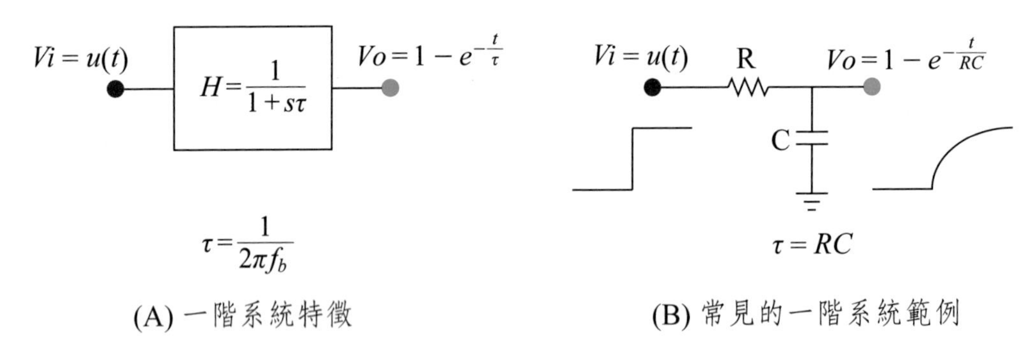

圖 2-24

承上圖 2-24(A)，若要 Vo 達其 10% 終值，所費時間為：

$$t_{10\%} = -\ln(0.9)\tau \tag{4-2.4}$$

承上圖 2-24(A)，如果要 Vo 達其 90% 終值，所費時間為：

$$t_{90\%} = -\ln(0.1)\tau \tag{5-2.4}$$

將反應時間定義為以上兩時間差可得：

$$T_r = t_{90\%} - t_{10\%} = (-\ln(0.1) + \ln(0.9))\tau \tag{6-2.4}$$

將 $\tau = 1/(2\pi \text{fb})$ 帶入上式可得：

$$T_r \sim \frac{0.35}{f_b} \tag{7-2.4}$$

此結論很重要，其說明反應時間反比於頻寬，對一階系統來說。

本節重點講一常見情況其反應時間反比於頻寬，且頻寬又反比於放大倍率。結果導致反應時間正比於放大倍率，讀者可以順理得一反應時間 Tr = 0.35(1 + R2/R1)/fug 予兩圖前圖 2-23 情況。讀者還可看看該結果是否仍適用於反向放大結構。

兩圖前的圖 2-23 中示意放大倍率 1 + R2/R1 與頻寬 fb 呈反比，此兩者乘積等於一定值 fug，即一固定的增益——頻寬乘積（gain-bandwidth product），其昭示若該乘積固定，則提高增益必迫降頻寬，反之亦然。

爲了本話題的完整性，咱介紹一反例，其運用另一模式叫電流回授，使頻寬 f_b 不受限於反比關係之於放大倍率。此概念如下圖 2-25 所示：

下圖 2-25 中 Zo 和 fa 爲常數，且 fb 爲閉迴路頻寬。由於 fb 此時爲一常數除以 R2，所以只要咱不動 R2，僅降 R1，就可既不降 fb，又增加 DC 放大倍率 (1 + R2/R1)。

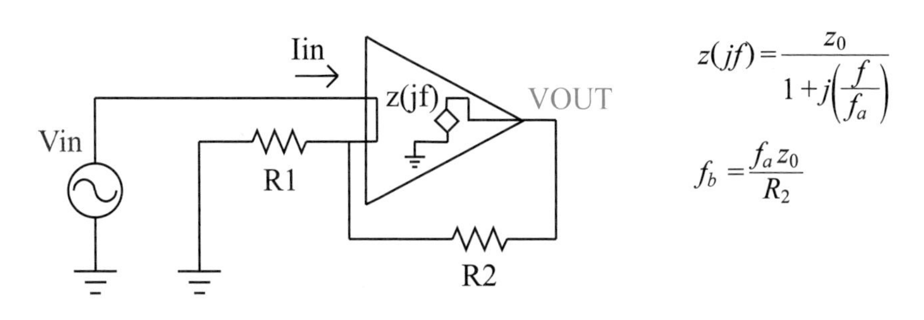

頻寬 fb 不全取決於放大倍率

圖 2-25

歡迎讀者參閱 [4] 去進一步了解上圖 2-25。然而，從 CMOS 的角度來看，此類設計往往相對複雜。所以，經常，設計者仍然會選擇承擔諸般限制其來自增益和頻寬的反比關係。

2.4.4 頻寬影響穩定度（bandwidth affects stability）

配置頻寬予速度需求常屬設計的開端步驟。其中，直接提升「增益——

頻寬乘積」算一種方案，其意謂提高上節所說的 fug，即單位增益頻寬頻率，在本小節咱用 UGB 去替代，用角頻率 rad/s 作爲單位。但，提高 UGB 可能有損穩定度，且在二階系統裡又複雜些。

前段討論所涉甚廣。咱試著用下圖 2-26 的簡例去勾勒出其外貌：

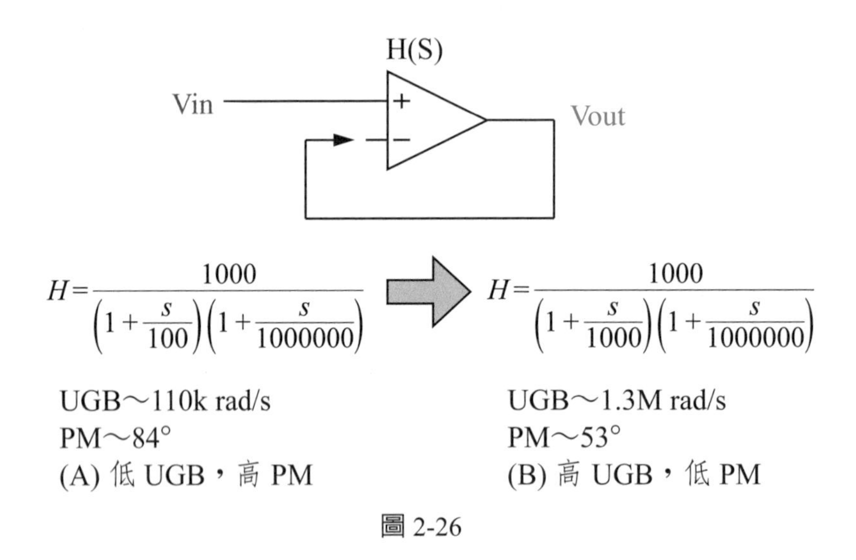

圖 2-26

上圖 2-26 說明咱準備對一個放大器實施負回授予單倍增益，且該放大器的開回路特性爲二階系統。咱比較兩種狀況：第一種狀況在 (A) 側，其第一極點較低（100 rad/s），單位增益頻寬 UGB 較低，但相位裕度 PM 較高，表示較穩定；第二種狀況在 (B) 側，其第一極點較高（1000 rad/s），單位增益頻寬 UGB 頻寬較高，但 PM 較低，表示穩定度較差。

欲進一步理解上述內容，咱需要先了解幾項知識：1. 相位裕度 2. 波德圖 3. 基本設計方法之於放大器。咱在這裡僅先聚焦關鍵所在，先說明爲何咱可能遇到情況其類似上圖 2-26 所喻：

第一點，CMOS 放大設計經常使用兩級結構去獲得足夠的增益，這被反應在上圖 2-26 的 H 裡，其分子爲 1000 反映高增益。

第二點，兩級結構的放大器有個轉移函數，其至少具有兩個極點，被反映在分母的 (100, 1000000) 和 (1000, 1000000) 中。

第三點，在一個有恰當補償的兩級結構裡，頻寬常由第一級決定，比方提高第一級電流就會使第一極點提高，促使頻寬升高，這被反應在極點從 100 變成 1000 還間接反應在 UGB 從 110k rad/s 變成 1.3M rad/s。咱順便定義一個參數 f0，即所擇頻率讓開路增益為 0dB。上圖中 f0 在 (A) 對應 100k rad/s，在 (B) 對應接近 800k rad/s，也間接反應了頻寬被提高。有的模擬器能提供模組去直接算出 f0，其很重要於穩定度分析。（註：關於上述的 fug 和 f0，讀者除了可檢驗於手算或電腦試算表，還可以變化 2.6.1 小節的方法去模擬驗證，很實用。若要避免混淆，只需確認所指為 unity gain bandwidth frequency，還是 unity gain frequency，兩者的關鍵差在 bandwidth 一字——前者示意低頻處也有單倍增益，所以描述閉迴路；省略這字，則常表示開迴路。學生們彼此討論時，不妨澄清確認一下，免得雞同鴨講。）

第四點，當頻寬提高，f0 可能接近或超過第二極點所在的 f(p2)，如下圖 2-27(B) 所示。這導致當頻率恰等於 f0 時，不只第一分母的因式貢獻 –90 度相移予轉移函式，第二分母因式也開始貢獻一些負的相移予函式，使得最終 PM 為 180° 減 90° 再減些許負的相移，結果讓 PM 更加地 < 90°，即是圖 2-26(B) 的情況。此情況也算肇因於上圖 2-26(B) 裡兩極點較接近，相較上圖 2-26(A) 來說。這現像可由下圖 2-27 的波德圖組去類比。

下圖 2-27(A) 表示穩定度良好。該圖中 fug 代表 unity gain bandwidth frequency，即單位增益頻寬頻率，是一參數予閉迴路；f0 代表所擇頻率其讓開路增益為 0dB，是一參數予開迴路。

下圖 2-27(B) 表示咱提高頻寬，使得 f0 接近第二極點頻率 f(p2)，這就犧牲了穩定度做代價。這裡需注意，fug 相關於 f0，但兩者不同。

一般論，憑運用頻率補償技巧，設計師可轉下圖 2-27(B) 情況為下圖 2-27(A) 情況。該過程常犧牲頻寬，還常運用電容和電阻，兩者皆占面積份額。

讀者會問，可否咱把 f(p2) 在下圖 2-27(B) 裡提高到 fug 以上，使 PM 提升，同時又保有高頻寬呢？答案是某些時候可以，比方靠放大器的第二級去消耗更多電流，去提升 f(p2)，只要功耗預算和所需增益可被滿足。

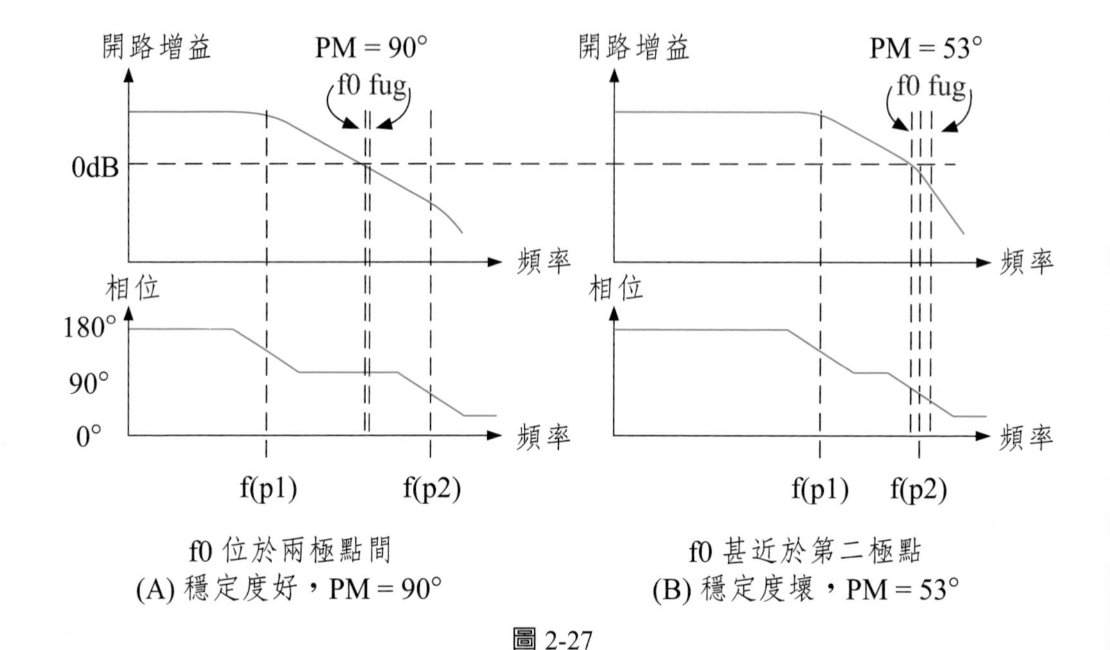

圖 2-27

大家還可注意到，上圖 (A) 裡，f0 和 fug 較接近，這是因爲兩極點分離較遠，fug 好像僅受影響於第一極點，整個系統看起來像是一個一階系統當頻率小於 fug 時，而且 DC 增益又頗大，所以頻率予單倍增益於開迴路和其在閉迴路才會看起來如此接近於上圖 (A)。

2.4.5 感知器有溫飄（sensors have temperature drift）

因爲感度隨溫常可能變化 ±10% 至 ±40% 於磁感知器，設計者常需加電路去讓感測器的磁感度最終一致於各溫度之下。

咱用下圖 2-28 去示意這問題，其中 R1 和 R2 代表一半橋磁感知器，其被假設置於固定磁場 5G 中，Vd 爲該感知器的差模輸出。此時半橋的感度降於增溫，使 Vd 降於增溫，導致半橋的輸出電壓 VDETECT 降於增溫，最終迫降放大電壓 VOUT 於增溫。

故，若咱設一個閾値 1.1V 給 VOUT 於下圖 2-28，則所需場強爲 5G 即可讓 VOUT 達該閾値在 20℃時，但在 80℃時該場強提高到 6.25G，而在 –40℃時卻僅需 4.17G 就可達標。換個角度說，雖然現在磁場保持 5G，但是高溫時 VOUT 低於閾值，低溫時又高於閾值，且磁觸發閾值於高低溫間有近 2.08G 的變化。若原閾值為 50G 在 20℃，則磁觸發閾值（一般被稱作操作點）就會有近 20.8G 的變化。

這種程度的誤差可存在於低端產品，但是不見容於高端系統。

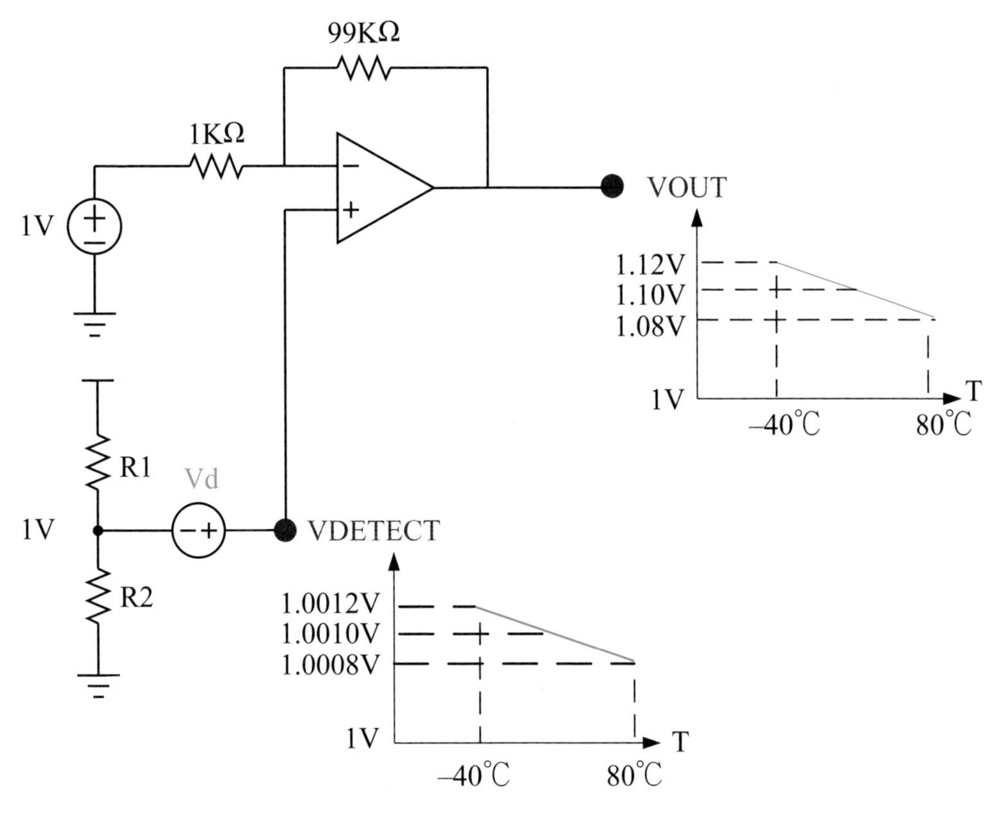

磁感度、VDETECT、VOUT 皆降於升溫

圖 2-28

怎改善上述問題，使偵測結果抗溫飄呢？一般有三種方案，其被繪示於下圖 2-29 中，分別以 TC 電路 1、TC 電路 2 和 TC 電路 3 去代表。通常，設計者只需實施其中一種方案。

這裡 TC 可代表 temperature compensation，或 temperature coefficient。典型的 TC 電路 1 可使用電壓補償或是電流補償，即增電壓於升溫，或是增電流於升溫。其旨在讓磁感度 [V/G] 固定於感知器、不隨溫變。該原理即促微分於磁感度對溫度 T 言爲 0。（下圖 2-29 中，咱假定了放大器 A 只放大差模電平 Vd，且略去共模訊息以簡化圖示。該圖並未明示另一類補償機制其依賴數位電路的計算能力，咱在此不考慮，但該種機制常現蹤於磁感測器孰有較苛的溫飄特性。）

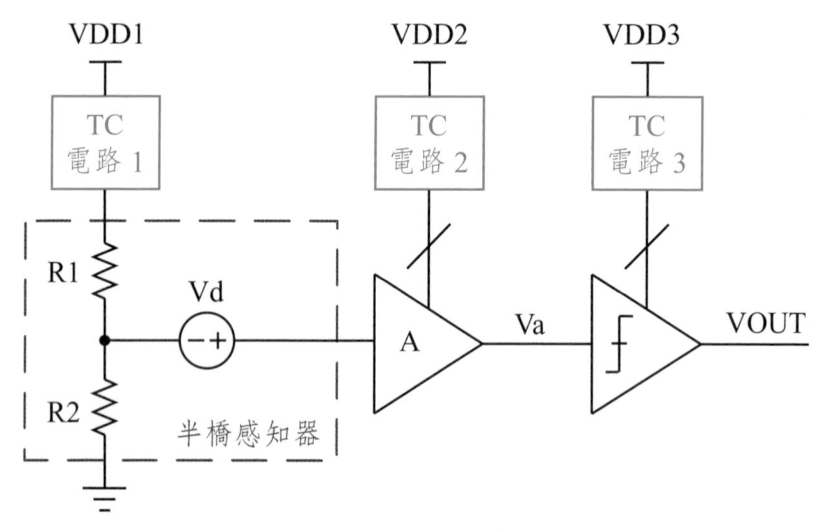

三種方案去達成溫度補償（TC）

圖 2-29

若 TC1 被選用去施作，咱可得如下圖 2-30 的三種特性曲線。其中圖 2-30(A) 和 (B) 相乘之後得到結果如 (C)，顯示磁感度固定於溫度區間。

下圖 2-30(B) 是非線性的，因爲假如 (A)(B) 都是線性的，兩者乘積將爲二次函數，其仍將給出不小的變化於修正後的磁感度（比方在高低溫仍然有～10% 的磁感度誤差）。若咱的磁感測系統有數位計算電路，就能計算最佳補償電壓或電流予溫變，然後咱即可用其去得一效果眞正近乎 0TC（zero temperature coefficient）。上圖中刻意用 mV 單位去衡量輸出電壓，又用 V 單位去衡量電源電壓，乃基於方便考量。

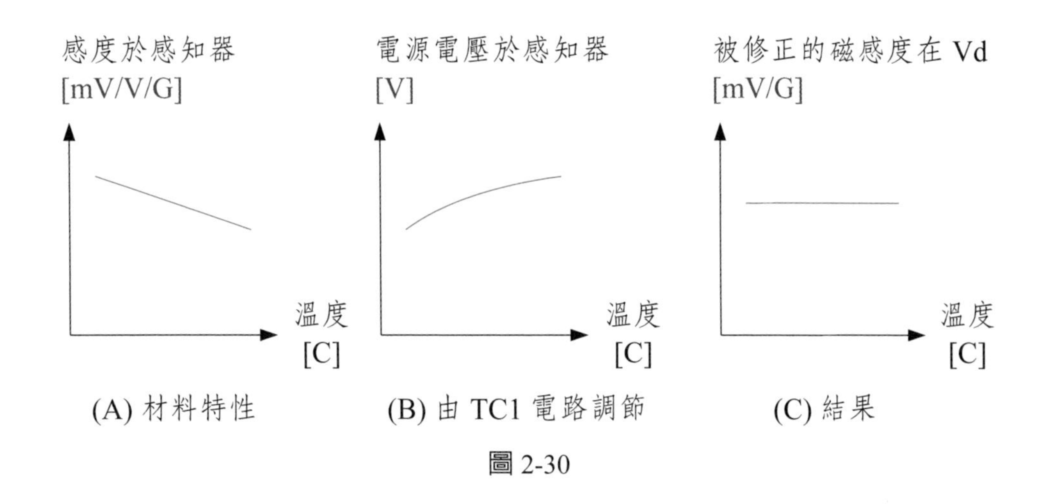

圖 2-30

若圖 2-29 的 TC2 電路被選用去施作，且咱固定電壓源於半橋感知器，則咱可得下圖 2-31 三種特性曲線，其中 (A) 直接使用磁感度單位 [mV/G]，其肇因於咱假設電壓源固定，因此可以直接省略電壓源變數欄位。最後，一樣用 (A) 乘 (B) 得 (C) 做結果去呈現在 Va 上。

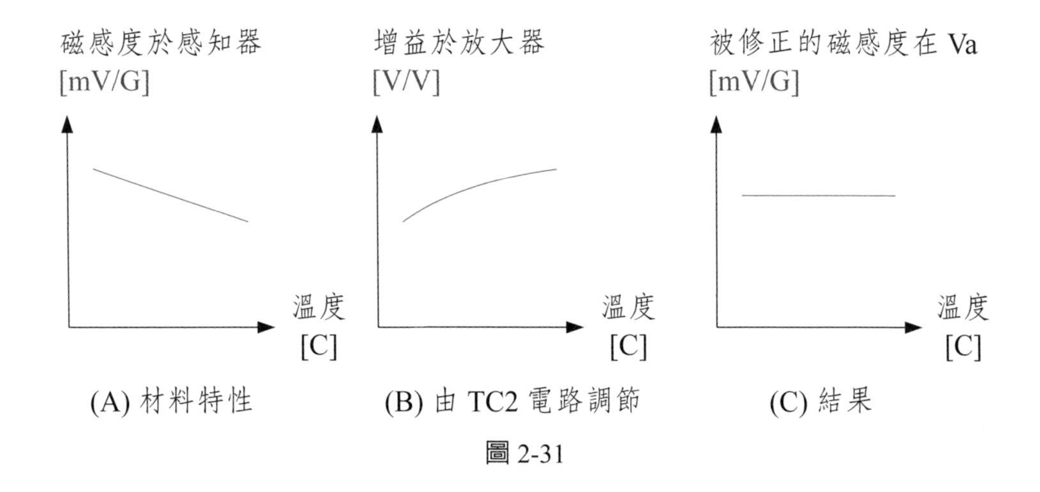

圖 2-31

以上補償效果於 TC1 電路和 TC2 電路可分別在 Vd 和 Va 上被觀察到，且最後都反應到 Va 上。TC3 電路於圖 2-29 則不一樣。

若圖 2-29 的 TC3 電路被選用去施作，則咱可得下圖 2-32 三種特性曲線，其中相對閾值表示閾值電壓減去 Va 的共模電壓（即 Va 於 0G 時）。結果，咱可由圖 2-32(B) 除以圖 2-32(A) 去得到下圖 2-32(C)：

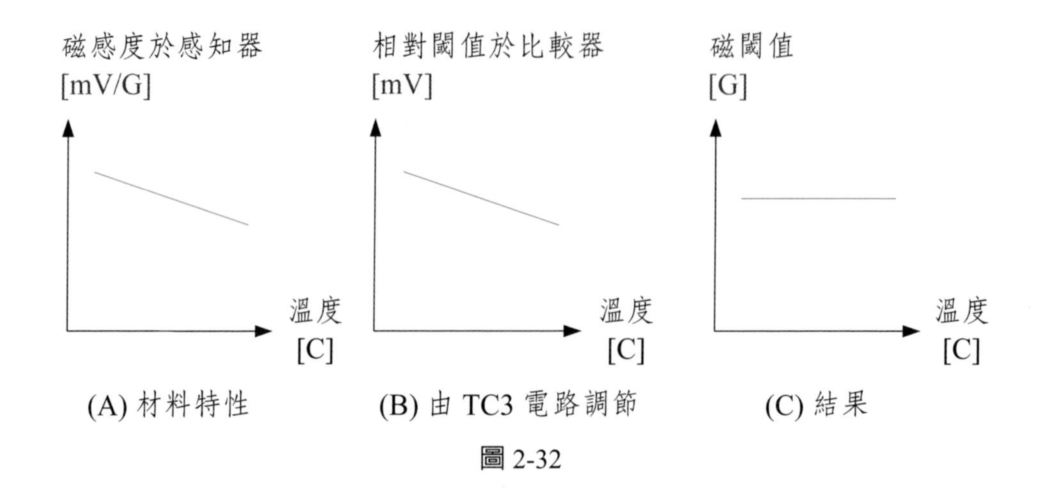

圖 2-32

簡單說，上圖 2-32 直接調整比較器的閥值曲線其相對值被呈現於上圖 (B) 做溫度補償，因而可採用線性的補償曲線，簡化設計。此種補償效果雖然不俗，但是較適用於開關類低解析度產品，且可能影響磁開關的磁滯寬度，使其縮小於高溫下，導致抗噪能力降於高溫，咱稍後再論這點。

反觀 TC1 電路和 TC2 電路，有 0TC 於 Va 在定磁場下，較適合被用來搭配更複雜的後端信號處理。

2.5 放大伴取樣且保持（AMPLIFY WITH S/H）

有時主信號會被先取樣再放大，讓主信號不需隨時待命，或讓其於截波時參與算數運算，如第 1 章所述。這時切換電容電路（switched capacitor circuit，簡稱 SC）就很有用。取樣放大的概念可由下圖 2-33 說明。其中圖 (A) 表示，若在 S1 斷開時，被取樣信號 Vin 匿於電荷 Q = C1×Vin，則 S1 閉合後 Q 會跑到節點 N 上，使 VOUT 獲電荷 –Q 的加持得電壓爲 –Q/C2 = –(C1/C2)×Vin，如同縮放待測信號般 [3]{page428,432,435}。該縮放倍率受控於電容值。此即基礎於 SC 的反向放大。該過程得利於 VOUT 自我調整，去不斷驅使 N 達虛接地的 0 電壓於一負回授組態。

若咱改變接法如下圖 (B)，在 S1 斷開時讓 +Q 那端於 C1 接地，且讓 –Q 那端於 C1 接 S1 往 N 去，則 S1 閉合後，VOUT 會得到電荷 Q 的加持得電壓為 Q/C2 = (C1/C2)×Vin。此即基礎於 SC 的非反向放大。

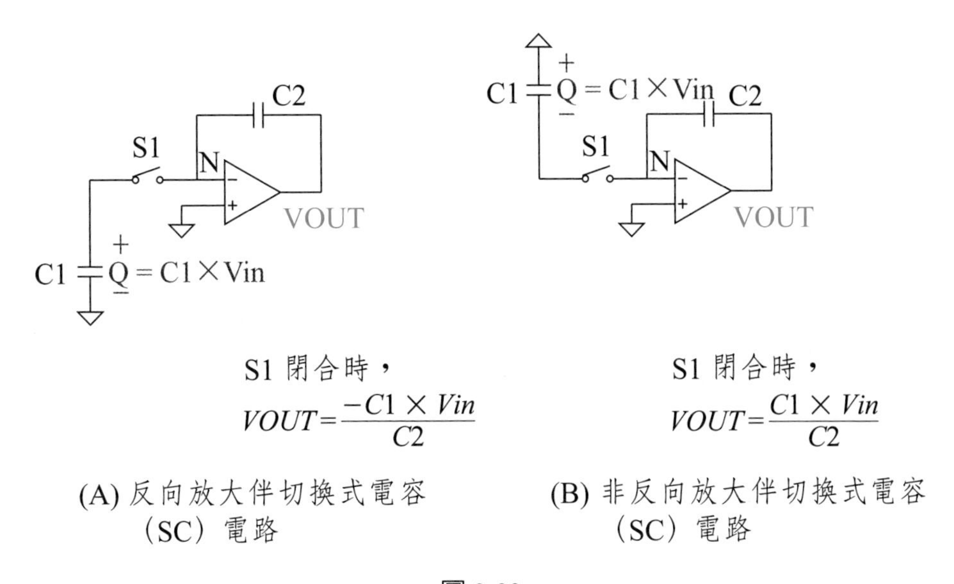

S1 閉合時，

$$VOUT = \frac{-C1 \times Vin}{C2}$$

(A) 反向放大伴切換式電容（SC）電路

S1 閉合時，

$$VOUT = \frac{C1 \times Vin}{C2}$$

(B) 非反向放大伴切換式電容（SC）電路

圖 2-33

為確保上圖 N 點在 S1 斷開時有 0 電荷，咱需添一重置機制到上圖電路裡。此概念如下圖 2-34(A) 所示。下圖 2-24(B) 繪示 2-34(A) 的控制訊號，其中高電位對應開關閉合。所以下圖表示先閉合 Sreset 令 N 點清空電荷，再閉合 S1 去進行放大。

為簡化說明，重置步驟將被略於往後討論，咱現只需記住它的必要性即可。

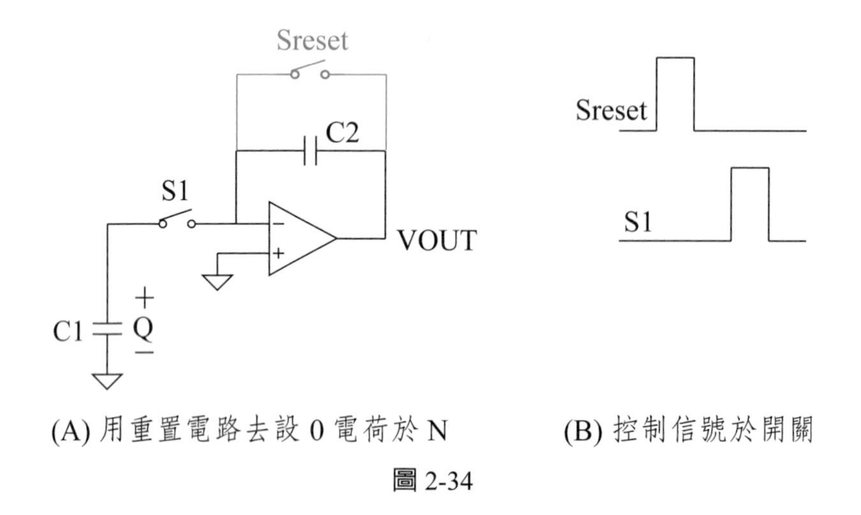

(A) 用重置電路去設 0 電荷於 N　　(B) 控制信號於開關

圖 2-34

下圖 2-35 實現了反向和非反向概念於 SC 電路。咱可見圖 (A) 中 C1 正端通往 Vin 經 S0，並通往 N 經 S1；圖 (B) 中 C1 正端亦通往 Vin 經 S0，但由負端通往 N 經 S1。這兩情況用不同開關組態去造成相反的輸出極性。雖然在 N 左側，(A) 用 T 型結構、(B) 用 π 型結構，但原理相似。

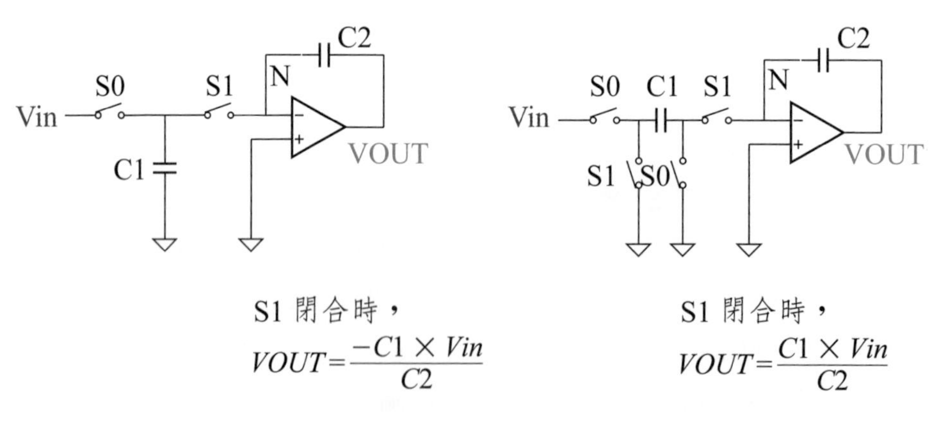

S1 閉合時，

$$VOUT=\frac{-C1\times Vin}{C2}$$

(A) 反向（inverting）放大伴切換式電容（SC）電路

S1 閉合時，

$$VOUT=\frac{C1\times Vin}{C2}$$

(B) 非反向（noninverting）放大伴切換式電容（SC）電路

圖 2-35

上圖 2-35 可用一時序如下圖 2-36(A) 去操作。其中，S0 代表預充（pre-charge）時機，且 S1 代表電荷共享（charge sharing）時機。圖 2-36(B) 代表反覆辦預充和電荷共享兩事，可達積分效果，即連加或連減。

下圖 2-36 搭配上圖 2-35 有個特點，即電荷共享於 S1 閉合時 Vin 可自由變化，不需持續驅動 C1。

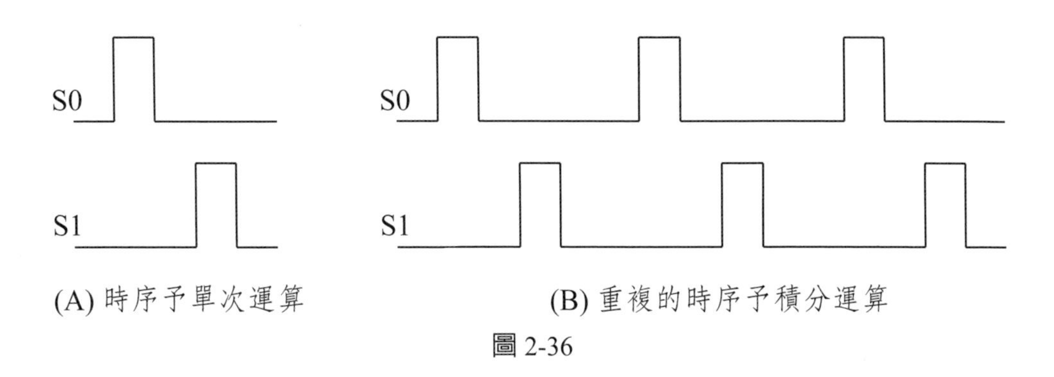

(A) 時序予單次運算　　(B) 重複的時序予積分運算

圖 2-36

咱現舉一反例對照如下圖 2-37(A) 所示，它繪示一反向放大器，其 π 形結構雖與兩圖前圖 2-35(B) 類似，但工作原理不同。若運用時序如上圖 2-36(A)，則下圖 2-37(A) 設定 0 電荷當 S0 閉合去預充 C1，當 S1 閉合時，C1 和 C2 採串連阻態，如下圖 2-37(B)，其被簡化後如下圖 2-37(C)。其中 N 點總電荷爲 0 促 C1，C2 去載等量 Q，其值受控於 Vin。一旦 Vin 變化，雖 N 點保有 0 電荷，但 VOUT 就應聲改變。只要設計者能調配時序，取樣 VOUT 於 Vin 恰當時，該電路就很有用。這類 SC 電路另有 pedestal error 和寄生電容（parasitic capacitance）等問題，請讀者參閱 [1]{page12,31,32} 去進一步了解。

接下來咱問個合理的延續問題：怎若咱想加減兩路類比訊號呢？下圖 2-38(A) 提供了一種方法，其配套了一組時序如下圖 2-38(B)。該時序照舊省略了重置。

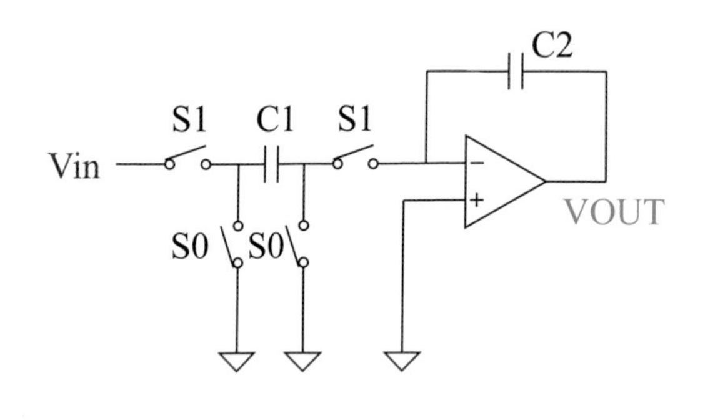

S1 閉合時，

$$VOUT = \frac{-C1 \times Vin}{C2}$$

(A) 另一種反向（Inverting）放大伴切換式電容（SC）電路

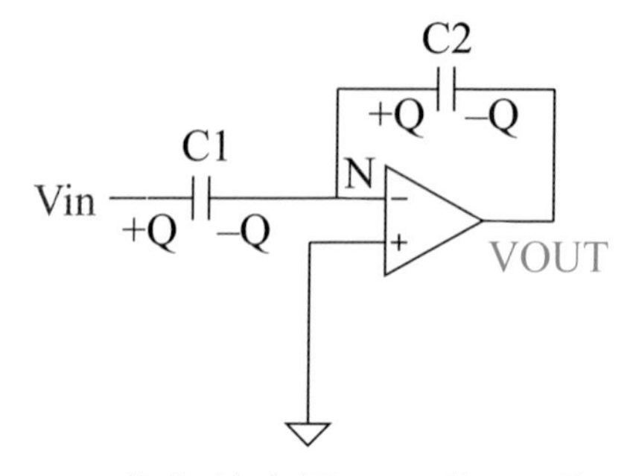

(B) 狀態於左圖 (A) 當 S1 被接通時

C1 0V C2
Vin VOUT
+Q –Q +Q –Q

(C) 進一步簡化予上圖 (B)

圖 2-37

下圖 2-38(A) 中，Π + 網路辦理非反向放大，有加的功能；Π - 網路辦理反向放大，有減的功能。若 C1 = C2，則該圖恰給出一 SC 減法器。若 Π - 網路被換成另一 Π + 網路，則 VOUT 可得放大結果於兩路和當 S3 閉合時（若再添加 C1 = C2 條件，咱可得加法器）。

T- 網路在圖 2-38(A) 中無作用於 VOUT，只被塗灰並旁置去作對照。它可替代 Π - 去辦理反向放大。關於這類的電路優缺點和變形可見 [3][5]。

咱本節只提 SC 的放大功能和其加減法功能，旨在對照 2.2 節的半橋放大與 2.3 節的全橋放大。

SC 放大提供一種彈性去序列地處理訊號，可助處理截波於類比範疇。相較下，複雜的磁感測器需先數位化待測訊號，才能處理截波算法。所以 SC 放大電路有潛力去降複雜度和成本予小型簡單系統。

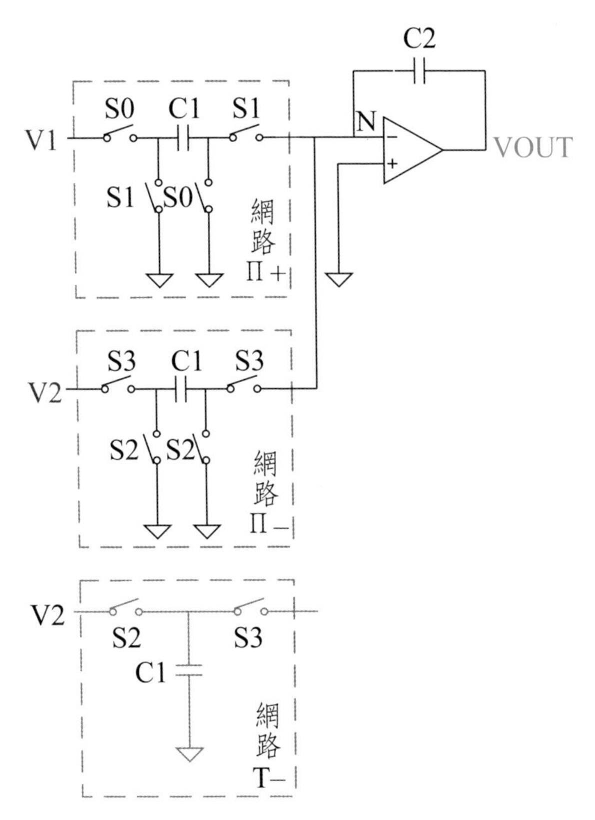

(A) 討論一種減法放大器件 SC 電路

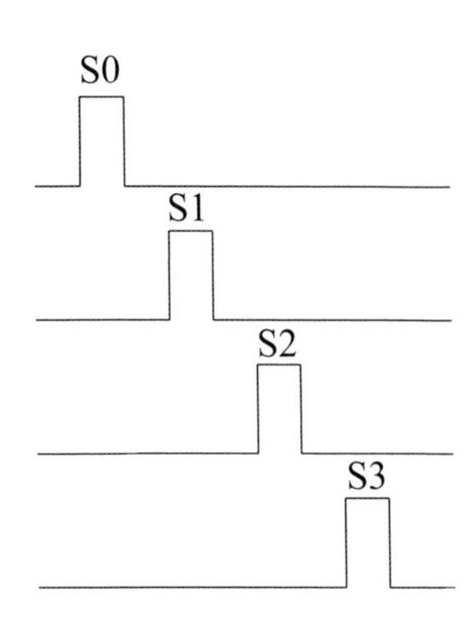

S1 閉合時，

$$VOUT=\frac{C_1}{C_2}(V1-V2)$$

(B) 時序於圖 (A)

圖 2-38

2.6 善用理想元件（WISELY USE IDEAL COMPONENTS）

欲窮千里目，更上一層樓——理想元件能幫設計者建立高層思維，避免設計者只見樹木不見林。底層設計好比實現一條算式，高層設計好比組合多條算式去構成聯立關係。換個比喻說，底層設計就像編程組合語言，高層設計就像編程 C 語言。順此理，能善用理想元件就像能善用高階語言，使設計者更接近終端功能、建立行爲模型（behavioral model）、簡化概念、並加速設計。

當設計者在設計類比電路時，他經常需要脫離底層的電晶體設計、專注在更上層的功能模塊。比方在設計截波電路時，設計者可能希望先檢驗截波算法，且不希望費力在放大器的設計、優化等等底層問題（好比爲了量時間而看牆上的鐘，不必去研究怎麼造手錶）。因此，若模擬軟件提供一些理想的標準模塊，其涵蓋常用的放大器、比較器、類比對數位轉換器及其他等等，則使用者可以組合它們去直接模擬高層的輸出入特徵。

若使用理想元件，設計時間能縮短，模擬器的負擔也能降低，因這種設計簡化了電路圖和其所需的網路分析。

不幸的是，有時一般模擬軟件僅提供相對有限的理想類比電路元件。因此，當缺乏外援時，設計者可能有必要用最基本的理想元件去兜出更高層的理想元件。

以下筆者就用最基本的理想元件兜成幾個常用的基礎電路作爲一些補遺方案（筆者先假設大家使用 Cadence Virtuoso 的設計環境，若非，則讀者僅需稍做修改，就可運用類似方案在其他的模擬軟件之下，比如 LTspice、Pspice 等）。這裡我們強調，所謂的理想元件指那一干模擬元件其特性精確地遵守設定、且不應變於製程變化和溫變——除非設計者主動改變設定。

2.6.1 兜一運算放大器（put together an OP amplifier）

運算放大器（簡稱 OP）是類比電路裡最基本的原件之一。下圖 2-39 展示了一個模擬構造於運算放大器，其構造原理如下：

◇用 VCVS（voltage controlled voltage source）去滿足高增益、高輸入阻抗和低輸出阻抗，其爲所需於 OP。

◇對 VCVS 設定輸出上下限去配合 OP 的電源上下軌。

◇用 DC 電源搭配 VCVS 去定義輸出共模電位。

◇用 RC 值去定義頻寬。下圖 2-39 中運用一階，其可被改成高階。

這裡咱補充說明 VCVS 元件所示如下兩圖的圖 2-40(A)：

◇腳位 1、2 爲輸入端，其提供高輸入阻抗。

◇腳位 3、4 爲輸出端。

◇ $V(3) - V(4) = A((V1) - (V2))$，其中 A 爲放大倍率，可被指定。

◇ $V(3) - V(4)$ 之上限與下限可被指定。

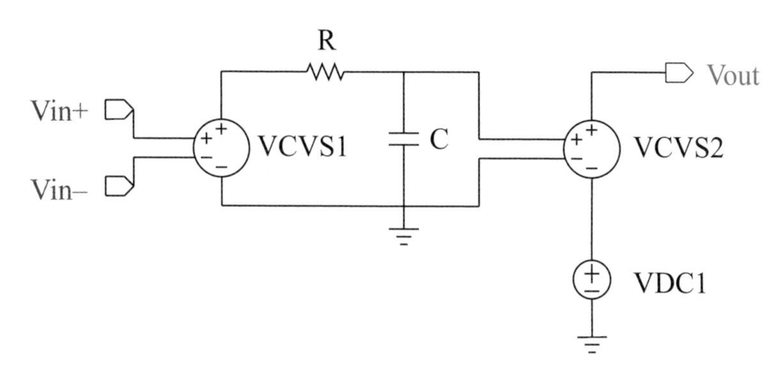

造一般放大器以理想元件

圖 2-39

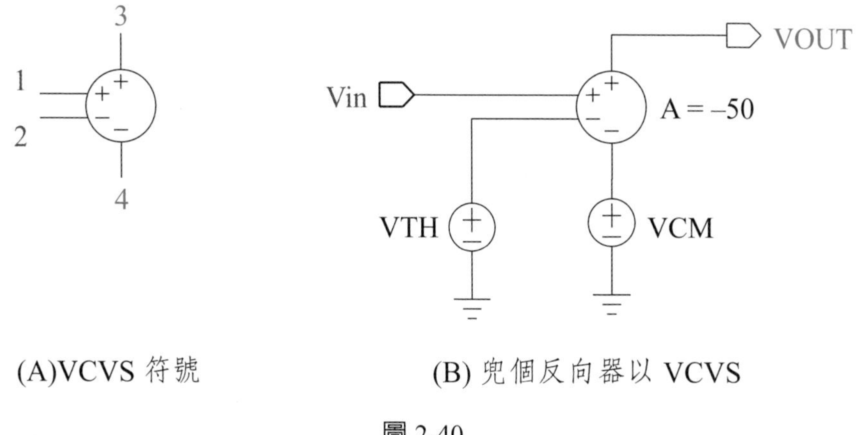

(A)VCVS 符號 (B) 兜個反向器以 VCVS

圖 2-40

上圖 2-40(B) 進一步用 VCVS 去近似一個反閘，其中 VTH 被定在邏輯閾值、A 代表放大倍率、VCM 作爲輸出的中間準位。

咱若稍修改圖 2-40(B)，比方把 A 值調成 +10000，該圖就像是一個一般的放大器，只是沒有頻寬訊息而已。不過，放大器經常被用在負回授結構中，所以若不合理地設定的頻寬，可能引發異常的暫態結果，甚至不穩定的狀態。

2.6.2 兜一比較器（put together a comparator）

比較器經常有非線性特徵，其經常有正回授組態去加速比較和強化鑑別力，且電路噪聲可使得輸出離開介穩態 [7]〔本書第 6 章〕，因而不用擔心有半電壓輸出的問題。若比較器用線性放大器替代，則其輸出電壓可能非邏輯電位。但在某些模擬情況下，用線性放大器替代比較器仍然可行。咱可以提升放大器增益，去降低機率於非邏輯電位，然後縮短模擬時間寬度，使得模擬結果能被仔細檢查。此時一個不完美的比較器，仍然能完美地執行模擬驗證工作。

假設咱要比較器電路圖，咱可以如下圖 2-41 般，用不同方法去定義物件輸出入。圖 2-41(A) 展示傳統的比較器記號。圖 2-41(B) 則少一根接腳，並內建一個閾值，若 VIN> = 閾值則 VOUT 為 1，反之則 VOUT 為 0。

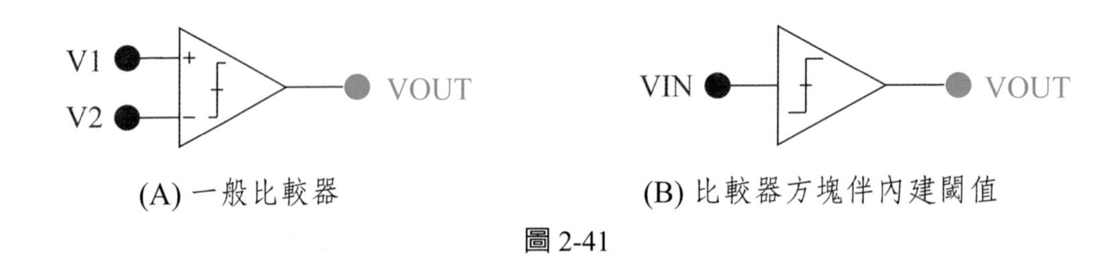

(A) 一般比較器　　(B) 比較器方塊伴內建閾值

圖 2-41

下圖 2-42 為一種實施例針對上圖 2-41(B)。該實施例即為一不完美的比較器，但仍很管用。

若模擬軟體支援 Verilog-A，咱就能自寫代碼定義 behavioral model 給比較器，使其輸出不卡在高低邏輯之間。

Verilog-A 可以直接描述很多數學和邏輯行為，但是手動去兜 VCVS 有圖形化的優點，所以兩者可說各有好處。

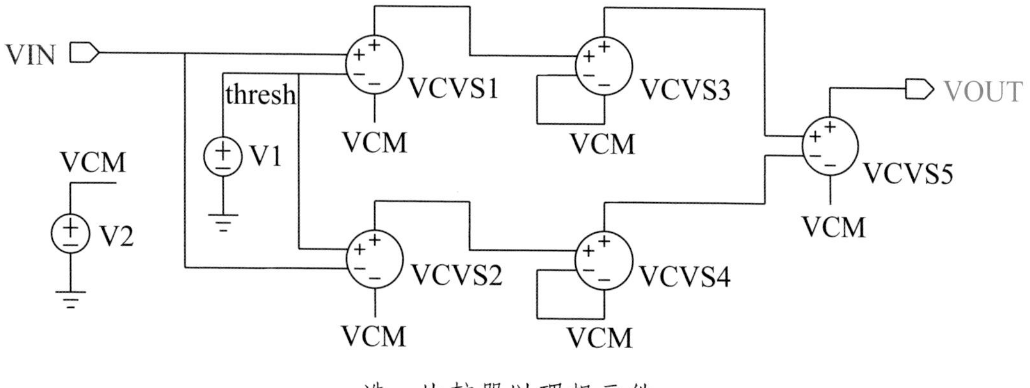

造一比較器以理想元件

圖 2-42

2.6.3 兜一熔絲電路（put together a fuse circuit）

積體電路熔絲（fuse）就像家用的熔絲一樣，電流過大就會燒斷 。該特性可作爲保護或記憶之用。熔絲通常是一次性電路，被燒斷了就不再復原。少數種熔絲具有可回復性，但它不在咱的討論範圍。

常用的積體電路熔絲有金屬熔絲（metal fuse）和多晶矽熔絲（poly fuse）兩種。一般電路圖上符號如下圖 2-43(A) 所示。因爲熔絲呈電阻性，所以一般模擬用理想電阻替代。設計者通常指定一個低阻值給該電阻代去模擬未被燒斷的熔絲；指定一個高阻值給該電阻去模擬被燒斷的熔絲。

因此若用理想電阻替代熔絲，則需分兩次模擬，每次各用一種阻值，才能分別對應未燒斷態（unblown state）和燒斷態（blown state）的電路行爲。若設計者要在一次暫態模擬之中讓熔絲依序經歷該兩態，則可用下圖 2-43(C) 去替代熔絲並連接燒錄信號。之所以叫燒錄，是因爲燒斷後就不再改變、相當於錄製。

下圖 2-43(C) 中燒錄信號可爲脈衝形態或步階形態，且 D 型正反器需被恰當地重置去給 P 一個高電壓初始值。該 P 點接一理想開關的控制端，其線圈形狀取意象於繼電器。當該 P 點爲高電平，代表通路 S 呈閉合態，提供低阻值。當該 P 點電位轉低因左側一次性電路被觸發時，S 呈開路態，

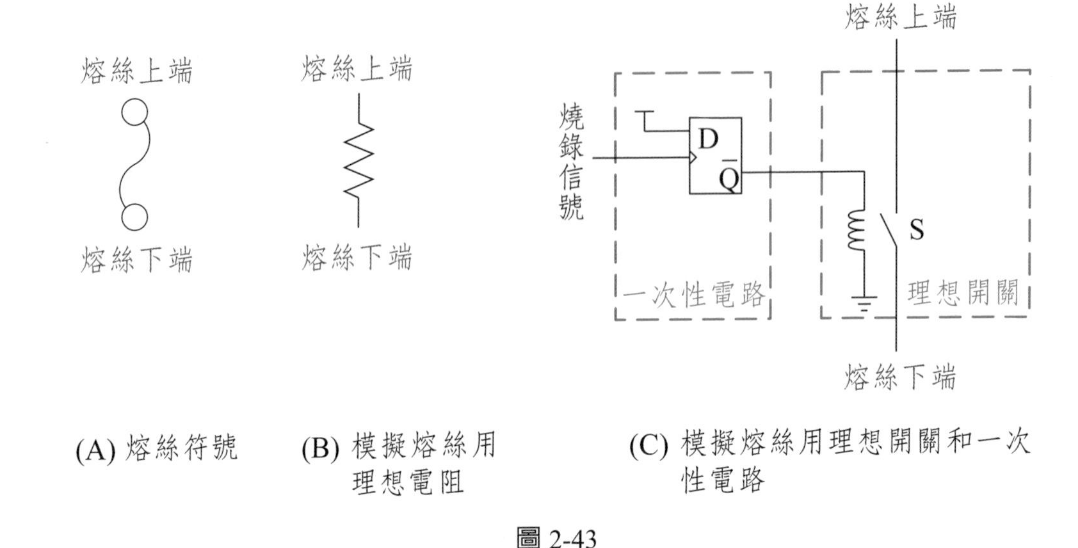

(A) 熔絲符號　(B) 模擬熔絲用理想電阻　(C) 模擬熔絲用理想開關和一次性電路

圖 2-43

提供高阻值。模擬時可同時指定阻值予閉合態和開路態去模狀態於熔絲燒錄前後。

2.6.4 兜一通用的 A/D（put together a generic A/D）

咱常用的 A/D 能給出一個二進位數，去代表一類比量成比例地相對於動態區間。比方若咱的動態區間從 0V 到滿表電壓 vf = 8V，其對應二進位數 1000，則輸入電壓 vin = 5V 給這 A/D 可得二進位數 101 。所涉任務去逼出 1、0、1 三個數不一定簡單憑手繪電路，但靠計算機代碼去辦僅需寥寥數行，如下圖 2-44(A) 所示。

下圖 2-44(A) 的示意代碼被一般稱作虛擬碼，或 pseudo-code，即能表達概念但不全符合特定語言格式。該代碼用 vin 做輸入，把輸出放在 vd 陣列裡。本例假設此 A/D 爲 3 位元。

下圖 2-44(B) 用 vin = (5/8)vf 去助示運作原理予上圖 2-44(A) 代碼。代碼中 vc = vc*2 旨在向左平移一個二進小位數，其在圖 2-44(B) 中靠 vf 的右側，即那些數駐於括弧內；括弧後有 b 字代表 binary。此數成爲 vc 的權重相對於 vf。

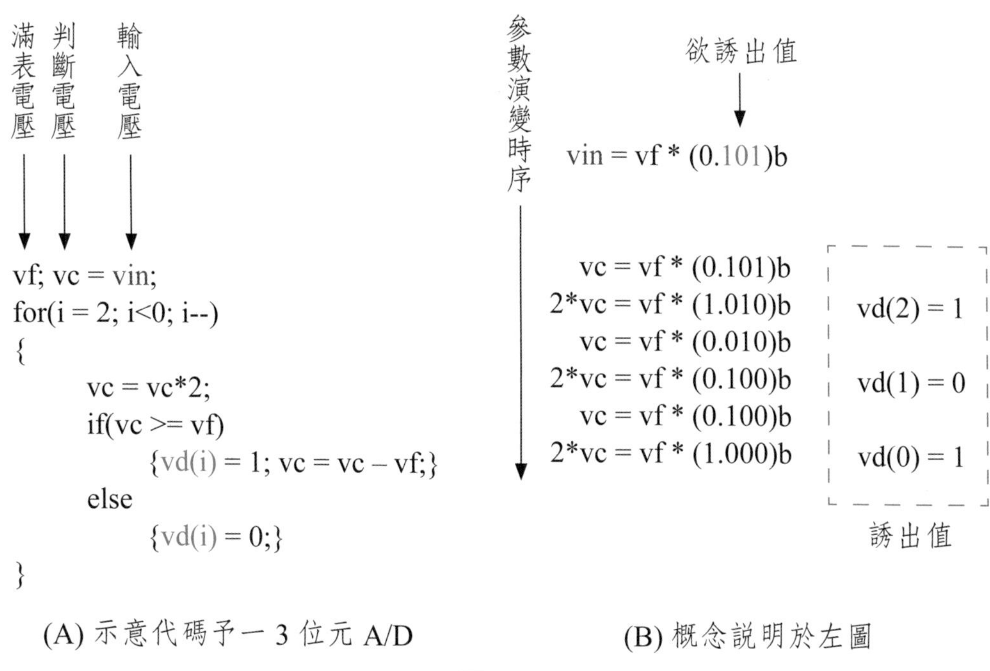

(A) 示意代碼予一 3 位元 A/D　　(B) 概念說明於左圖

圖 2-44

向左平移該二進位權重數能誘出一個位元到該權重數的個位讓咱記錄。若有個 1 被移到權重數的個位，則 vc >= vf 情況將出現。咱用此情況判定誘出位元為 1 非 0，並在此時減去 vf，相當於移除權重的個位數，使下回 vc >= vf 必肇因於另一個 1 位元。反之，若 vc < vf，咱可知是 0 在權重個位，因此可判定誘出位元為 0 非 1。

咱好像講大了一件小事於上一段，其旨在替下一小節做對照，說明軟體和硬體引發不同思維。咱可運用 Verilog-A 之類的工具去造行為模塊於電路圖中，依據上圖 2-44 概念。

為求完整，咱變一下 A/D 的規格，假設動態範圍改成在 –vh + vcm 到 vh + vcm 間，其中 vh 為半寬值、vcm 為半表值。咱只需微調先前代碼，改用下圖 2-45 代碼概念去配合這需求：

```
vf = 2*vh;  vc = vin – vcm + vh;
for(i = 2;    i<0;  i--)
{
        vc = vc*2;
        if (vc >= vf)
                {vd(i) = 1; vc = vc – vf;}
        else
                {vd(i)  = 0;}
}
```

微調代碼予一 3 位元 A/D

圖 2-45

2.6.5 兜一 SAR A/D（put together an SAR A/D）

本小節依舊用虛擬碼描述 A/D 行爲，其效果與前一小節所述 A/D 類似，但這回改用 SAR 程序編碼。前一小節講先逐次乘 2 於「判斷電壓」再比較，有利於軟體實現；這一小節講先逐次除 2 於「調幅之於閾値」再比較，有利於硬體實現。咱現在就來看看後者。

下圖 2-46(A) 給出一虛擬碼予 SAR 的 A/D。該碼中 vf 仍爲滿幅電壓，與上小節同。圖中 vt 爲比較電壓，在每次輸出一位元 vd 後就調整一次，每次調幅 vstep 減半。

若輸入電壓 vin 仍爲 (5/8)vf 如上一小節之例，則 vt 依時序有變化如下圖 2-46(B)。從中咱可看出若 vd 給出 1 則 vt 隨後上升一 vstep；若 vd 給出 0 則 vt 隨後下降一 vstep，每次調幅 vstep 都確實減半。

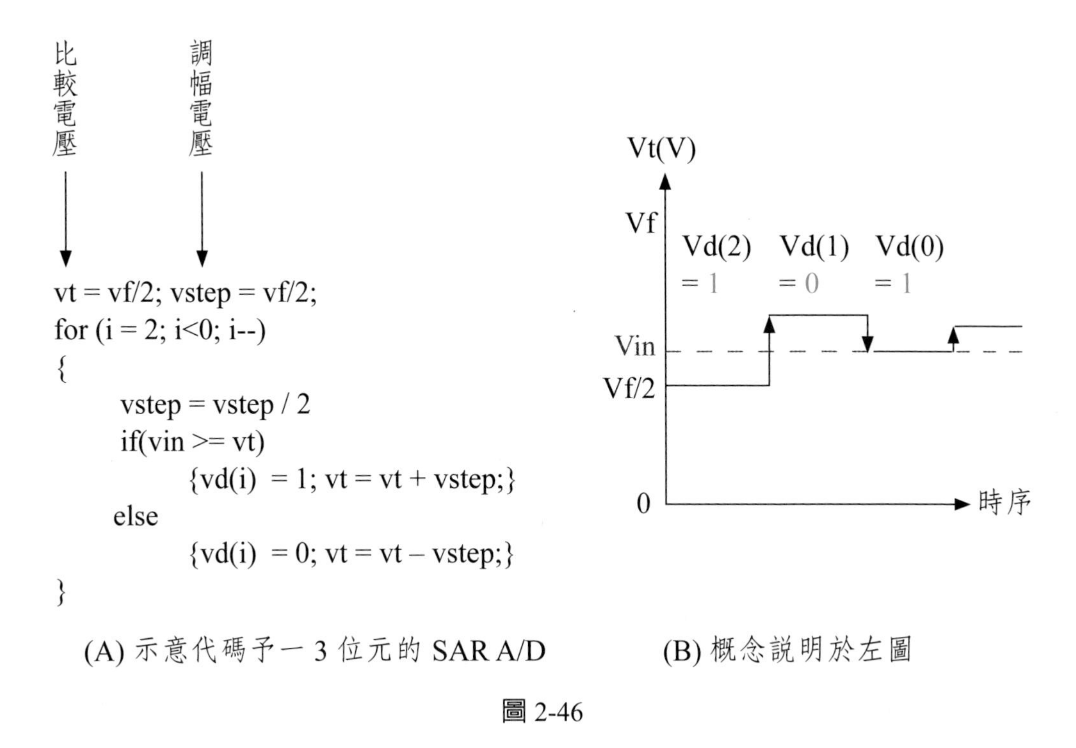

(A) 示意代碼予一 3 位元的 SAR A/D　　(B) 概念說明於左圖

圖 2-46

如前一小節般，爲求內容完整，咱變一下 A/D 的規格，假設動態範圍改成 –vh + vcm 到 vh + vcm 間，其中 vh 爲半寬值、vcm 爲半表值。咱一樣只需微調先前代碼，改用下圖 2-47 代碼去配合這需求：

```
vt = vcm; vstep = vh;
for(i = 2; i<0; i--)
{
    vstep = vstep / 2
    if(vin > =  vt)
        {vd(i)= 1; vt = vt + vstep;}
   else
        {vd(i)= 0; vt = vt – vstep;}
}
```

微調代碼予一 3 位元的 SAR A/D

圖 2-47

2.6.6 兜一第一階 DSM（put together a 1st order DSM）

差和調變器（delta-sigma modulator，簡稱 DSM，一般譯作積分——微分調變器）可作爲一種前端電路予 A/D。DSM 將類比輸入信號編碼於變化脈波，其可調變塑形量化噪聲。

DSM 算進階題材對於入門工程師。其入手門檻包括相關知識於信號調變和轉換，還包括相關技巧於暫態模擬。

爲了輕鬆跨過該門檻，咱可用理想原件去造一 DSM 以銜接數學模型和電路概念，並迅速檢驗原理和可行性於 DSM 設計。

一種常見的一階 DSM 有概念如下圖 2-48 所示，其中 Σ 中的減號代表 delta，積分符號代表 sigma。相關原理可見 [10]。

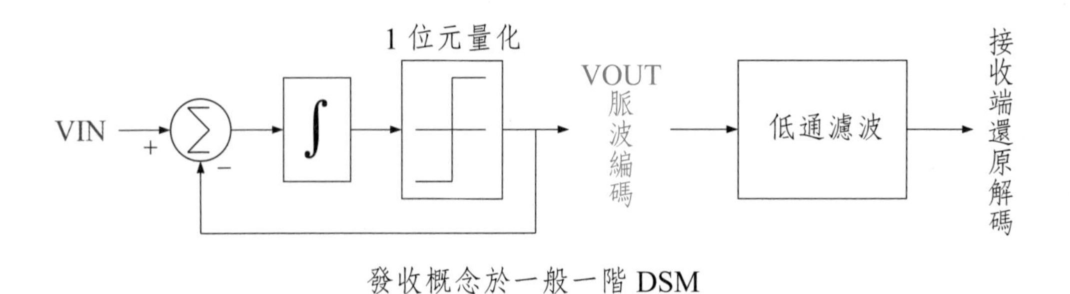

發收概念於一般一階 DSM

圖 2-48

上圖 2-48 中，那組電路在 VIN 和 VOUT 間即 DSM，其可構造於理想原件如下圖 2-49 所示。下圖 P1 代表一時鐘訊號，P1B 則爲其反相訊號。本圖的好處除了運用理想元件簡化計算外，還包括有可被仔細觀察的內部電路節點。若咱在 VIN 給個弦波，並在 VOUT 接個低通濾波器，咱就能快快檢驗電路是否正確，靠還原訊號是否也爲弦波去判斷。咱還可用濾波後的諧波去判斷多少解析度可生自該調變解調機制。

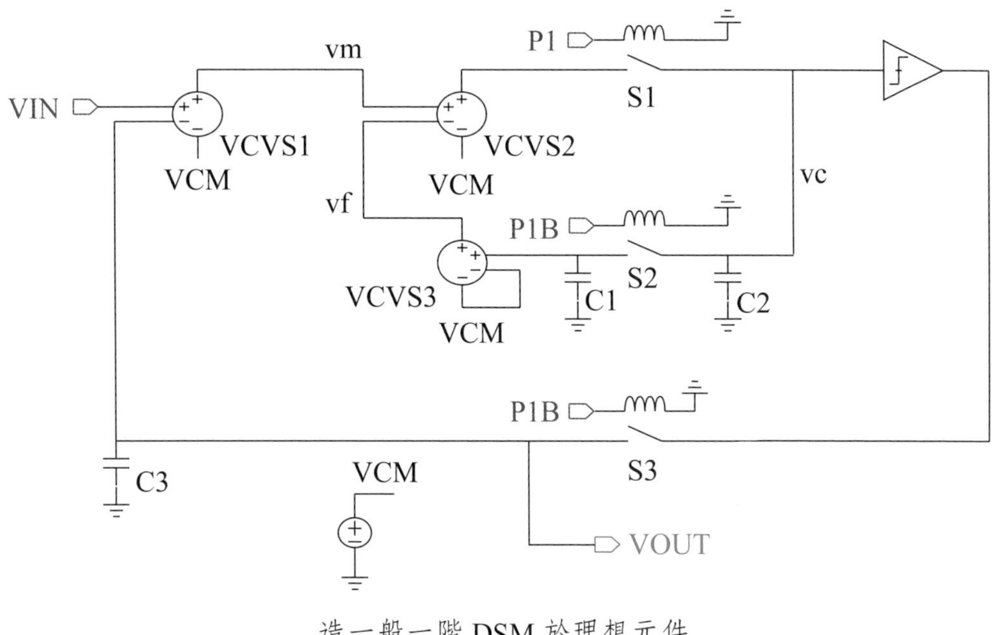

造一般一階 DSM 於理想元件

圖 2-49

2.6.7 兜一通用的 D/A（put together a generic D/A）

造一通用 D/A 有時可幫助模擬於 SAR 類的 A/D。比如在 SAR 選擇位元進行比較時，該 D/A 就可助產生閾值予該比較。

下圖 2-50 繪示一個 3 位元的 D/A，其中 VCVS 於 V1、V2、V3 三處皆設定輸出上限爲 VREF，下限爲 0，使輸出電壓從 0V 到 VREF*7/8 之間分布，且相鄰輸出檔位間差 0.125*VREF（比方 000 給出 0V，001 給出 0.125VREF）。最後，讀者可額外加一平移電壓於末級去依情況符合所需規格。B<2：0> 的高邏輯電位爲 VREF，低邏輯電位爲 0。

更多位元的 D/A 亦可比照這原理辦理，不在話下。

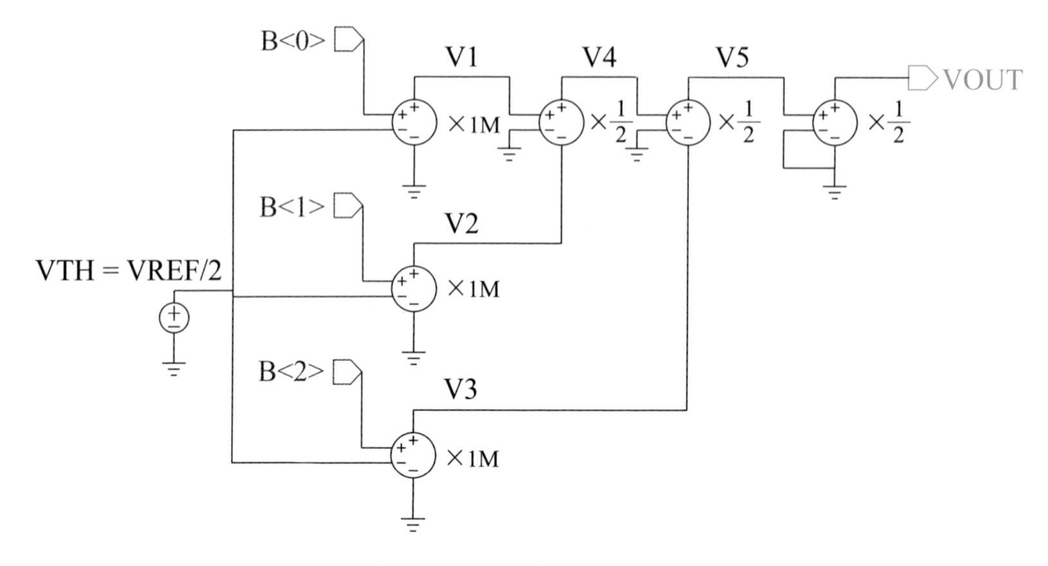

造一 3 位元 D/A 以有上下限的 VCVS

圖 2-50

2.6.8 標準化（standardization）

在 2.6.1～2.6.7，咱介紹了很多基礎電路其被一批理想元件建構起來。它們可被整理並放在同一目錄裡讓設計隨拉即用。這算是標準化的一部分。一個設計經常需要多人合力，其中很多工作是重複性的；很多成果靠多人反覆推敲協調去達成。

咱不希望每次設計一個新產品就需要重走一遍先前的艱辛路。於是，設計者會把過往的設計整理成像考古題題庫一樣，便於搜尋去因應設計需求，並找到合用的設計，之後隨插即用。除包含被優化的尺寸設計之外，該庫也可收納上述模組其建構於理想元件，有助去用在加速模擬流程與速度。

經看完前幾節的簡單類比電路方塊後，大家可能會想，既然這些基本模塊有些可變參數，那麼軟體公司爲何不進一步創造軟體去因應各參數和電晶體模型，去自動造出基本模塊如放大器、比較器、電流鏡之類的電路呢？

工程師確實能創造出軟體去提供簡單的按鍵功能完成類比工程師常態

性的工作，包括繪製電晶體特性曲線、常用放大器尺寸和效能優化等等，使得曠日廢時又千篇一律的套路能在短時間內完成（類似設計一套軟體去代替人設計電路。又像數位電路設計一般，描述電路行爲讓軟體幫忙合成電路細節）。

而且，如某位知名人士所言，若一問題能夠被明確的規則敘述，電腦都有潛力比人更快地找出解法。筆者覺得，即便今天咱非常純熟於一項技藝，其似乎很有價値，但在世界的另一角落都可能有人只按一鍵就在幾秒或幾分內完成了咱數星期的功。因此，筆者覺得鑽研一項知識時必須隨時注意它的可被替代性，確保當承受衝擊來自新技術時，平日的投資不會白費。

2.7 數位化放大的訊號（DIGITIZE AMPLIFIED SIGNALS）

2.7.1 臨界點於開關（critical points of switches）

最簡單的類比轉數位磁感測器是磁開關，其反應類比的磁場強度於兩數位狀態—— 高電壓或低電壓。複雜一些的電路如電流感測器、磁通量計或線性霍爾感測器等有時會將類比待測信號放大，然後量化成多位元的數位信號以便做計算、溫度補償或做數位濾波。

我們先從最簡單的磁開關說起。此類產品通常被區分爲單極 uni polar、雙極 bipolar 和全極 omni-polar，其特性曲線分別如下圖 2-51(A)、(B)、(C)。

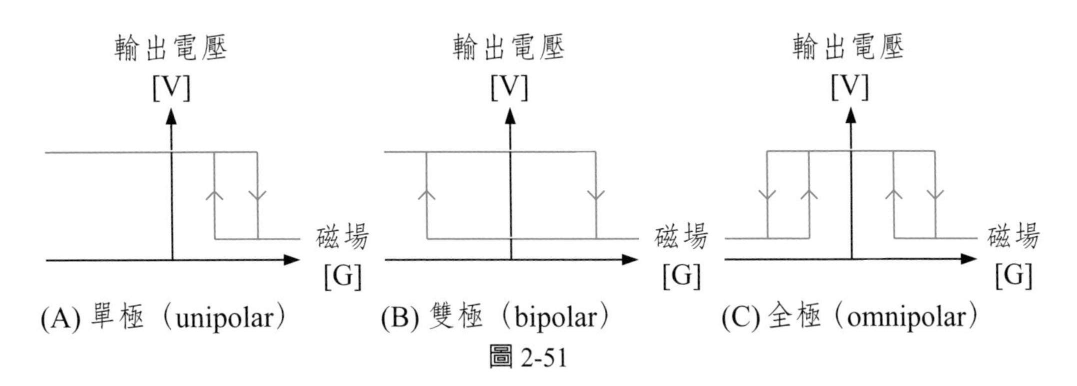

圖 2-51

我們把上圖 2-51(A) 放大如下圖 2-52，並介紹三個臨界值相關名稱。

第一個名稱是操作點。操作點指一個磁場臨界點，經其當磁場上行且原輸出為高電平時造成轉態至低電平。操作點簡稱 BOP，其中 B 代表磁場，OP 代表 operate point。

第二個名稱是釋放點，經其當磁場下行且原輸出為低電平時造成轉態至高電平。釋放點簡稱 BRP，其中 B 代表磁場，RP 代表 release point。

第三個名稱是磁滯場，就是差值 BOP - BRP。磁滯場簡稱 Bhyst，其中 B 代表磁場，而 hyst 則代表 hysteresis，該字表達滯的含意。以下圖 2-52 來說，若 B 上行觸發轉態於 BOP，則若要回復高電平在 B 的下行過程，光是讓 B 回到 BOP 還不夠、需要多等一段行程讓 B 到達 BRP 才能回復高電平，因此有一種「於回程時延後觸發點」的效果。因此用滯字表達延後概念在磁滯場一詞中。

Hysteresis 雖為滯，且在此為磁滯，但也可能是其他種滯。當它被用在非磁性特徵裡，咱統稱遲滯。用一台冷氣打比方，若其操作點為 28 度且釋放點為 25 度，則遲滯溫度為 3 度。再用電路打比方，若一電路操作點電壓 1.1V 且釋放點為 0.9V，則遲滯電壓為 0.2V = 1.1V – 0.9V（我們所熟知的史密特觸發器 Schmidt trigger 就是以內建有遲滯電壓為其特徵）。

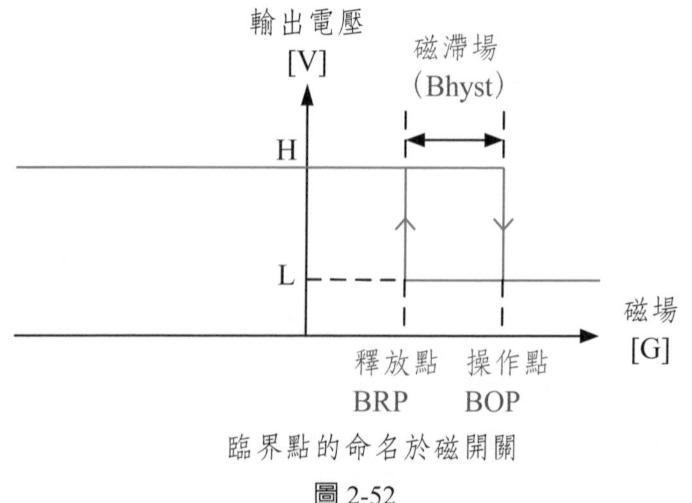

圖 2-52

磁滯現象需要磁場上行（ascending）和下行（descending）兩個過程才會被顯現出來。該現象在磁開關上造成數位方式轉態。但是在磁材料上，磁滯現象往往是一個類比過程，如下圖 2-53 所示。下圖 2-53(A) 展示 B-H 特性於一鐵芯材料。該圖中灰線代表上行曲線，藍線代表下行曲線，其中磁滯特徵被反映在兩個橫軸交點上，但過程並非只有兩種 B 值。類似地，下圖 2-53(B) 展示 V-H 特性於一 AMR 電橋，其上行和下行曲線也不全重疊，且其最低點發生於不同磁場強度下。

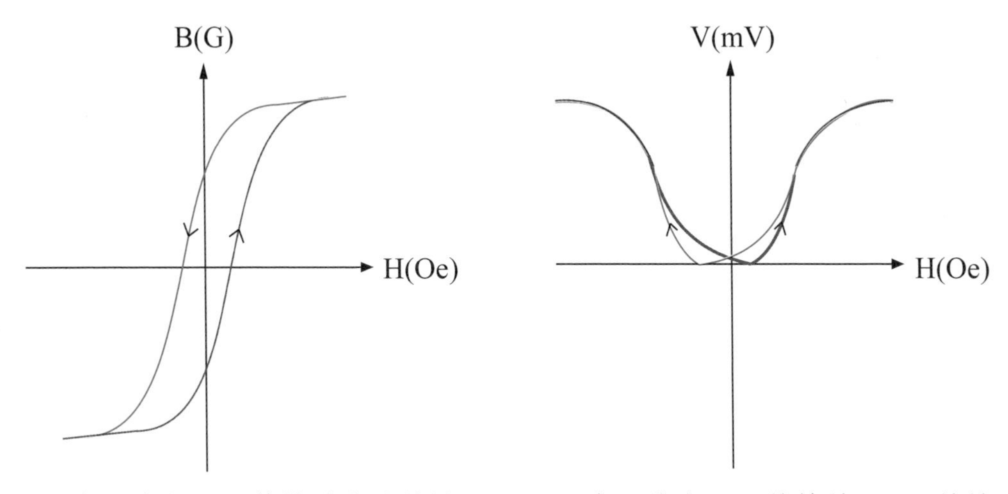

(A) 有磁滯的 B-H 特性於鐵芯材料　　(B) 有磁滯的 V-H 特性於 AMR 材料

類比磁滯不同於磁開關磁滯

圖 2-53

磁開關運用磁滯伴隨一抗噪目的。假設 B 場單調上升，但被檢測到的等效 B 場在觸發操作點時餘波盪漾如下圖 2-54(A)，且 BOP – BRP = 0，也就是 Bhyst = 0，則輸出 OUTPUT 產生多餘轉態。這蕩漾的噪聲可能肇因於檢測系統的電路噪聲（暫態、隨機或皆有）。結果，在下圖 2-54(A) 裡，輸出有多餘轉態。這種多餘轉態，可能造成信息錯誤和不穩定。

若 Bhyst = BOP – BRP > 0 如下圖 2-54(B)，則 BOP 和 BRP 未被接連觸發，因此沒有多餘的轉態，使轉態一次到位。

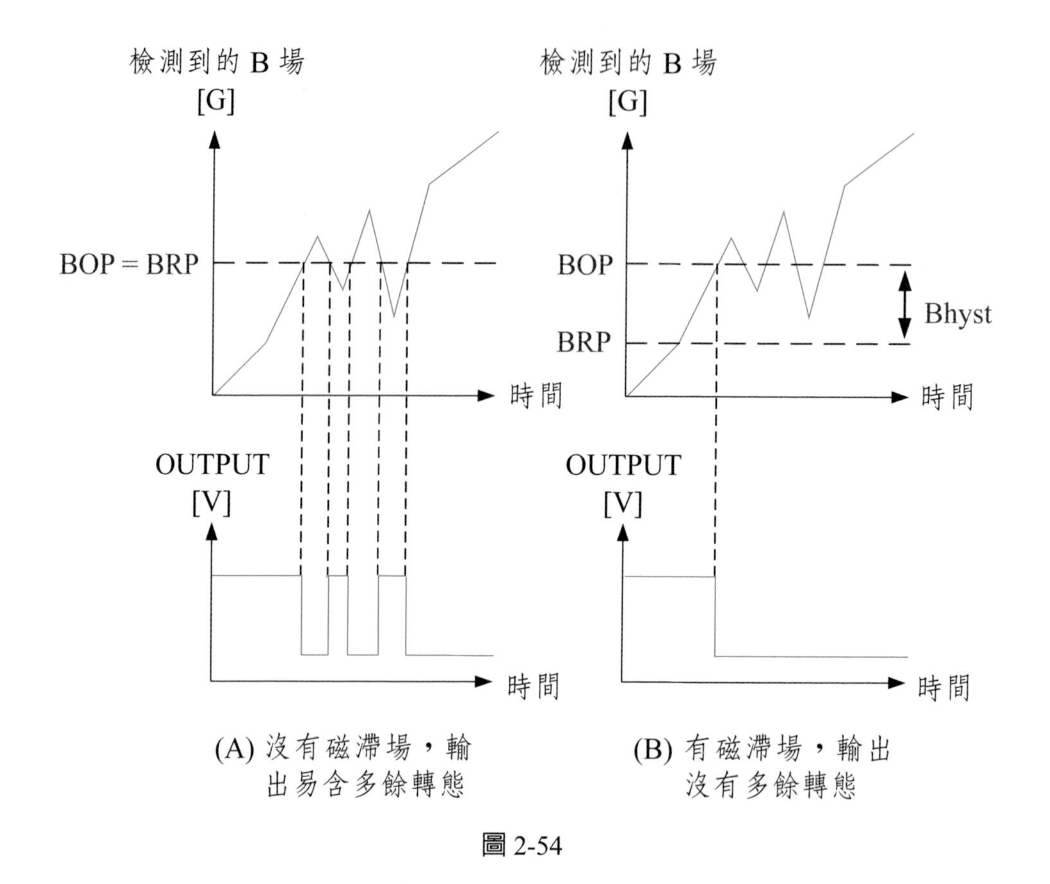

圖 2-54

上圖 2-54(B) 利用磁滯概念去對抗噪聲。這概念相當於用遲滯電壓去對抗電路噪聲，從電路的實踐角度來看。

附帶一提上圖 2-54(B) 中雖然假設 BOP 和 BRP 是理想的，但是實踐上它們也受電路噪聲影響而波動。

最後咱先起個頭，提醒讀者磁開關特性屬於雙穩態系統，不同於類比遲滯所描述，咱等到第 6 章再針對數位穩態系統分類討論。

2.7.2 創造遲滯（create hysteresis）

最直覺的方法去製造遲滯是改變電路組態，進而改變閾值，下圖 2-55(A)(B) 展示了這個概念，(A) 中 VREF 爲閾值，VIN 爲輸入。當 VIN 低於 VREF 時，比較器輸出 VOUT 爲高電平，圖中開關爲閉合態，且

VREF = VDD*R1/(R1 + R3)。此電壓被標示為 VOP 於圖 2-55(B) 中，代表操作點電壓，其命名原理同於 BOP 代表操作點磁場；圖 2-55(A) 的 VIN 高於 VREF 時，比較器輸出為低電平，圖中開關呈開路態，VREF = VDD*R1/(R1 + R2 + R3)。此電壓被標示為 VRP 於圖 2-55(B) 中。

只要改變圖 2-55(A) 中的電阻值，咱就可控制圖 2-55(B) 中的 VOP 和 VRP，用 VOP、VRP 和檢測信號去類比 BOP、BRP 和環境磁強 B。

Vhyst 於下圖 2-55(B) 通常被設定為數倍以上於 rms 值之於噪聲，詳細理由被寫在第 4 章。

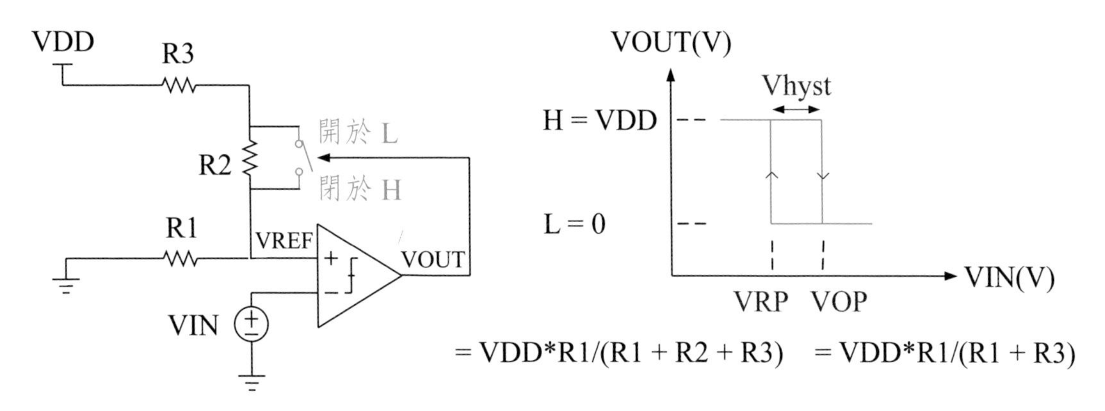

(A) 改變電路組態以開關，去製造遲滯特性　　(B) 上下行特性曲線於左圖

圖 2-55

咱現給第二個例子，繼續運用改變電路組態去造成遲滯。

下圖 2-56(A) 說明咱常見的史密特觸發反閘（Schmidt trigger inverter）也具有遲滯特性。在本書裡，反閘，相反器和反向器都指同一種電路。咱若假設該反閘被接到一個後級，其具有一閾值用虛線表示，且該反閘在 VIN 的上行特性曲線中在 V = V2 使輸出達該閾值，但在下行特性曲線中在 V = V1 使輸出達該閾值。咱也可說一旦其輸出轉態，則 VIN 至少需要有 V2-V1 的變化絕對值才能再次轉態。這裡，V2 就似 VOP，V1 就似 VRP，而 V2-V1 就像 Vhyst，提供抗噪能力。

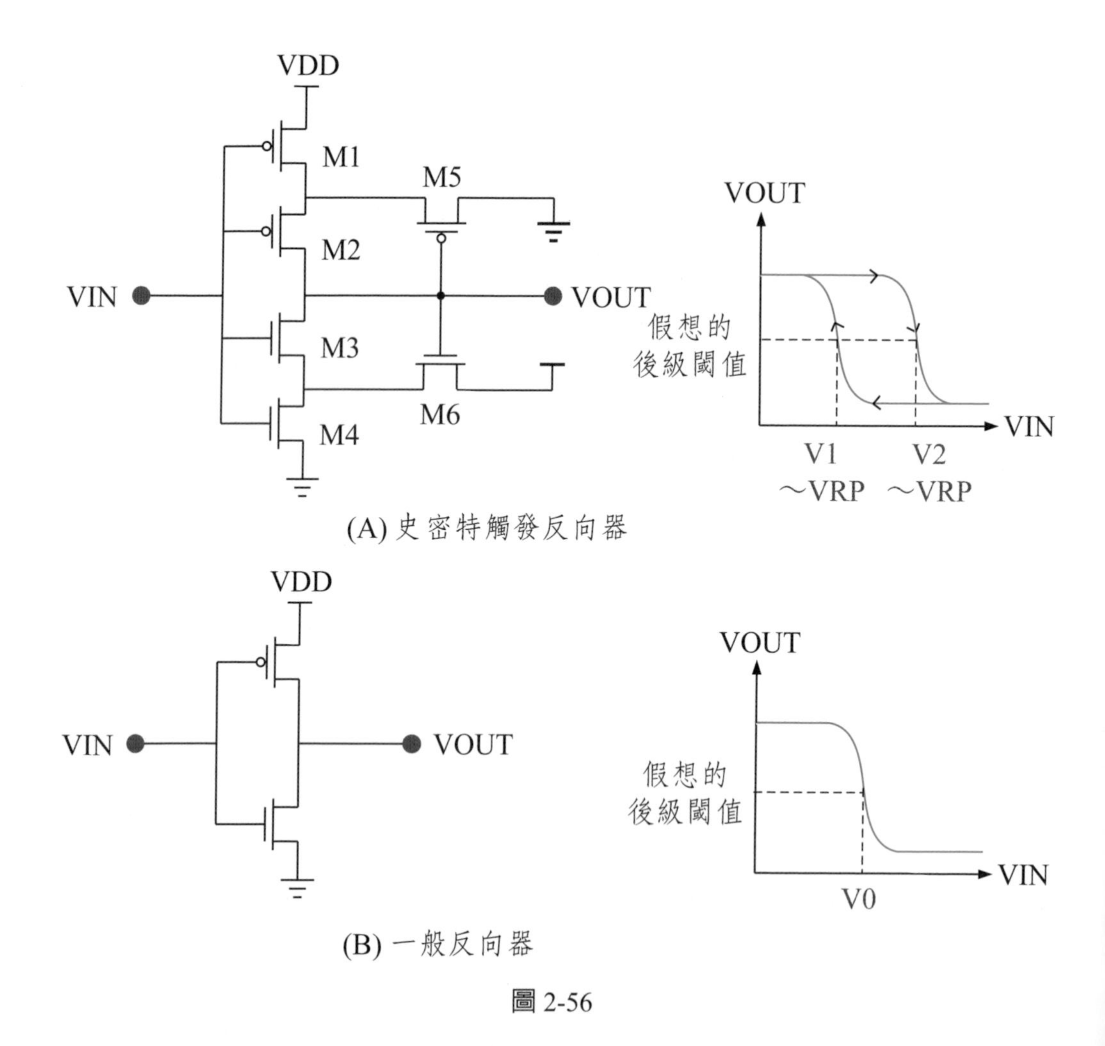

(A) 史密特觸發反向器

(B) 一般反向器

圖 2-56

上圖 2-56(A) 裡的特性曲線，會隨製程、電壓、溫度（process, voltage, temperature，簡稱 PVT）改變。所以，這一種史密特觸發器並不被用來提供精確的操作與釋放點。

咱說上圖 2-56(A) 有兩種電路組態。第一種電路組態在 VIN = VDD，此時 VOUT 爲 0，M5 被導通，M6 關閉。第二種電路組態在 VIN = 0，VOUT = VDD，此時 M5 被關閉，M6 導通。M5 和 M6 就好像兩個開關，改變著反向器的組態。如果沒有 M5 和 M6，VIN 只要在一電位 VM 使得

I(M1) > I(M4) 就可讓 VOUT 開始由低轉高；但是因爲有了 M5，必須 VIN < VM 才使得 I(M1) > I(M4) + I(M5) 去造成 VOUT 轉高。簡單說，在第一種組態中，M5 造成了額外的轉態負擔，使得轉態行爲出現「滯」；同理在第二種組態中，M6 造成額外負擔於 VOUT 的高轉低過程，使得 VIN 必須 > VM 才完成轉態而造成「滯」。不論高轉低或低轉高，史密特觸發反閘都呈現遲滯現象，其作爲最大區別相對於一般的相反器。

上圖 2-56(B) 的一般相反器被用來對照圖 2-56(A)，說明若 VIN 在 V0 左右飄動，則會造成輸出在後級閾值上下變化，其會造成後級頻繁轉態。此對照可輔以圖 2-54 去說明用途。[7] 有進一步說明關於史密特觸發反向器，讀者可以參考。

咱現給第三個例子，其產生略爲可控的遲滯，其依舊靠改變電路組態去完成。讀者可以參閱 [5]{page471-474} 去了解圖 2-57(A)。該圖依舊可以被分成兩種組態。

咱先說第一種組態，其發生在 VA 爲高 VB 爲低的情況。

若 K = 1 且 VIN < VREF 時，由於正回授關係，VA 爲高，VB 爲低，使得 M3 和 M4 關閉。若要改變這種情況，只要 VIN = VREF，就可以使 M6 的電流 I(M6) = I(M2)，其等於 I(M1) = I(M5)，且爲達平衡點，也就是些微的 VIN>VREF，就會因爲正回授開始讓 VA 和 VOUT 轉態。

若 K > 1 且 VIN < VREF 時，先令 VA 仍爲高，VB 仍爲低。此時若要翻轉極性之於 VA 和 VB，咱就得拉高 VIN 超越 VREF 一段距離才能宣洩來自 M2 的電流 I(M2)，其大於 I(M1) 和 I(M5)。因此相對於 K = 1 的情況，K > 1 就會發現一個「滯」於 VIN 在轉態點上。在 K > 1 的前提下，K 越大，遲滯效果就越明顯，其相關特徵可見於下圖 2-57(B)。圖中假設反閘的閥值在 VH 和 VL 之間，乃爲簡化說明而爲之，實際應用則可在反閘前插入一級全擺幅級去移除限制於反閘閥值。

第二種組態則是 VA 爲低 VB 爲高的情況，其對應到 VOUT 爲 VDD，VOUTB 爲 0。分析方法與第一種組態如出一轍，只是這回輪到 M1 和 M2 被關閉。

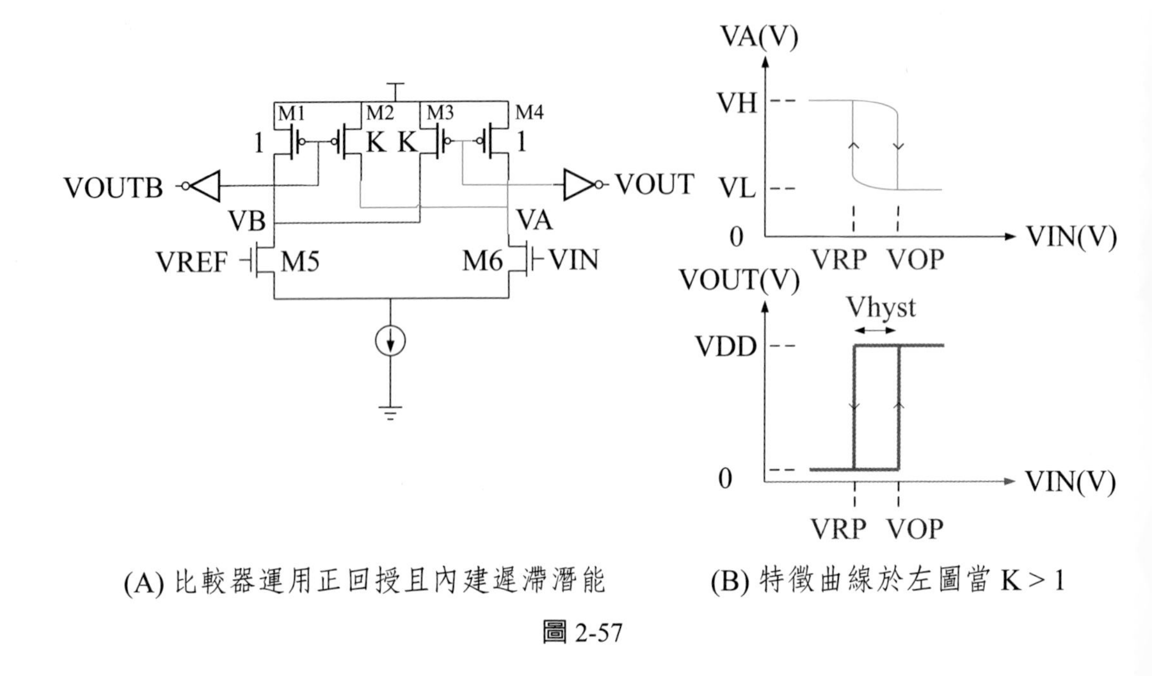

(A) 比較器運用正回授且內建遲滯潛能　　(B) 特徵曲線於左圖當 K > 1

圖 2-57

若想要避免線路交錯去造成妨礙於視覺追圖過程，讀者也可以把上圖 2-57(A) 攤成下圖 2-58。這種技巧利用不對稱的圖形擺設去幫助區隔電路間的因果關係，並且引導視線去循重點因果方向行進，其在隨後章節會多次被用到。

最後，咱複習一種最普通的教科書例子。這回咱不改變電路組態，而利用正回授製造遲滯如下圖 2-59(A)。這種結構傾向擴大 VIN 和臨界點差異於轉態時，一如特徵行爲於前述單極開關。比方當 VIN 上行恰達 VOP 時，VOUT 由高轉低，臨界點由 VOP 降至 VRP，讓 VIN- 閾值從 0 很快變成 VOP-VRP。

下圖 2-59(B) 就利用圖 2-59(A) 的遲滯特性，其保留 R1 和 R2 去定義臨界點於 VX，另額外搭配 R3 和 L4 去造成一階 RL 電路，使 VX 在 VOP 與 VRP 之間做折返跑，成爲一個 RL 振盪器。這可作爲操作基礎予某些磁通閘電路。若 L4 被特製給磁通閘用，則其電感值改變於時變，因此 VX 於磁通閘不像圖 2-59(B) 一般單純。更多磁通閘內容被申論在 [11] 和本書第 8 章。

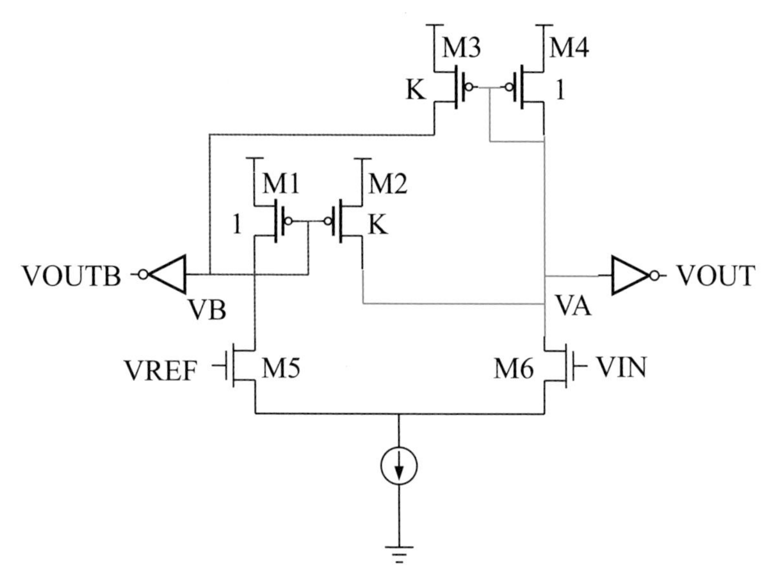

無跨線圖去幫助分析正回授和遲滯

圖 2-58

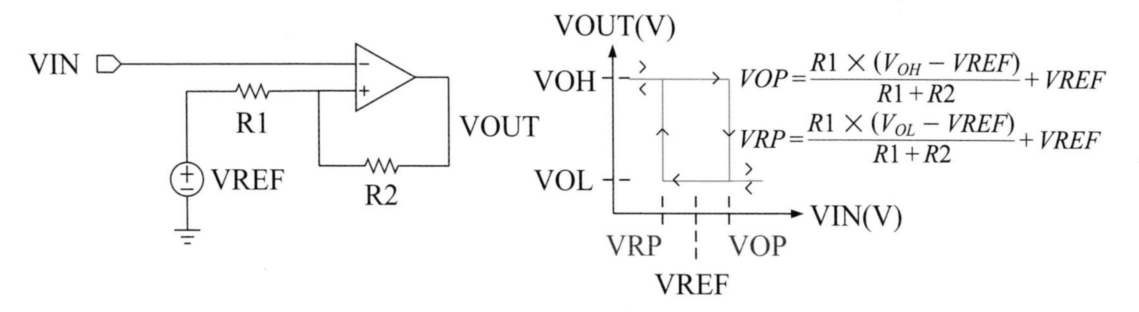

(A) 造遲滯以正回授

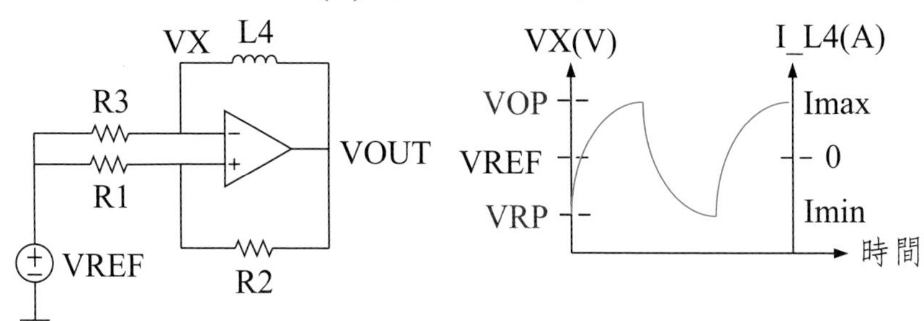

(B) 擴充上圖 (A) 給 RL 振盪器造遲滯為磁通閘基礎之一

圖 2-59

2.7.3 提高解析度（increase resolution）

還記得小學和國中老師告訴咱，量測時要注意準確度（accuracy）與精密度（precision）。前者描述差距於量測和設計值間，後者描述差距於諸量測值間，兩者皆考慮統計特性於多次量測。

解析度（resolution）想表達的，仍然是準確度、精確度（簡稱爲準度、精度），只是用個新方式去評估。

若咱拿到一個電子羅盤，在同一個位置量三次，得到角度 81、80、79 度。咱可能會說，這測量準確度還行，精密度還可改進。但若咱換個刻度只有東南西北的指南針，咱三次結果可能得到北、北、北，結果咱可能會說，這測量結果太粗了，雖然精密度無懈可擊，但對導航來說，遠遠不夠，而且，若是測量角在東北方 45 度，恐怕說北也不是說東也不是，大家報法可能不同，這樣，準度和精度就都堪憂了。

量化類比信號、控制準度或精度，這事咱其實從小就在做。尤其當咱運用算數方法如四捨五入（rounding）、無條件捨去（unconditional discard）和無條件進位（unconditional carry）時，都在量化於有限的準確度，咱說圓周率等於 3.14 就是一例。考試時有些同學會用無條件捨去取代四捨五入計算，減少所需判斷次數、避免出錯，就是犧牲準度去換取操作精度，回頭又影響操作準度。

即使咱都算對了，老師給 100 分，上頭那些方法都存在誤差可能。比如說 0.9 做四捨五入，得 1，誤差爲 –0.1；0.9 做無條件捨去，得 0，誤差爲 0.9。顯然不同的量化方案給出了不同的準確度。

咱小時都知道四捨五入更準確較於無條件捨去或進位。這事若用類比電路的行話講，就是「絕對值於最大量化誤差較小」。此概念可用下圖 2-60(A)(B)(C) 描述。

下圖 2-60(A) 的碼 0 原本照應 –0.5V～0.5V，跨度 1V，只是現在 0V 以下不被使用。因此，雖然該圖碼 0 到碼 7 對應八個跨度，應照應 8V 寬度，但是藍線部分在圖 2-60(A) 只照應了 7.5V 的輸入範圍。但滿跨度仍用 8V 算。

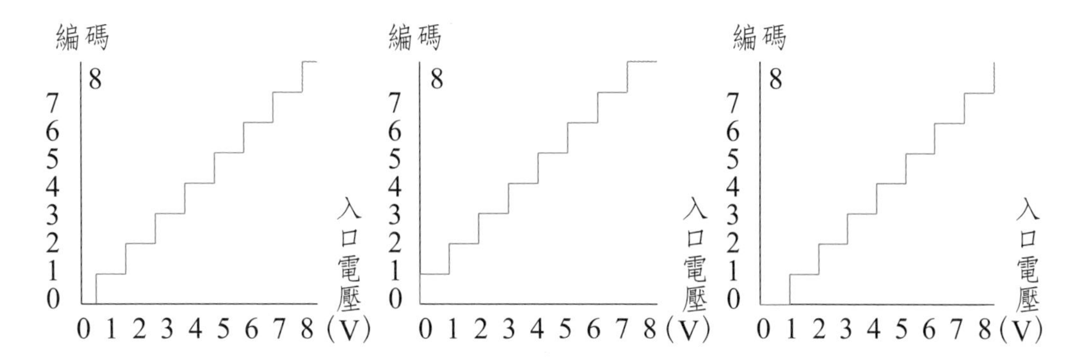

類比誤差（碼距表於 LSB）類比誤差（碼距表於 LSB）類比誤差（碼距表於 LSB）

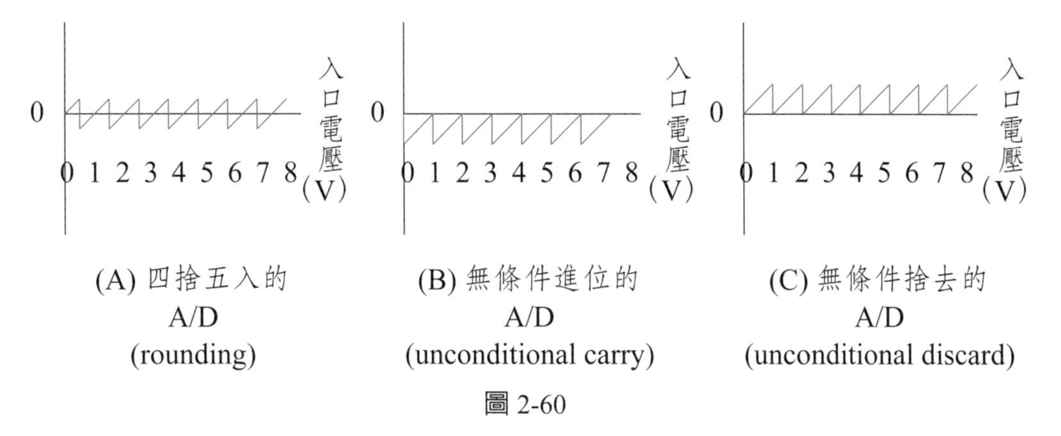

(A) 四捨五入的 A/D (rounding)　(B) 無條件進位的 A/D (unconditional carry)　(C) 無條件捨去的 A/D (unconditional discard)

圖 2-60

定比例類比的概念強調，每個碼照應一個跨度，八個碼就覆蓋八個跨度範圍。若用二進位編碼，每次改變最小位元（LSB）就改變一碼，對應一個跨度的改變（比如 000 代表碼 0，001 代表碼 1）。因此，咱把一個跨度的入口電壓類比稱為一個 LSB 的寬度。這方法用編碼占比去類比電壓占比，因此，在圖 2-60(A) 中類比誤差是可以有分數型態的。

舉例說，上圖 2-60(A) 中 0.5V 比上滿跨度電壓（full scale voltage）等於 0.5V/8V，相當於 0.5LSB/8LSB；此時編碼跳到 1，對應 1LSB。所以，誤差就是 0.5LSB − 1LSB = −0.5LSB。

咱比較上圖 2-60(A) 和 (B)(C) 就發現，四捨五入 A/D 讓誤差總是在 ±0.5LSB 之間，但剩下兩種 A/D 的誤差分別在 −1LSB～0LSB 和 0LSB～

1LSB 之間。若用絕對值於最大量化誤差來講，即 (A) 有 0.5LSB、(B) 有 1LSB、(C) 有 1LSB。換言之，四捨五入的 A/D 會給出一個編碼去類比一個電壓，其和輸入電壓相差在 0.5 個跨度以內，即便是最糟的情況也如此。但是無條件進位或捨去只能擔保編碼類比的電壓和輸入電壓差距在一個跨度以內，兩倍於四捨五入情況。這種精確度差異會反應到解析度上。

啥意思呢？咱想想，若是咱今天用四捨五入 A/D，但改成只區分四個跨度予 0～8V，相當於把 3 位元改成 2 位元，此時一個新 LSB 相當於兩倍舊 LSB，所以誤差 0.5 個新 LSB 相當於誤差一個舊 LSB。這誤差程度相當於 3 位元無條件進位 A/D 情況。這當然不是蘋果比蘋果，因爲前者誤差有正有負，後者僅僅在負端，但是，這告訴咱，誤差變大，就好比解析度變差。因爲在某個層面說，3 位元的設計若有大誤差，其效果有時就好像只有 2 位元。

因爲咱量化時取編碼去線性類比輸入電壓，所以，籠統地說，輸出入特性線性度越好，特性越好、解析度越高。怎麼量化地評估線性度呢？一般用線性誤差去評估，代表性指標有兩個，一個是積分非線性度（integral non-linearity，簡稱 INL），另一個是微分非線性度（differential nonlinearity，簡稱 DNL）。該兩者都表達誤差概念。

比如下圖 2-61 中黑色階梯線展示一個假設的理想 A/D 特性，虛線爲轉折點連線，藍色階梯線展示一個假設的量測特性。橫向距離自藍線的向右轉折點到虛線若用 LSB 來表示即 INL，藍線每一個階梯寬度減去 1LSB 即對應的 DNL。意義上，INL 代表眞實轉態電壓和理想轉態電壓的相差程度；DNL 代表超預算的程度關於一個碼對應的電壓範圍。有些文獻的表達方式略有出入，請讀者掌握主要概念即可。

理想的四捨五入 A/D、無條件進位 A/D、無條件捨去 A/D，都擁有全爲 0 的 INL 和 DNL。下圖 2-61 呈現非 0 的 INL 和 DNL 是因爲理想和現實分離成黑色和藍色兩條曲線。也就是說，即使設計把滿跨度分成了很多細細的區間，但若製造時產生誤差在電容電阻上導致實測區線過大地分離預定，則 INL 和 DNL 可能變大至超過解析度允許，讓實際鑑別效果低於所圖自原設計預期位元數。另外，電路噪聲也可能讓每次 INL 和 DNL 量測產生

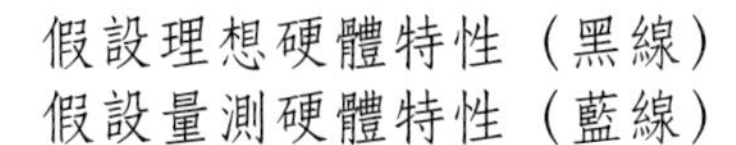

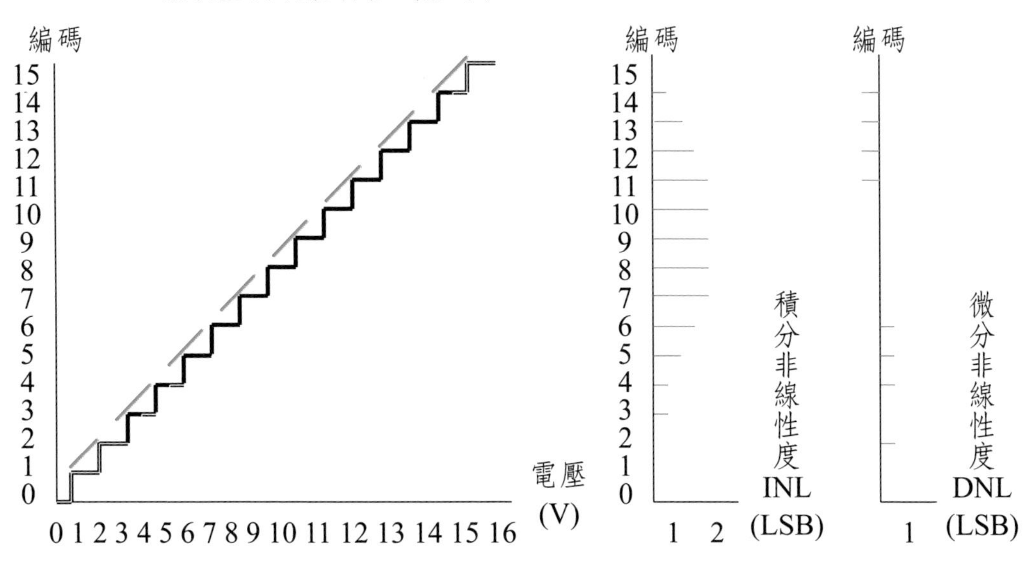

非線性度作為指標去反映編碼準確性

圖 2-61

變化。測試者常需做多次量測再疊圖分析。如何提升有效位元數，即提高解析度，是個專門課題於資料轉換領域。請讀者參照 [6][7][10] 和其他文獻去多了解。消費性電子的磁感測器通常不需要設計精度或準度在 20 位元以上。即便如此，若要量產產品使其精準度在 10 位元以上，仍然需要不少專門經驗和知識。可謂目標很容易被理解，手段卻不單純。

最後咱給讀者個練習，檢查下圖 2-62 是否能替圖 2-60 的 (A)(B)(C) 製造所需轉折點閾值，作爲腦力激盪，其線索將在下一章被揭示。

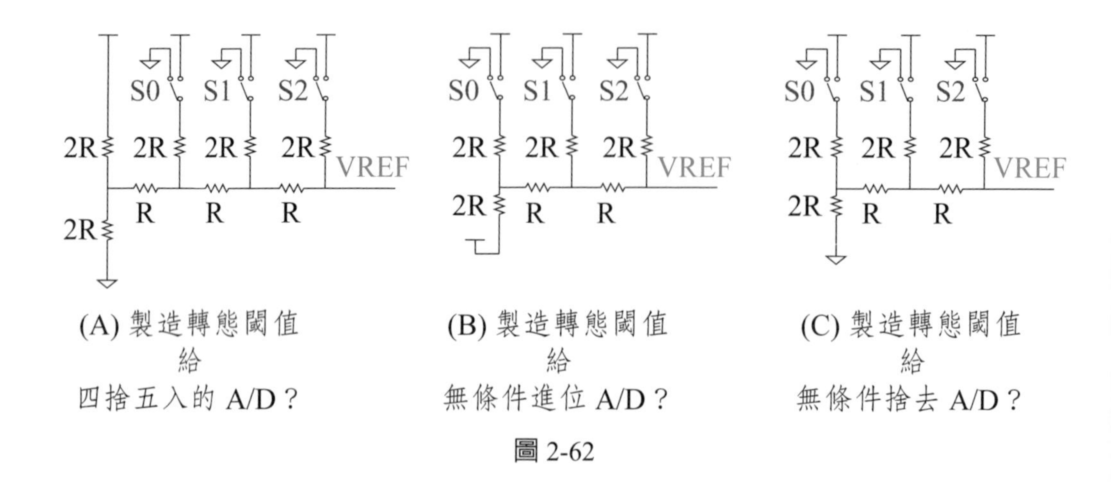

(A) 製造轉態閾值給四捨五入的 A/D？

(B) 製造轉態閾值給無條件進位 A/D？

(C) 製造轉態閾值給無條件捨去 A/D？

圖 2-62

2.8 於語言——變型（ON LANGUAGE–INFLECTION）

上一章末，咱講 RB，並且對照拼筆字版本和英文版本於一例句。其中拼筆字版用了七十九個單筆，英文版用了八十九個字母。但是，蘊含的信息量於兩者其實不相等。因爲英文版本用字尾變型突顯了詞性和單複數。

中文裡也有少部分的字去做詞性變型功能，比如說「化」字和英文的 lize。咱說工業化，就相當於英文說 industrialize。英文有時會運用連續字尾變型，比如 industrialization，一口氣把名詞變形容詞、再變動詞、再變回名詞，每一次變型都有其特殊意義。

在中文裡，若詞尾變化用在被動型式時，有時還需搭配詞首變化。比方在本章裡常出現的「被放大的信號」代表「amplified signal」，指的是放大後所得的信號；「被予放大的信號」代表「the signal to be amplified」，指的是放大前的信號。其中被字做詞首變化，的字做詞尾變化。筆者遇到一些同行，都對這個「被」字感到頭痛，而習慣直接講「放大的信號」，但因此常有時造成混淆分不清是放大前、放大中、還是放大後的信號，也就是好講但是難懂，需要憑前後文和聽衆資質才能確保文意傳達。

這問題起因之一在於「被放大的」這串字分兩部分——「被」和「放大的」，且兩者有輕重關係在表達中，其可能相反於咱意念。其中「被」強調主從身分，而「放大的」強調相關動作屬性。且被字爲四聲，屬重音，有強調效果。會讓人覺得人們在敘述時較在乎主從關係，其次才注重修飾動作屬性。但事實上咱的想法常常想相反。比方咱有時粗糙地說那放大的訊號，那時想的是 that signal at the end of amplification，此時雖然隱喻被動，但實際上咱的心思焦點是在 end of amplification，裡頭沒有「被」這個字，即焦點偏 amplification。因此加個被雖然文意較明確，但多一音節，而且是重音，讓發音不夠順暢，同時又和咱思緒相左。

這種詞首修飾雖精確但又歪離，是個很尷尬的場面。

事實上，還有另一個更尷尬的普遍存在中英文翻譯裡。那就是「the」這個字。咱翻譯做「這」，但是怎翻都怪怪的，爲啥呢？咱用個例說明。比方咱說這人很罩是大家所信賴的男人，咱說 he is「the man」。此時咱的重點在 man 這字，the 類似發中文裡輕聲和三聲的混和體，以輔助突顯 man，不會喧賓奪主。但若咱翻譯「這個男人」，就會字一多就遜掉了；若咱翻譯「這男人」，這字四聲會把重音壓到前方，就失去了原文的精神。怎辦呢？讀者試著眼睛看著「這男人」三字但嘴裡唸「者男人」或「晢男人」試試看（晢字發音同哲，意謂閃亮），把者唸輕一點。或是學綜藝節目出場介紹，眼睛看這「這── 男人！」，但嘴裡唸「者── 男人！」。

英文以輕重音和語序強調文意，所以咱翻譯或參考時必須兼顧字義、語序、還有音調，才會眞正發揮其好處。人家說「信達雅」是翻譯的重點，而對一個以拼音爲主的語言不講究音調是很難做到達字的。對於本節所說的詞尾變化（inflexion，或稱 inflection），也是如此。

好的，咱現在更進一步，想像一下，若咱也要替中文進行詞尾變型，該從哪下手。咱知道這不是中文的傳統，但就先假設咱有個任務，得替中文造出一些詞尾變型，咱該怎辦？咱馬上可想到音節數少、好唸、好寫爲原則。

咱先回想英文和日文的詞尾變型有哪些。比方英文裡 ed、ing、tion、lize、s 等等，大多是單音節；日文裡則常用兩三個音節完成。

若要好寫、簡短，咱可尋找那些部首其不常被單獨用在句中，然後再用單筆號或拼筆字去代表那些變型功能。

舉例來說，幾乎大部分的單筆號都對應到一個或多個部首和字形，咱揀幾個例子如下圖 2-63：

ч	衤		˥	刂		∂	⺕		ʮ	爿		P	卩	
ʱ	木		｢	丬		G	匕		ʮ	片		9	夕	
2	辶		J	扌		ᄀ	刀		ʮ	禾		δ	言	
			l	氵		ㄴ	儿		ʢ	牛		ᘔ	缶	
			⌐	广					ʔ	彳		ω	山	
									ʐ	叉		Ƃ	石	

圖 2-63

其中大部分都已經對應到常用意義上，所以不容易被借用到其他地方，比如木、刀、禾等等。但是有些比如廴，對應到一個很好寫的單筆，既代表長途行進，又諧音橋「引」和「ing」，因此有時筆者自己筆記時拿廴的單筆號來作爲字尾符號去名詞化動詞，但讀時不一定發音它。於是咱動詞化有化字，名詞化有廴字。

有些字尾變型比較複雜，就可考慮運用些罕用部首，只要善用拼筆字，寫起來都很輕鬆。

假如想使用日文式 inflexion，當然也可以把拼筆法則用到日文字上，直接使用日文詞尾但是用單筆號做近似。同理也可以近似簡體字或其他文字。這個彈性來自於單筆號的編號法則，其將再被申論於第 7 章末。

拼筆字有個輪廓原則，即若略去封閉形狀內筆畫仍能近似並唯一對應一字，就可略去該筆畫。比如是這個字雖類似組合於日字和疋字，但實際上把日字改成口仍造成輪廓吻合，又沒有其他可混淆字，因此拼筆字於是字看起來就像是一個 O 和一個 R，這出現在上一章圖 1-35。

咱在此暫且打住，先進入第 3 章講電源電路。

練習（Exercise）

練習 2.1（design amps according to tolerance）

提示 本題組旨在引導決定所需放大倍率予磁感測器放大級，並於此過程中造訪幾個常用的結論。可搭配本章 2.2 節內容。

(1) 若換下圖左到下圖右使它們有相同的 Vi 和 Vo，則請問如何表達等效誤差 V_err？

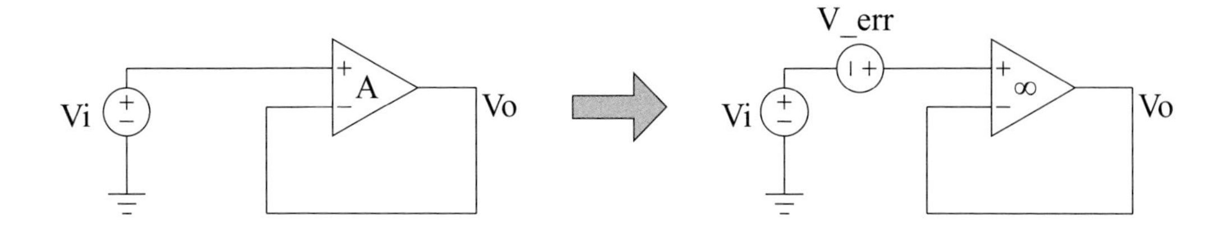

(2) 若換下圖左到下圖右使它們有相同的 V1 和 Vo，則請問如何表達等效誤差 V_err1？

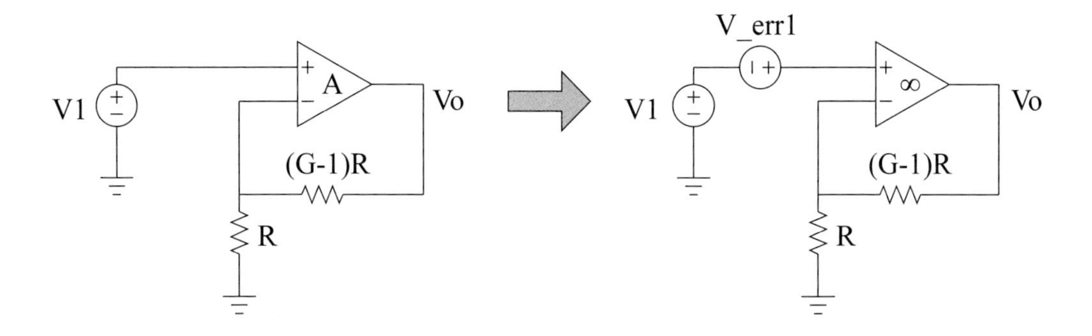

(3) 若換下圖左到下圖右使它們有相同的 V2 和 Vo，則請問如何表達等效誤差 V_err2？

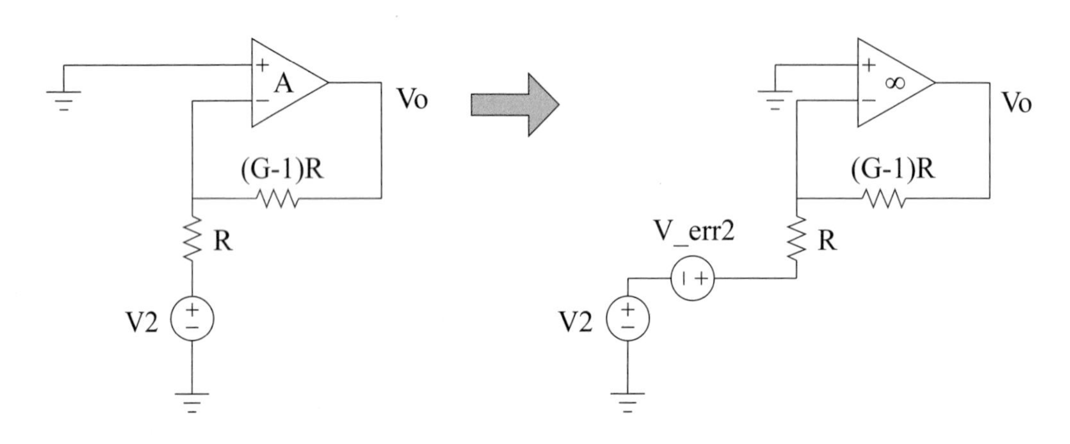

(4) 若換下圖左到下圖右使它們有相同的 Vc、Vd 和 Vo，則請問如何表達等效誤差 V_err1 和 V_err2？（可運用結果自前三小題做答）。

註：本結構常被用在高感度磁開關，用來放大差模電壓 Vd，並疊加共模電壓 Vc，使 Vo ～ Vc + G*Vd，即相同概念於圖 2-6。

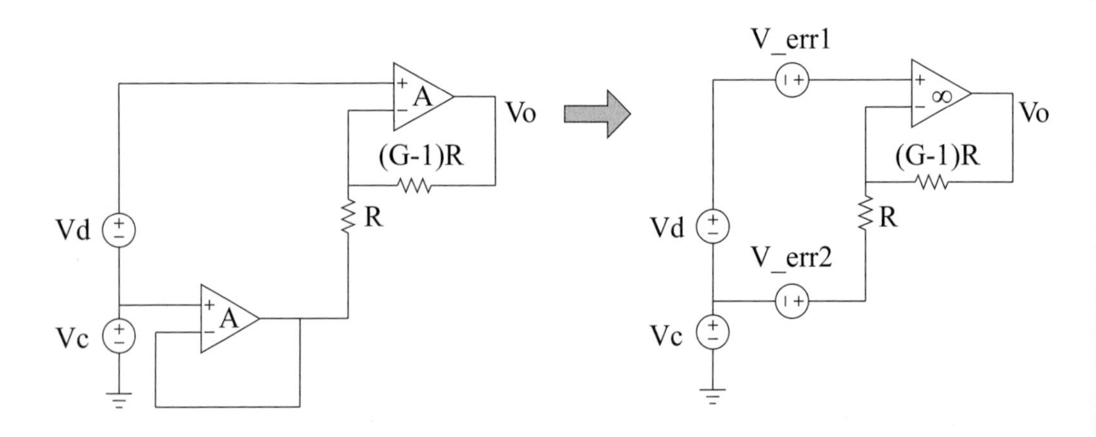

(5) 若承上題結果，換下圖左到下圖右使它們有相同的 Vc，Vd 和 Vo，則請問如何表達等效誤差 V_err？

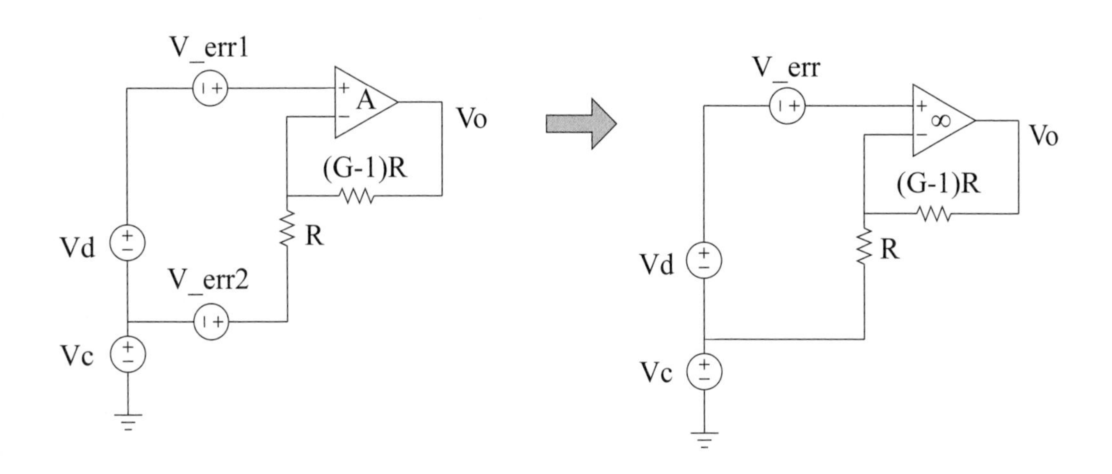

(6) 若 Vc = 0.5V，Vd = 0.005V，G = 5，請用試算表列出並繪出關係於 A 對 V_err，其中分別令 A = 100，200，400……等比數列一路到 6400。並請問若今天等效誤差只被容許達到 0.001V，則 A 至少需要多大倍率？

註：實際應用時，固定情況的誤差經常可被修調。因此，磁感測器工程師有時比較在意誤差變化來自 A 的變化，比方常溫常壓時 A = 800，但高溫低壓時 A = 400，類比工程師就會在乎 V_err（A = 800）– V_err（A = 400）是多少。

練習 2.2（design for bandwidth and response time）

(1) 請問是否下圖左的頻寬關係既成立於非反向放大，也成立於反向放大情況如下圖右？請用算式解釋，即驗證算式 3-2.4 伴隨算式 2-2.4 和算式 1-2.4 予非反向輸入和反向輸入兩種情況。

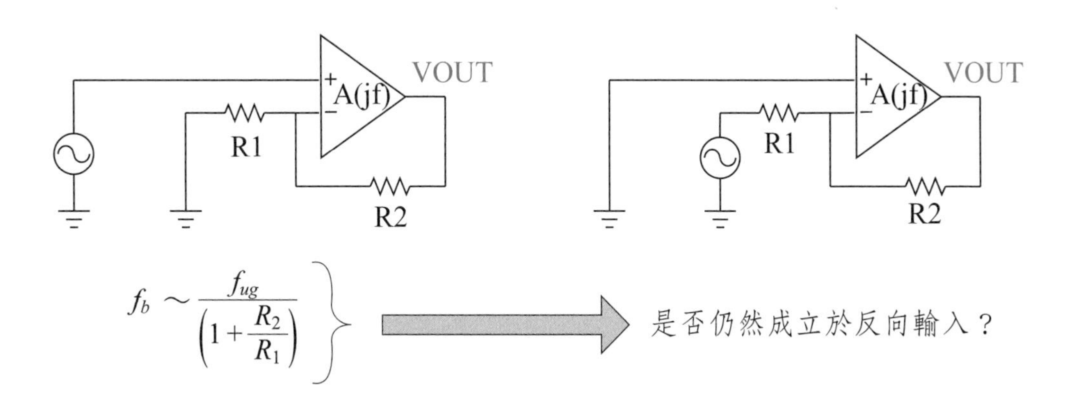

(2) 請給出一個合理的閉迴路頻寬值給非反向放大如上圖左，若該放大器被用在一磁感測器系統去放大感知器信號，且該信號必須在 3us 內穩定。可參考算式（7-2.4）。

(3) 承上題，若 R2 = 40kΩ、R1 = 10kΩ，則約幾 Hz 爲 fug 所需？即估此時放大器的 unity gain bandwidth frequency。

提示 本題組旨在釐清關係予頻寬、回授和反應時間。可搭配本章 2.4.3 小節內容。

練習 2.3（using ideal components）

請用模擬器模擬以下電路，用暫態模擬進行 400us，並定量地繪出 Vout 圖形（手繪示意或電腦繪圖皆可）。圖中的全差動放大器必須用理想元件去完成，其精神類似本章圖 2-39，但讀者需修改它。相關電路原理被提示在第 4 章的圖 4-16 和圖 4-17。

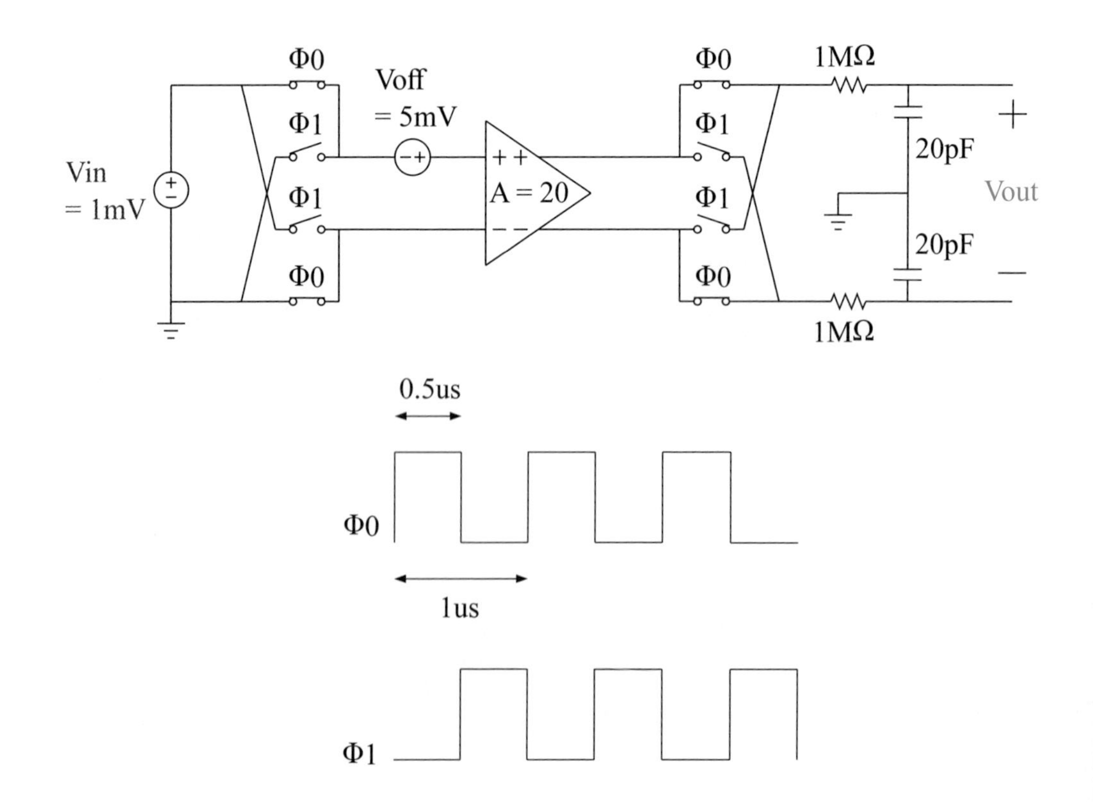

提示 本題旨在練習運用理想元件去做行爲模擬（behavioral simulation），同時學習典型的偏置消除法。對設計師去做磁感測 IC 很有用。可搭配本章 2.6 節，第 1 章 1.6 節，和第 4 章 4.4 節學習。

練習 2.4（creating hysteresis）

(1) 請說明是否下圖左電路能獲得下圖右特性。此小題來自「電子學經典題型解析（II）」的第 12-61 頁。

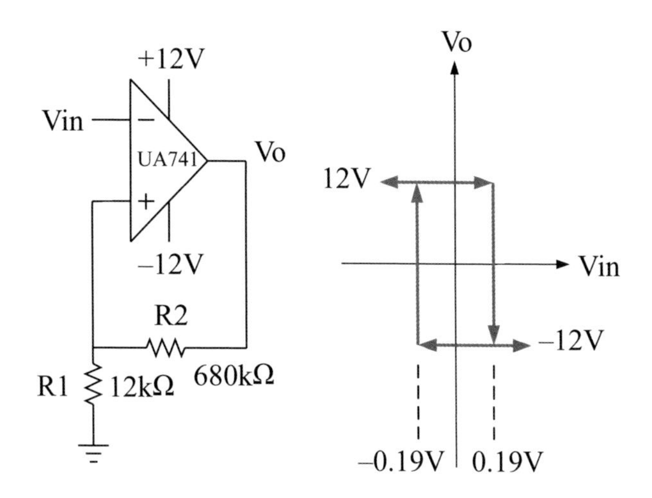

(2) 請問上圖特性屬何者？A.unipolar B.bipolar C.omni-polar

(3) 請修改上圖電路參數，使其具有如下特性，請條列修改處。

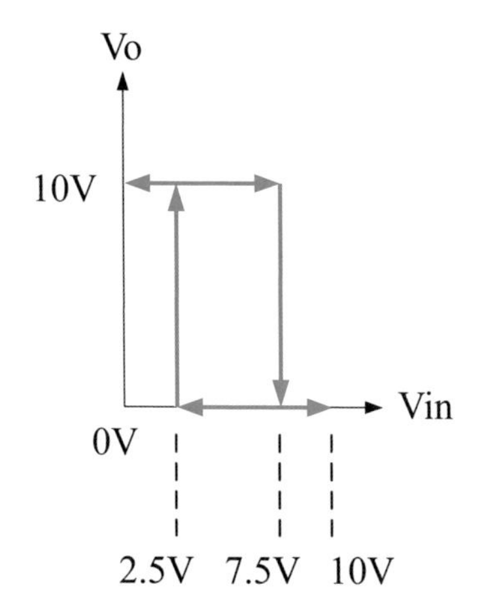

(4) 請任找一考古題，其需和遲滯有關，抄錄題目和解答，說服別人和自己說咱已了解何謂遲滯。

提示 本題組旨在重複溫習遲滯概念，可搭配本章 2.7.1 和 2.7.2 小節。

註：咱鼓勵讀者善用智財局 [8] 的網站去尋找翻譯資源。

文獻目錄

1. Jeffery R. Riskin [A User's Guide to IC Instrumentation Amplifiers] AN-244 APPLICATION NOTE 網文於 ANALOG DEVICES
2. E. Sackinger, W. Guggenbuhl [A versatile building block: the CMOS differential difference amplifier] 1987JSSC 期刊於 IEEE
3. Behzad Razavi [Design of Analog CMOS Integrated Circuits] 2001 書 ISBN0-07-118839-8
4. TUTORIAL [Current Feedback (CFB) Op Amplifiers] MT-034 網文於 ANALOG DEVICES
5. P. E. Allen, D. R. Holberg [CMOS Analog Circuit Design] 2002 書 ISBN0-19-511644-5
6. Behzad Razavi [DATA CONVERSION SYSTEM DESIGN] 1995 書 ISBN0-7803-1093-4
7. R. Jacob Baker [CMOS circuit design, layout, and simulation] 2007 書 ISBN978-0-470-22941Revised2ndEdition
8. 中華民國經濟部智慧財產局 [https://paterm.tipo.gov.tw/IPOTechTerm/login.jsp] 2021 本國專利技術名詞中英對照網頁
9. Johan F. Witte, K. A. A. Makinwa, J. H. Huijsing [Dynamic Offset Compensated CMOS Amplifiers] 2009 書 ISBN978-90-4481-2755-9
10. Sangil Park [Principles of Sigma-Delta Modulation for Analog-to-Digital Converters] 書於 MOTOROLA
11. I. M. Filanovsky, V. A. Piskarev [Design of Electromagnetically Coupled Isolation Operational Amplifiers without Input Buffer] 1993 期刊於 IEEE

第三章

調節電源和參考信號

電源管理電路有點像咱家裡的供水系統，其中抽水馬達和水塔提供穩定水壓，同時面對變化的水量需求，就像穩壓器提供固定 V 和變化的 I 一樣。該管理電路還分配資源，決定何時休眠省電，何時加壓燒錄等等，如同控制各家水塔總開關和加壓幫浦。

電源電路雖不一定是磁感測器的主角，但若沒了這些模塊，整個磁感測器就會失去所需功能。而且，這些模塊常做入門題材予類比積體電路工程師。因此咱特別花一個章節討論這些電路。

3.1 電源管理概觀（POWER MANAGEMENT OVERVIEW）

大多數磁感測器 ASIC 都需一個電源，其供應一適中電壓 VDD 如下圖 3-1 所示，能驅動放大器、比較器等電路；也需要參考電壓或參考電流去提供比較器一恰當的閥值、並定義輸出共模電位予該圖放大器 A。

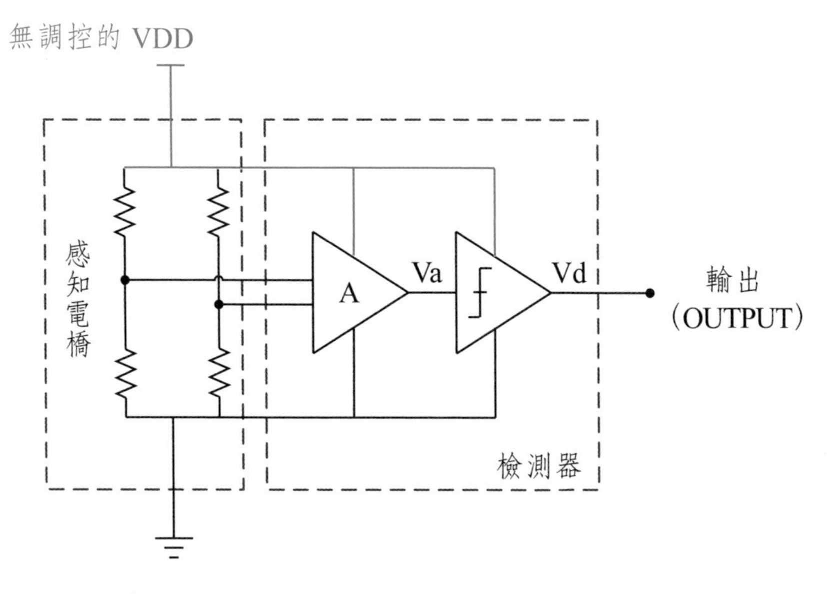

磁感測系統伴無調控的（unregulated）電源

圖 3-1

若外接電源品質很好，噪聲小，電壓穩定而且高低恰合所需，又能提供負載電流，咱不一定需要內部調控的電源電路。此時咱可以直接用無調控的（unregulated）外部電源 VDD，去驅動核心電路，亦如上圖 3-1 所示。咱同時可直接由外接電源分壓得到所需的參考電壓。

但是此種無調控設計常不能配合多變的環境和應用，也許電晶體於核心電路不能承受高壓，又也許因為 AC 噪聲於外部電源會被偶合到重要的訊號，還也許外部電源受牽太甚於溫變，再再都限制 ASIC 的特性。

所以多數的磁感測器 ASIC 會用受調控的（regulated，或稱經調控的）電源電路提供良好的電源抗噪比。該電源輸出一經調控的電壓 VCC，如下圖 3-2 所示。該圖中有基準電壓器，可能為 bandgap 電路或其他，其產生一個基準電壓幾乎不隨溫度變化，使低溫飄特性出現在下游電路，其包括穩壓器、參考電壓器、參考電流器、放大器、比較器等。

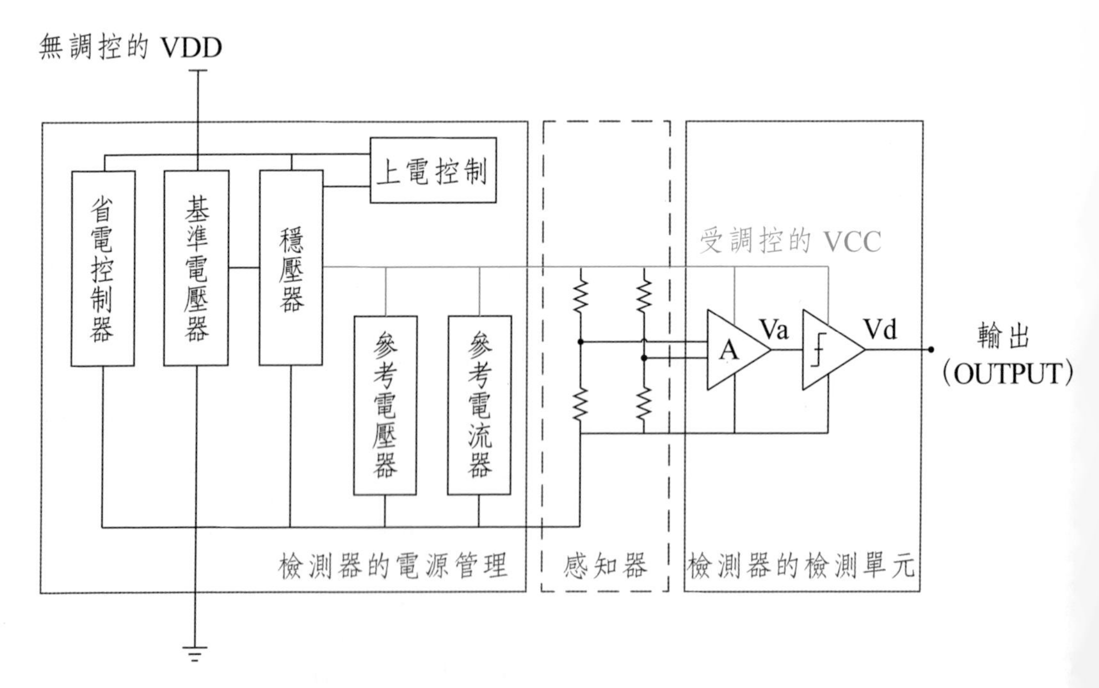

一種磁感測系統伴電源管理去產生受調控的（regulated）電源

圖 3-2

受調控的電源系統能同時支援高低壓元件，使兩者皆能操作在較優的電源狀態。該電源系統還可布署獨立的穩壓器分別予數位及類比兩種電路，去避免敏感電路受干擾。該電源系統還具備一上電控制功能，去確保系統適時啓動當電源達到妥善電位時，並去重置數位電路，如同確保咱第一步正確於一支舞一般。

很多電源管理系統通常都有省電機制。這裡順帶講個題外話：那些用過 Windows 作業系統的人也許會注意到，一台桌機電腦平常耗電功率可能上百瓦，但是在休眠模式下可能小於十瓦，類似一個燈泡的功率。所以大家若多用休眠模式，常常順手一個小動作，相當於一口氣關掉十來個燈泡，可以替公司省點電。也就是看得見的電燈每天要關，看不見的也要。

磁感測器也是，就像多數設備受驅於電池都講究省電。有些設計還要求有功能去週期交替於休眠態和喚醒態，其牽連下游電路設計。

3.2 基準電壓電路（BASE VOLTAGE CIRCUITS）

3.2.1 偏比鏡（貝他乘法器）（beta multiplier）

筆者想翻譯這電路名，燒腦了一陣子。這電路被原文稱做 beta multiplier，所以直接翻譯即貝他乘法器。但該名稱在中文不夠傳神，導致同行幾乎不用該中文名。因此筆者就取其意和結構自己造了個名字，方便溝通。咱考慮本電路有兩個核心如下圖 3-3(A)，第一部分是電流鏡，其兩個 MOS「M1、M2」有 1 比 1 的尺寸，去造成鏡像電流；第二部分含另一對 MOS「M3、M4」，有 1：K 的尺寸（K > 1），去鎖定彼此的閘極電壓，使其不受牽於外電源。因以，筆者就用該兩特徵起了個名叫「偏比電流鏡」，簡稱偏比鏡（也就是一電流鏡內建尺寸比差異在 MOS 上），方便以下溝通。原文用「乘法器（multiplier）」一詞肇因於 K > 1 這件事，好像因此使電晶體參數被放大了一般。

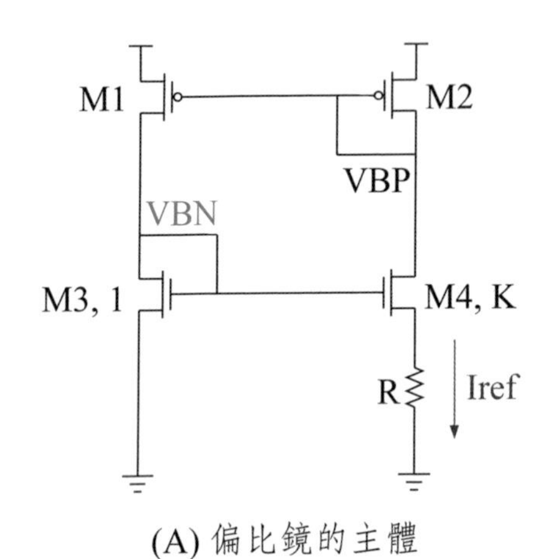

$$VBN = \frac{2}{R\beta}\left(1 - \frac{1}{\sqrt{K}}\right) + Vth3$$

$$Iref = \frac{2}{R^2\beta}\left(1 - \frac{1}{\sqrt{K}}\right)^2$$

(A) 偏比鏡的主體　　(B) 偏比鏡特徵無關於外電源

圖 3-3

[1]{p.625}[2]{p.397} 供一些說明關於偏比鏡。若將該文獻中算式重整，咱可得上圖 3-3(B) 的兩條主要算式，一條講電壓，一條講電流，其中 β 是一參數關於製程和尺寸如表 1-3 所示、K 代表尺寸倍數。該兩條算式皆與電源電壓無關，只需 MOS 都在飽和區裡工作。該兩算式中，R 值和 β 值都變化於跨溫，所以 VBN 和 Iref 亦有變化於跨溫。其中，Iref 的跨溫變化（或稱 Iref 的溫飄）更顯著於 VBN 的溫飄，因為前者反比於 R 平方，後者反比於一次方於 R。通常，溫飄於該 VBN 可被有效地壓縮，只要設計者能優化組合於 R 和 β 即可。

因此偏比鏡適合被用來產生基準電壓，其保持定值去應對一整個變化範圍於電源電壓。只要再加恰當的啓動電路，偏比鏡就能輸出一基準電壓 VBN 如下圖 3-4(A) 所示。下圖 3-4(B) 則展示該 VBN 的一種變化沿時間軸。該圖中 Vdd 代表輸入電源電位。下圖 3-4 反映一個重點── 當電源 Vdd 電位高過一個水準後，VBN 就為定值，不論最電源終值 VDD 為多高。

這個電路實用、省面積、一致性高（也就是偏比鏡的 VBN 被測自同一片晶圓僅呈現微幅變異）。若降低 K 值，還可以使電晶體進入 weak inversion 的狀態，從而減少電流量，很適合省電裝置使用，只是此時電流電壓算式不同所示於圖 3-3。

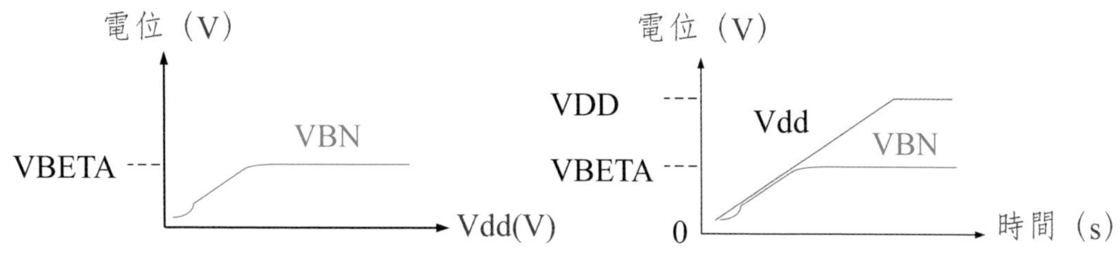

(A) 特徵曲線於偏比鏡伴啓動電路 (B) 一種常見上電情況於偏比鏡伴啓動電路

圖 3-4

剛說到偏比鏡需要搭配一啓動電路（start up circuit）去產生所欲特徵。該電路有一種選擇被繪示在 [1]{p.625}。咱現分析爲何該電路是必須的。

首先咱用迴路分析去找工作點。咱在偏比鏡的 VBN 上給個斷點，其左側改稱 VBN2，右側改稱 VBN1，如下圖 3-5(A) 所示，去假設一個開迴路。接著假設有一信號從 VBN1 出發，先引起前級的 M1 與 M2 反應如下圖 3-5(B) 所示，再引起後級的 M2、M3 與 M4 反應如下圖 3-5(C)。總合說，就是 VBN1 決定了 I1 於前級，I1 接著決定了 VBN2 於後級。最後咱利用 VBN2 = VBN1 去決定閉迴路工作點於該偏比鏡。

在本章練習 3.2 裡，咱會換種方法考慮這個迴路，但現在咱先繼續。

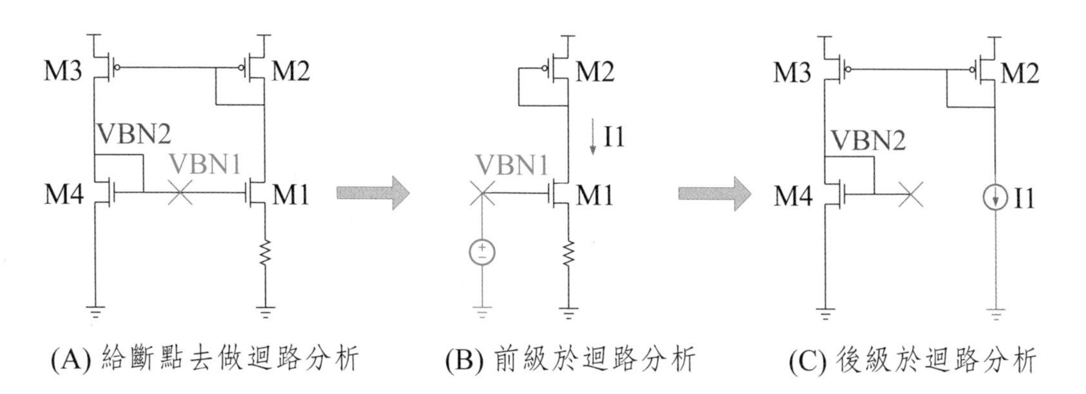

(A) 給斷點去做迴路分析 (B) 前級於迴路分析 (C) 後級於迴路分析

圖 3-5

上圖 3-5(B) 的 IV 特徵有近似曲線如下圖 3-6(A) 所示，上圖 3-5(C) 的 VI 特徵有近似曲線如下圖 3-6(B) 所示。把下圖 3-6(B) 轉軸後去疊圖下圖 3-6(A)，則咱可得結果如下圖 3-6(C)。

下圖 3-6(C) 顯示三個交點於紅藍兩曲線，分別爲 P、Q、M。所以看似有三個可能的工作點。但實際上若 VBN 在下圖 3-6(C) 的二區和三區，它會向 P 點收斂；若 VBN 在下圖 3-6(C) 的一區，它會向 O 點收斂。

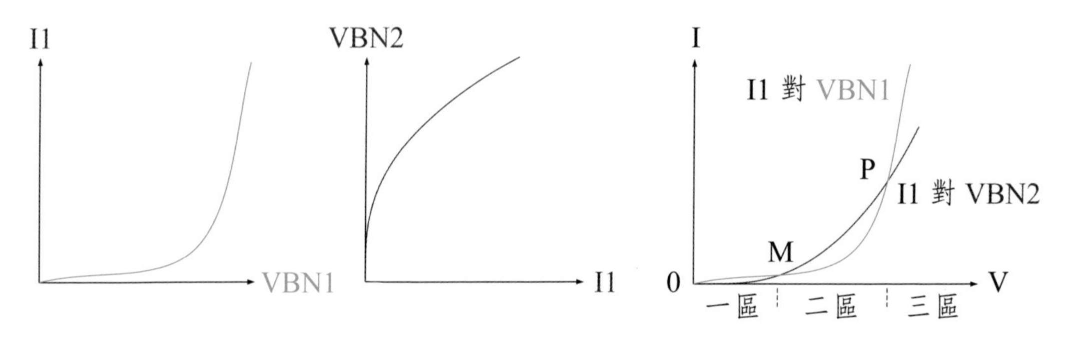

(A) 近似的 I-V 曲線於前級 (B) 近似的 V-I 曲線於後級 (C) 疊圖前後級的近似特徵去找穩定點

圖 3-6

這裡 M 是一個誇大的介穩態點，去表示 VBN 在那待不久，一點噪聲就可以把它向 P 點或 O 點推。因此咱需要確保偏比鏡在上電時 VBN 能脫離上圖 3-6(C) 的一區，向 P 點收斂。畢竟將 VBN 鎖在 O 點對其他電路沒有助益。

上圖當然只是一個近似，實際上即使電晶體爲閉鎖狀態，其源漏兩極承受跨壓時也會有漏電流。所以上圖 3-6(C) 一區的工作點最終不會恰落在原點上。有機會做模擬或量測的讀者可以在偏比鏡啓動後，故意將其 VBN 拉到近地再放開，看看殘餘電壓會是多少。若啓動電路不因此重新甦醒，咱有可能發現 VBN 持續卡在低電位。即便能啓動，但若太慢仍有礙，故啓動電路很有必要。實際疊圖因設計而異。

偏比鏡除了不受牽於電源電壓，還可利用溫度特性於電阻材質。不過，即使如此，偏比鏡的溫度係數於輸出電壓仍經常高一個數量級較於另一種電路稱作能帶隙參考（bandgap reference）。因此一個磁感測器裡有時候會同時存在 beta multiplier 和 bandgap reference，前者處理那些電路其要求寬鬆對溫飄言，後者處理那些電路其要求較嚴對溫飄論。

有時也有人稱偏比鏡爲 constant gm 電路（得其名因爲當偏比值 K = 4 時，NMOS 的 gm 於四圖前的圖 3-3(A) 恰是 1/R，與製程參數無關，詳見 [1]{p.625}）。

偏比鏡常見於 IC 設計和布局工作，但較不會在光華商場裡獨占一顆 IC 出現在買家眼前去提供電壓和電流參考，而更多是作爲藩屬電路被整合到其他 IC 裡。相較論，下一節所提的帶隙電路就更有機會去獨占一顆 IC 產品，當然它也更常被整合於其他 IC 如放大器、穩壓器和磁感測器。

3.2.2 能帶隙參考（bandgap reference）

筆者先岔開話題說文解字一番 —— 能帶隙一詞已被廣泛使用於各文獻中，其中隙字和另一字巇意相近，前者四聲，後者一聲。「能帶隙電路」後四字皆四聲，且四聲有重音節效果，被連用時不利快速發音（大家回想英文字是不是都有一個唯一的重音節，是不是很少一整句話裡有連續下降重音。再想想中文裡連續三聲是不是不利發音，所以要求第二個三聲變音成二聲）。若大家把「能帶隙」唸作「能帶巇」，甚至把巇字退化，只唸其子音，就稍微不會那麼拗口。就是這個道理。若是只唸「帶巇」就更簡單。若一定要唸足三個音節能帶隙，大家恐怕都情願唸原文 bandgap，才兩個音節而已，還沒有連續重音問題。

言歸正傳，咱繼續講能帶隙。

有些磁感測器要求晶片上的關鍵電壓隨溫度變異小於 50ppm（parts per million），這個時候用能帶隙（bandgap）電路產生基準電壓就比較靠譜。這電路的輸出電位甚有關於能帶隙能量 Eg 於矽，其在溫度 0°K 時接近 1.2eV– 帶隙電路的輸出電位經常接近 Eg/q～1.2V，可見晢名之由來予帶隙電路，其中 q 爲單位電荷量。bandgap 電路的輸出電壓有一個基本型算式如下圖 3-7 所示，其中數字引用 [2]{p.384}。該圖中 VBE 代表 BJT 的 baseemitter 電壓差，它有近似線性遞減特性於升溫。該 VBE 有負溫度係數標於藍字；VT 有正溫度係數標於灰字。若此時常數 p1 = 1，且常數 p2(ln(n)) = 17.2，則 VREF 有溫度係數為 0。因此很多能帶隙電路靠調整電阻值去改變該 p2 值，並調整 BJT 尺寸去改變 n 值，進而抵消負溫係數效應和正溫係數效應，祈能在室溫時讓 Vref 獲得 0 溫度係數，簡稱 0TC（0 temperature coefficient）。

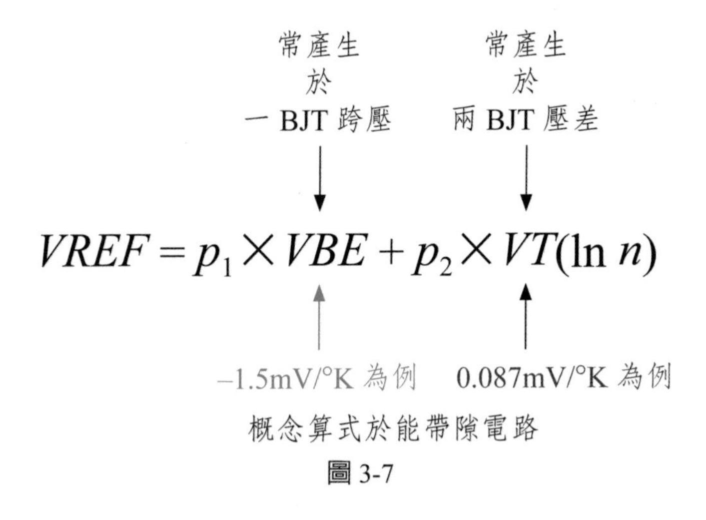

圖 3-7

咱說明上圖概念於下圖 3-8，其載於 [1]{p.765}[2]{p.391}，並省略啓動電路（如同偏比鏡，它也需要啓動電路）。

下圖 3-8 的輸出 VREF 算式可以和圖 3-7 做對照，相當於令 p1 = 1 和 p2 = R2/R1。本圖中 M1、M2、M3、M4 是電流鏡結構，使 X 點和 Y 點，也就是 M1 和 M2 的源極，有相等電位，與偏比鏡情況不同。帶隙電路也有偏比特徵，但被偏比的是其下 BJT，即 Q1、Q2，而不是 M1、M2。此時 R1 電流 IREF = VT(lnK)/R1 於下圖 3-8 與偏比鏡也不同，其正比於絕對溫度（proportional to absolute temperature，簡稱 PTAT），若 R1 不隨溫變。其中 VT = kT/q。

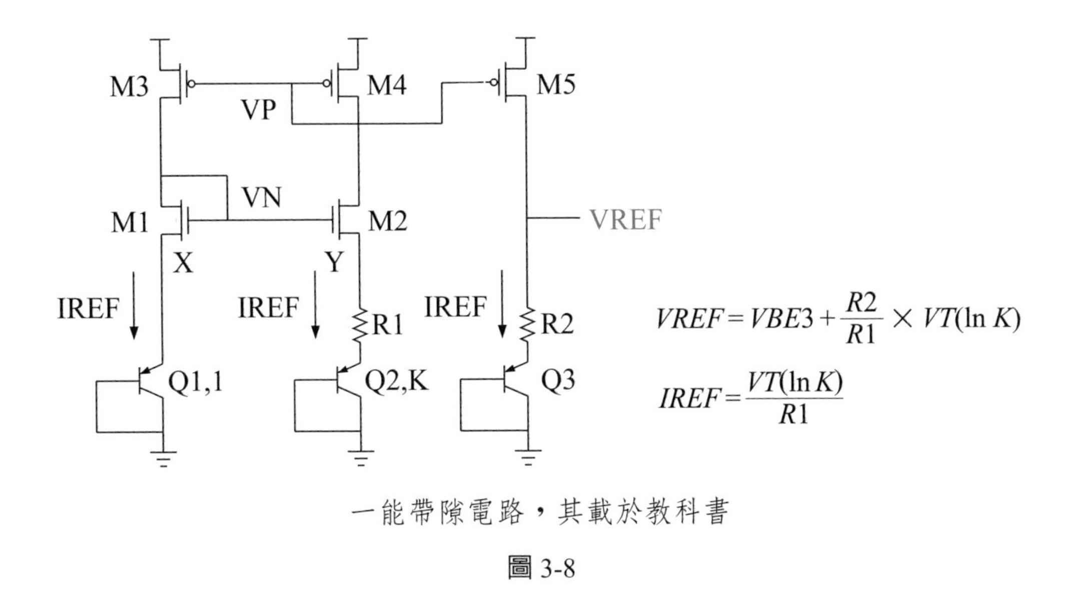

一能帶隙電路，其載於教科書

圖 3-8

最後，M5 把 PTAT 電流鏡像到 R2 和 Q3，去分別造就 VT(lnK)R2/R1 和 VBE3 兩項，兩者被疊加後，讓 VREF 的 TC 達標。下圖 3-9 繪示若能帶隙電路輸出設計恰當，其溫飄會小於偏比鏡於一般製程下。

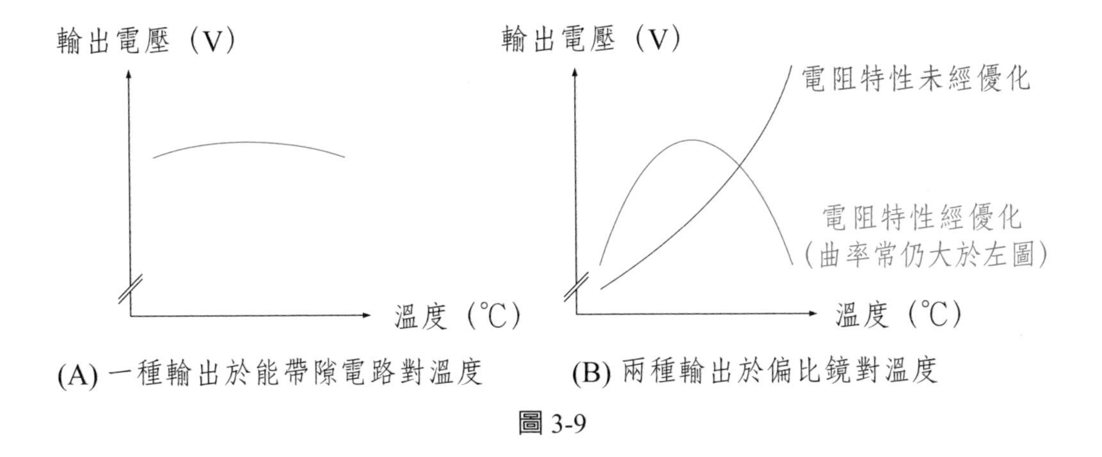

(A) 一種輸出於能帶隙電路對溫度　　(B) 兩種輸出於偏比鏡對溫度

圖 3-9

由於這個電路經常作爲源頭提供整個晶片基準電壓，它的特性常被斤斤計較，不只 TC 要達標，噪聲也要小，才能降噪予它的下游電路；它的

PSRR 也不能太差，才不會拖累其他 PSRR 於下游電路；它的反應速度要快，才能給予感測器高開機速度；它也如同偏比鏡一般，除了需要啓動電路，有時爲了省電，還要加入睡眠模式。

3.3 線性電壓調節器（LINEAR VOLTAGE REGULATORS）

電壓調節器（voltage regulator）顧名思義被用來調控電壓，簡稱穩壓器。該調控動作是一個隨時修正的過程，好比咱行船隨時調控尾舵去固定航向於變化水流中。

前述的偏比鏡和帶隙電路缺乏這類調控機制，以致輸出電壓會偏離預定值當遭逢負載電流時。所以，偏比鏡這類電路，作爲基礎電壓產生器，常隨後連接穩壓器或緩衝級去滿足不同的負載需求。

線性電壓調節器（linear voltage regulator），簡稱線性穩壓器，可用線性特徵去分析。比方它的小信號模型組成於線性元件。該等元件通常包括受控電流源、R 和 C。應用上，線性穩壓器通常僅需搭配極少的外部元件，且輸出穩定、噪聲又低，在負載拉扯時只會暫離預設值，但隨後又會迅速向固定值修正回去。

非線性電壓調節器（nonlinear voltage regulator），簡稱非線性穩壓器，輸出一電壓微幅上下於預定值當在固定負載下。這種穩壓器常有非線性元件，如二極體，其電流與電壓沒有正比關係在任何頻率上。即使從小信號看，二極體的整流特性也不會允許定比例的輸出入關係。做線性化分析在非線性穩壓器上並不簡單。

下圖 3-10 比較兩種輸出入關係於固定負載情況，其中圖 3-10(A) 得自一個線性穩壓器。而圖 3-10(B) 得自一非線性穩壓器 [轉繪自 9]{page184}，其來自該類旗下的一種切換式電源供應器。圖 3-10(B) 看起來似乎不若圖 3-10(A) 理想，所以咱用非線性穩壓器自然有其他理由，會陸續被介紹於本章。

讀者可參閱 [3]，去搭配本節和下兩節。

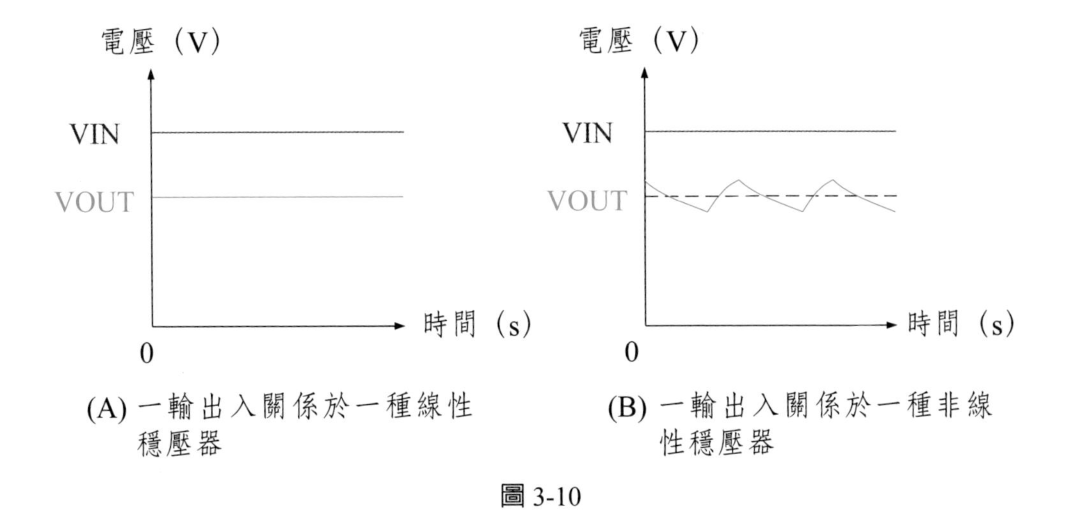

圖 3-10

3.3.1 低壓降電壓調節器（ldo voltage regulator）

低壓差電壓調節器（Low DropOut Voltage Regulator，簡稱 LDO），也稱低壓差穩壓器，其中低壓差三字意指有很小跨壓從輸入電源到輸出端。LDO 不一定要被操作在低壓差的條件下，但是能維持低壓差是 LDO 的基本定義條件。

下圖 3-12 展示了三種線性穩壓器的概念，其輸出都是 VREF(1 + R2/R1)，但施作方式不同。該圖中符號於理想轉導和理想運算放大器有時代表實際的轉導和放大器，其具備有限的輸出阻抗。圖 (A) 和圖 (B) 只代表理想概念，與非反相放大器無異，實踐上需要一個輸出級提供低輸出阻抗，才可能同時滿足大輸出電流和低壓差的特性。

最常見的低壓差線性穩壓器如下圖 (C)——因爲它有大尺寸的 PMOS 作爲輸出級，使其左側放大器，又稱誤差放大器（error amplifier），能有設計彈性。若該放大器有低輸出阻抗，則 C1 可以加大同時做頻率補償，有時可以使用外接離散電容完成。若該放大器有高輸出阻抗，則 C1 可以縮小集成在同一晶粒內，只要再添加幾個頻率補償部件於內部即可確保穩定性。各有好處。

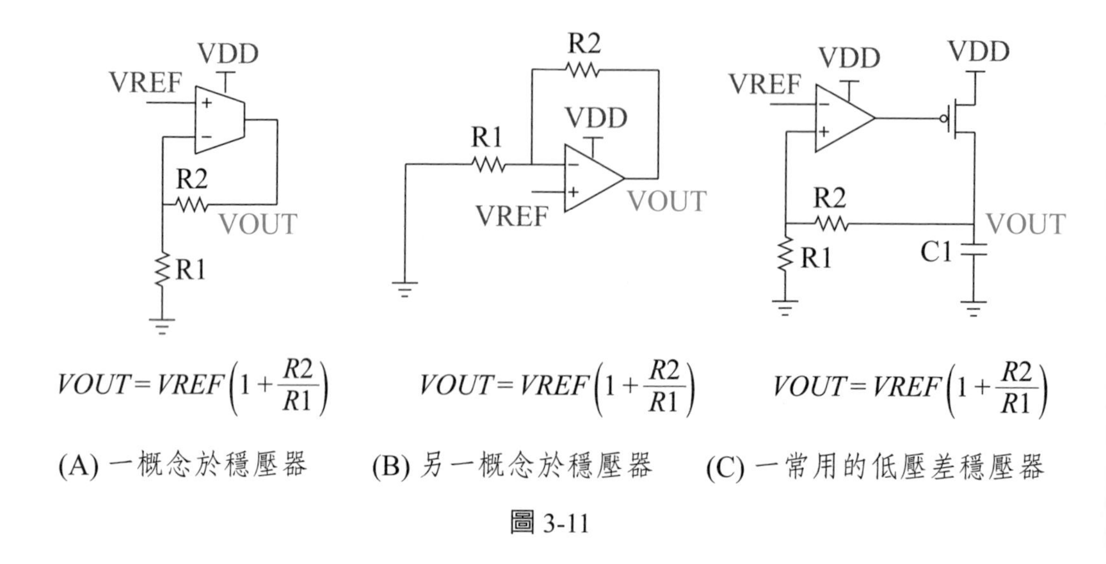

$VOUT = VREF\left(1 + \frac{R2}{R1}\right)$ $VOUT = VREF\left(1 + \frac{R2}{R1}\right)$ $VOUT = VREF\left(1 + \frac{R2}{R1}\right)$

(A) 一概念於穩壓器 (B) 另一概念於穩壓器 (C) 一常用的低壓差穩壓器

圖 3-11

LDO 的設計程序常從上圖 3-11(C) 的 PMOS 開始。設計者常首先優化該 PMOS 尺寸，使其可在飽和區工作當負載電流為最大且 VDD – VOUT = Vdrop 為最小時。但是這不是一個死的準則，事實上，只要開回路增益夠大、能保障回授的準確度和穩定度，則該 PMOS 可稍微進入線性區並無大礙。IC 設計業的前輩常會要求新手把每個 MOS 於放大器都設計在飽和區，這屬於師傅引進門的部分。修行和變通則在個人。

說了這麼多，上圖哪一個電壓是基準電壓呢？當然就是圖中的 VREF，其可由偏比鏡或帶隙電路產生。

若 VREF 恰當，上圖 VDD 作為穩壓器的輸入 VIN，能與穩壓器輸出 VOUT 共同表現如下暫態圖 3-12，其展現特徵於輸入似浪、輸出若止水。下圖 3-12 右側的輸出壓被短暫扯離穩定值每當抽電流陡變時，但隨後很快地向該值回復。

咱注意到下圖 3-12 裡有個 Vdrop = VIN – VOUT。該數值在線性穩壓器上常有數百 mV 以上。這造成功率消耗於 Vdrop * Iload，其沒被用在負載上，其中 Iload 為負載電流。因為線性穩壓器的輸出 MOS，如該 PMOS 於兩圖前的圖 3-11(C)，工作在飽和區或線性區上緣，且其阻值 Ron 沒被最

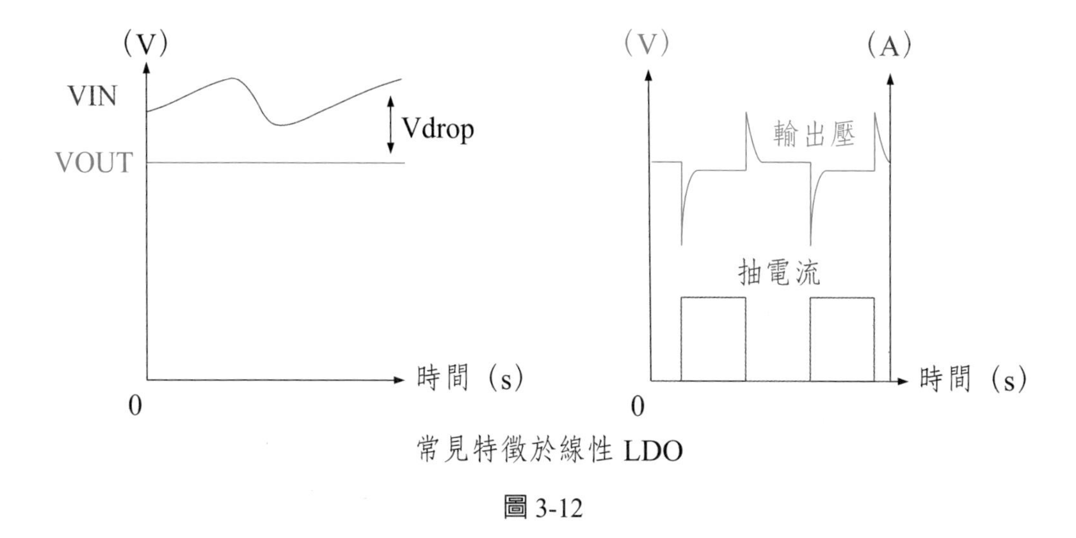

常見特徵於線性 LDO

圖 3-12

小化，導致 Iload * Ron 沒被最小化，結果浪費的功率 Vdrop * Iload 近似於 ($Iload^2$)*Ron 耗在發熱。浪費意謂沒效率。

下一節的非線性穩壓器，可用 MOS 爲開關去輸出大電流、最小化 Ron 予該開關，不需該開關提供輸出阻抗予放大增益，所以特有效率於大電流負載情況。

在本小節最後，咱引用文獻表格自 [4]，比較一下 LDO 和其他穩壓器：

表 3-1（引用自 [4]）

	LDO	電荷幫浦（CP）	切換式穩壓器
效能	差 *	好的	最好的
成本	低	中等	最貴的
設計難度	易	較難	最難的
尺寸	最小的	小的	大
輸出漣波	低	中等	中等
電磁干涉	最低的	低的	中
驅動能力	中 （約到 150mA）	中等 （約到 250mA）	最好的 （可到 500mA 以上）
變壓形式	階降	階升 / 階降 / 反向	階升 / 階降 / 反向

上表中的切換式穩壓器（switching regulator）和電荷幫浦都屬於切換式電源供應器 SMPS 的一種。但一般講切換式穩壓器專指那些類其內含電感和二極體，而電荷幫浦則通常不運用電感。

3.4 非線性穩壓器（NONLINEAR VOLTAGE REGULATORS）

非線性穩壓器非最重要部件於單晶粒磁感測器中，但它非常重要於電源管理積體電路（power management IC，簡稱 PMIC）的整體概念。本節列出一些最簡單的非線性穩壓器，去和線性穩壓器做對照。

3.4.1 交換式電源（SMPS）

若您曾經打開過電腦主機殼，您大概就見過電源供應器 —— 它通常用 AC-DC 轉換器去轉換交流電成直流電、並以此做核心的第一部分。交換式電源（switching mode power supply，簡稱 SMPS）的 DC-DC 轉換器則作爲該核心的第二部分，去調節直流輸出電壓。該 DC-DC 系統常需幾個離散部件去儲存電能、作電流閥，因而不易被整合到一單晶粒的積體電路上。部分小功率的 SMPS 爲例外。

SMPS 的 DC-DC 轉換器有大好處，它可以提供三種基本功能：反向（inverting）、階升（step-up）和階降（step-down）電位，其中前兩者都無法被一般線性穩壓器完成。舉例說，若您用 5V 變壓器供應一個 5V 直流電壓，SMPS 可以幫您把它轉換成 –14V、20V、3V 或其他電壓，且有簡便方法去調整該電壓高低。

上述彈性使 SMPS 能大大幫助實驗。使用者只需要一個約 5cm×8cm 大小的麵包板面積，就能快速組裝一個可調的分軌（split rail）* 輸出電源，有時可以替代大塊頭的桌上電源（bench power supply，其本身也常屬於 SMPS），或者只用單通道輸出的電源供應器，就轉換出正負通道功能。這種彈性特方便於小功率電子實驗。

SMPS 還能有高轉換效率，即能有高比值於輸出功率對輸入功率。這甚有助於輸出大功率。

雖然磁感測系統本身不一定需要 SMPS，但是 SMPS 仍屬一重要項目於實驗室的相關常識。具有電感的 SMPS 常被稱爲切換式穩壓器（switching regulator）；另一個分支，叫做電荷幫浦（charge pump），常被用在給高電壓去燒錄記憶元件，該類幫浦被介紹於下一節。

SMPS 起頭用 SM 去代表 switching mode，即切換模式，它得名自開關反覆開合、切換電路組態、去調控電流達成變壓和穩壓目的。因其開關持續以數位方式通堵，故 SMPS 可見更大漣波於輸出較於其在線性 LDO 的情況，如上節表 3-1 所示。打比方說，若線性 LDO 的輸出算無果粒的柳橙汁，則 SMPS 的輸出就算有果粒的柳橙汁。

在本節介紹的切換式穩壓器裡，前兩種模式分別爲反向與階升，該兩種模式如操作一個打氣筒，其分爲堵閥和通閥階段。堵閥時該兩模式皆累積電流和能量於電感中，猶如下圖 3-13(A) 的進氣階段。通閥時反向 DC-DC 轉換器（以下或簡稱反向穩壓器）向輸出灌負電荷；階升 DC-DC 轉換器（以下或簡稱階升穩壓器）此時則向輸出灌正電荷，猶如下圖 3-13(B) 的打氣狀態。

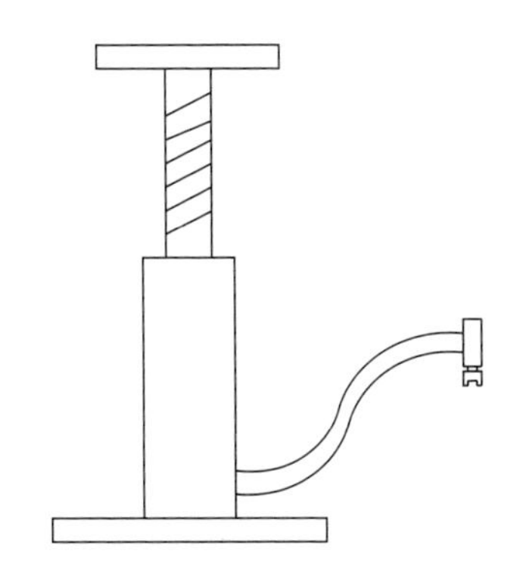

(A) 堵閥階段於反向與階升 DC-DC 轉換器

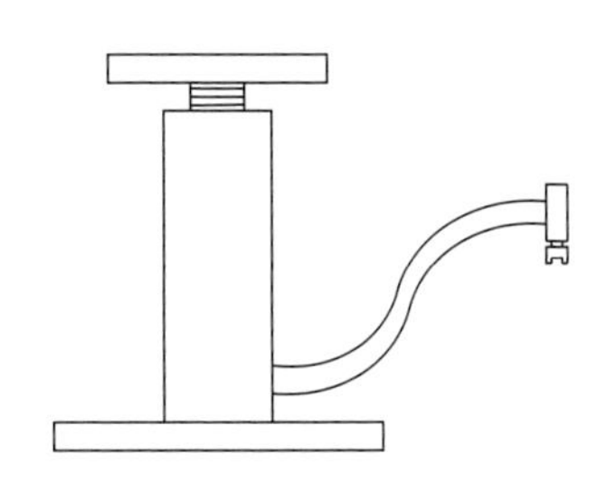

(B) 通閥階段於反向與階升 DC-DC 轉換器

圖 3-13

反向穩壓器的一種核心如下圖 3-14(A) 所示。如同本節其他種類切換式穩壓器一般，下圖 3-14 中 S 爲控制開關、D 爲電流閥、L 爲儲流（電流）元件、C 爲儲壓（電壓）元件、VIN 爲外接 DC 電源。因輸入 VIN 爲 DC，且輸出 VOUT 也用 DC 爲主要成分，故這類 SMPS 被歸類爲 DC-DC 轉換器。

本節的 DC-DC 轉換器都用上述 SDLC 等作爲核心元件，且開關的節奏之於 S 都主控輸出電壓 VOUT。咱在光華商場可買到 IC 如 MC34063A，它就包含了 S 和其控制電路。接著搭配剩下的 DLC 元件和額外的回授電阻，咱就能自動調節開關時間、去提供定值 VOUT 其受控於電阻值。

圖 3-14(A) 的一種特徵被繪示於下圖 3-14(B)，其中 S 代表開關閉合期間、上頭加一槓代表斷開期間；D 代表二極體導通期間、上頭加一槓也代表斷開期間。那 D 就像打氣筒的通閥期，加一槓就像堵閥期。

下圖假設 VIN 爲正電壓。由圖 3-14(B) 可見輸出 VOUT 振動來回於預定負電壓 Vo。L 儲能時電流絕對值 |IL| 上升、D 堵閥、VOUT 絕對值下降；L 放能時 |IL| 下降、D 通閥、VOUT 絕對值上升。

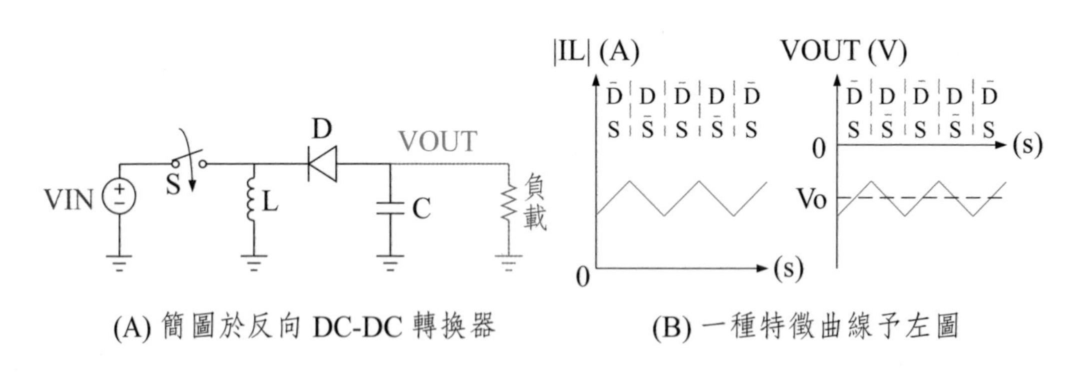

(A) 簡圖於反向 DC-DC 轉換器

(B) 一種特徵曲線予左圖

圖 3-14

咱若分開看堵閥和通閥兩態，上圖的電路行爲可被分別討論於下圖 3-15(A)、(B)。

SMPS 花樣和操作態族繁不及備載，咱只列出最簡單有代表性的說，讓讀者能憑本書圖示和他人討論和自修。

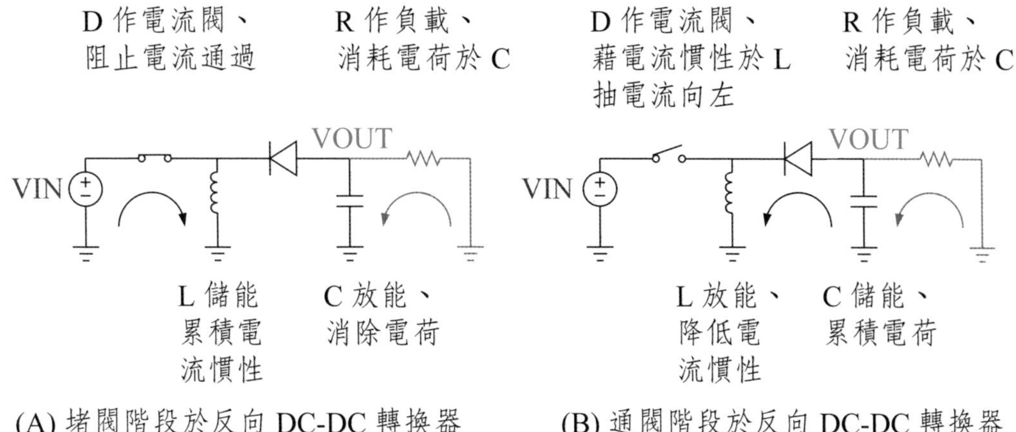

(A) 堵閥階段於反向 DC-DC 轉換器　　(B) 通閥階段於反向 DC-DC 轉換器

圖 3-15

咱接著換階升電路爲例，其行爲更直覺較於反向例於上圖，且更像打氣筒。該電路如下圖 3-16(A) 所示，其 D 方向顚倒相對其在前述反向例中。下圖 3-16(A) 還修改了 L 和 S 的位置去確定堵閥時累積電流慣性於正確方向。

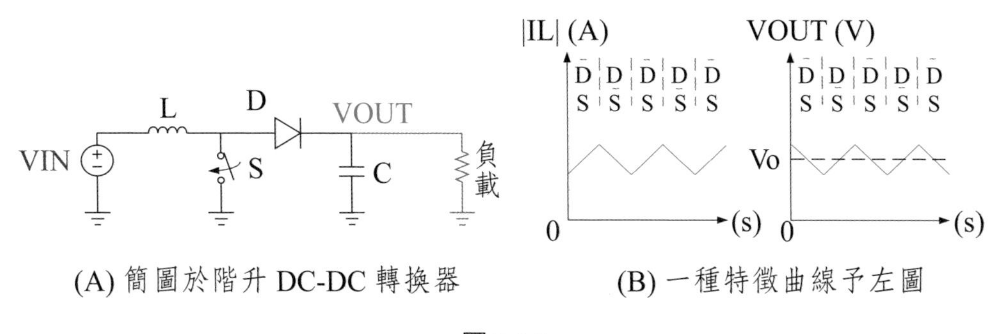

(A) 簡圖於階升 DC-DC 轉換器　　(B) 一種特徵曲線予左圖

圖 3-16

咱若再次分開看堵閥和通閥兩態，上圖的電路行爲可被分別討論於下圖 3-17(A)、(B)。

以上兩種 DC-DC 轉換器，不論反向或階升，都有二極體作爲電流閥，如同打氣筒的氣閥。

L 儲能
累積電
流慣性
D 作電流閥、
阻止電流通過
R 作負載、
消耗電荷於 C
VIN
VOUT
C 放能、
消除電荷

(A) 堵閥階段於階升 DC-DC 轉換器

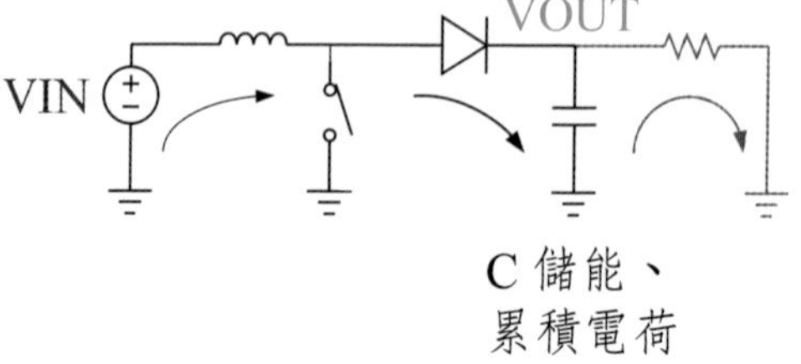

(B) 通閥階段於階升 DC-DC 轉換器

圖 3-17

反向和階升如其名能給出反向電壓和正向電壓，其絕對值可高於輸入 VIN，也能低於 VIN。

接下來被呈現的，為階降 DC-DC 轉換器（以下或簡稱階降穩壓器）如下圖 3-18(A) 所示，則不具打氣筒特徵，尤其是其電壓最高點不在堵閥轉通閥時發生。感覺起來每次壓了打氣筒要等一小段延遲時間氣壓才會到頂，如下圖 3-18(B) 所示。

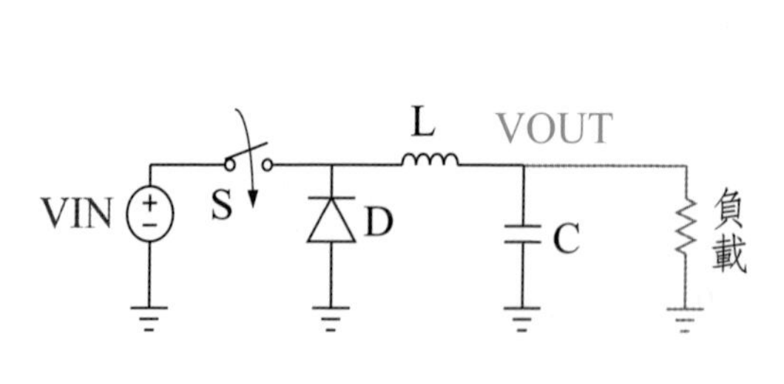

(A) 簡圖於階降 DC-DC 轉換器

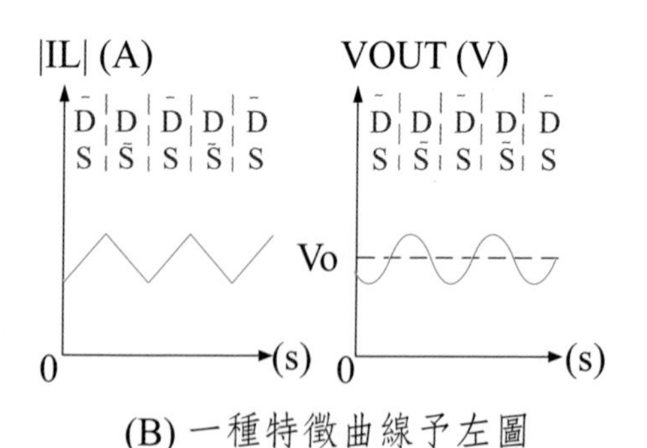

(B) 一種特徵曲線予左圖

圖 3-18

咱若又一次各別看堵閥和通閥兩態，上圖的電路行為可被分別討論於下圖 3-19(A)、(B)。

階降顧名思義當然是讓 VOUT 趨近一預定值 Vo 其低於 VIN。

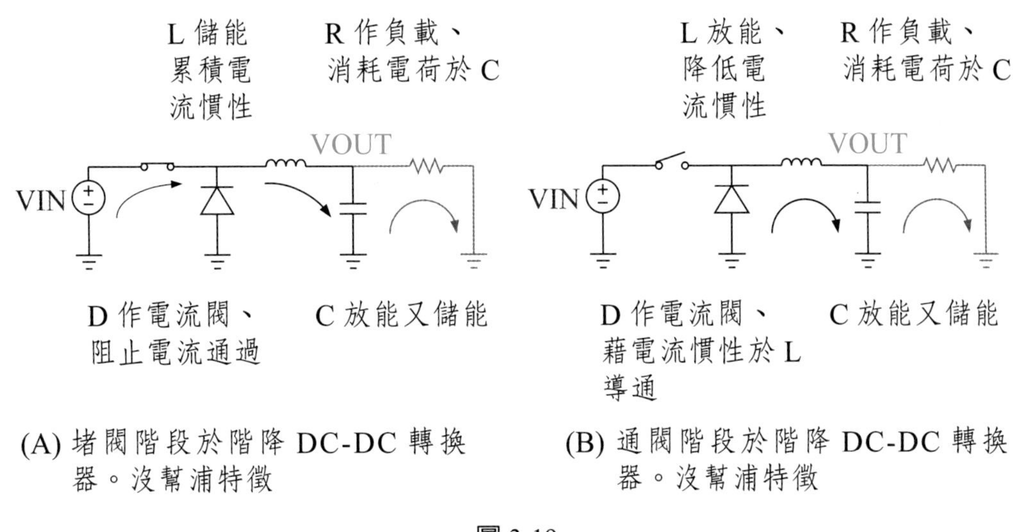

(A) 堵閥階段於階降 DC-DC 轉換器。沒幫浦特徵

(B) 通閥階段於階降 DC-DC 轉換器。沒幫浦特徵

圖 3-19

以上所介紹的 DC-DC 轉換器 [9] 都有電壓漣波於輸出，其可以被縮小於調整 RC 值、開關週期、與開關占空比。

3.4.2 電荷幫浦（CP）

SMPS 裡有一個族群叫電荷幫浦（charge pump，簡稱 CP），該族群不使用電感，有利於集成。CP 主要被用在反向或升高電壓，其可超過輸入電壓和或輸出範圍於其所搭的線性穩壓器，因此得幫浦之名。升壓過程不依賴連續電流或電流慣性，而靠選週期性的時間點，去向負載傳遞電荷於一電荷重分配過程，因此叫電荷幫浦，而不叫電流幫浦。如先前的表 3-1 所提，由於不需電感，CP 的成本、面積、設計難度皆較低於切換式穩壓器，所以 CP 可作爲變壓穩壓的折衷方案。

最簡單的電荷幫浦概念如下圖 3-20 所示。這概念有部分像串聯電池。若只用一級，Φ0 時充電 C 就像準備好一顆電池，其有 Vp 跨壓；Φ1 時墊高 C 的電壓，就像在原電池底下墊另一顆電池去串聯得 2V。

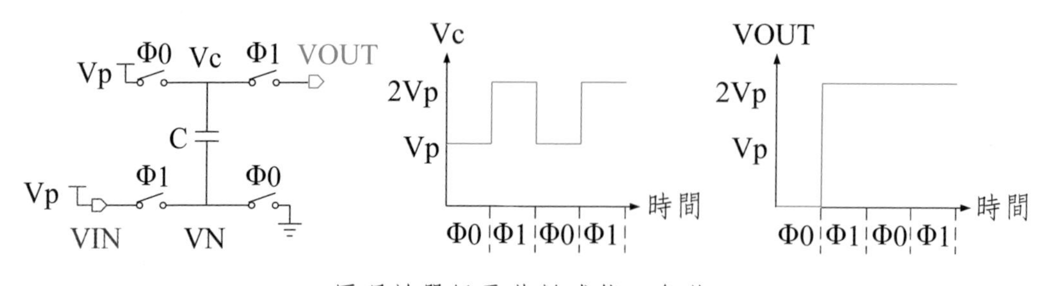

原理於單級電荷幫浦伴 0 負載

圖 3-20

若被接到負載，則 VOUT 雖漸向 2Vp 接近、但每次接近後又會暫時漸離，最終平均值將不到 2Vp，如下圖 3-21 所喻，且每次 Φ1 時都有個電荷重分配過程發生遍諸於各 C[5]。咱在第 2 章曾說，用理想元件能有效減化問題，幫助理解，這尤其貼切對驗證概念於圖 3-21 和圖 3-22 來說。

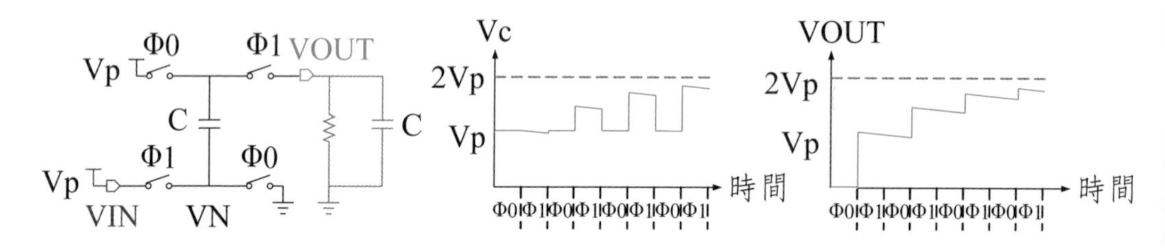

原理於單級電荷幫浦伴有限負載

圖 3-21

若串接 N 級相同結構，則 Φ0 時充電予電容就像準備 N 顆電池皆 Vp 跨壓；Φ1 時就像把所有電池串聯起來、底下再多墊一顆串聯電池得 (N + 1) Vp 跨壓。此概念如下圖 3-22 所示。

咱在中學或大學中學到，若兩個電容初電壓不同又進行電荷共享重分配，則共享後有總能量損失。這是第一個跡象告訴咱：若輸出電壓不同於幫浦最大電壓，則幫浦運作會耗損能量。

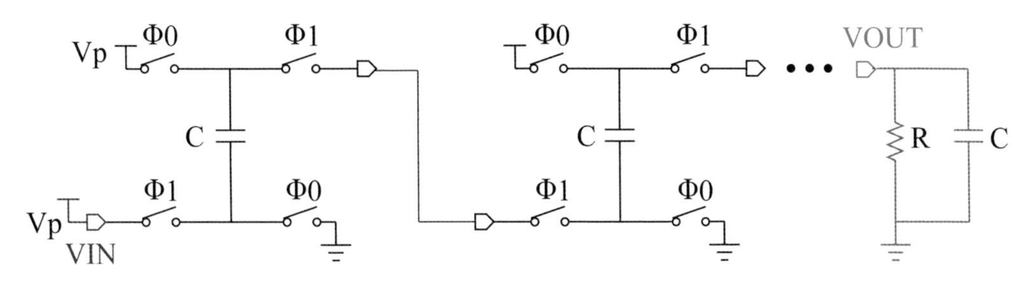

串接多級電荷幫浦伴有限負載

圖 3-22

咱又在 LDO 中學到，輸出耗損與壓降 Vdrop 成正比。這是第二個跡象告訴咱相似的事，再次表達於同一句話：若輸出電壓不同於幫浦最大電壓，則幫浦運作會耗損能量。

因此，電荷幫浦常用一個參數叫 voltage conversion efficiency，簡稱 VCE，去評估另一個參數叫 power conversion efficiency，簡稱 PCE。VCE 定義如下圖 3-23 所示。

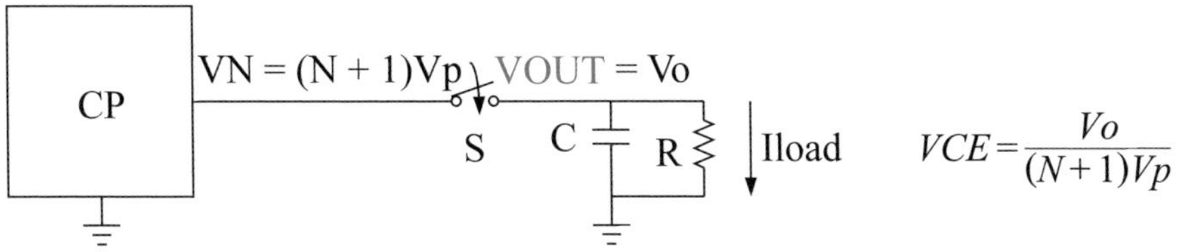

CP　VN = (N + 1)Vp　VOUT = Vo　S　C　R　Iload

$$VCE=\frac{Vo}{(N+1)Vp}$$

若 VN > Vo，則開關 S 閉合後有多餘功率耗損其不在負載 R 上

圖 3-23

上圖 3-23 中，假設負載有功耗損失 Pload = Vo * Iload，那是因爲在某段時間內，有電荷 Q 從 Vo 流到地，其作功爲 Q*Vo。若該電荷 Q 先源自一電位 VN = (N + 1)Vp，後來才降到 Vo 於電荷共享，則該過程作功不貢獻負載。因此效率 η = Pload / (Pload + Ploss) = Vo * Q / (Vo*Q + ((N + 1)Vp – Vo) * Q），其恰等於 VCE。實際上電路其他處還會有額外熱損，因此 VCE 經常成爲一上限予 PCE。請讀者參閱 [6] 查表比較各 VCE 對 PCE 關係於各

種設計，檢驗上述是否爲眞。

實際電荷幫浦設計多樣，各事件順序不一定照本節所述陽春版去安排，請讀者參照 [1] 去做進一步了解。

相較於CP，先前的切換式穩壓器的PCE則可超過VCE。拜電感之賜*，當有跨壓時電流產生變化，該電流在電感上建立能量，其伴隨壓降並不來自I*R，因此切換式穩壓器原則上不因電感壓差造成能量損失，可給出極高的PCE。

3.5 主參數於穩壓器（MAIN PARAMETERS OF REGULATOR）

3.5.1 線穩壓（line regulation）

線穩壓的「線」這個字讓大家聯想到咱家電的一相三「線」這個「線」字。家電裡的火線一般被給予「L」的記號，對應「line」這個英文字。其實就是指接線之於電壓源。大家有機會在日光燈穩壓器上看看，除了看到「L」的接點以外還會看到標示爲「N」的接點，其代表家電裡的地線，對應英文字「neutral」。用這樣的例子去類比，我們就可想像「線穩壓」作爲一種指標，其表示一種能力去穩定電器的輸出電壓 —— 針對變動來自輸入電壓源（也就是所謂的 line）而言。讀者可以參考附錄 A.7 去加強記憶。

line regulation 的定義如下所示：

$$Regv = 20\text{Log}\frac{\Delta Vout}{\Delta VDD} \quad (1\text{-}3.5)$$

其中 ΔVout 爲輸出電壓變化，ΔVDD 爲輸入電源電壓變化，兩者比值越低表示電路抗電源變異能力越強。至於取 20log 只是一種手段去轉化到分貝單位，其便於處理各種相對懸殊的比值（比方 –80dB 代表萬分之 1，而 0dB 代表 1）。一般的線性穩壓器有 DC 特性曲線如下圖 3-24 所示，其中低壓區斜率大，表示輸入電壓過低未達穩壓範圍；高壓區斜率小，表示穩壓器正常工作。嚴格一點說，線穩壓應該針對特定電流負載標示，但是，有些電路（如偏比鏡或帶隙電路）通常無電流負載變化於工作態，對其運用線穩壓概念時就不需要考慮負載電流。

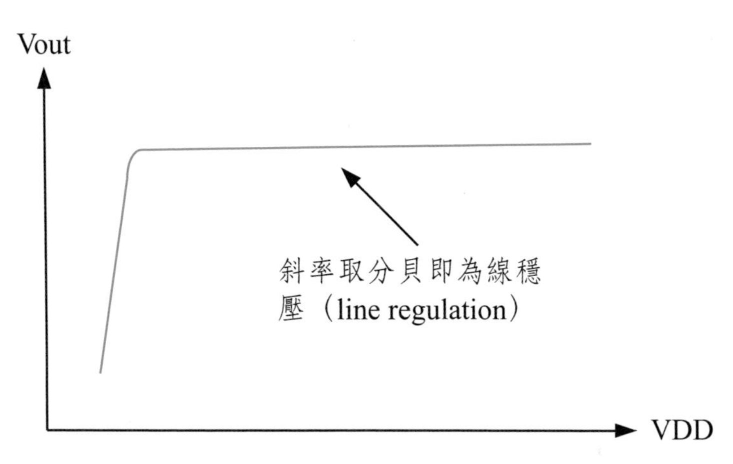

例子：決定線穩壓於 DC 特性曲線之於一穩壓器

圖 3-24

線穩壓是一種最基本的參數對電源類電路言。若咱暫不管何謂電源抗比 PSRR，而直接替 line regulation 賦予 AC 意義，並衍伸成一個函數叫做 Regv(f)，我們可以定義該函數如下算式，其中 vout(f) 和 vdd(f) 皆爲小寫表示對應小信號分析變量（分別對應 Vout 和 VDD 而言）：

$$Regv\,(f) = 20\text{Log}\frac{vout(f)}{vdd(f)} \tag{2-3.5}$$

該函數可被描繪於 AC 模擬，其設定如下圖 3-25 所示、用穩壓器爲例。下圖 3-26 假設一種該模擬結果。其中低頻部分的 Regv(f) 通常能接近線穩壓值，因該值即一種表現結果之於 Regv(f) 在 f = 0 時。當然，若咱只在乎 DC 概念的線穩壓，則直接使用 DC 掃描模擬計算會更簡單精確。

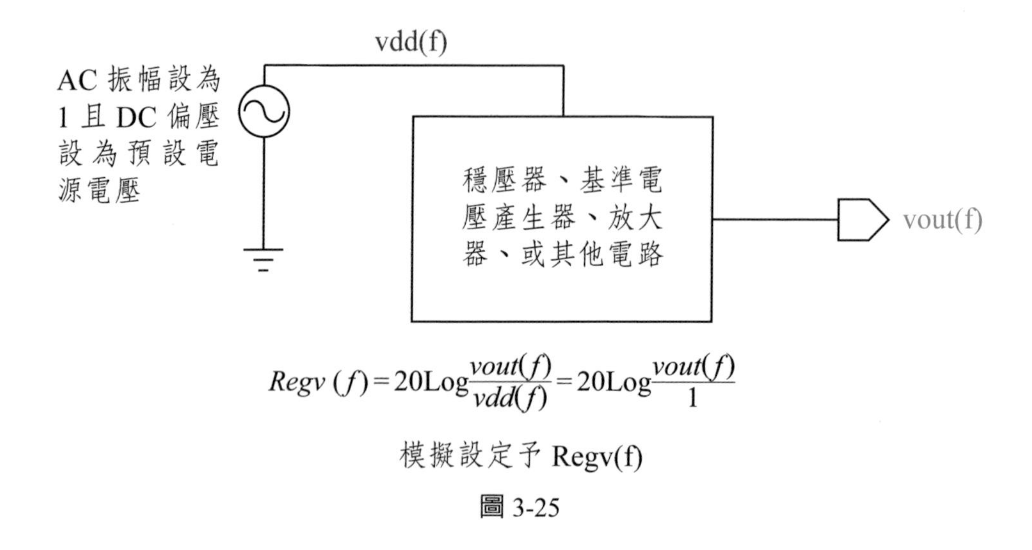

$$Regv\ (f) = 20\text{Log}\frac{vout(f)}{vdd(f)} = 20\text{Log}\frac{vout(f)}{1}$$

模擬設定予 Regv(f)

圖 3-25

咱化簡爲繁用 AC 模擬找出近似值於線穩壓値，因咱有其他的目的，即突顯電路在高頻的抗噪能力。一般這種能力在產品規格書裡會被描述在另一個參數叫做電源雜訊抑制比（PSRR），或電源抗比、源抗比等，其被介紹於稍後。我們可看出下圖 3-26 顯示電路的抗噪能力較佳在低頻區，往高頻處看則曲線上揚，表示抗噪能力變弱，其將被申論於另一小節。

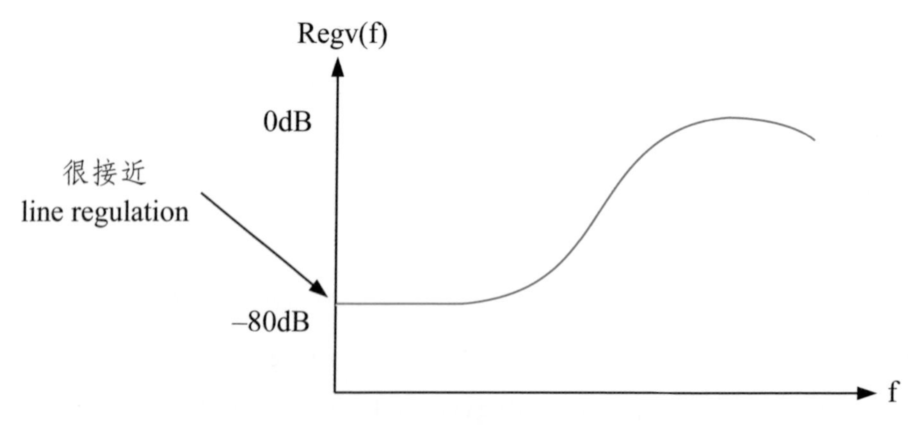

常見的 Regv(f) 圖形於一個穩壓器或其他電路

圖 3-26

至於在本小節開頭，咱提到了一相三線家電，它被演義於 [Appendix A.7]。建議大家順便翻翻以便能了解或溫習家用電常識。有一回在筆者家中，其中一線電壓於該三線中發生崩壞，結果使得筆者只打開電扇開關，電扇不動但冷氣卻啓動了。結果經後來筆者做了分析如同 [Appendix A.7]{ 圖 A-11} 所述，問題才被釐清，同時也成了一故事題材。

3.5.2 負載穩壓（load regulation）

負載穩壓的「負載」（load）指的是電流負載。負載穩壓在原文爲 load regulation，其定義可被表達如下：

$$Regi = \frac{\Delta Vout}{\Delta Iload} \qquad (3\text{-}3.5)$$

該參數符號 Regi 用 i 作爲最後一字母，去強調針對「負載電流變化」（前一小節的線穩壓 Regv 則用 v 作爲最後一字母，去強調針對輸入電壓變化）。且由於分子分母單位不同，不用分貝表達。負載穩壓 Regi 強調 DC 概念（如同 Regv 一般），也能夠被決定於 DC 特性曲線如以下示意圖 3-27 所繪：

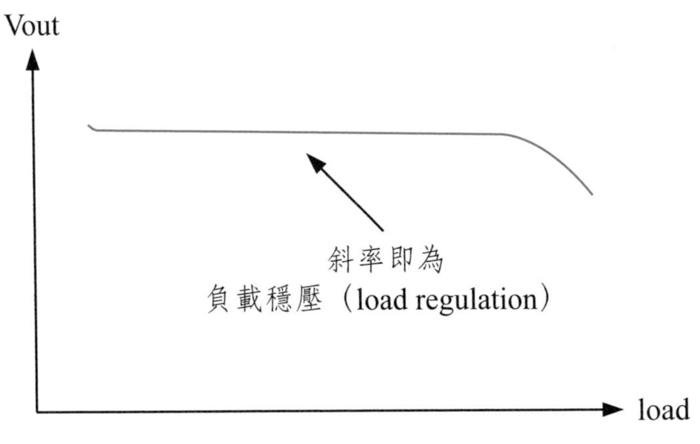

決定負載穩壓於 DC 特性曲線之於一穩壓器

圖 3-27

上圖 3-27 裡，高電流負載（Iload）處曲線下彎表示穩壓器穩壓能力下降，在中負載處，曲線斜率相對固定，表示穩壓器保持穩壓能力。load regulation 也是越小越表達穩壓能力優越，這點如 line regulation 一般。

3.5.3 電源抗（power supply rejection）

先前兩小節咱好比用 Regv(f) 去分析了電源響應於 LDO。該 Regv(f) 響應出明顯越甚的漣波（ripple）予輸出端在某些頻段，即使有 MOS 阻隔它與輸出端。好比樓上放音樂，樓下隔牆仍聽到。好的 LDO 對電源變化有抑制力，有如形成一個滅音器。

LDO 常有負回授結構，其有效果去抑制電源雜訊。咱用一模型如下圖 3-28(A) 去說明。該圖描繪一 AC 模型於負回授狀態，其中 Vp 代表電源的 AC 雜訊；Apc = Vo/Vp，代表一閉迴路增益予該雜訊。較小 Apc 代表較小干擾效應對 Vo，即抗噪能力較佳。

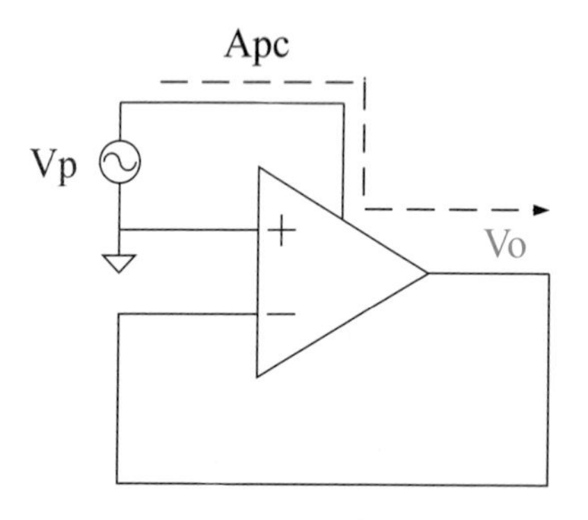

(A) 模型予 AC 分析於閉迴路態

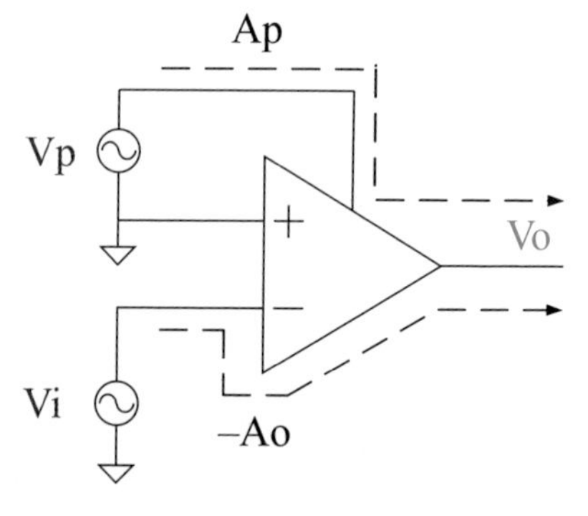

(B) 模型予 AC 分析於開回路態

圖 3-28

咱現想知，放大器的開路增益 Ao 如何助降 Apc。上圖 3-28(B) 提供一開迴路模型幫咱分析這點。咱依閉迴路條件令 Vi = Vo，且 Vo = Vp*Ap − Vi*Ao，導致 Vo/Vp = Ap/(1 + Ao)，亦即 Apc。順理，若運用負回授，Ao 助使 Apc < Ap，且若 Ao 加大更甚，則助 Apc 降低更甚。

咱把方才那一段說清楚些。上圖 3-28(B) 中，Ap 代表增益對電源的 AC 信號，Ao 代表增益對 AC 信號於放大器輸入端。電路雖放大 Vp 於 Ap 倍，但其效果被負回授削減到剩於 1/(1 + Ao) 倍。咱把閉迴路增益自電源端再寫一遍如下：

$$\frac{Vo}{Vp}=\frac{Ap}{1+Ao} \tag{4-3.5}$$

上式中只要 Vo/Vp 小於 1，電源雜訊就如被削弱般。這似乎不是一件難事，因為放大器之所以謂放大器，即因輸入端信號可得較大的增益；只要設計正常，Ao > Ap 應無懸念。

接下來大家自然問，咱如何把這比值繼續縮小？看似簡單，變大 Ao 並縮小 Ap 不就成了？但是有時不盡如人意。咱現舉例說明：

咱先不考慮穩定度，並且觀察電路如下圖 3-29(A)，然後問：是否能提升開路增益 Ao 又降低電源端增益 Ap。於是咱得接著問 Ao 和 Ap 各為多少？為回答該問題，咱用下圖 3-29(B) 去分析開迴路態於兩放大途徑，一路從 VA 到 VOUT，另一路從 VDD 到 VOUT。

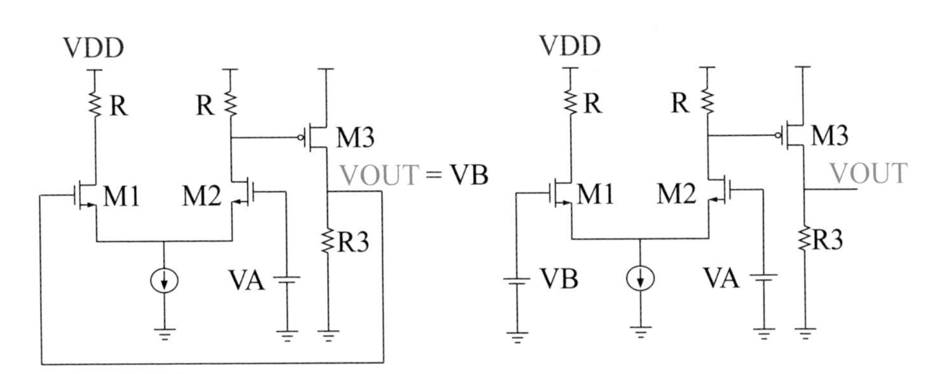

(A) 範例予放大分析於閉迴路態　(B) 改圖予放大分析於開迴路態

圖 3-29

咱繼續進行 AC 分析從電源端出發，小改上圖，添加 AC 電源如下圖 3-30(A)，則 Vp 到 Vo 有 AC 增益 Ap = Vo/Vp，其近似 gm3*R3*R/ro2，咱先不管 gm3 和 ro2 是啥。

咱換路徑進行 AC 分析從輸入正端出發，也就是 VA 端，添加 AC 電源如下圖 3-30(B)，則 Vi 到 Vo 有 AC 增益 Ao = Vo/Vi，其近似 gm3*R3*gm2*R，咱一樣先不管這 gm2 是啥東西。

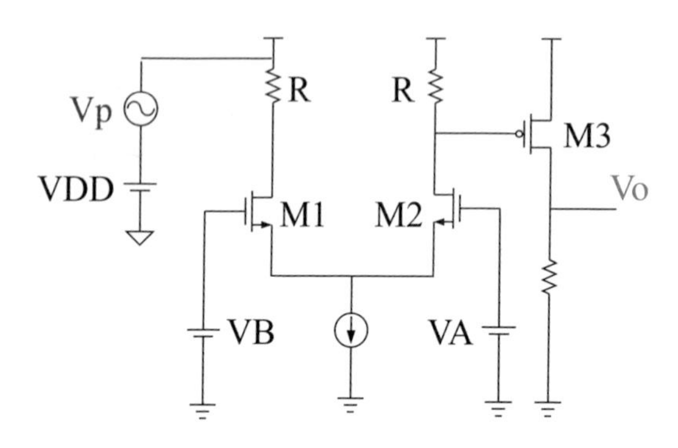

(A) 改圖予 AC 分析於電源端

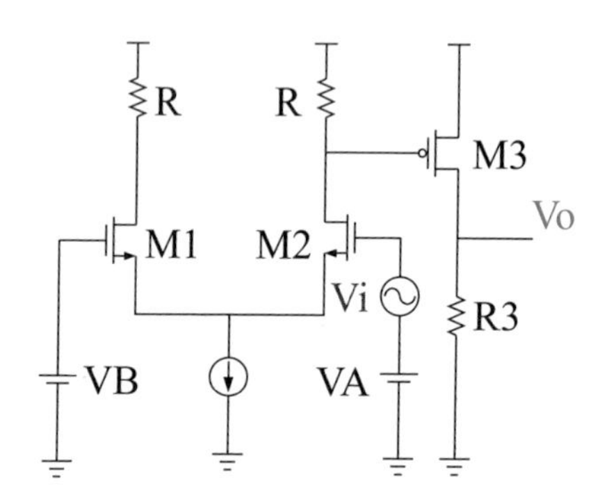

(B) 改圖予 AC 分析於輸入正端

圖 3-30

上兩段表示，本例中 Ao/Ap = gm2*ro2，此數字僅和 M2 狀態有關。表示若 M2 狀態固定，調高 Ao 將連帶調高 Ap，不造成一高一低效果於 Ao 和 Ap，也就無法有效降低 Vo/Vp = Ap/(1 + Ao)。

咱略過了很多細節於前三段，且私下做了一些近似，主要想講，若調整手法不對，則無助抗噪自於電源端。比如在此例中，加大 gm3 或 R3 雖能增加後級增益和整體增益，但效果不大於抗源。這就好像樓上踏地板產生噪音，樓下關窗效果不大於抗震一樣。

抗噪效果好不好，一般被評價於一個指標，即電源抗比（power supply rejection ratio，簡稱 PSRR）。咱展示一種 PSRR 於下圖 3-31(A)，並對照前兩節的 Regv(f) 於下圖 3-31(B)。該兩者只差了一個負號。如果大家參考 [7][8]，就會發現 PSRR 各用 (A)(B) 兩種方式呈現。所以新手工程師切莫困惑，因這詞在業界未標準化。

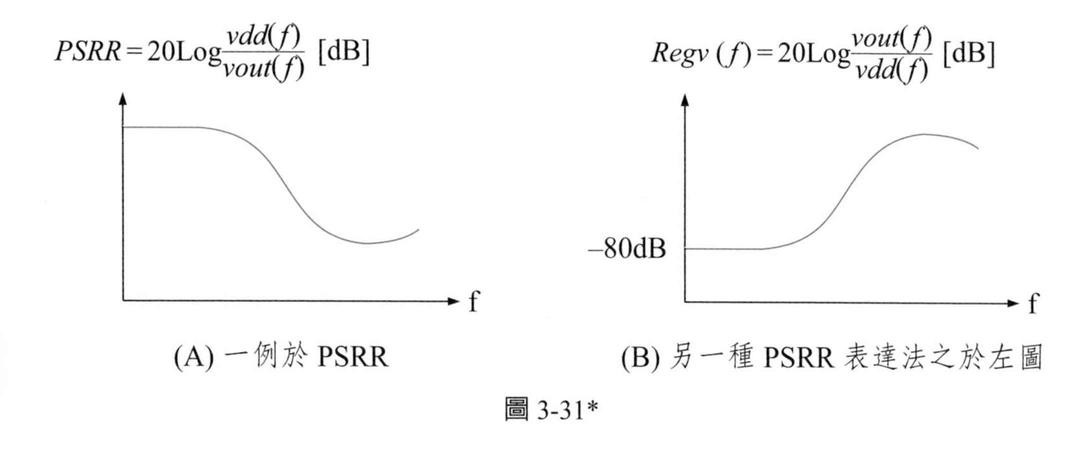

(A) 一例於 PSRR

(B) 另一種 PSRR 表達法之於左圖

圖 3-31*

上兩圖有一共通點，即低頻處表現較優。最後，咱再說一次，並去掉 PSRR 的 dB，列出 PSRR 的一原始概念如下，其中 ΔVDD 爲變化幅度於電源電壓，ΔVout 爲響應幅度於輸出：

$$PSRR = \frac{\Delta VDD}{\Delta Vout} \quad (5\text{-}3.5)$$

[1] 有相關模擬技巧去計算 PSRR 於模擬器。

3.6 電力開啓重置電路（POR）

如同許多其他系統一般，磁感測器有一套排程去依序啓動內部電路。該順序通常如下：1. 外部電源的電壓先進入感測器去達到一閥值去驅動數位邏輯。2. 數位控制電路重置歸零。3. 核心電路做信號處理並輸出結果。

在第 6 章中我們會簡單說明若沒被恰當地重置過，某些數位電路就可能產生模糊態或錯誤態。

下圖繪示兩種常見的電力開啓重置過程：

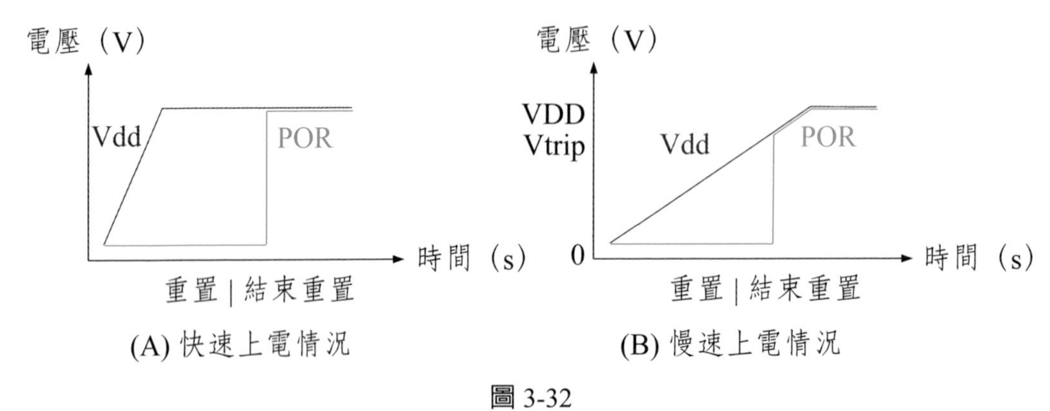

(A) 快速上電情況

(B) 慢速上電情況

圖 3-32

上圖 (A) 給出兩個信號，其中 Vdd 代表電源電壓信號，POR 代表電力開啓重置信號（power on reset signal），其目的在當電力開啓（power on）時，即當電源電位從 0 上升到預定電位 VDD 時，命令數位電路做重置（reset）；當電源電位夠高、能保證重置成功時就結束重置，並且命令核心電路開始工作。

如上圖 (A) 例所示，重置過程中 Vdd 快速達到預定電壓 VDD，表示外部電壓源已經穩定，但內部電源未必如此（比如 bandgap 電路和 LDO 不一定已穩定），因此核心電路常需延遲啓動、多等小段時間於 POR 轉 high 之後（有些設計用高電位重置、用低電位結束重置，咱現不討論該情況）。

上圖 (B) 繪示另一上電情況，其有段時間 Vdd 上升相對緩慢、未達預定 VDD，但 Vdd = Vtrip 時已經能確保重置成功，因此在當下結束重置。這個 Vtrip 可能很低，雖然足以成功重置數位電路，但可能不足以保證 bandgap、LDO、或其他類比電路完成初始化。這種不確定性讓核心啓動時機成一未知數。因此，很多設計抬高 Vtrip 點於 POR 電路，高到不僅可令數位電路重置成功，還高到足以初始化其他類比電路。如此在晚過 POR 上升沿後，類比電路可更快進入工作狀態。咱用下圖 3-33 闡釋這觀點。

下圖 3-33(A) 中，若電源電位達到反向器閥值 Vth，輸出 POR 信號就由低轉高，圖中電容可以造成延遲效果，使 POR 能停在低位於一段延遲時間，確保下游數位電路獲得足夠時間進行重置。若上電速度快且電容夠大，圖 3-33(A) 中 POR 信號就會像上圖 3-32(A) 一般；若上電速度慢，POR 就會像圖 3-32(B) 一般，且 Vtrip = Vth。

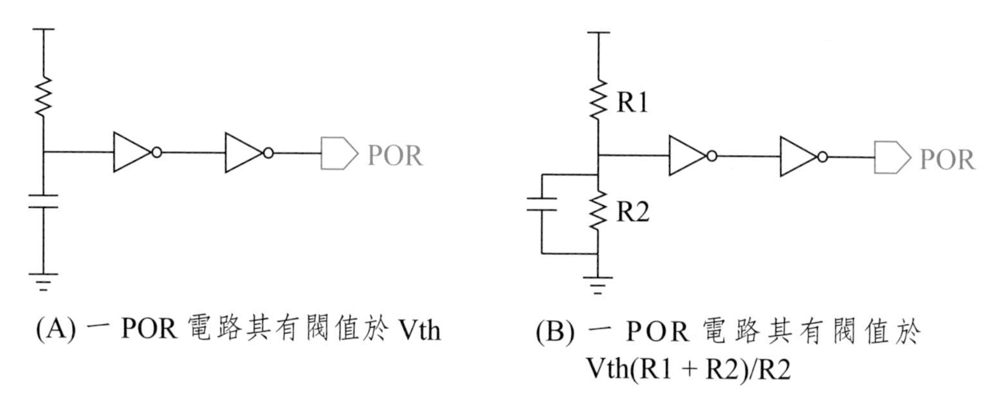

(A) 一 POR 電路其有閥值於 Vth

(B) 一 POR 電路其有閥值於 Vth(R1 + R2)/R2

圖 3-33

若咱想提高 Vtrip，使 POR 的高電位高到不只可確保數位電路已被重置、還足令類比電路去完成初始化，則咱可用上圖 3-33(B)，將 Vtrip 提升到 Vth（R1+R2）/R2。

圖 3-33(A) 和 3-33(B) 的 Vtrip 都受控於反閘閥值，其有可觀變化隨溫移動。因此有些系統會定義 Vtrip 賴於一更準確的參考電壓如下圖 3-34(A) 所示；此種設計必須確保 VREF 和比較器正常運作先於電源過 Vtrip。

此外，有時爲達 0 靜態電流，設計者會挑時間去切斷 POR 電路的電流路徑在晚過 POR 上升沿後。該省電機制由回授邏輯達成如下圖 3-34(B) 所示。但是，若設計有缺陷，圖 3-34(B) 可能陷入鎖死（deadlock）狀態，因爲 AB 兩點訊號互爲因果，使得 A 點可能給出錯誤邏輯態在上電過程中，導致 POR 信號故障。換句話說，在上電時，B 電位可能尚不足支援 A 點正常操作，A 點訊號也無法立即賦予 B 點該電位其爲啓動所需，形成一功能故障於永久的相互等待中。這類缺陷需被排除於設計手段。一般說，若資源許可，設計者會避免去用這類結構。若眞有必要去用，咱就得充分理解各種鎖死因子。

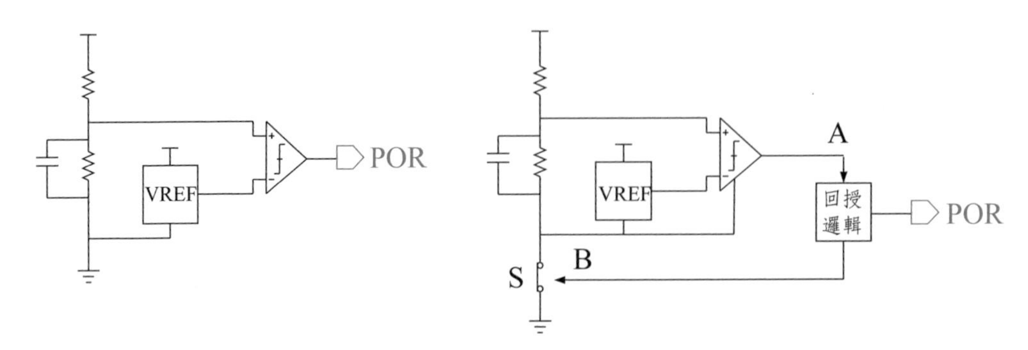

(A) 一 POR 電路其定義 Vtrip 於 VREF　(B) 一 POR 電路其控制省電於回授邏輯

圖 3-34

而且，上圖 (B) 還有一個缺陷，那就是若 B 把開關 S 斷開，比較電路就失去功能，即使 POR 仍維持高電位。換言之，若電源電位從夠高掉到太低，則 POR 不會即時歸零到低電位，這可接踵導致核心電路超極限地工作、產生錯誤而沒有鎖定正確結果於出錯前，甚至使得電路依舊陷在錯誤態中在已晚過電源回升到安全線上時。

在簡單的系統裡，POR 電路只需偵測電源的上升期閥值去做正沿轉態，不需因應下降期暫時低壓去做負沿轉態，所以仍可應用圖 3-34(B) 的概念。但是，複雜的系統就不能被如此簡單地對待。

有時工作電壓僅偏低於短時間內，此時咱並不希望 POR 歸零去重置系統清除記憶數據，代之者，咱希望工作資料能被暫時鎖定，並暫停正常工作流程，待電壓回升，再回復正常工作。此情下，咱需一電路其能判別是否電壓下降沿低過閥值。該電路通常被稱爲 under voltage lock out，簡稱 UVLO，和 POR 有類似處，但用意不同。

3.7 衍生的參考電路（DERIVED REFERENCE CIRCUITS）

一磁感測器常需多個參考電壓，比方第 2 章說的 VOP、VRP。它們不只功能不同於基礎電壓於電源管理系統，還需要能被調整藉由修調指令。本節就介紹最實用的可修調參考電路。

3.7.1 R2R 梯（r-2r ladder）

R2R 電組串顧名思義擁有兩種電阻，其組值分別爲 R 與 2R，如下圖 3-35 所給一例。該圖中 S2、S1、S0 代表開關，也代表數值 0 或 1；若開關向地閉合，則其值爲 0，若向 VREF 閉合，則其值爲 1。咱可見輸出 VOUT 爲一種成分加權於一等比數列，其公比爲 1/2。其中開關數值即爲權重。因此，S2 就像二近位數裡的最高位 MSB，S0 則爲最低位 LSB。

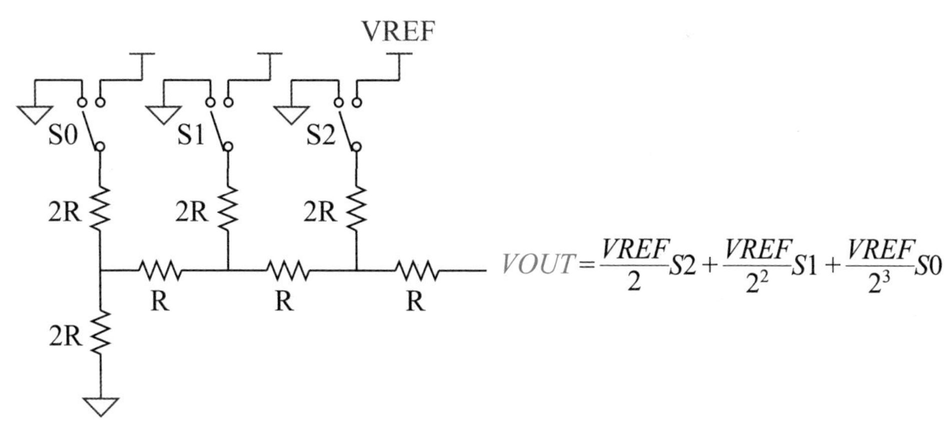

一個 3bit 的 R2R 電阻階梯 D/A

圖 3-35

對上圖 3-35 中任何一個 R，其左側電路群都有一戴維寧電阻值也是 R。這事可由數學歸納法證明配合下圖 3-36 理解：

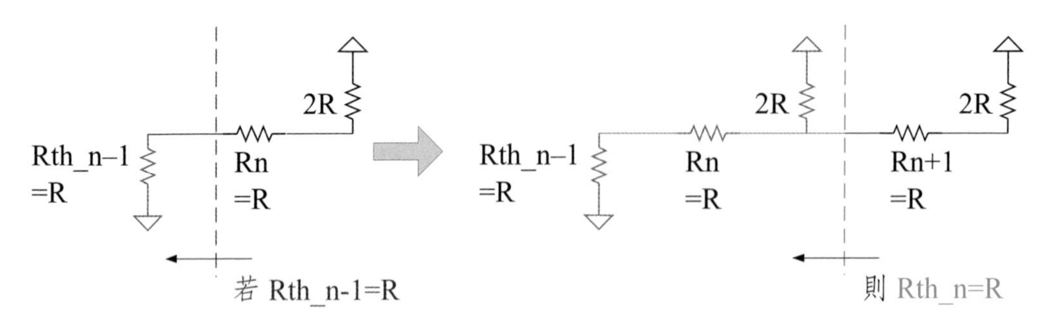

算戴維寧電阻於數學歸納法

圖 3-36

對上圖 3-36 中任何一個橫向的 R，其左側電路群都有一戴維寧電壓值，其可用一遞迴式表示如下圖 3-37。這得利於上圖所喻之數學歸納法結論，其總是給出一戴維寧阻值 R，使下圖 3-37 裡 Rth_n–1 必爲 R。如此就不難推導出算式予 R2R 電阻串去算 VOUT。

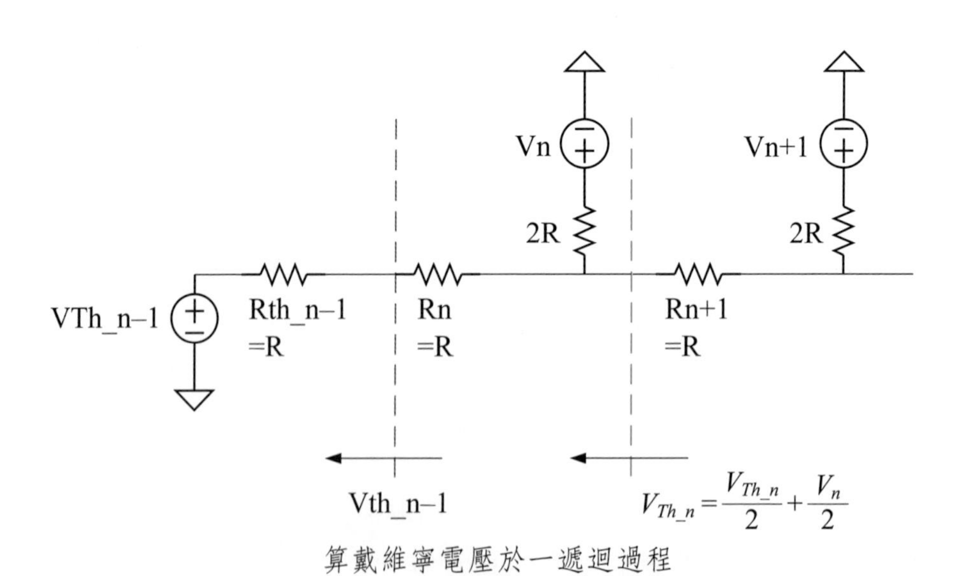

算戴維寧電壓於一遞迴過程

圖 3-37

這電路有一大好處即：咱可以用二進位概念去控制輸出的電壓。若將這電路接上額外的電阻與電壓源，咱就可改變輸出電壓的動態範圍，並且同時保有二進位方式的調幅控制。

有時咱需要把 VDD 到地之間劃分一百二十八個等距區間，咱可用 7bit 的 R2R 電阻梯。若咱需要改變動態區間，比如在 0.5VDD 和 0.25VDD 之間劃分一百二十八個等距區間，咱可外接一電路到 R2R 電阻串如下圖 3-38 所示。咱只需選取合適的 Ra、Rb、Rc 就可達目標。這部分留給讀者自己練習。

關於戴維寧電路理論，請讀者參照 [10]。

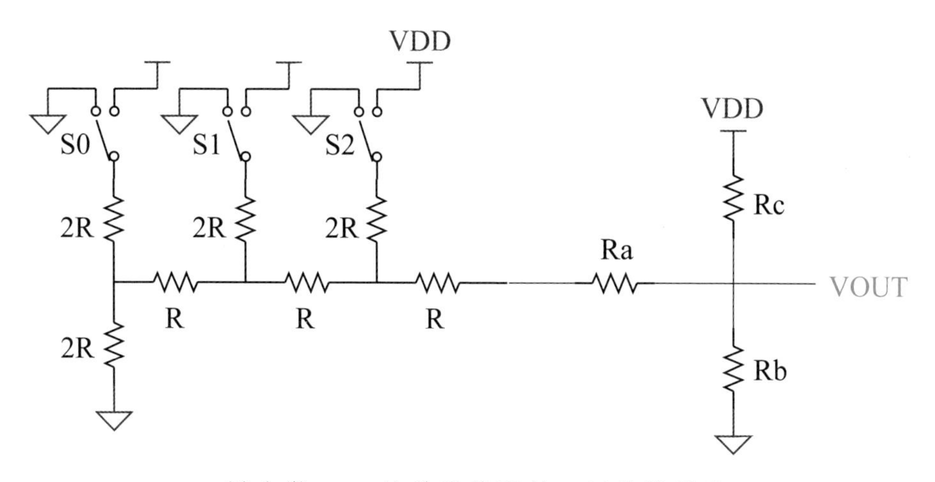

一例改變 R2R 的動態範圍於一組外接電路

圖 3-38

3.8 修調電路（TRIMMING CIRCUITS）

在 IC 被製造之後，其電器特性經常不同於預設值。該現象往往肇因於不完美的製造流程，比方些微的尺寸誤差於感知器造就了偏置電壓，而且每顆樣品誤差不同導致該偏置電壓顆顆不同。這些隨機性的誤差常常需要再經過一道修調（trimming）工序才能被有效限縮去滿足規格。比方修調參考電壓 VBOP，去使每個產品都產生輸出下降沿在磁場從 B < BRP 上升到 B = BOP 時，且誤差不到 5%，就屬一例。

用 trim 這個字代表上述修調概念是基於該英文字的修剪之意，有如把一頭長短不一的頭髮剪出長度一致的瀏海，或把花園灌木修剪出高度一致的矮牆。應用在磁感測器上時，trim 往往立意於一致的電源電壓、一致的開關操作點、一致的時鐘頻率、一致的溫度特性和一致的操作模式等等。

最常見的修調手段包括改變電路組態並檢測，然後將選定組態直接記憶在感測器內，使得重新開機之後系統運行於該選定的組態。所以一般所謂的 trim，其實是「調整組態並記憶組態」。

舉例來說，如簡化圖 3-39 所示，當環境磁場爲 0G，咱希望 0.5VDD 發生在 Vout、Vdetect（感知器輸出）、Vref 及 VQ，但偏置電壓存在於以上所有參數，因此咱得用開關 S1 和 S2 去做 TRIM。若 Vout 電壓大於 0.5VDD 太多，咱就令 S1 = 0（開路）、S2 = 1（閉合）去降低 Vout；若電壓小於 0.5VDD 太多，咱就令 S1 = 1、S2 = 0 去提高 Vout，然後最後選一個狀態

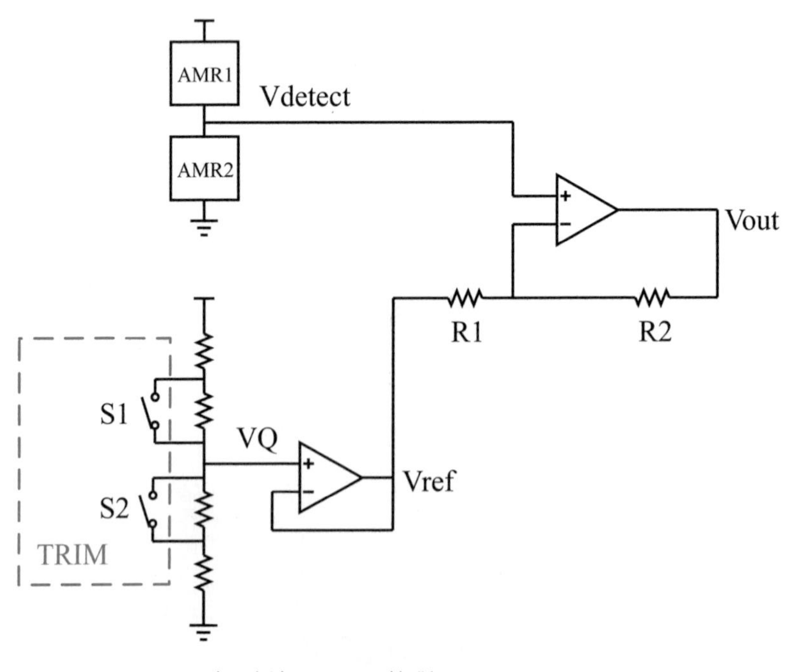

示意圖於 TRIM 針對 Vout

圖 3-39

組合予 S1 和 S2 去讓 Vout 最接近 0.5VDD 於 0G 磁場環境，還要永久記住它，讓往後開機能自動載入該設定（比方 S1 = 0，S2 = 0）。如此使用者就能確保 Vout 在他的產品上都很接近 0.5VDD 在 0G 狀態。因爲隨機性，所以最適組合在某個樣品可能是 S1 = 0、S2 = 0，但在另一樣品是 S1 = 0、S2 = 1。這些組合都需經檢測才能確定。該檢測過程常占很大比重於修調時間。磁感測器的 trim 常需搭配受控的磁環境。這點大異其趣相對其他類的電路產品。

顯然咱首先需要一個判斷機制去決定開合態於 S1 和 S2，其次需要一個記憶元件去記住最佳選擇於該開合態。這第一步可以依靠軟硬體搭配在 CP（chip probing）或 FT（final test）階段完成，也可以完全依靠內建自校正（self calibration）或稱自動校正（auto calibration）電路，其自動判斷、選擇最適組態當產品第一次上電時。而這第二步，關於記憶部分，通常需要所謂的 OTP（one time programming）元件，或 MTP（multiple time programming）元件去負責，這被申論在第 7 章。

咱再說些修調技巧。首先咱先看上圖 3-39 中 Vout 可被描述以下式：

$$Vout = Vdetect\left(1+\frac{R_2}{R_1}\right) - Vref\frac{R_2}{R_1} \tag{1-3.8}$$

這表示若咱改變 Vref 有 1mV，那麼 Vout 就會改變有 –R2/R1 乘 1mV。這表示高放大率 R2/R1 會導致咱的修調變粗糙。爲了讓修調變得更細緻，設計者可以增加修調電路的複雜度，或者採取第 2 章的圖 2-10 所示結構，其修調於 Vref 反應在 Vout 能保持細緻不受放大倍率影響。

從設計原則來說，電路簡單越甚，則節省成本越多，且有利其被反覆運用。另方面，天下沒有白吃的午餐。故，TRIM 通常要恰到好處。當修調被用在電源電路時，這原則也適用。

修調需要時間成本，皆然於 CP 和 FT 階段，有時不僅需透過燒錄去改變記憶元件組態，還需內建通訊電路去接受外部的修調指令。所以，一些電路增添自動校正的功能，讓當每次開機時，IC 自動調整到最佳狀態，節省成本。但，磁感測器有感於磁場，又常無法保證產品面對一致的磁環境在開機時。若採用開機自動校正去消除偏置，產品極可能出錯，故，磁感測器經常無簡單的自動校正方案。截波就屬於一種動態校正，但這方法並不單純，更苛於設計、測試和理解。修調於 FT 則算使用相對靜態的校正結果，意味校正動作中止早於產品初次正常運作前。

3.9 於語言——音素（LANGUAGE – PHONEME）

咱提到字尾變型（inflexion）於第 2 章。其中 ed 常代表音素（phoneme）/Id/，雖然字母和音素不盡相同，但有高度的配對關係。咱通常看到一個英文字就知道它如何發音，因爲咱知道其字母代表哪些音素。

音素是最小單位於發音。在中文裡，音素由注音符號標示。在外文裡，有其他音標去代表音素，比如國際音標和 KK 音標。在拼音文字裡，由於每個音素由少數字母對應，且每個字母又都筆畫精簡，所以，拼音文字是很精簡的文字。

音素化一個單字在工程科目裡有許多好處。比如本章裡提到 power supply rejection ratio，有長長的九個音節，但若咱用頭字（acronym），就得到 PSRR、僅僅四個音節，省字明確又好唸。這好處得利於咱音素化一字，取頭字後仍有發音相似性於原字。咱說拼音文字嘛，自然的。

咱現要問，能不能替中文加入這種好處？如果想，怎辦？這問題有個半套解法。關鍵仍然在簡化。首先大家回想第 1 章咱介紹「拼筆」字，而不是「拼音」字，表示中文本身並非發展於拼音簡化歷史，因此咱使用拼筆字時，雖力求好處於模組化拼湊，但並不求取代拼音字幾世紀的歷史，僅求讓咱能借用拼音好處於需要時。

咱先回顧先人的努力在拼音工作，也就是注音符號，看看它有什麼問題。下圖 3-40、3-41 依注音符號排列，每三列一組，注音符號下一列對應英文字母其發音相對近似；注音符號上一列對應單筆號 *，其字形相近。有些對應算變通，比方 x、y 並不對應單一音素，所以取頭音對應到**ㄝ**和**ㄨ**；

k 又占據了ㄎ，所以剩下無法對應的 w、v、q，就用英文所無的ㄔㄕㄖ去對應，其單筆號恰好與原字有字形相似處。

ㄅ	ㄆ	ㄇ	ㄈ	ㄉ	ㄊ	ㄋ	ㄌ	ㄍ	ㄎ	ㄏ	ㄐ
b	p	m	f	d	t	n	l	g	k	h	

ㄑ	ㄒ	ㄓ	ㄔ	ㄕ	ㄖ	ㄗ	ㄘ	ㄙ	ㄚ	ㄛ	ㄜ
	c	j	w	v	q	z		s			

圖 3-40

ㄝ	ㄞ	ㄟ	ㄠ	ㄡ	ㄢ	ㄣ	ㄤ	ㄥ	ㄦ	ㄧ	ㄨ	ㄩ
x	i	a		o					r	e	y	u

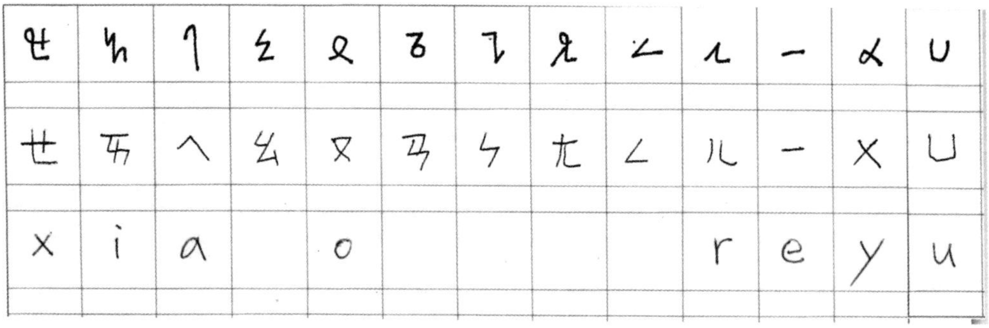

圖 3-41

先看筆畫數，拼筆式畫數平均爲 1.054，注音符號的平均值於連筆畫數爲 2.081，英文字則爲 1.3077。所以拼筆初步簡化了音素筆畫。其次，大家注意到注音符號沒有包絡（envelope），因爲注音符號仍然維持方塊字形。這問題在拼筆可被解決如下圖 3-42：

a	b	c	d	e	f	g	h	i	j	k	l
m	n	o	p	q	r	s	t	u	v	w	x
y	z										

圖 3-42

上圖 3-42 中咱重排部分圖 3-40 和圖 3-41，改用英文字母爲順序，就得到如上對應。大家可發現，那些拼筆（其實僅 x 的對應爲例外，其他都是單筆）看起來也有高低之分，就像英文小寫被置於上中下三列一般。如此當文字由左向右行進時就有包絡產生。若傳統中文要用拼筆製造包絡，由上到下其實比較容易。

這還沒完，官方國語是一種音調性語言（tonal language），單把音素寫出還不能完整表達發音。傳統的注音符號用上斜線、勾勾和下斜線去代表二聲、三聲和四聲。這使得全篇文字像一些餅乾旁邊撒了一堆芝麻一般。

筆者早年替自己錄音，把 1～10 用中文唸出來，存成 .wav 檔，再用電腦做圖得到如下圖 3-43 的形。咱可以看出一些巧合於強度變化上。一聲持平、二聲上揚、三聲先降再升、四聲斜降於字末，巧合如咱的音調符號安排。但 tone 這個字代表音調，本身有頻率含意，tonal language 則表示咱會予各音素一特定的頻率變化方式，但並不暗示強度變化。請讀者參照 [11] 去多了解，咱在第 5 章末會申論相關內容。

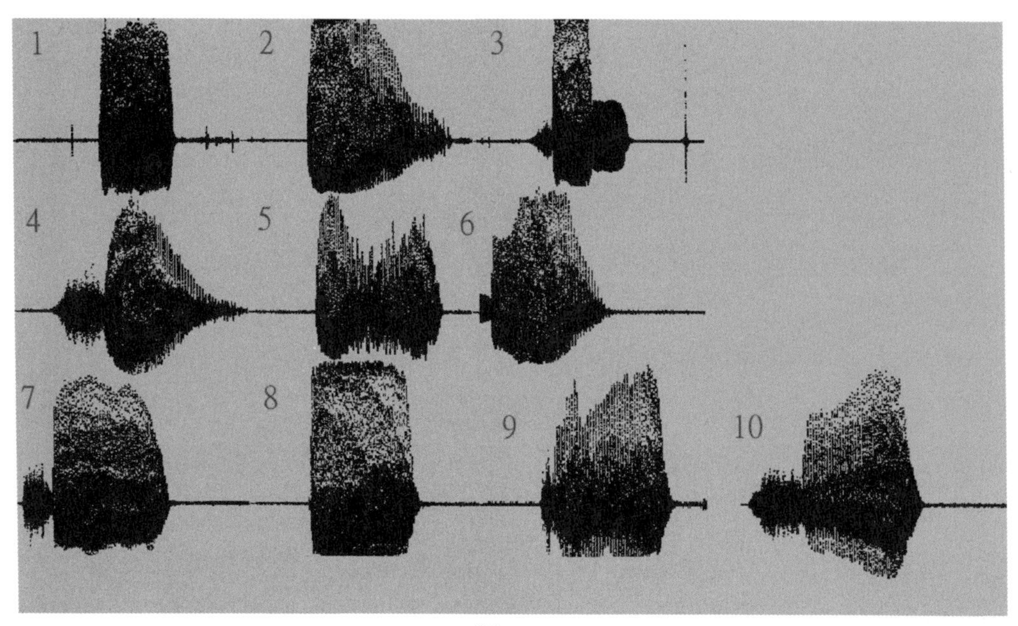

圖 3-43

有一種看法是：有時可省音調訊息，有時不可，端看用途。若只是想用頭字功能或混合字，並不一定得加音調資訊；若在文章內助讀，則加入較優。

若咱先看下圖 3-44，由左欄 line regulation 起頭，則咱知咱需一簡單記號去代表它，因爲它有五個音節，太長、占太多字了。咱往下看其中文翻譯——線穩壓，僅有三音節，並不難唸，只是筆畫太多，用了拼筆仍有 10 畫。所以，咱直接想，用英文頭字吧，LR 如何？這本就是英文的長處之一啊。但是 LR 兩字在電路裡有其他重要意義，更何況 load regulation 頭字也是 LR。

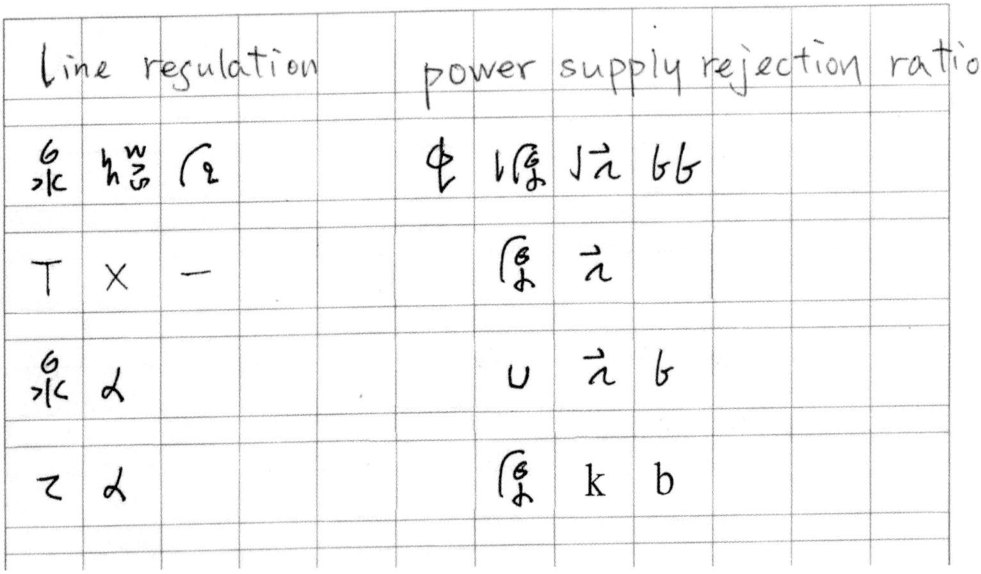

圖 3-44

能不能用中文的頭字音呢？比方ㄒㄨㄧ，若只看線穩兩字，那就是ㄒㄨ，用單筆號注音看起來就像希臘文的 $\tau\alpha$，用英文就像 cw、藉圖 3-40 和 3-41 去做注音轉英文就像 cy。這些都看似 OK。

但咱還有折衷方法就是第一個頭字照寫，後續頭字寫頭音。就好像線穩被咱寫作線 α，其經過拼筆簡化就剩五畫。負載穩壓被咱寫作負穩，折衷方法記作負 α，其經拼筆簡化剩三畫。這五畫和三畫雖不若英文 cw 和 fw，但意義和發音都更反映原中文。若咱用諧音字或簡體字再做拼筆（比方用兩個單筆去拼筆線，後加一個 α，唸成線五），就會更簡單。這原理和咱喚張教授爲張 p 是一樣的，只是有了拼筆字就更好運用。張字拼筆後剩三畫，好寫得很。

有時，中文字裡本身就有音邊，咱可以用它來簡化、甚至造新字。比方上圖 3-44 的右欄，把 power supply rejection ratio 譯成電源抗比，簡稱源抗比。咱注意源、抗、比三字都有音邊，分別爲原、亢、匕。原字拼筆有三畫，咱嫌多直接用注音單筆 U 代表，亢匕兩字的拼筆分別僅兩畫和一畫，那就直接拿來當頭音了。所以大家看上圖 U 亢匕的拼筆畫數與 Ukb 一樣，但是發音更完整，此時混用注音和音邊效果就很有幫助。咱甚至可僅拼筆亢匕兩字，用三個單筆，讀寫上都比 PSRR 容易。而且 U 亢匕都像字邊，其拼筆擺一起就像個新字。

現在咱要講混成字了。咱剛假設了一個新字組成於亢、匕兩字邊。它們肇於抵抗和比例兩辭、融成亢匕，就好像把 motor 和 hotel 焊接成 motel，其過程把 or 和 ho 氣化掉了一般。英文把這手法稱爲 portmanteau（混成字），諧音音樂的 portamento（滑音，其和斷音相對）。語言上，不論是混成字或連音，都不僅僅是單純的連接（concatenation），而是需要爲其做出局部調整。混成字技巧能助同時孕育新字、並簡化；連音技巧能助發音。這兩項在中文都有待加強。咱有時候喚「這樣字」爲「醬子」，其實就是在連音基礎上再做簡化。還記得咱在第 2 章說 industrialize 嗎？咱把 industrial 和 lize 焊在一起，氣化掉一個 l，融成一個字 industrialize，雖然只是焊接字尾，並非拼接兩單獨字，但是在拼接過程中仍進行混成、簡化和連音。

咱用下圖 3-45 來看中文字混成和連音。該圖取同一句話「哪兒是前方」、寫於三種不同格式。第一種用繁體字格式，大家都熟；第二種用拼筆字，逐字對應繁體；第三種就把哪字和兒字混成一新字，但只留音邊儿，氣化掉臼頭，但仍然看起來很自然，好像英文的 whe 配 re 得到 where 一樣自然。作爲對照，尾部「前方」兩字僅做連接，由於沒有連音，也沒有略去任何一部件，這兩字雖被擺在一起有助語法辨識，兩字間格仍更像字與字的間隔，不是筆畫與筆畫的間隔，因此並無眞正的融合效果。

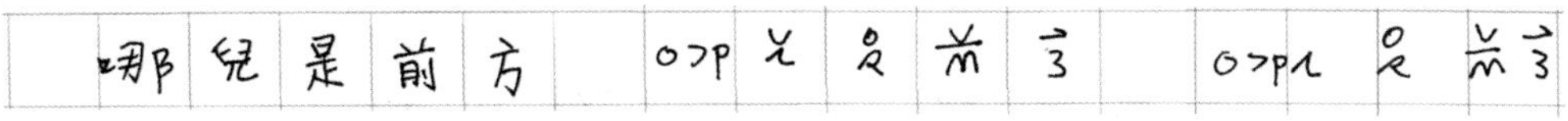

圖 3-45

咱一般生活上常可能不用混成字也沒問題，但若咱學習藥物、化學、生物，則用老文字就得吃點苦頭。且萬一咱想把電腦語言中文化，最後必然需運用簡化、混成，甚至拼音的技巧。

最後，咱要講注音拼音。咱先前才說那上斜線、勾勾、下斜線搞得滿紙芝麻對吧。有沒有方法改善這問題呢？筆者提個思路，其尚不完美，但是可作爲腦力激盪。

先來看一個規則如下圖 3-46 所訂：

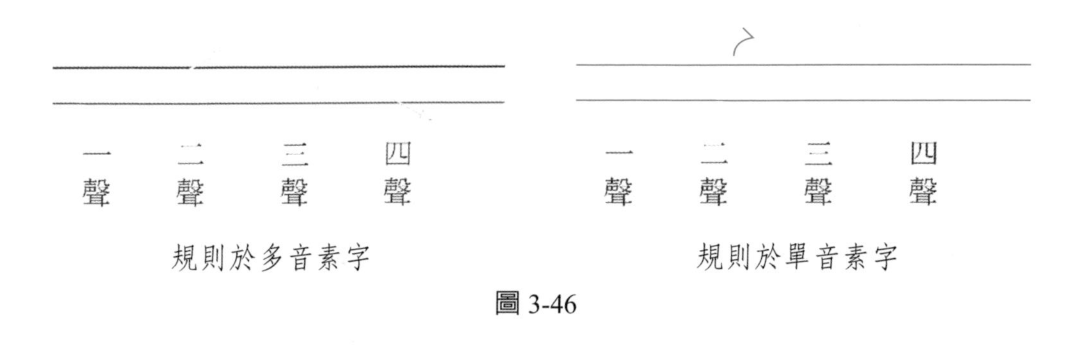

圖 3-46

馬上舉個例說明該注音規則予多音素字如下圖 3-47：

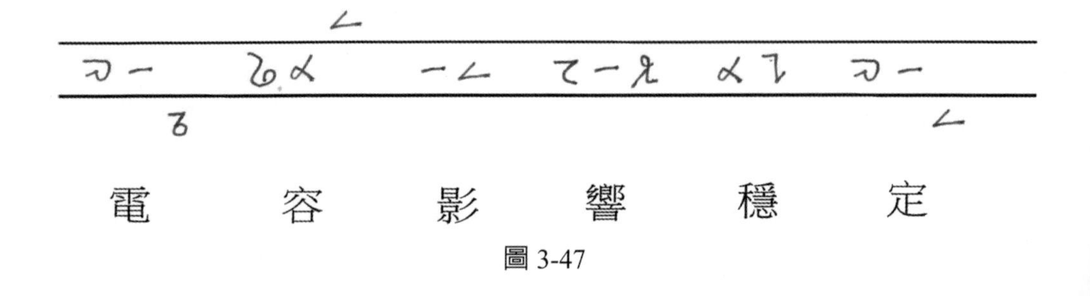

圖 3-47

在上圖 3-47 中，每個中文字都有多音素，且咱將注音範圍分成上中下三列。其中，若一字爲二、三、四聲，則其第一個音素的上緣被放在第二列，也就是中間那一列，因爲咱把最常用的放在中間。其次，若遇二聲上揚，則將尾音素上緣放第一列，造成上彎包絡。再者，若遇四聲下降，則將尾音素下緣放在第三列，造成下彎包絡。

若是遇到單音素字，二聲尾端加上包絡字符於第一列、四聲尾端加上包絡字符於第三列。這類似咱聲調音標。但是使用頻率低很多。換句話說，若運用包絡，大部分情況都不需音調符號，且大家光看字形起伏就能知道音調高低。

至此，咱運用單筆號和包絡簡化了注音。大家可以發揮想像力推敲其他規則。而且，這個方法換成直式也通。

練習（Exercise）

練習 3.1（basic linear regulator）

(1) 請算出 VOUT 於下圖穩壓器。假設 Iload = 0、A 值恰當 *、穩定度無礙。

(2) 承上，請問此時 drop out voltage 爲幾伏特？

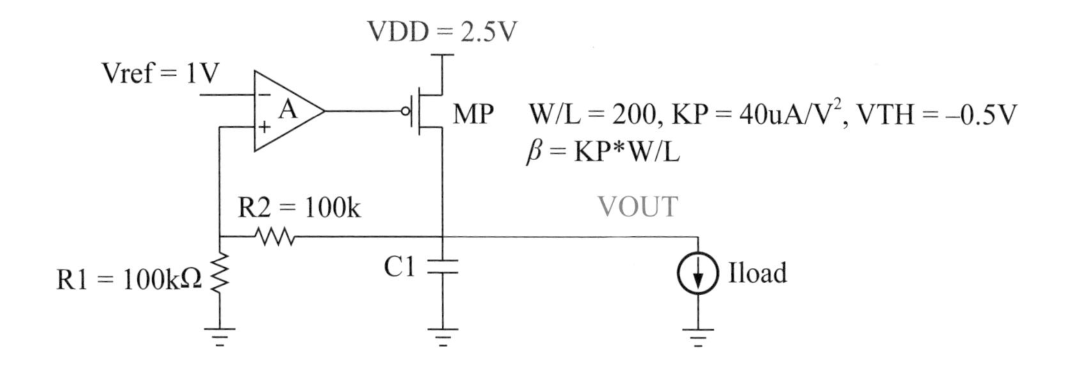

(3) 請估計一臨界電流値予 Iload，當 Iload 大於該値時 VOUT 可能開始失準，因爲 MP 開始進入線性區，導致開迴路增益下降。

(4) 承上，若要讓該臨界値增加到 10mA，則 W/L 應增加到多少？

(5) 承上，請問若 Iload 消耗了 2mW，則有多少功率消耗在 MP 上？

(6) 承上，若 VDD 提高到 4V，則有多少功率消耗在 MP 上？

提示 本題組旨在練習晳第一步於設計線性穩壓器。所需電晶體電流公式在表 1-3 於第 1 章。本題可搭配本章 3.3 節內容。

練習 3.2（line regulation and beta multiplier）

(1) 請列出算式予 VOUT/VIN 作爲增益於下圖電路。假設 M1～M4 分別具有轉導 gm1～gm4。

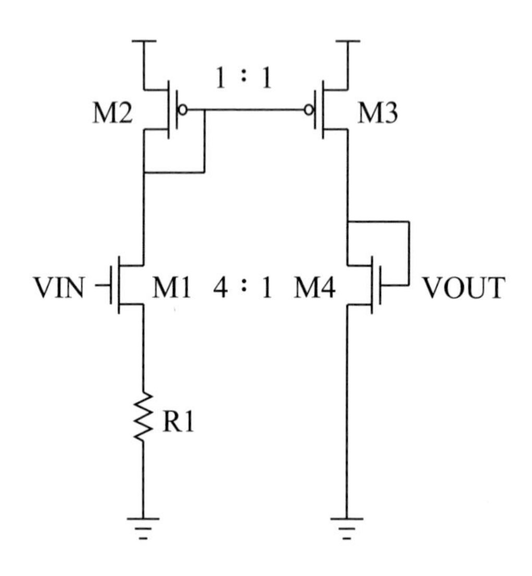

(2)請用回授觀點說明，為何經連接 VOUT 與 VIN、造成偏比鏡後，電路可以達成不貼軌也不振盪的狀態。可分別用負回授和 5.3 節所提的巴克豪森準則兩種角度去申論。假設偏比鏡啓動順利。

(3)請估計本電路的 line regulation，假設電源電壓變化範圍頗大，且 MOS 的 channel length modulation 參數為 λ；如表 1-3 下 PS 部分所示，MOS 的電流 ID 正比於 β。並請回答 line regulation 將如何變化經連接 VOUT 與 VIN 後。

提示　本題組旨在藉溫習線穩壓去順便更深入地了解偏比鏡。本題可搭配本章 3.2.1 和 3.5.1 小節內容。

練習 3.3（trimming circuit）

(1)請用 S0、S1、S2 作為三個位元代表一二進位數，其中 S0 為 LSB、S2 為 MSB，並繪圖表達 VOUT1 vs 該二進位數，其可用十進位的 0～7 作為代碼。下圖左 S0 = 0 時，其對應開關閉合，S0 = 1 時，其對應開關斷路。S1、S2 亦遵此規則。開關 S0B 狀態總是相反於 S0、S1B 相反於 S1、且

S2B 相反於 S2。

(2)請用 S0、S1、S2 作爲三個位元代表一二進位數，其中 S0 爲 LSB、S2 爲 MSB，並繪圖表達 VOUT2 vs 該二進位數。下圖右 S0 = 0 時，其對應開關接地；S0 = 1 時，其開關接 VDD。S1、S2 亦遵此規則。

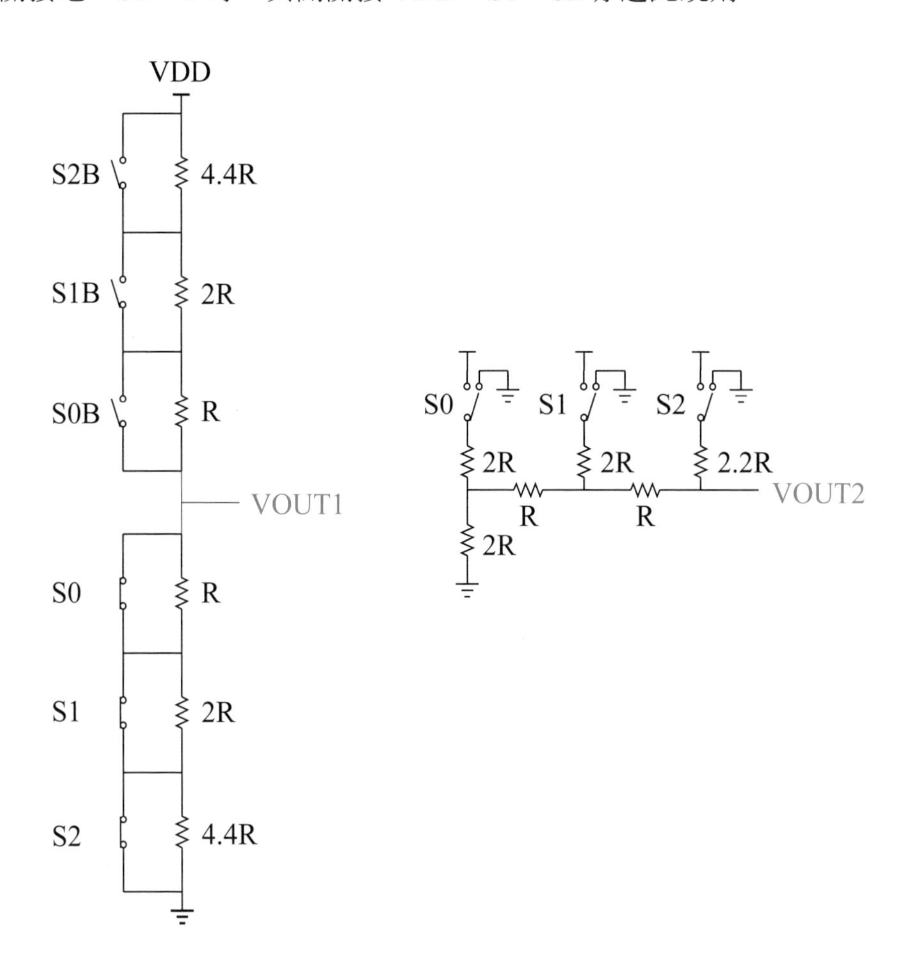

提示 本題旨在溫習 3.7.1 小節和 3.8 節，並觀察影響自數値偏差。

文獻目錄

1. R. Jacob Baker [CMOS circuit design, layout, and simulation] 2007 書 ISBN978-0-470-22941Revised2ndEdition
2. Behzad Razavi [Design of Analog CMOS Integrated Circuits] 2001 書 ISBN0-07-118839-8
3. Henry J. Zhang [線性穩壓器和開關模式電源的基本概念] 2013 應用指南 140
4. Ming-Hsin Huang, Po-Chin Fan, and Ke-Horng Chen [Low-Ripple and Dual-Phase Charge Pump Circuit Regulated by Switched-Capacitor-Based Bandgap Reference] 2009 IEEE TRANSACTIONS ON POWER ELECTRONICS 於 IEEE
5. 吳廷祐、洪偉嘉、林志謙〔專題報告〕2005 於崑山電子系
6. A. Ballo, A. D. Grasso, G. Palumbo [A Review of Charge Pump Topologies for the Power Management of IoT Nodes] 2019 期刊於 MDPI
7. ANALOG DEVICES [運算放大器電源抑制比（PSRR）與電源電壓] MT-043 指南於 ANALOG DEVICES
8. Bang S. Lee [Understanding the Terms and Definitions of LDO Voltage] 1999 Application Report 編號 SLA079
9. Mohan, Undeland, Robbins [Power Electronics] 2003 書 ISBN0-471-22693-9
10. J. W. Nilsson, S. A. Riedel [Electronic Circuits] 1996 書 ISBN0-201-40100-2
11. 鄭靜宜〔華語雙音節詞基頻的聲調共構效果〕2012 其刊於台灣聽力語言學會雜誌

第四章

噪聲

磁感測器檢測磁場，有點類似播放膠卷電影。小小的膠卷就像感知器，雖有信息但難以被觀察，需要被旋轉放大投影到螢幕上大夥才能瞧見；若是膠卷有雜訊或投影機有瑕疵，大夥就會在屏幕上看到閃動的斑點；若是在戶外屏幕飄動，到處有散光，可能還會看到扭曲的畫面。因此，研究磁感測器噪聲就好比研究播放電影，需從感知器、放大器和解析電路著手，如下圖 4-1，即好比從膠卷、投影機和屏幕環境著手。

4.1 噪聲於磁感測器（NOISE IN MAGNETIC SENSORS）

4.1.1 算規格伴噪聲（compute specs with noise）

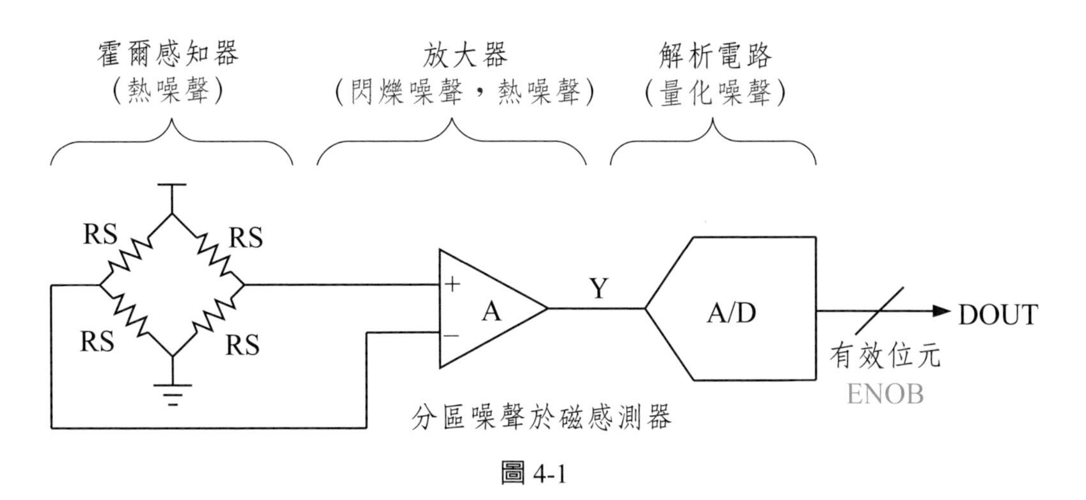

圖 4-1

舉線性霍爾感知器爲例，如上圖 4-1 所示，噪聲可能來自霍爾感知器、放大器和解析電路。其中霍爾感知器產生熱噪聲，放大器產生閃爍噪聲與熱噪聲，解析電路產生量化噪聲。

咱現用上圖 4-1 去做一些假設和速算，再利用訊噪比去算出解析度之於該系統。接下來請讀者先著重於計算流程，詳細計算原理和是否假設合理將被交代於稍後章節。

咱假設本系統有如下表 4-1 的參數：

表 4-1

全域範圍（FS）	2V
感知器阻抗（RS）	1kΩ
等效輸入端噪聲（Vni）於放大器	$2nV/\sqrt{Hz}$
放大倍率（A）於放大器	400
頻寬（BW）於放大鏈	250kHz
訊號對噪聲及失真比（SNDR）於 A/D	80dB

因此感知器貢獻一噪聲於 Y 點在圖 4-1*：

$$V_{ns}=\sqrt{4kTR\times BW}\times A \tag{1-4.1}$$

運用數字於表 4-1 帶入上式得：

$$V_{ns}=\sqrt{4\times(1.38e-23)\times 300\times 1000\times 250000}\times 400=8.135e-4\,(\mathrm{V}) \tag{2-4.1}$$

且放大器貢獻另一噪聲於 Y 點於圖 4-1：

$$V_{na}=V_{ni}\times\sqrt{BW}\times A \tag{3-4.1}$$

運用數字於表 4-1 帶入上式得：

$$V_{na}=V_{ni}\times\sqrt{250000}\times 400=4e-4\,(\mathrm{V}) \tag{4-4.1}$$

結果總噪聲於圖 4-1 的 Y 點爲：

$$\sqrt{(8.135e-4)^2+(4e-4)^2}=9.065e-4\,(\mathrm{V}) \tag{5-4.1}$$

因爲SNDR（signal to noise and distortion ratio，簡稱訊對噪及失眞比）爲：

$$SNDR=10\log\frac{FS^2}{V_{nd}{}^2} \tag{6-4.1}$$

所以 A/D 轉換器的等效噪聲 Vnd 相當於：

$$V_{nd}=\sqrt{\frac{FS^2}{10^{\frac{SNDR}{10}}}}=\sqrt{\frac{2^2}{10^{\frac{80}{10}}}}=2e-4\,(\mathrm{V}) \qquad (7\text{-}4.1)$$

把 Y 點的噪聲一起考慮去算出整體的 SNDR_total：

$$SNDR\_total=10\log\frac{FS^2}{V_{ns}{}^2+V_{nd}{}^2+V_{nd}{}^2} \qquad (8\text{-}4.1)$$

將表 4-1 數值與先前計算結果帶入得：

$$SNDR\_total=10\log\frac{2^2}{(9.065e-4)^2+(2e-4)^2}=66.67\ (\mathrm{dB}) \qquad (9\text{-}4.1)$$

最終咱用公式計算有效位元數 ENOB：

$$ENOB=\frac{SNDR\_total-1.76}{6.02} \qquad (10\text{-}4.1)$$

把先前結果帶入得：

$$ENOB=\frac{66.67-1.76}{6.02}=10.78 \qquad (11\text{-}4.1)$$

所以我們知道有效位元數是 10.78。

但，若無感知器噪聲和放大器噪聲，咱可針對 ADC 獲得一個有效位元數：

$$ENOB_{ADC}=\frac{SNDR-1.76}{6.02} \qquad (12\text{-}4.1)$$

帶入表 4-1 數值到上式得：

$$ENOB_{ADC}=\frac{80-1.76}{6.02}\sim 13 \qquad (13\text{-}4.1)$$

此時有效位元數接近 13。這告訴咱，若咱把 ADC 做得好到解析度 13 位元，整個系統的解析度仍可能低到 11 位元以下，因爲總和噪聲之於前級感知器和放大器在本例中遠大過等效噪聲於解析電路。

這一串計算費了 13 條算式，但是能告訴咱一個設計是否能達到規格解析度。咱略過算式原理，希望能突顯判斷過程，走最短距離到結論。很顯然地，噪聲小些，則解析度高些。

接下來的章節就回過頭來更詳細地探索各種噪聲特性，並且討論降噪方法。

註：為了速算，咱可記住常用的熱噪聲密度之於 1kΩ 感知器相當於 $4\text{nV}/\sqrt{(\text{Hz})}$。上例中，放大器輸入噪聲 Vni 被假設僅 $2\text{nV}/\sqrt{(\text{Hz})}$，是個偏小的數字，但無礙於咱演示流程。

4.1.2 兩種主要的噪聲（two kinds of main noise）

在磁系感測器的應用裡，相關現象之於噪聲這個詞彙主要被分爲兩種：

1. 忽高忽低的電壓與電流。
2. 忽快忽慢的時間（jitter，可用 phase noise 評估）。

其中第一種現象的成因可能來自於熱噪聲，包括 4KTR 噪聲於電阻、MOS 的通道噪聲等；也可能來自 MOS 的閃爍噪聲（又稱 1/f 噪聲，其通常出現在相對低頻部分）。

若考慮到相關產生機制之於噪聲則還有摺疊噪聲（folding noise，來自於對噪聲做週期性取樣）、切換電容電路的噪聲（包含 KT/C 噪聲）和量化噪聲（quantization noise，來自 A/D 或 D/A 的過程）等等。

相關降噪措施包括了：降低電路阻值和頻寬去壓制熱阻噪聲，使用調變技巧和濾波去壓制閃爍噪聲（比如截波搭配低通濾波器），運用抗疊頻濾波器去壓制摺疊噪聲、同時提高取樣頻率並取平均去增加 SNR，增加電容值於切換電容電路去壓制 kT/C 噪聲，和噪聲變形（noise shaping）搭配濾波去壓制量化噪聲等等手段，其中部分在稍後將被申論。

本章略過第二種現象和 phase noise。

4.2 最重要的度量（THE MOST IMPORTANT MEASURE）

以積體電路的設計來說，最重要的特性關於忽高忽低的電壓被呈現在兩方面。一是電壓標準差值在時域，另一是功率譜密度在頻域。而這兩特徵常可由一個簡單的三段論法連接起來。針對某些特定型式的噪聲：

論點 1：根號下積分於功率譜密度在頻域 = Rms 在時域

論點 2：Rms 在時域 = 標準差（當平均爲 0 時）

結論 3：所以，根號下積分於功率譜密度在頻域 = 標準差（當平均爲 0 時）

咱先說明爲何這些內容重要，再展示其部分證明。

首先，因上述論點 1，設計者不需做長時間的時域模擬就能了解時域特徵於噪聲。現在的模擬軟體能在頻域做計算去得到根號下積分於功率譜密度。

其次，一般示波器都能量測信號的標準差於時域，其能被容易地驗證。也就是運用示波器搭配論點 2，就能實測 rms 予噪聲。需知若一噪聲被疊加於一非 0 的 DC 信號，則直接量測 rms 值無益於定量噪聲，但若直接量測該信號的標準差卻可以。（註：rms 在英文上表示 the root of the mean of the squared value，即開根號之於平均之於平方值，用英文順序直譯就是「根均方」。但 rms 在中文上常被用相反的順序表達爲「方均根」，也就是先平方再取平均再開根號。若大家要把它稱爲「均方根」，其語序就不同於原意，但，仍有人習慣如此說。）

再者，功率譜密度對於區分 flicker 和 thermal 噪聲很有幫助。功率譜密度也是一主要工具去幫助分析噪聲變形（shaping）和噪聲調變（modulation）。

最後，噪聲的標準差和噪聲的峰值常有一個概略的比例關係。常做統計的人很常接觸 $\pm 3\sigma$ 或 6σ 這些詞彙，用在噪聲則常意謂其峰對峰值會大於標準差的 6 倍（在設計磁開關電路時，咱常將磁滯電壓差設定大於這個數值，並加上一些餘裕達到 $8\sigma \sim 10\sigma$ 以上。這種餘裕尤其重要，當磁滯跨壓變化隨飄溫時）。

因此，設計者常計算功率譜密度於噪聲在設計期，然後實測標準差於樣品在驗證期去檢驗設計是否成功。這就是結論 3 的應用。

由此可見晢重要性於該三段論法。當然，以上討論是當噪聲符合一些統計假設時才成立。

咱簡化論證該三個論點於下列式子（1-4.2、2-4.2、3-4.2）。

若咱對其中式子（1-4.2）開根號，就可得論點 1。式子（1-4.2）中的第一個等號成立因爲定義使然；第二個等號成立因爲大數法則；咱略過成因於第三個等號，請讀者參考 [1] 和 [2]，用純粹傅利葉分析或併運用自相關函數去著手。

式子（2-4.2）的第二個等號在噪聲平均爲 0 的情況下成立。然後咱開根號予（2-4.2），就會得到論點 2。

最後，結合（1-4.2）和（2-4.2），咱就可得（3-4.2），表達了結論 3 所述。

$$P = E\,[n^2\,(t)] = \lim_{T_0 \to \infty} \frac{1}{T_0} \int_0^{T_0} n^2\,(t)\,dt = \int_0^{\infty} G\,(\omega) d\omega \qquad (1\text{-}4.2)$$

$$\sigma^2 = \overline{n^2} - \mu^2 = \overline{n^2} = E\,[n^2\,(t)] \quad , \text{if}\ \mu = 0 \qquad (2\text{-}4.2)$$

$$\sigma = \sqrt{\int_0^{\infty} G(\omega) d\omega} \qquad (3\text{-}4.2)$$

爲了更清楚了解影響來自這三式關於電路設計，咱用兩例去說明。

4.2.1 關於論點 2-4.2（about argument 2-4.2）

第一個例子將計算 rms 值之於電路雜訊，可以直接對照標準差於量測值，即論點 2-4.2 的應用（先說它而稍後再替論點 1-4.2 舉例是因爲論點 2-4.2 相對上更有直接直觀意義）：

下圖 4-2(A) 中的反向放大電路可引入三個噪聲來源：R_1 的熱噪聲，R_2 的熱噪聲，和放大器 A 的輸入的噪聲，其被表示在圖 4-2(B) 中，當中放大器 A 的放大倍率被假設成無窮大。這三種噪聲被反應到 V_{out} 的噪聲總合，其被示於圖 (B) 下方。

若咱用示波器量測實體輸出點 V_{out}，則標準差來自示波器統計功能會很接近於計算結果依據下圖所示公式乘頻寬再開根號── 此爲論點（2-4.2）的應用意義。這對檢驗設計非常有幫助。

另外，咱可見 R_1 的噪聲與放大器的噪聲會分別被放大於平方於反向增益及平方於非反向增益。這常是一個很不幸的結果。因爲，有時在磁感測器裡，咱必須用高放大倍率才能放大微小的感知信號到適合被處理的範圍，但在放大信號源的同時，咱也放大了電路的噪聲，這使得信噪比（SNR）在輸出端低於其在感知器。

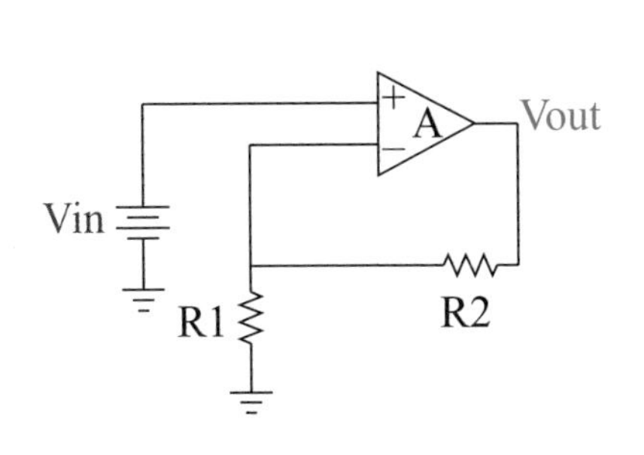

(A) 不考慮噪聲於非反向放大態

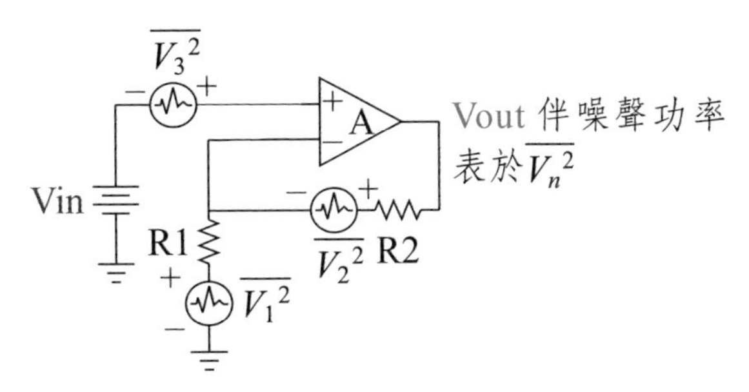

$$\overline{V_n^2}=\left(-\frac{R_2}{R_1}\right)^2\overline{V_1^2}+\overline{V_2^2}+\left(1+\frac{R_2}{R_1}\right)^2\overline{V_3^2}$$

(B) 考慮噪聲於非反向放大態

圖 4-2

若要改善信噪比，最直接的技巧是降低各個元件的噪聲，比如在上圖 4-2(B) 中，降低 R_1 和 R_2 的阻值，並且調整放大器 A 的電流去降低熱噪聲又維持所需放大倍率，最後在 V_{out} 之後濾波，進一步削弱噪聲總和。

4.2.2 回到論點 1-4.2（return to argument 1-4.2）

接著咱舉第二個例子說明先前三段論法裡論點（1-4.2）。首先大家在模擬環境中建立電路如下圖 4-3 所示：

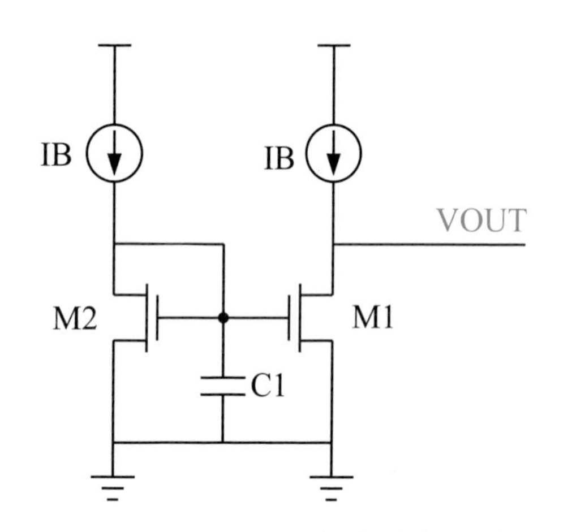

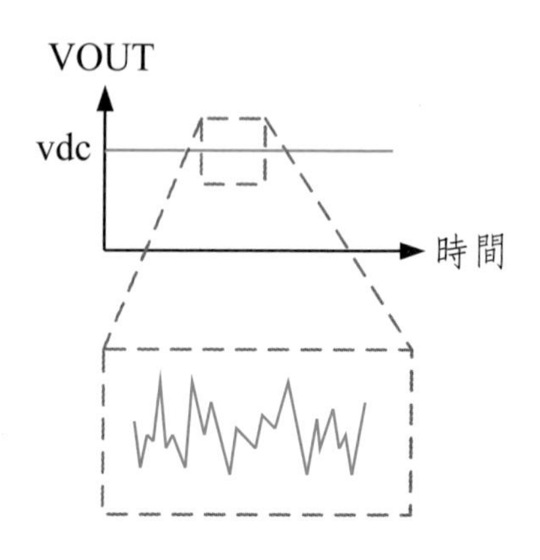

觀察噪聲用簡單電流鏡於模擬

圖 4-3

在上頭電路圖 4-3 中，IB 代表偏壓電流。若電路模擬器支援噪聲分析，則咱可以觀察功率譜密度針對 VOUT 爲一函數關於頻率，其中模擬結果可能類似下圖 4-4，當中實心紅線部分代表一般所謂功率譜密度，它雖然不具有眞正的功率單位、且它下方的斜線面積也不具有功率單位（V^2，而非一般功率所需的 V^2/R 概念），但爲了處理方便起見，依舊以此單位 (V^2/Hz) 作爲單位代表功率譜密度。

若咱選擇合理的 f1 和 f2 於下圖 4-4 中，則開根號值於其斜線面積將會相當接近一個 rms 值予噪聲，此爲論點（1-4.2）的重要意義，而且其中頻域計算部分可由電路模擬器完成去把一個頻域現象和一個時域現象連結起來。

雖然 rms 值予噪聲不一定能被顯示在示波器上，但（2-4.2）告訴咱可用標準差去替代它、且（1-4.2）告訴咱該 rms 值可在頻域被算出，所以結論（3-4.2）就告訴咱標準差量測和頻域模擬結果可互相驗證。

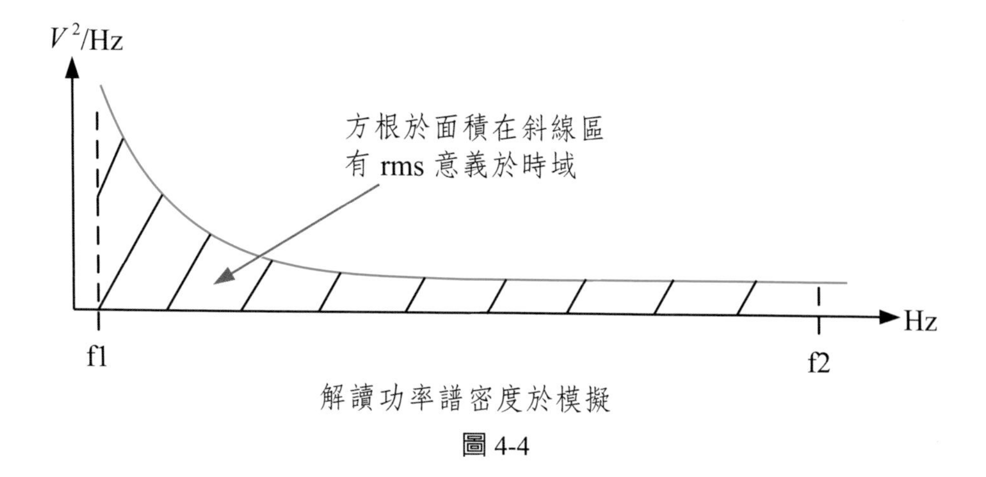

解讀功率譜密度於模擬

圖 4-4

圖 4-3 和圖 4-4 還有多意義值得討論。首先，從圖 4-4 來說，主要成分在低頻部分的譜密度來自閃爍噪聲（flicker noise），即線條彎曲的部分；在相對高頻處，該線條變平，其被主導於熱噪聲（thermal noise）。

從設計角度去審視，電壓噪聲肇因於閃爍噪聲和熱噪聲在本範例都下降當伴隨上升的偏壓電流。何以？咱用下列簡圖和算式說明。

兩圖前的 4-3(A) 中的 MOS 電晶體產生兩種噪聲 * 分別由兩個等效電流源代表，雙向箭頭表示其電流方向可上可下，平方符號上方一槓表示該符號強調平均量，其近似數值被表示在該圖下方的兩算式：

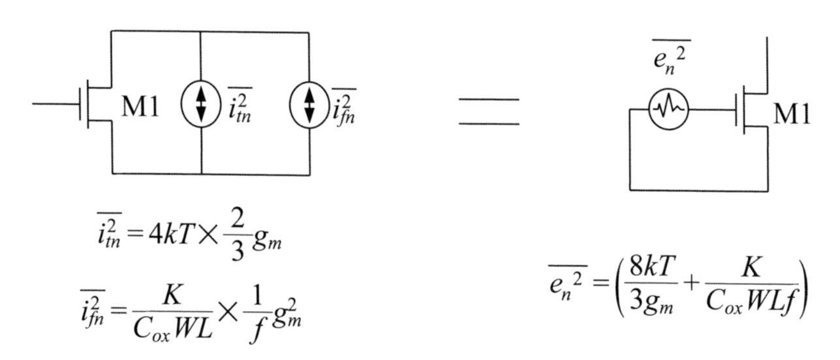

$$\overline{i_{tn}^2} = 4kT \times \frac{2}{3} g_m$$

$$\overline{i_{fn}^2} = \frac{K}{C_{ox}WL} \times \frac{1}{f} g_m^2$$

$$\overline{e_n{}^2} = \left(\frac{8kT}{3g_m} + \frac{K}{C_{ox}WLf} \right)$$

(A) 噪音模型於 MOS 電晶體在漏源兩極

(B) 噪音模型於 MOS 電晶體在閘極

圖 4-5

上圖 4-5(A) 用兩算式去表達了等效電流噪聲，其肇因於閃爍噪聲和熱噪聲，其中該 gm 正比於開根號值於電流（表 1-3），假設電晶體在飽和區正常地工作。上圖 4-5(B) 整合該兩類電流噪聲、得出一等效電壓噪聲於閘極。

若欲算得三圖前的圖 4-3 中的電壓噪聲，且假設該圖中 C1 極大，則咱還需先相加該兩電流噪聲於上圖 4-5(A) 再乘以平方值之於輸出阻抗。則結果總電壓噪聲之於圖 4-3 的 VOUT 就有曲線如下圖 4-6。該圖提示咱一個降噪方案：加大偏壓電流去降低閃爍噪聲和熱噪聲。

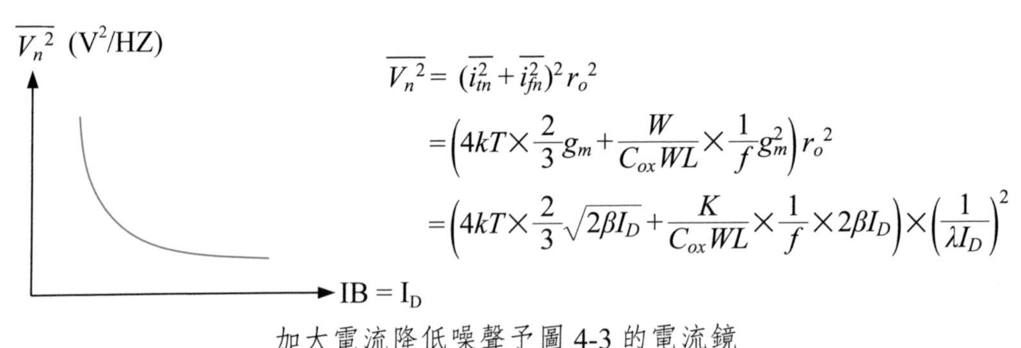

$\overline{V_n^2}$ (V²/HZ)
IB = I_D
$\overline{V_n^2} = (\overline{i_{tn}^2} + \overline{i_{fn}^2})^2 r_o^2$
$= \left(4kT \times \frac{2}{3} g_m + \frac{W}{C_{ox}WL} \times \frac{1}{f} g_m^2\right) r_o^2$
$= \left(4kT \times \frac{2}{3}\sqrt{2\beta I_D} + \frac{K}{C_{ox}WL} \times \frac{1}{f} \times 2\beta I_D\right) \times \left(\frac{1}{\lambda I_D}\right)^2$

加大電流降低噪聲予圖 4-3 的電流鏡

圖 4-6

很遺憾加大電流不是萬靈丹，因為常有其他考量限制了電流（比如功耗限制，或增益要求），導致設計師們必須用受限的電流去降噪。

4.2.3 範例用一放大器（example using an amplifier）

咱第 2 章說放大常是磁感測器核心。不意外地，放大器噪聲常恰位於主信號路徑上。因此，優化放大器噪聲算經常性的工作予磁感測器。可想見這類工作已經有了食譜（recipe）。比如教科書 [3] 就記載了一個例子，其被濃縮改寫如下圖 4-7。

若情況允許，很多設計會省略 M8 和 M9。該兩管子的目的包括微幅地增加輸出增益、同時又不占主要份額於噪聲。

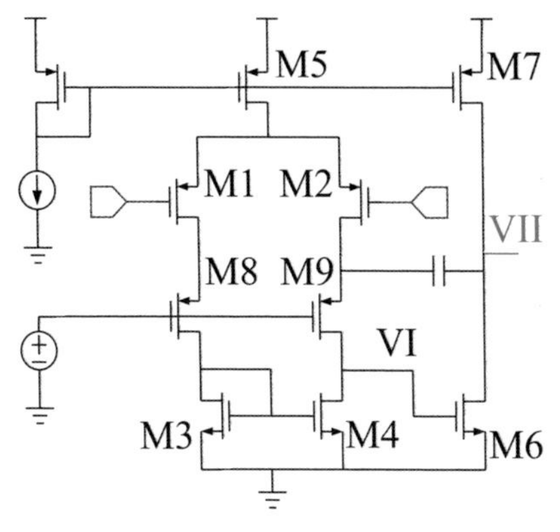

複雜的輸出噪聲

$$E_{II}^2 \sim g_{m6}^2 R_{II}^2 \left[e_{n6}^2 + \frac{g_{m7}^2}{g_{m6}^2} e_{n7}^2 + R_I^2 \left(\left(\Sigma_{i=1\sim 4} g_{mi}^2 e_{ni}^2 \right) + \frac{e_{n8}^2}{r_{ds1}^2} + \frac{e_{n9}^2}{r_{ds2}^2} \right) \right]$$

簡單的等效輸入噪聲

$$e_{input}^2 \approx 2e_{n1}^2 \left(1 + \left(\frac{g_{m3}}{g_{m1}} \right)^2 \left(\frac{e_{n3}^2}{e_{n1}^2} \right) \right)$$

其中 e_{ni}^2 代表等效電壓噪聲於 MOS 的 gate

$$e_{ni}^2 = \left(\frac{8kT}{3g_m} + \frac{K}{C_{ox} W_i L_i f} \right)$$

一複雜的例子於教科書講放大器噪聲

圖 4-7

上圖 4-7 的第一條算式代表輸出噪聲，其可被放大器增益除、去換算得等效輸入噪聲如該圖第二條算式所言。此時大家回憶三圖前的圖 4-5(B)，被重寫在上圖第三條算式，可被直接帶入上圖第二條算式中去進一步計算。

這樣看起來好像還是很複雜，咱把 M8 和 M9 省略，並把整個圖形換成下圖 4-8 的形式。這圖就更眼熟了。咱把上圖 4-7 的第二式抄到下圖 4-8 的第一式，並且問讀者，這式子還成立嗎？

然後咱先假設它成立，並用熱噪聲部分於第三式自上圖 4-7 去代入下圖 4-8 第一式，咱就得下圖第二式，其告訴咱若加大偏壓電流去增加 gm1 就可以減小熱噪聲。

同理，若咱只看閃爍噪聲，可得如下圖 4-8 第三式，因此咱覺得加大管子尺寸也可以降噪。

所以加大 W1，也就是 M1 的寬度，看來有益於降熱噪聲和降閃爍噪聲。但加大 W3 似乎就不能兼顧，它好像降低閃爍噪聲但增加熱噪聲。這也請讀者想一想，有沒有道理。

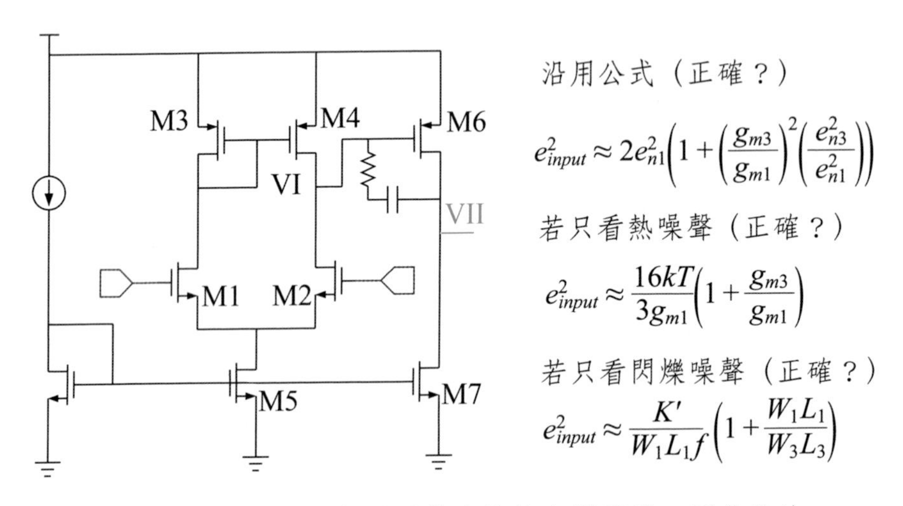

評估等效輸入噪聲予更基本的放大器用前一圖的結論

圖 4-8

上圖在應用上不應被單獨考慮。怎說呢？因爲放大器經常被用在負回授迴路中，其輸出噪聲不只取決於等效輸入噪聲，還取決於放大倍率。咱可以先盡力縮小等效輸入噪聲，然後利用負回授去決定放大倍率並控制輸出噪聲。

註：這時就可以看出好處於計算等效輸入噪聲。若咱直接算放大器本身的開路輸出噪聲，則它不直接反映負回授的結果，因為放大器本身開路增益雖高，但負回授結構通常不展現那麼高的放大倍率。換言之若一個放大器的開路輸出噪聲較高不代表其在負回授結構裡有過高的輸出噪聲，但若一放大器的等效輸入噪聲高，那往往在負回授結構裡其輸出噪聲就確實較高。其次，使用等效輸入噪聲去計算放大噪聲於結構如圖 4-2 一般時，咱無需知道放大器的開路增益 A，只要假設其夠大即可。

4.2.4 kT/C 熱噪聲（kT/C noise）

經常，咱設計了一個參考電壓，並想搭配 RC 低通濾波去降噪。但就如教科書介紹的，這低通濾波也會產生噪聲，即使參考電壓 VREF 完美無噪如下圖 4-9 所示。因為，電阻 R 產生熱噪聲 n(t)。

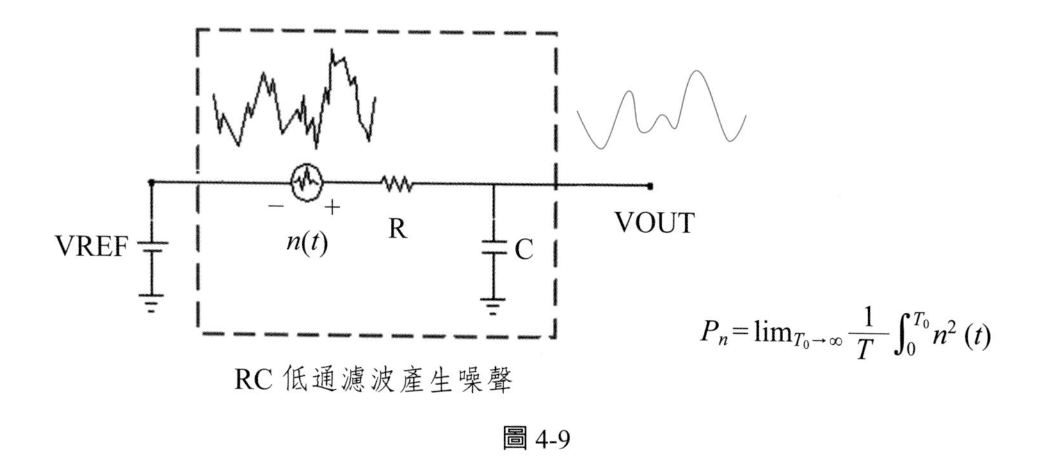

$$P_n = \lim_{T_0 \to \infty} \frac{1}{T} \int_0^{T_0} n^2(t)$$

圖 4-9

若取上圖去做噪聲頻譜分析，咱可得結果如下圖 4-10。其中輸出噪聲功率 Pn,out=kT/C。這結果來自 [4]｛page210, 211｝，且得利於假設 R 產生的噪聲譜密度為一常數的 Sn(f) = 4kTR。

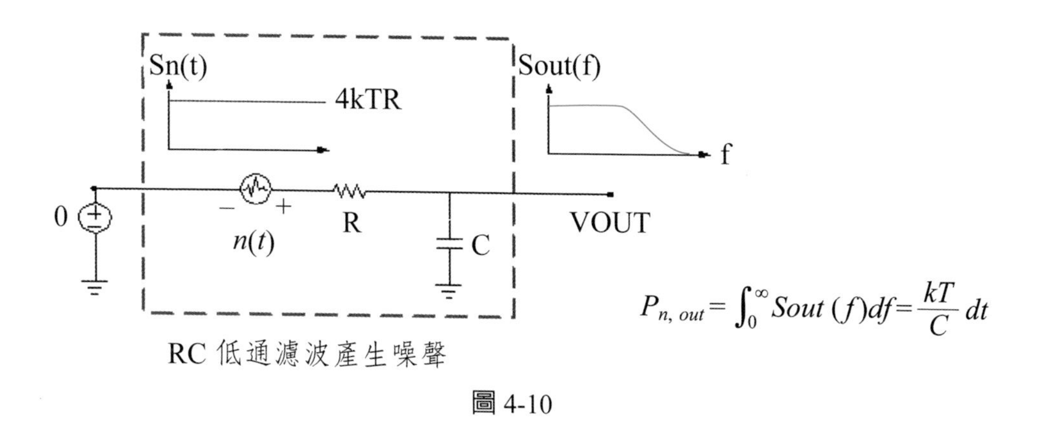

$$P_{n,\,out} = \int_0^{\infty} Sout(f)df = \frac{kT}{C}\,dt$$

圖 4-10

上圖結論告訴咱總噪聲 Pn,out 來自該一階 RC 率波器只受限於 C、不受限於 R。這巧合來自於一反比關係在介於 R 的噪聲與其頻寬。增加 R 雖促噪升，但使頻寬下降、導致積分值於噪聲跨頻寬不變。

但上圖並沒算噪聲來自 VREF 於圖 4-9。萬一該 VREF 本身噪嘈，則 kT/C 非唯一噪源，此刻總噪自然更大。

一般設計者會記住 1pF 電容得 64uV 噪聲等級針對單純一階 RC 濾波器。該濾波器的頻寬仍值得注意。比方在設計帶隙電路時，設計者通常會加點濾波避免後級電路過嘈，但這可使頻寬變窄、開機變慢。所以有些設計會安排一些加速手段，在剛開機時加大頻寬，待開機完成後再縮小頻寬降噪。

4.3 噪聲自取樣（NOISE FROM SAMPLING）

4.3.1 折疊噪聲（folding noise）

咱學習訊號與系統時，了解取樣行爲造成折疊效果於頻譜。該摺疊效果也發生在噪聲頻譜上。咱先回憶一取樣過程如下圖 4-11 所示。爲了進行數學分析，咱建立了一套數學模型，並夾它於輸出入信號間。

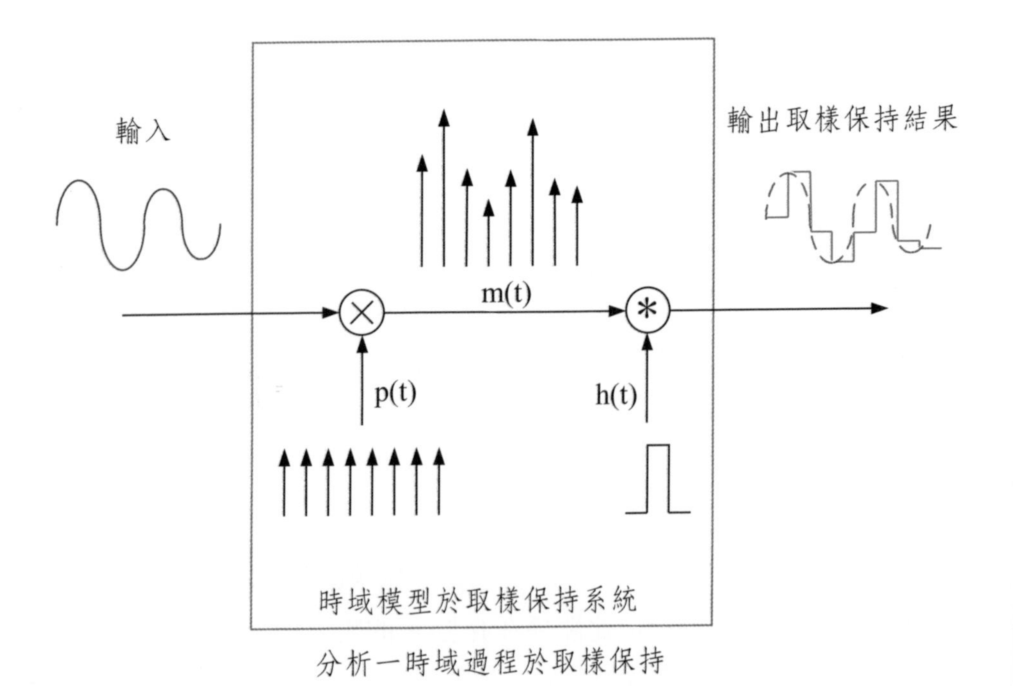

分析一時域過程於取樣保持

圖 4-11

然後咱對應上圖 4-11 的時域信號一一到頻域，並簡化示意如下圖 4-12。咱發現模型信號 M(f) 像是一折紙藝術用輸入頻譜為摺疊單位。當 P(f) 間距太窄時，M(f) 裡的各個分身就開始重疊，從分離的山頭變成交疊的山頭，咱稱這種分身重疊為疊頻（aliasing），好像一個電影裡一個探員在每個國家都有個護照，雖然人都長一樣，但混在一起別人就不知待他以哪種身分才對，也呼應了 aliasing 這字本身就有化名之義。

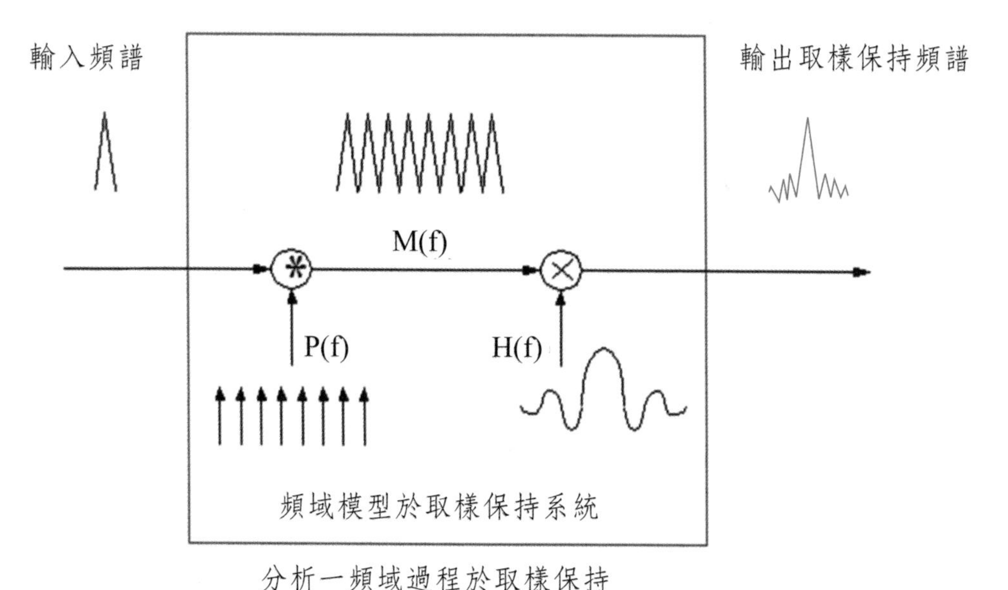

分析一頻域過程於取樣保持

圖 4-12

若上圖 4-12 的流程用噪聲做輸入，則只要噪聲頻寬夠大，咱就會見到疊頻。不過，噪聲是隨機的，其頻譜會隨時間變。所以，咱換個數學工具，使用不隨時變的功率譜密度去描述噪聲，並且用下圖 4-13(A) 去想像功率譜密度被疊頻。結果 Si(f) 被 P(f) 調變後出現重疊，其程度由下圖 4-13(B) 去示意，其中 Si(f) 可重疊一分身每向左右移動 fs。將這些噪聲功率相加起來，咱就可得一增加的低頻噪聲在正負 fs/2 之間。

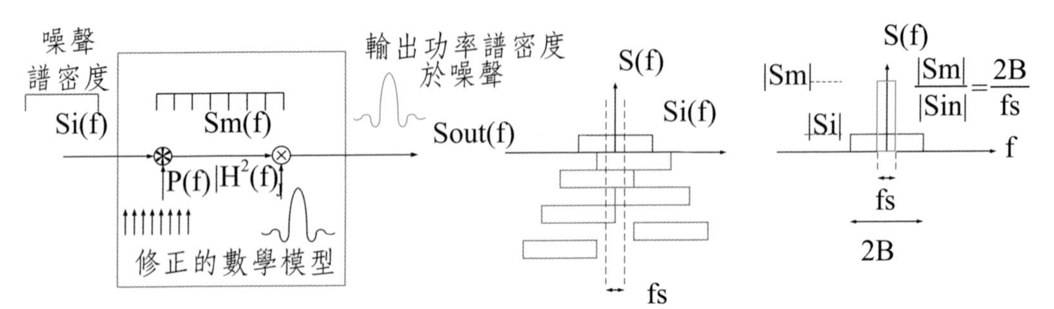

(A) 想像噪聲譜密度被疊頻 (B) 調變示意於噪聲譜密度 (C) 低頻噪聲增加

圖 4-13*

上圖 4-13(C) 展示了這種增加於低頻噪聲，其中 Sm(f) 雖然寬頻，但咱只挑正負 fs/2 去觀察標示，呼應 [5]，請讀者參考。

PS：筆者並未用實驗去驗證本小節內容，可說本小節只整理教科書知識。請讀者抱著懷疑的態度去深究明察。筆者寫本小節內容僅意在點出常見問題和詞彙，節省讀者的蒐尋時間。

4.3.2 量化噪聲（quantization noise）

有時取樣信號後經 A/D 過程，會面臨另一個誤差源，被稱爲量化誤差（quantization error）。咱有時可見此誤差於階梯狀輸出當輸入爲斜坡狀時。

雖然，取樣定理告訴咱只要取樣夠快，應該能保留所有信號資訊，但前提是要有完美的取樣。實際取樣受到解析度影響，且取樣時誤差常有相當的隨機性，有如信號受到雜訊一般。咱就起個名字叫量化噪聲（quantization noise）予數學模型去分析其影響於統計特徵。

咱在這要引用幾個教科書結論講量化噪聲，比如 [6] 用了下圖 4-14(A)、(B)、(C) 去得出 rms 值於量化誤差，即圖中 Error，其 rms 值爲 $Vlsb/\sqrt{(12)}$，其中 Vlsb 爲最小解析電壓於 A/D。

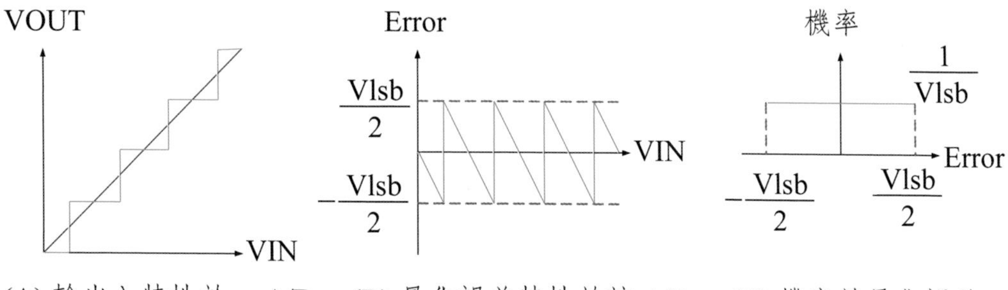

(A) 輸出入特性於一 A/D (B) 量化誤差特性於該 A/D (C) 機率於量化誤差

圖 4-14

若重畫在 A/D 模型自 [6]，咱可得下圖 4-15(A)、(B)，其中 n(t) 代表量化噪聲，即一隨機變數去近似 Error 於上圖 4-14 內。該 n(t) 被賦予一統計特徵 Sn(f) 如下圖 4-15(C)，其概念來自 [7]。

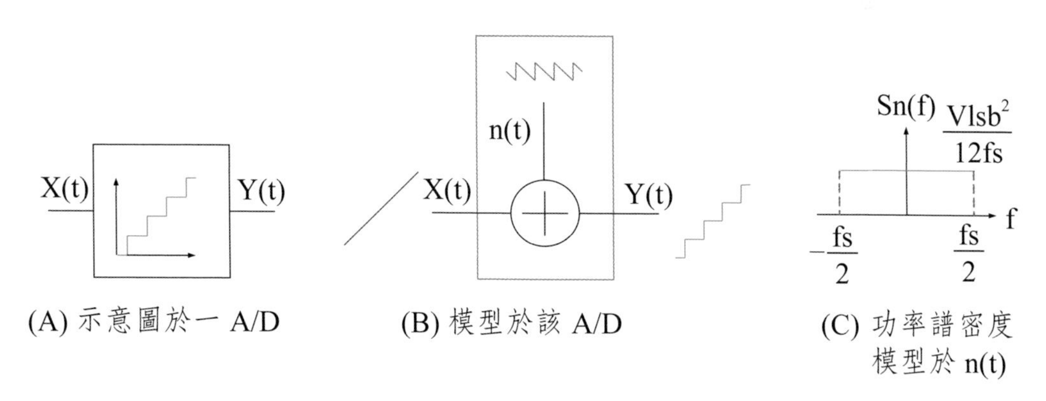

(A) 示意圖於一 A/D (B) 模型於該 A/D (C) 功率譜密度模型於 n(t)

圖 4-15

上圖 4-15 的 Sn(f) 於圖 (C) 即功率譜密度於 n(t) 在圖 (B) 裡。圖 (C) 肇因於兩個假設。第一、Sn(f) 功率譜密度是常數於正負 fs/2 間；第二、積分 Sn(f) 需等於平方於 rms 值之於該 Error 在兩圖前的圖 4-14(B) 裡，即等於 $Vlsb^2/12$。文獻 [7] 做相關分析時還假設了輸入信號變化甚大於 LSB。

讀者可深究學理去檢驗是否有其他假設能導致類似結果。但總之，上圖 (C) 說：高度於 Sn(f) 反比於取樣頻率，若頻寬爲 fs/2。這是個基礎之於過取樣（over-sampling）降噪。

除了過取樣，平均多點資料也是常見的降噪法，因為籠統地說，加總各資料可使信號強度正比地增加於資料數 K，而噪聲 rms 值卻正比地增加於 $\sqrt{(K)}$，兩者比值可隨 $\sqrt{(K)}$ 上升。

4.4 截波與降噪（CHOPPING & REDUCING NOISE）

在磁感測器裡，截波是一種常見的手段，其被用來消除放大器偏置並且壓制低頻噪聲。第 1 章描述了那消除偏置部分。咱在此先稍做複習，再講噪聲抑制。

截波的特徵如下圖 4-16 所描繪，其有一組開關控制輸入信號 Vin 的極性予放大器，並且有另一組開關控制放大信號的輸出極性於 Vc 去給 LPF 做輸入。圖中 Voff 為放大器的等效偏置。該圖中打叉的長方形代表一開關組，其具有交錯態和平行態如兩圖後的圖 4-17(A) 所示。咱還記得先前咱說兩態交替就好像開合一雙筷子（chopsticks），因此截波技巧被稱為 chopping。讀者可自行替該字做其他想像，比如直升機之類的，尤其在搭配旋轉電流時。總之，變換輸出入組態是其核心。

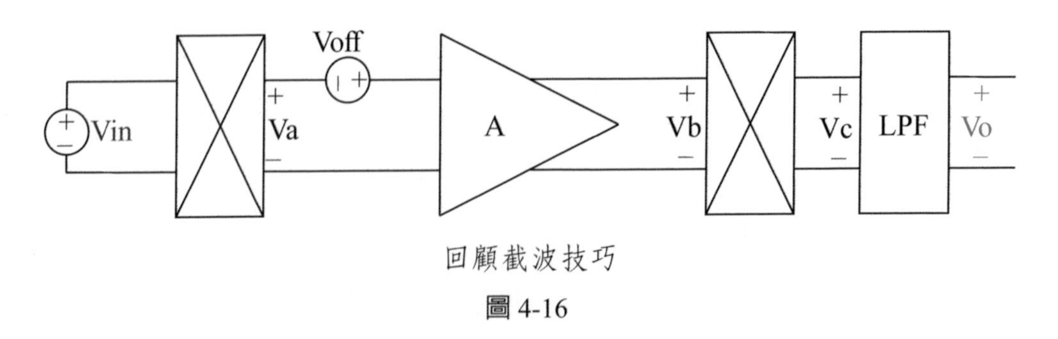

回顧截波技巧

圖 4-16

下圖 4-17(B)(C) 反映調變和解調情況予上圖 4-16。在下圖 (B) 中，咱可見偏置 Voff 大於 Vin，是個常見情況於霍爾元件應用。該圖設放大倍率為簡單的 A=2 以利做圖，實際倍率則主要決定於感度和所需 SNR。下圖 (C)

則反映解調後的情況。其中咱可見下圖 (C) 的 Vo 恰爲兩倍於 Vin 在下圖 (B) 裡，這表示 Voff 的影響被移除了。

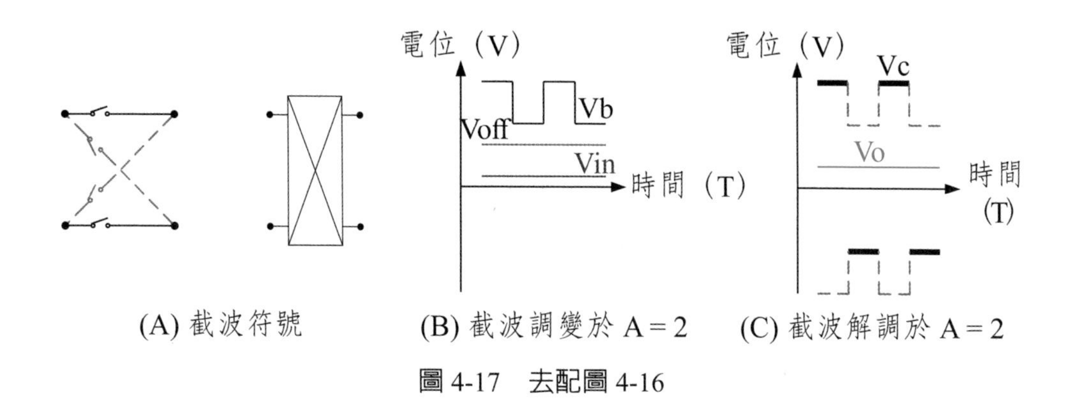

(A) 截波符號　(B) 截波調變於 A = 2　(C) 截波解調於 A = 2

圖 4-17　去配圖 4-16

截波不只能消除偏置。還能在頻譜上調變噪聲。爲申論此概念，咱用下圖 4-18 提供數學模型予兩圖前的圖 4-16。在下圖中，咱用藍線表達時域訊號，其省略噪聲毛刺。同時，咱用灰線和箭頭代表簡化的頻域訊號，其和下方藍線訊號一一對應，並且繪出簡化的噪聲頻譜。咱略去了相關效應自諧波之於截波基頻。圖中「調變的」三字代表「調變後的」、「放大的」三字代表「放大後的」，依此類推，其語法雖不優，但咱暫爲之，請讀者參閱本章末的語言專題——「被動式」去多了解這類問題。

在下圖中，VO(f) 含噪聲，但比 VB(f) 少。爲何呢？因爲 VB(f) 解調後得到 VC(f)，使噪聲被移動到高頻，且以調變頻率爲對稱軸。這促使原先低頻的高噪區被提高到調變頻率的附近，在低頻處只留下低噪聲。讓 VC(f) 經濾波於 LPF 後，高噪成分就被抑制了。

至於怎樣的影響會來自諧波之於截波基頻，就請讀者自行思考作爲練習。實際情形中，放大器是有頻寬的。

下圖 4-18 中，截波解調把 VB(f) 變成 VC(f)，好像把調變頻率以下的噪聲左右對調一般。在此區內，翻轉前低頻部分由 flicker 噪聲占主要，高頻部分由熱噪聲占主要；翻轉後則相反，熱噪聲占低頻主要。因此，咱雖然調變挪開了大量的 flicker，卻無法將熱噪聲完全消除。不完美，但很有幫助。請讀者參考 [5] 去多了解截波技巧。

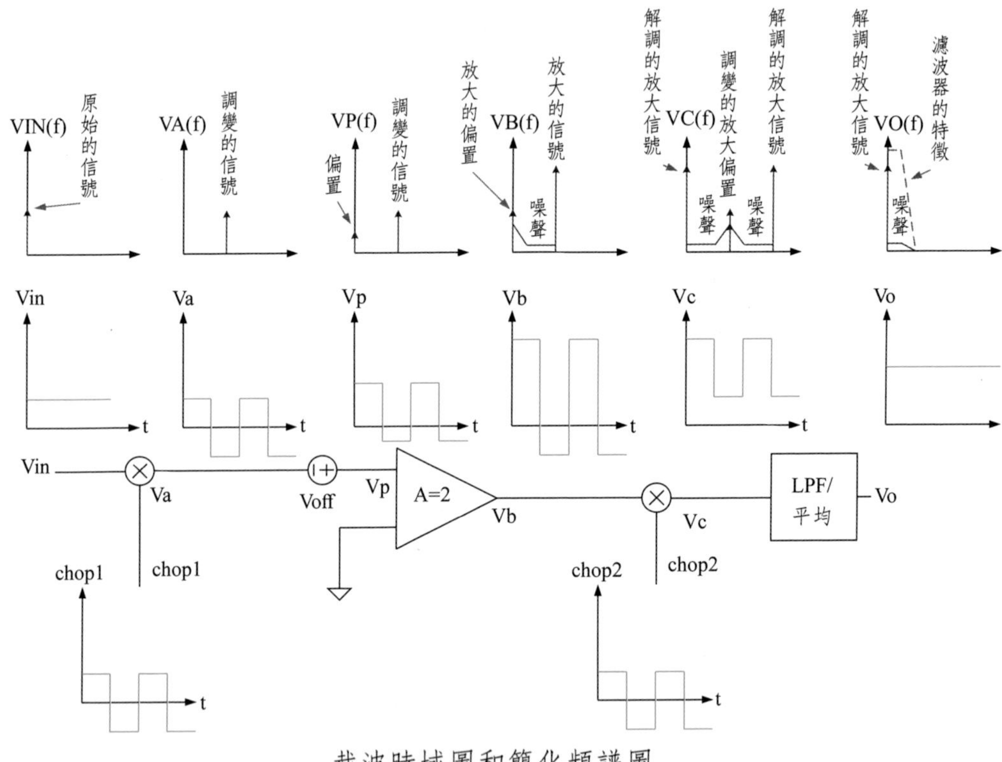

截波時域圖和簡化頻譜圖

圖 4-18　去配圖 4-16

4.5 於語言——被動式（ON LANGUAGE–PASSIVE VOICE）

在開始本節重點前，咱先澄清一下概念於前三章。咱替中文埋下變化的種子，由簡化開始，講右分支、變型、音素，都普遍出現在歐美語言。既然如此，爲何不直接用外文呢？可以是可以，咱也該學外國語言，但，中文仍有些好處是外文沒有的。

中文的弱點經常就是它的優勢所在。比如中文使用方塊字，缺乏英式橫寫包絡，不容易做音素混成。但也因此，當其用在直書時，辨識度並不會顯著下降。英文則不然，當其字母直拼時，三行式的包絡就消失了，實用性大降，除非字母經過旋轉，但這又有諸多不便。

另一個弱點變優點的例子可見於咱用 excel 表格時。中文經常多字同音，造成混淆，但是也因爲這個同音共用特性，使得多數的詞彙用簡短兩三個字就可完成，不需增加字數音節去區分，比如「校正」兩字在英文是「calibration」。長度差很多，若要在一個頁面內塞下很多標籤，咱用中文常更容易。

若結合上述兩優點，咱就可獲得本章圖 4-18 的表達法。該圖若用英文標示，就會遇到諸多不便，大約會需要拆圖展示，這就有分鏡需求如第 1 章末所述。

再談右分支，它雖爲一重點予中文去補強，但，中文並非完全沒有右分支，且其常用的左分支可適時搭配右分支語法增加效率，咱沒有必要拋棄它。比如在第 7 章裡，咱說（包括一接腳的 One-Wire，其首先提出於 Maxim 公司；兩接腳的 I2C，其首先提出於 Phillips 公司；四接腳的 SPI，其首先提出於……）這裡逗點連接後文時運用右分支技巧並以其字做連接，但逗點左方的句型可保持左分支。由於該文出處依接腳數區分通訊協定，所以雖然接腳數是修飾，但可反客爲主擺在主題通訊名稱本身之前，強調特徵。而且通訊主體寫於英文原文，已經夠和餘文區隔，所以此時並不需排斥左分支語法。當然若這段文字出現在專利中，可能還是要加強右分支比較恰當。但本書已大量運用右分支，此時出一個左分支可避免閱讀疲倦麻痺。換言之，咱雖該增加右分支語法比重，但沒必要過分拋棄左分支語法。左分支也適合用在限縮範圍的放大式描述。比如「他去中正紀念堂裡的華香餐廳」一句話就 OK，因爲這有引導聚焦效果，人們必然先到中正紀念堂才會到華香餐廳。而且「他去中正紀念堂」語意也正確，只是還不完整。所以咱不一定非要用右分支說「他去華香餐廳於中正紀念堂內」。

有些情況確實不妙於左分支，比如「維修地點在他的車的一維修廠」

就不甚高明。因爲「維修地點在他」是錯的、「維修地點在他的車」還是錯的、直到全句結束才會聽到正確訊息。所以，咱應試著明白哪些情況適合左分支、哪些不合適、然後助判是否替代於右分支。

其次，若咱小時學一套中文，長大把所有規則都改成英文，那就是一種資源浪費。中文連接到許多資源是咱獨有的，咱應該藉由分析和利用中英文異同，加深理解於語文，並以此有效掌握兩者。另一個層面來說，相對外國人，咱在中文上是領先的，且具有更高話語權。好比咱祖先留給咱一幢小木屋，雖不合現代規格，但它好歹占了一塊地還能遮風避雨，以後要整修是咱的自由，咱不至於寄人籬下。這就很有意義在經濟上。而且，至少在 2030 年達到全國雙語之前，十歲以上的本地學子大多仍以中文爲主要溝通媒介。這表示未來至少仍有半世紀的時間國民會大量依賴中文。

最後，就像打桌球一樣，咱知橫拍是主流，但直拍並沒有消失，而是發展出了直拍橫打的技巧。而且對於一項運動來說，競爭也不是它的全部。英文有時也會故意用贅字和老語法去製造年代感，有句電影台詞說：whoever worthy be he should have the power，中間 be he 就是贅字，但是可以用來模仿中古時代擺架子式的口氣。咱所想強調的是，語言有主要功能，有次要功能，咱可以先照顧好主要功能、令其精簡有效、經得起操用。次要功能則可被先擱置、留給少數人去保存研究。

咱希望藉由改良中文，咱可發現更好的方法予符號語文應用。咱在後續章節會繼續提出各種簡化方式供參考。孫中山先生早年對群衆說「文理就是邏輯」，雖不是嚴謹的定義，但他發現文字條理密切地關聯於因果邏輯，所以對群衆如此強調。咱年紀小時雖然不耐煩於考試關乎孫中山的著作，但若在有疫情時把它們當劇小追一下，還是有點意思的。人非聖賢，咱不用苛求孫先生樣樣都對，能發現問題就不錯，解決問題的不一定需同一人。

終於，咱要進入本節主題了。

還記得在第 2 章末，咱講字尾變型時，提到「被放大的」一詞似乎強調被動勝過其終止態嗎？若仔細討論，咱可以發現啥爲不足於被動形態在中文領域，也能找出修補方案。

從英文的角度看 the signal is amplified 有兩種可能的意義。第一種強調信號作爲放大事件的受體，所以這個被動形態屬於事件性的（eventive & passive）。第二種強調信號受放大、最終改變了狀態，此處被動形態屬於狀態性的（stative & passive）。在中文裡，咱不缺 eventive & passive，咱的「被」字就是用來強調事件受體特性，如被稱讚、被表揚。咱也不缺 stative 的輔助詞，比方選「到」的、建構「起」的、看「過」、說「了」，其括弧內的字都強調終結態。但是咱缺有效率的 stative & passive 用法。咱用下表 4-2 來解釋這問題。

下表中，英文 is rotated 可包含意義組合於其下三列，每種意義占一列。但第三列的中文就顯得力不從心。爲啥呢？因爲 rotate 就像一個形容詞，英文的被動式就像在表達一個形容詞描述狀態一般，都用 is 去做 copula，若中文比照辦理用「是被轉了」，仍然無法擺脫被字爲四聲重音，且前置於轉字導致事件性被強調。簡單地說，後置修飾容易賦予動作狀態性，前置修飾易賦予動作事件性。

表 4-2

中文對應於 is rotated	事件性的 （eventive）	狀態性的 （stative）	被動性的 （passive）	關乎形容詞的 （adjectival）
被轉	○		○	
被轉了	○	○	○	
?		○	○	

同理，由於被字前擺，形容詞 rotated 的中文翻譯仍缺有力的第三種組合於下表 4-3。這常就是爲何翻譯時無論怎翻味道都似不對。而且英文裡 rotate 主體占多字母，字尾 ed 變形占少字母，比重 3：1。相較下中文「轉」字爲主體但僅占一字，卻前插一「被」字後接「了的」兩字，主從比重 1：3，而且修飾足足費了三個音節，很明顯不符合 inflexion 的運用原則。簡單地說，即使表達出文意，其效率也是低落的，而且還不順口。

表 4-3

中文對應於 is rotated	事件性的（eventive）	狀態性的（stative）	被動性的（passive）	關乎形容詞的（adjectival）
被轉的	○		○	○
被轉了的	○	○	○	○
?		○	○	○

大家為了簡短好唸經常省字。但結果就是咱不分主動被動。比如 rotated coordinate 表示被旋轉的座標，但咱常常偷懶說它是旋轉座標，連被字的字都省了，或甚至說它是轉座標，直接靠讀者會意。咱就希望能有個方法，其既省字、又精確、還順口。

這裡提供兩套解決方案，第一套方案用可變音的 inflexion 解決，第二套方案用老式的字搭配前置變音 copula。當然，照舊要搭配拼筆字。咱現就來看看。

第一套方案就是運用ㄉㄜˇ/ㄉㄜˋ/ㄊㄜ˙/ㄊㄜ/ㄊㄜˊ/ㄊㄜˇ/ㄊㄜˋ/其中一音去近似的。舉例來說，「忒」字原音ㄊㄜˋ，代表變化（例句：四時不忒），有時也可發ㄊㄜ。咱就試用它來代表狀態性且被動性的「的」字，讓「的」字專心去處理形容性和進行式的表達法。用拼筆寫個例句就如下圖 4-19：

The granted power is vested in the board

該 允忒 權利 被 披 賦 於 這 董事

stative eventive

圖 4-19

上圖中，granted 是個形容詞，其提示狀態性和被動性，所以用允字尾變型於忒字；後頭的 is vested in 屬於事件性和被動性，所以照舊方法用被字領頭。所以若咱說 It is amplified by 2 times，且專注於狀態性，則咱可寫「它是放大忒於兩倍」；若咱強調事件性，咱就寫「它被放大於兩倍」。若如此使用中文，其語意甚至比英文清晰。

至於「忒」發哪個音可依情況定，反正有些音本來就沒字用，比如ㄉㄜˇ/ㄉㄜˋ/ㄊㄜ˙/ㄊㄜˊ/ 放著也是浪費，不如拿來替「的」字做變音，搞定被動態。甚至可只發 /ㄊ/ 子音予發音方便。筆者自己偏好 /ㄊㄜˊ/ ㄊ/ 這兩種，但這只是個提議，大家可發揮想像力。筆者選忒字還有一個原因，就是它的拼筆字只含兩個單筆，符合簡單原則。

第二套方法是把被字拿掉，的字照用，但是前頭的是字變音成三聲或二聲。並用「矢」字代替。用拼筆寫個例句就如下圖 4-20：

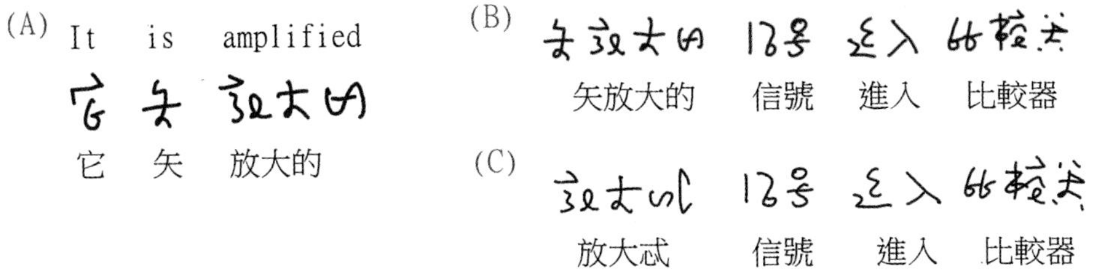

(A) It is amplified

它 矢 放大的

(B)

矢放大的 信號 進入 比較器

(C)

放大忒 信號 進入 比較器

圖 4-20

上圖 (A) 把是字換成了矢字，達到輕音化效果（不是眞輕音，只是比四聲輕），且代表狀態性與被動性。(B) 則用「矢放大的」四字代表 amplified 一字。由於矢輕音化，若上 (B) 被第一套方法替代，咱就得 (C)，可見「放大忒」比「矢放大的」簡短些。筆者提這第二套方法只是作爲對照組，並展示語法彈性。但筆者還是覺得第一套是比較直接好用的。歡迎大家動腦精益求精。

咱現在要回到工程部分了。

練習（Exercise）

練習 4.1（account for noise sources w/ a gain stage）

請估算出噪聲的 rms 值予 VOUT 於下圖，其中 AMP1 和 AMP2 都有等效輸入噪聲 rms 值 64nV/ $\sqrt{(Hz)}$）、輸入端等效電容皆 1pF、且閉迴路頻寬都大於 1MHz。為了計算方便，假設 TMR 半橋噪聲主要反應於熱噪聲，且環境磁場為 0G 時 R1 和 R2 代表阻值予之兩 TMR。也假設其他電阻都產生熱噪聲。

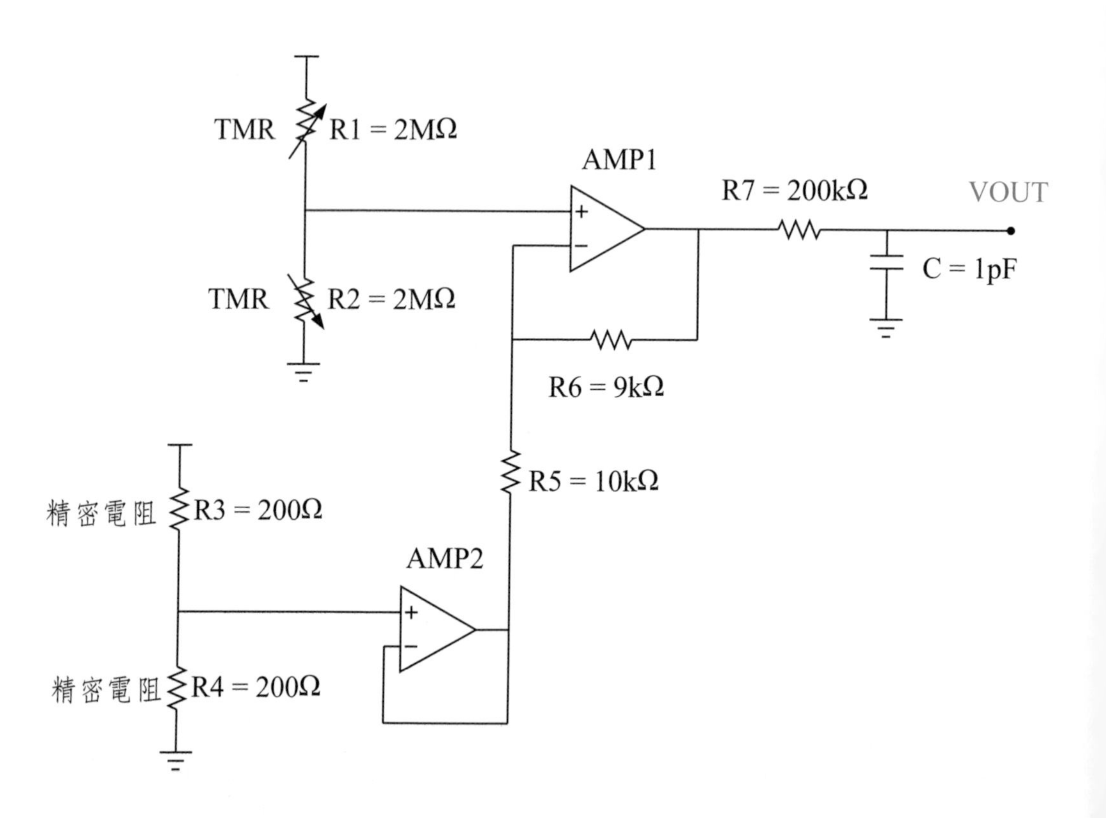

提示 本練習旨在熟悉計算噪聲於時域予前端類比電路於磁感知器。可搭配 4.1.1 小節、4.2.1 節和 4.2.4 小節

練習 4.2（compute time domain noise by using PSD）

(1) 請問下圖 Y1 可能來自何種噪聲？其中 f 為頻率，單位為 Hz，且 $N^2(f)$ 為 PSD，即噪聲譜密度；h1、h2、Xc、Xb 皆為常數。

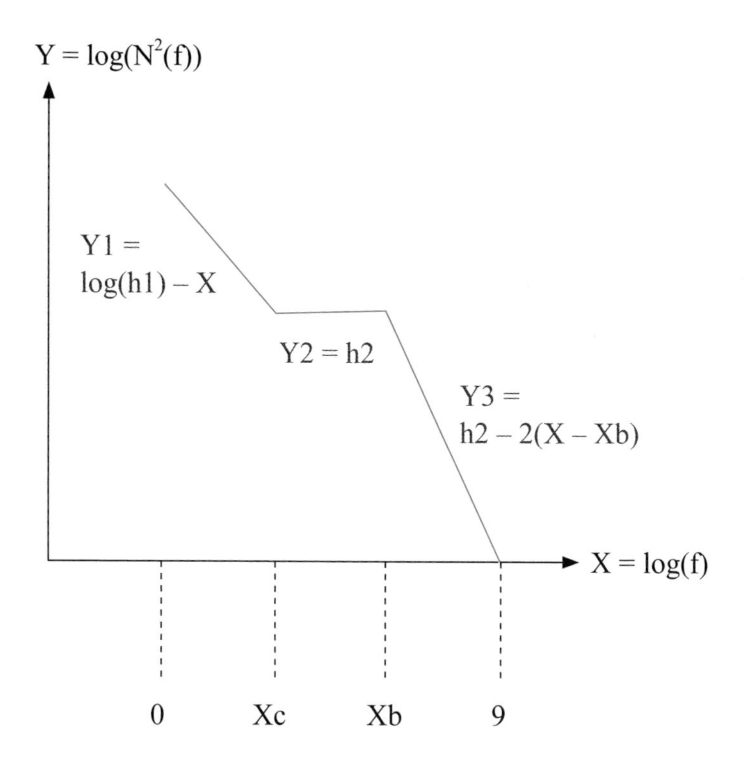

(2) 承上，請問下圖 Y2 可能來自何種噪聲？

(3) 請用上圖估計 rms 值之於 $n^2(t)$ 於時域，若上圖 h1 為 10^{-10}，Xc = 3，Xb = 6。也請指出所擇區域其占最大宗噪聲於 Y1, Y2, Y3。

(4) 承上題，且把上圖 Y 拆成 V+W 於下圖，請問 H(f) 能否近似幅值於轉移函數予一階 RC 濾波器？何以？

(5) 呈上題，將 W2 改成 –(X – Xb)，請問此時噪聲 Y = V + W 是否仍收斂於時域？

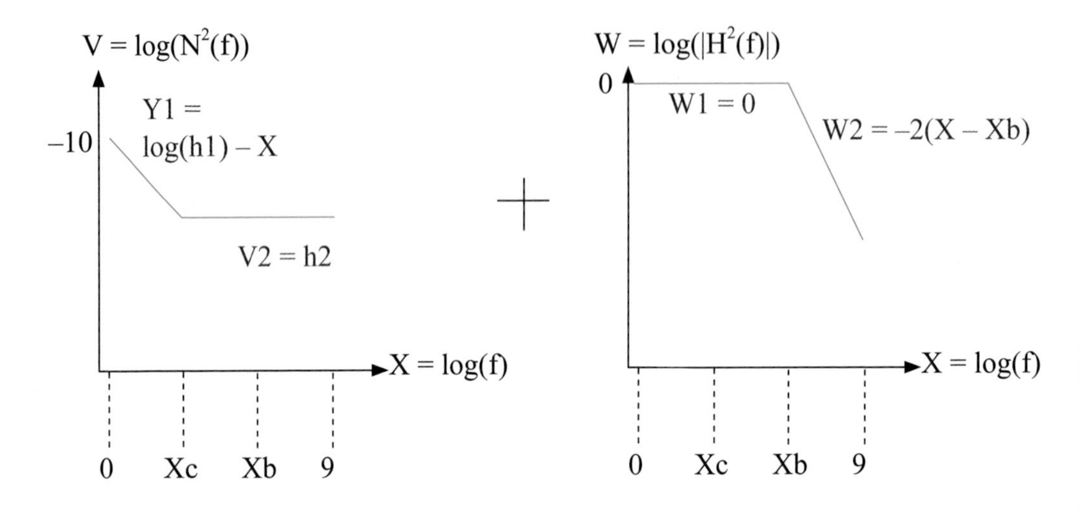

提示 本練習旨在熟悉計算噪聲於頻域予前端類比電路於磁感知器。可搭配 4.2.2 小節和 4.2 節整體。

練習 4.3（select chopping and filter frequency）

(1) 請選一個合適的截波頻率予下圖系統去消除偏置並且降噪。並估計一個合適的頻寬頻率予低通濾波器。其中放大器頻寬爲 1MHz，且閃爍噪聲的角落頻率（corner frequency）爲 50kHz。

(2) 承上，請說明理由於該兩選擇。

(3) 承上，請問截波是否可能成功，若所擇截波頻率 fc=4MHz，使得每一相位時間低於放大器的反應時間其估以 0.35/1MHz。

(4) 承上，請說明理由，必要時可做圖說明。

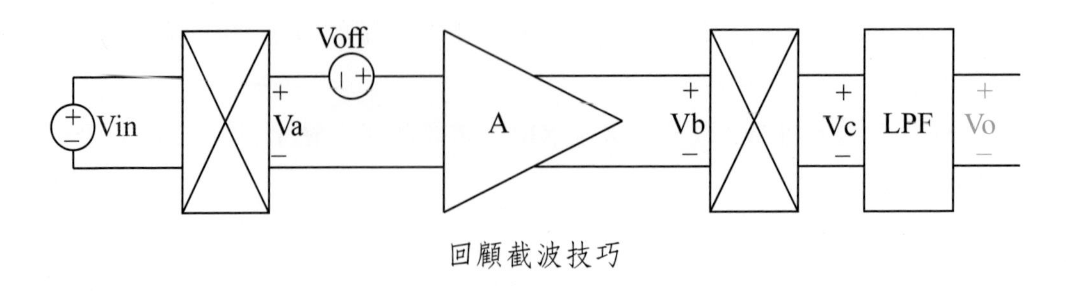

回顧截波技巧

提示 本練習旨在熟悉一重要概念予截波技術。可搭配 4.4 節。

文獻目錄

1. G.Vitetta, D. P. Taylor, G. Colavolpe, F. Pancaldi, P. A. Martin [Wireless Communications Algorithmic Techniques] 2013 書 ISBN978-0-470-51239-5
2. 台北大學課程講義，Y. S. Han, Mao-Ching Chiu [Analysis and Processing of Random Signals] 可見於 2021 網頁於 Chapter7Power-Spectral-Density
3 P. E. Allen, D. R. Holberg [CMOS Analog Circuit Design] 2002 書 ISBN0-19-511644-5
4. Behzad Razavi [Design of Analog CMOS Integrated Circuits] 2001 書 ISBN0-07-118839-8
5. Johan F. Witte, K. A. A. Makinwa, J. H. Huijsing [Dynamic Offset Compensated CMOS Amplifiers] 2009 書 ISBN978-90-4481-2755-9
6. D. A. Johns, K. Martin [ANALOG INTEGRATED CIRCUIT DESIGN] 2009 書 ISBN0-471-14448-7
7. Sangil Park [Principles of Sigma-Delta Modulation for Analog-to-Digital Converters] 書於 MOTOROLA

第五章

產生時鐘訊號／使用振盪器

時鐘信號於磁感測器，就如心跳於人體。

對數位電路說，時鐘是基準於時間表。好比煮鍋貼：第一步在 0 秒下油熱鍋，第二步在 30 秒時放入十五個鍋貼，第三步在 60 秒時翻動鍋貼然後蓋上鍋蓋轉小火，第四步在 300 秒時開鍋蓋起鍋；這些步驟必須按順序來，不能先放鍋貼悶了一陣再下油，且蓋鍋時間也講究。各行動都按時間表完成。

這些時序類似一流程於開機、偵測取樣、鎖定計算和輸出。開機就像第一步熱鍋；偵測取樣就像第二步讓鍋貼就定位；鎖定計算就像該第三步蓋鍋悶煮；輸出就像第四步開蓋起鍋。若悶不夠久就開鍋，則資料計算就還不妥善、鍋貼不熟不能吃等等。所以廚房裡有鐘錶還是挺重要的。

時鐘信號的特徵是週期性的高低電位輸出，就像走路左右左右反覆規律一樣。所有事件一起踏著整齊的步伐去決定行動時機於步數即所謂的同步（synchronous）行為。相反地，不用同一步伐決定時間表的就是非同步（asynchronous）行為，該事件有自己的步距和節奏，下腳時間不一定發生在時鐘的左腳或右腳。

要製造一個時鐘信號，設計者往往需要一個類比電路的振盪器，去產生週期律動。雖然咱可讓該振盪器模仿手錶、用石英振盪器去產生時鐘信號，但是，為了減少多餘的外部元件，磁感測器經常用其他方案去交替於兩邏輯態。常見的振盪器方案於磁感測器包括鬆弛振盪器（relaxation oscillator）、環型振盪器（ring oscillator）和相移（phase-shift）振盪器，其有時搭配諧振原理去操作。

有時這些振盪器不給出完美的方波，因此偶爾需多加些簡單的電路才能變成占空比為 50% 的時鐘信號。

5.1 鬆弛振盪器（RELAXATION OSCILLATOR）

常見的應用之於鬆弛振盪器（relaxation oscillator，簡稱 RO）包括方向燈於汽車到玩具飲水鳥等等，咱每天都能見其一二。

鬆弛（relaxation）這字描述兩方面：一方面是降低壓力；另方面是衰減（decay）、漸入目標（eases into target）。有些振盪器被歸類到 RO 肇因於信標往返於兩閾值間、且伴隨一受控的時間常數或衰減常數。如三角波產生器、RC 複振器（multivibrator）和 RL 複振器都屬此類。它們的信標跑在鬆弛過程於大部分時間裡。有時「鬆弛」振盪器也有「緊張」的時後，信標漸進時算鬆弛、信標突轉時算緊張。此爲說文解字部分。

咱用下例去說明前兩段的意思：下圖中 C1 被反覆充放電。當 VC 電壓達到 Vtrip，即閾值於相反器，M1 就導通釋放這電壓，讓 VC 歸零。VC 作爲信標、緩緩鬆弛地朝目標 Vtrip 發展，然後在達到目標時瞬間歸零上緊發條、接著重複先前動作。

從信號類型講，VC 於下圖 5-1(B) 是類比信號，所以不適合作爲時鐘去指揮正反器之類的電路。但是 V1 是數位信號，且週期固定，適合用來同步數位電路。[1]

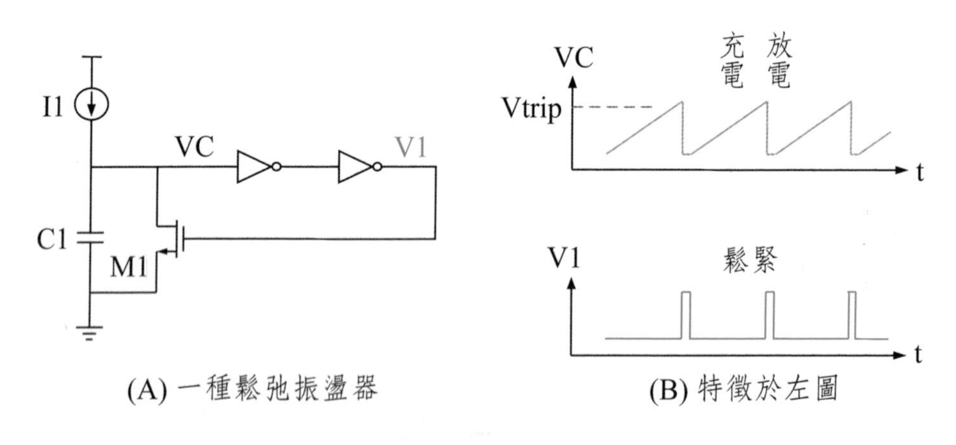

(A) 一種鬆弛振盪器

(B) 特徵於左圖

圖 5-1

上圖中信標 VC 有兩邊界值，分別爲閾值 Vtrip 和 0，且該信標總是向 Vtrip 邁進於鬆弛狀態。有點像發條行爲。另一種鬆弛振盪器其信標朝兩個不同方向皆漸進於鬆弛狀態。咱舉其兩例分別爲 LR 複振器和 RC 複振器，並繪該兩例於下圖 5-2：

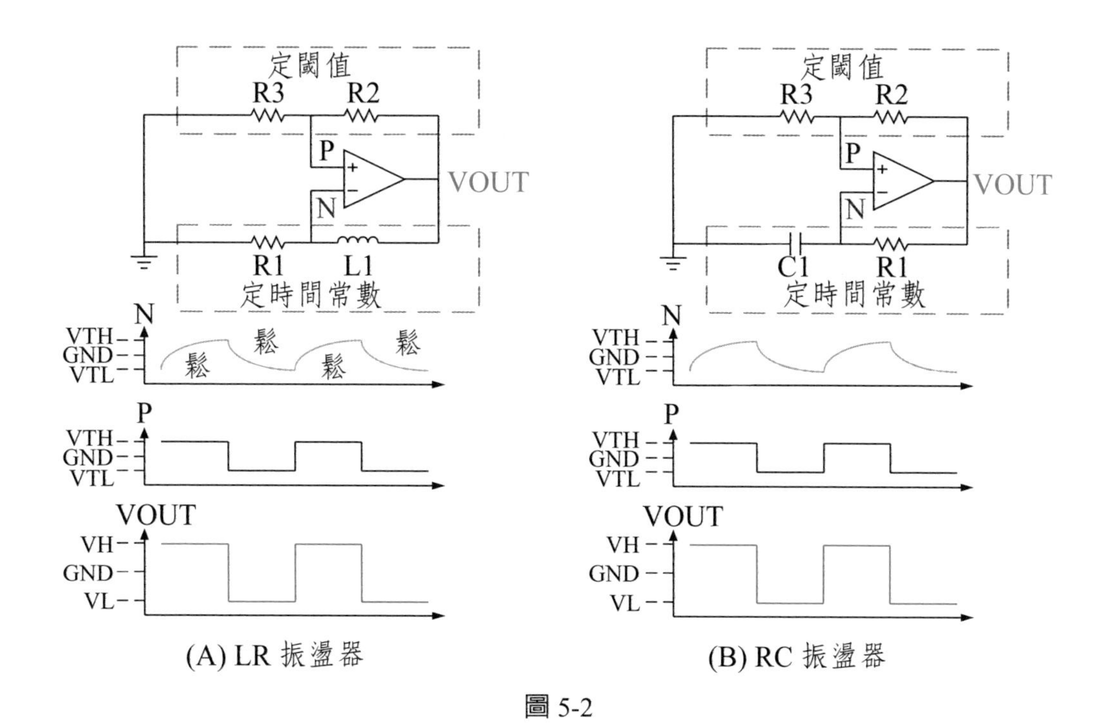

(A) LR 振盪器　　(B) RC 振盪器

圖 5-2

上圖 5-2(A) 裡，信標 N 持續跑在鬆弛狀態，叫它 RO 名符其實，其中 R1 和 L1 構成一階系統、給鬆弛態一個時間常數（Appendix A.1 有計算方法）。該圖中 VTH 代表高閾值，VTL 代表低閾值，信標在此兩閾值間來回悠悠地晃。若單看輸出方波 VOUT，咱不知振盪器是否屬 RO，但看了信標 N 咱就知。

有種磁感測器應用叫電流感測器，其前端常類似鬆弛振盪器。顧名思義該感測器被用來偵測電流，但不需電性接觸待測線路。其魔法乃使用電流生磁場做媒介去影響量測電壓。所以此時被量測的是電壓或電壓占空比，但目的是檢測電流，磁場則是媒介。一種前端於該感測器如下圖 5-3(A) 所示，其簡化之後可用圖 (B) 表現。其中電感 L(t) 還被給個可變記號，其喻示感值除了改變於時間，還會應變於待測電流。在此之外，下圖 5-3(B) 也算一種 LR 複振器。但它有一特點在於其信標 N 並非一味逐漸放鬆地趨近閾值，而是當接近轉態時會加速陡升或陡降。N 加速升降雖不似 relaxing 的含意，但它在加速前，仍會先經過一個趨緩過程── 第 8 章將再論它於磁通閘應用。[2][3]。

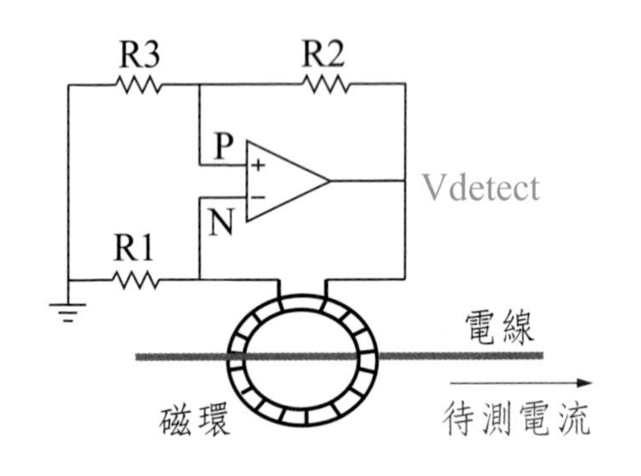

(A) 一種電流感測器前端其類似於 RL 鬆弛振盪器

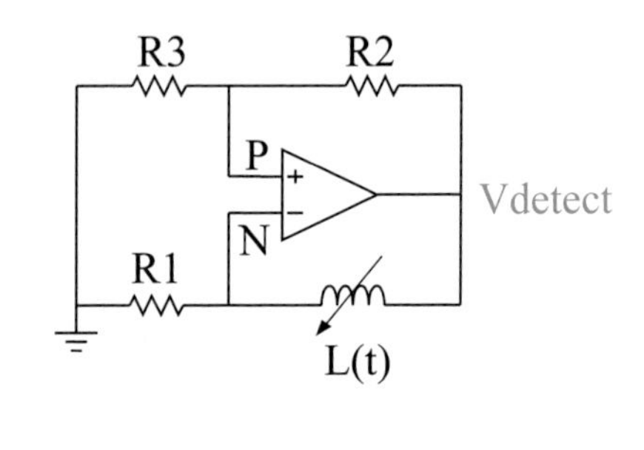

(B) 等效電路於左圖

圖 5-3

另一種典型的鬆弛振盪器就是三角波產生器，只是此時三角波作爲信標，方波作爲輸出如下圖 5-4 所示。這電路被歸類爲一種不穩複振器（astable multivibrator，所謂複振器指能受控往返於兩態的電路，往返次數視結構和控制而定）。其中 VOUT 切換於 VH 和 VL 兩電壓、作爲積分器輸入，促使 Vx 在 VTH 和 VTL 之間往返慢步，其間單趟旅程有時間常數 T 決定於 RC 於該積分器、且閾值 VTH 和 VTL 由正回授部分電路決定。

上頭分析雖把 VOUT 當作起點去推論 Vx，但在本應用裡，VOUT 是輸出，所以依照本書慣例用藍色表示。

下圖中上半部正回授電路屬於「雙穩態電路」，但和下半部積分器合併後成爲「不穩複振器」，請讀者留意。只要想像「因爲振盪、所以叫不穩」就能記住。

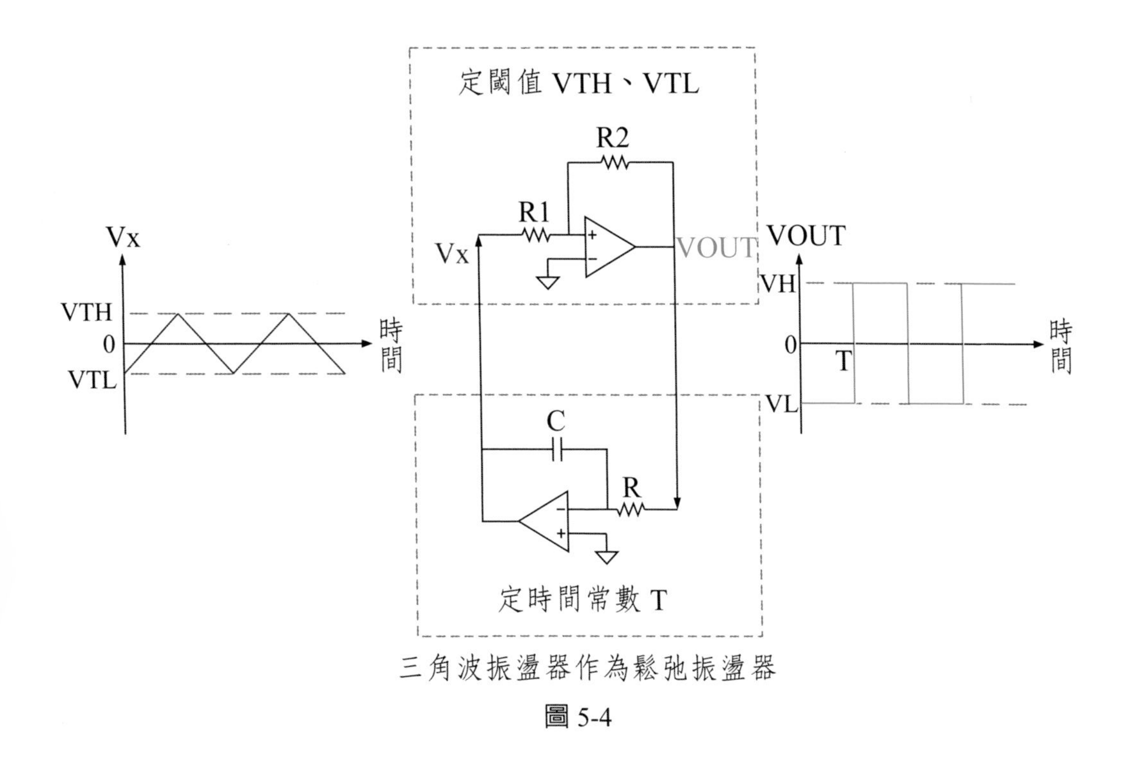

三角波振盪器作為鬆弛振盪器

圖 5-4

上圖和兩圖前的圖 5-3 都用雙穩態正回授電路去創造閾值。兩者主要差別在於上圖用積分器去定義鬆弛時間常數，而兩圖前圖 5-3 用 RL 和 RC 的單純分壓電路去定義。[4]{page8-75}{page12-4}{page12-55}。

5.2 環形振盪器（RING OSCILLATOR）

環形振盪器，這裡簡稱「環振器」，產生自振於相移效果。該振盪器可由簡單的反閘組成如下圖 5-5(A) 所示。簡化地說，針對振盪頻率，該圖中三個相反器產生 –180° 相移，相反器的輸出阻抗和電容形成 RC 網路提供另外 –180° 相移。總共 –360° 相移，只要再伴足夠增益就能有諧振效果。

若振盪器 VOUT 開始進入相反器的非線性區，振盪弦波開始近似方波，此時自入口上升沿於一相反器到其出口下降沿經一段時間被標作 TD。該情況下，VOUT 於下圖 5-5(A) 將轉態一次每經三個 TD。若轉態兩次則完成一週期，因此週期被估計為 1/(6TD)。

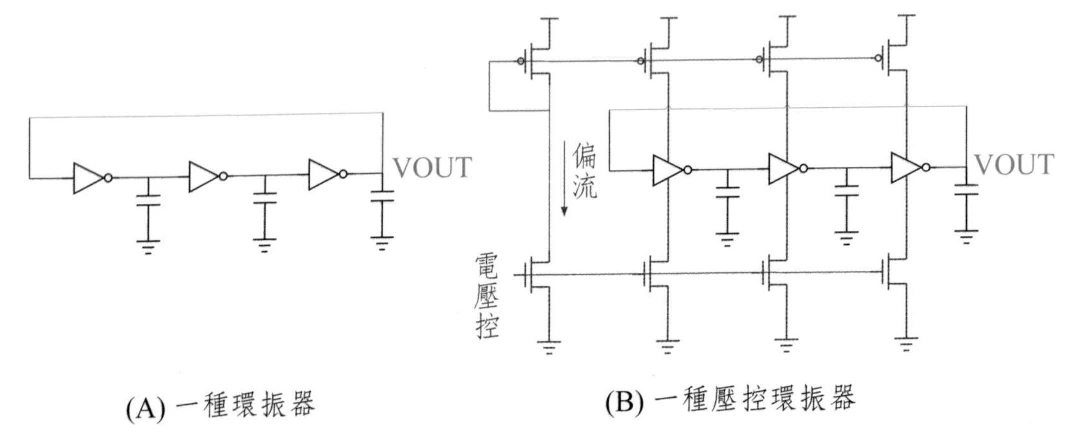

(A) 一種環振器　　(B) 一種壓控環振器

圖 5-5

環振器的優點在於結構簡單，且稍加修改，就能調整振盪頻率於電壓控制，如上圖 5-5(B)。該圖表示偏流量於相反器可被調節，使每級相反器的頻寬受控，或者使得 TD 變化。[5] 展示了該兩種現象在 VOUT 如下圖 5-6 所示，請大家參考深究。

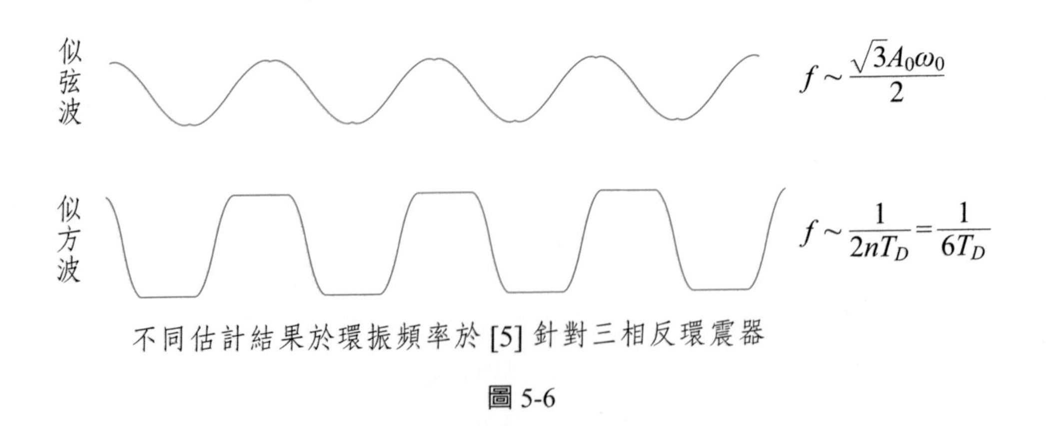

不同估計結果於環振頻率於 [5] 針對三相反環震器

圖 5-6

環振器作為時鐘訊號能提供多個相位，每個相位相差 π/n rad*，其中 n 為環振級數。舉例說，下圖 5-7，來自 [5]，內含一差動環振器，其出口四個時鐘 CK1～4，相位各差 $\pi/2$。咱只要每 $\pi/2$ rad 發出一個脈波，就能在一週期內發 4 個脈波獲得波形 P，這暗示咱可在某種程度上用低頻振盪器獲得高頻工作效果。

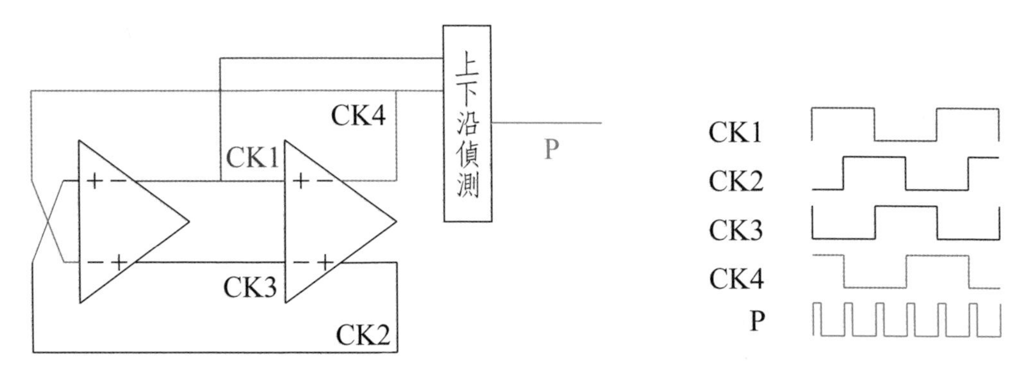

乘頻伴環震器於一假想過程

圖 5-7

環振器被 [6] 的作者稱作 all season circuit，有點全天候實用的意思。

5.3 實驗室振盪器（LAB OSCILLATOR）

咱有時在實驗室裡得隨手兜個振盪器於離散元件。這時咱若直接用訊號產生器當然最直接，或是直接買個石英振盪器也能搞定（比如 MCO-1500A 這類的能提供方波輸出）。有時咱會遇到離散的石英元件，比如皮爾斯振盪器伴 MCU，此時若咱了解原理於相移振盪器（phase shift oscillator）就知如何應用。該原理可被用到一些弦波振盪器，如柯比茲振盪器和哈特雷振盪器，其據稱有百年歷史。所以咱用本小節講一下相關振盪器、幫助記憶，並作爲對照。

相移振盪器強調，相位於回授信號等同相位於輸入信號，造成信號加強。這種加強針對特殊頻率，不會放大鎖死如門鎖一般。咱熟悉的巴克豪森條件，就定量地描述振盪條件於相移程度，其如下圖 5-8(A) 所示 [5]，其表達相同概念如圖 5-8(B) 所示。

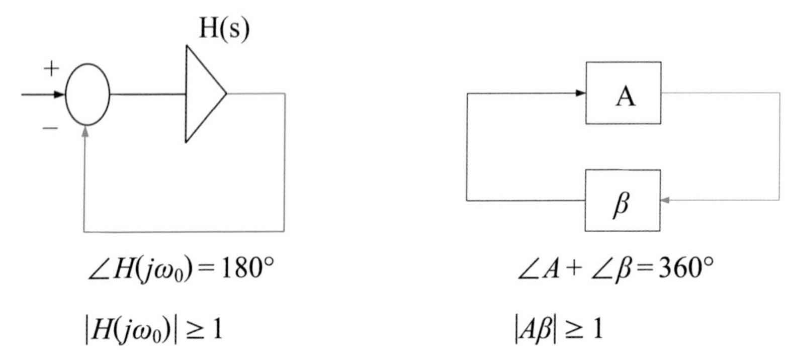

(A) 一種表達法於必要條件予震盪　(B) 另一種表達法於必要條件予震盪

圖 5-8

5.3.1 皮爾斯振盪器（Pierce oscillator）

若要造合適的相移程度，去產生振盪，本來理論上用單級放大器去搭配 LC 或 CL 諧振分壓即可。但實際應用還需考慮各元件的等效電阻等不理想因素。咱接下就從該兩種情況出發，去演化出兩種常見的振盪器，說明振盪器花樣雖多，但能被咱提綱挈領。

下圖 5-9(A～D) 展示了一演化過程從放大器配 LC 分壓、考慮寄生電阻並予以修正、到最後用相反器去外接石英 XTL 和電容實現一個皮爾斯振盪器。其中 XTL 又被稱爲諧振器（resonator），因它促成了諧振（resonance）* 效應 [10]{page500-514}。

皮爾斯振盪器於下圖 5-9(D) 並不輸出漂亮方波或弦波，其需要加額外的後級相反器去銳化升降沿 [7]。

咱用串聯的 RLC 去近似皮爾斯振盪器的石英，省略該了石英的並聯電容去做簡化。下圖 5-9(C) 中，咱選用 X2>>X3，且 X2>>X4，讓振盪頻率由 X1 和 X2 主導。調整 X3 相當於微調振盪頻率。此例中反閘像是個放大器，能貢獻一個增益絕對值 >1，去助滿足振盪條件。最終的皮爾斯振盪器

在下圖 (D) 常被用在提供時鐘源頭給數位電路。

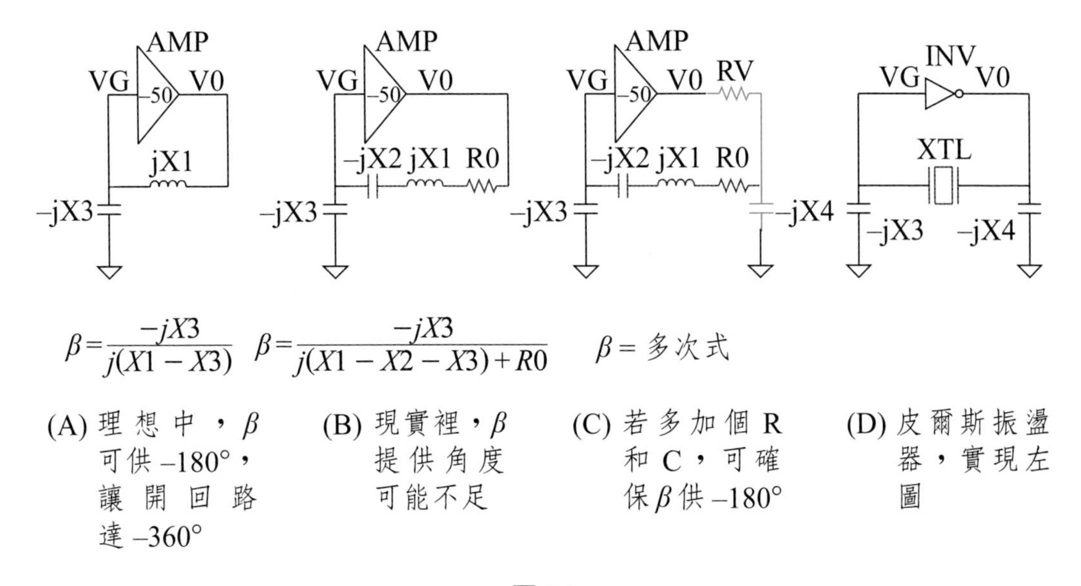

(A) 理想中，β 可供 –180°，讓開回路達 –360°

(B) 現實裡，β 提供角度可能不足

(C) 若多加個 R 和 C，可確保 β 供 –180°

(D) 皮爾斯振盪器，實現左圖

圖 5-9

接下來看個不同的例子。改演化起頭從緩衝級搭配 CL 分壓出發。

5.3.2 柯比茲振盪器（Colpitts oscillator）

承上小節，若咱想運用一緩衝級，其放大倍率 <=1，且咱欲運用回授得到振盪，怎辦呢？巴克豪森準則說此時 β 需要 360°，且開回路增益絕對值需 >=1。這頭一個要求於 360° 可被辦到於 CL 分壓結構如下圖 5-10(A)，只要電感性強過電容性即可，即 X1>X2。

因此，這回咱的演化過程於下圖 5-10(A～D) 就用緩衝級搭配 CL 分壓起頭。

理想中，下圖 5-10(A) 不但能得 360° 的 β，還能得 $|\beta| > 1$，進而助 $|A\beta| > 1$，算一舉兩得。但是，就像上一小節一樣，只要一點等效寄生串連電阻就能讓情況改觀如下圖 5-10(B)。咱繼續比照上一小節，加個 R 和 C 解決這問題，不僅如此，還讓 L 搭配兩個 C 去形成諧振腔，如下圖 5-10(C)。該諧

振腔定義了回授的放大倍率。最後咱就用 emitter follower 結構去實現低倍率緩衝級、搭配諧振去得到一種柯比茲振盪器如下圖 5-10(D)[8]。請搭配練習 5.1 去思考變型。

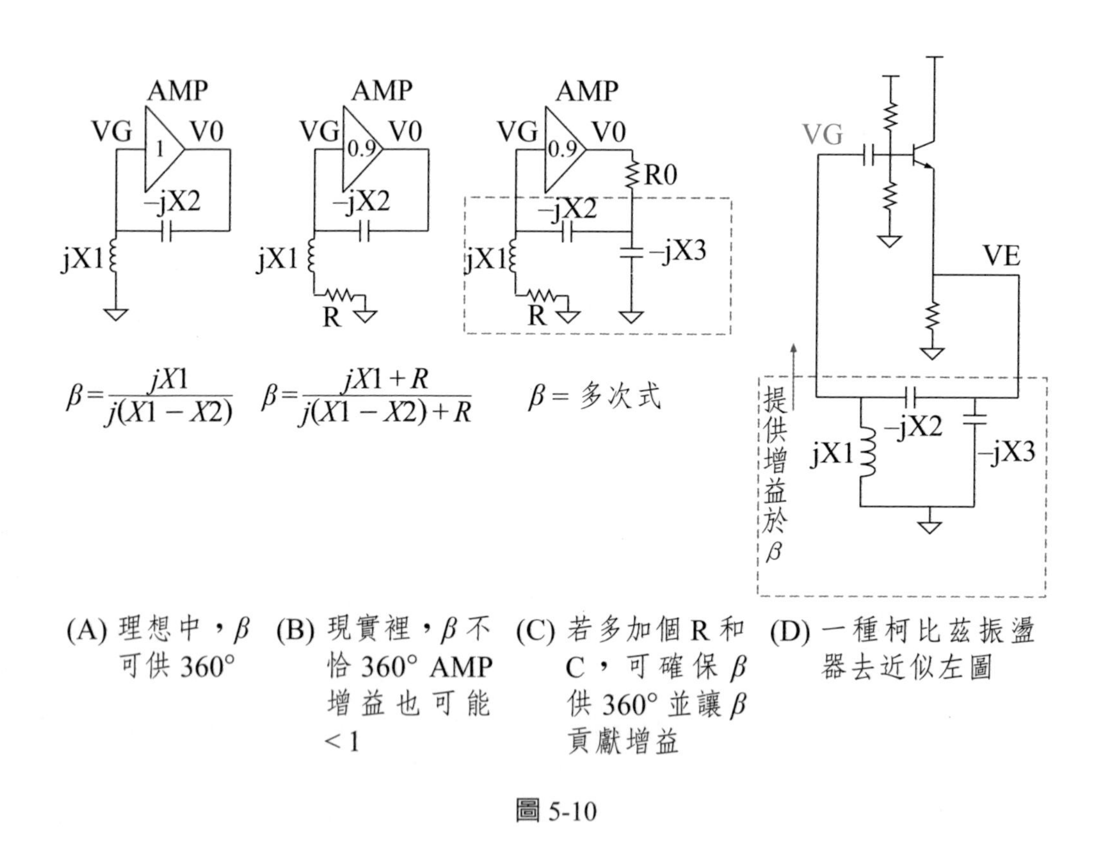

(A) 理想中，β 可供 360°　(B) 現實裡，β 不恰 360° AMP 增益也可能 <1　(C) 若多加個 R 和 C，可確保 β 供 360° 並讓 β 貢獻增益　(D) 一種柯比茲振盪器去近似左圖

圖 5-10

咱能設計 X1 和 X2 之値去給 β 足夠的增益。同時用 X3 微調。如此，即便不把 β 寫成 closed form，工程師也能憑簡單算數在實驗室迅速動手兜出一個振盪器。讀者可想想所擇諧振條件於 X1、X2、X3 較接近串連或是平行諧振。讀者可以用它們的阻抗去判斷，作爲練習。

以上兩小節有個目的在幫助記憶。從相移觀點和最簡設計出發，去找出設計的共通點、自然性和合理性。如此咱可以關聯起看似無關的皮爾斯振盪器和柯比茲振盪器，甚至環形振盪器。

讀者當然可以用較複雜的放大器去增加放大倍率、更容易獲得振盪。但咱要替古人想，從前電晶體成本高，每多一個元件就多一份負擔。所以咱看皮爾斯和柯比茲振盪器，前者只用晶體管在一個反閘、後者只用管子在一個 BJT。

5.4 除頻（FREQUENCY DIVISION）

5.4.1 除以二次冪（division by 2's power）

有了振盪器產生方波或脈波之後，咱可除頻產生較慢的時鐘頻率。所謂除頻，一般指產生一個新時鐘信號，其頻率爲原始時鐘的分數倍；就好像手錶用石英振盪器產生一個較快的原始頻率（比如 32kHz），再經由除頻產生秒的單位一般。一個簡單的除頻電路如下圖 5-11 所示：

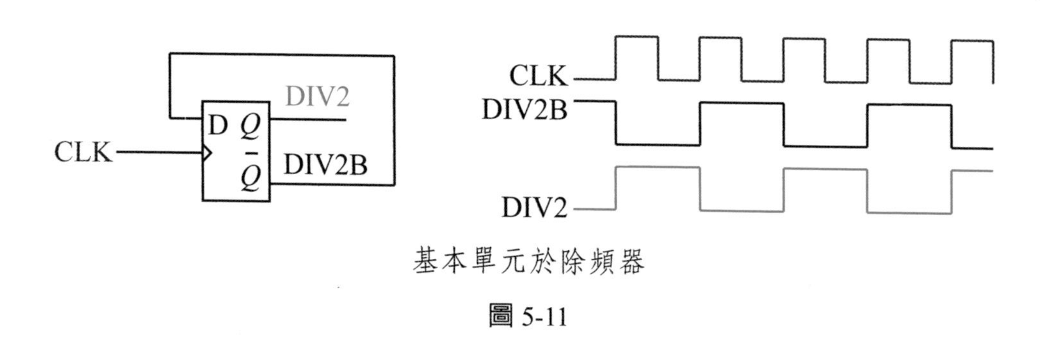

基本單元於除頻器

圖 5-11

上圖電路輸出 DIV2 具有一半頻率於 CLK。該圖中，Q 的反相被接到 D，使 Q 轉態於每次 CLK 上升沿。若咱多連接一級這個電路，把前一級的 Q 接到下一級的 CLK，就可以將下一級的 Q 再次除頻以 2。依此理若咱連接 N 級該電路，就可得除頻以 2、除頻以 4、除頻以 8、……、一直到除頻以 2^N 的時鐘信號。我們以 N=3 爲例示意於下圖 5-12。

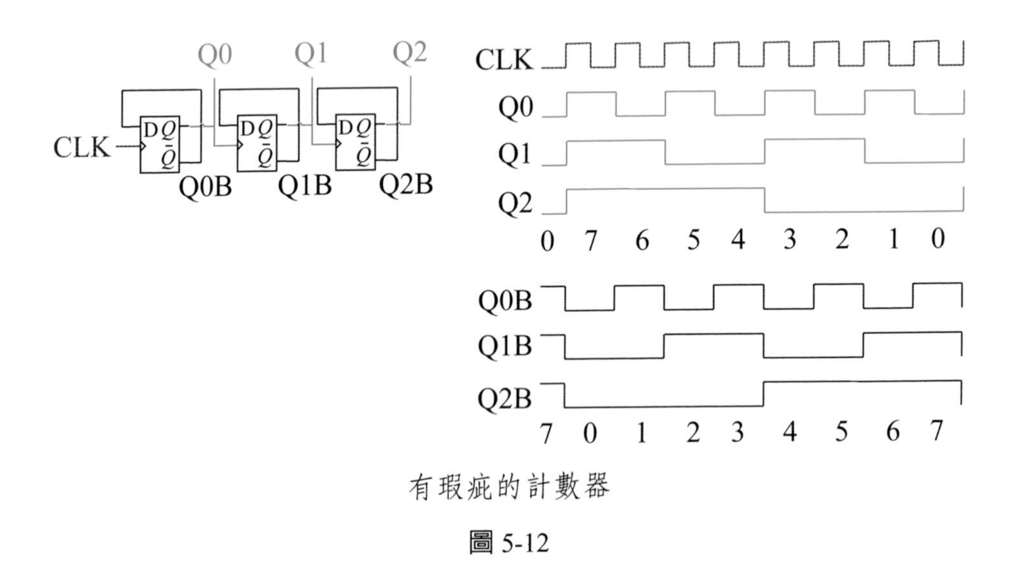

有瑕疵的計數器

圖 5-12

上圖電路雖完成了除頻以 2 的冪次，但若咱把 Q0,Q1,Q2 作爲二進位數的低位到高位，則該數依序爲 0、7、6、5、4、3、2、1 然後反覆，但一開始就不連續似乎有瑕疵。若咱能修改以上電路，就較符合咱熟悉的計數器如下圖 5-13 所示：

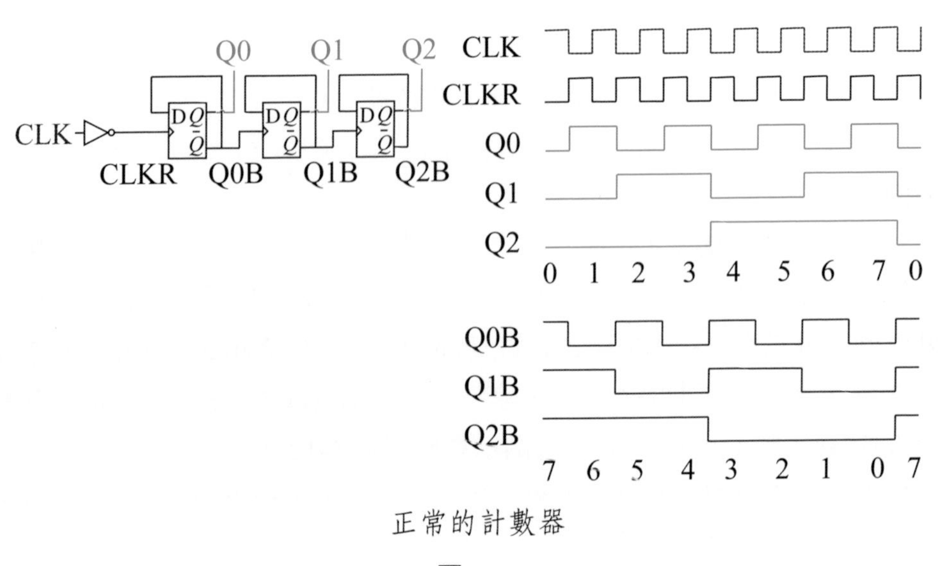

正常的計數器

圖 5-13

5.4.2 除以奇次冪（division by odd numbers' power）

若咱要把一個方波時鐘除頻以三，那就有如下圖 5-14 一般，輸入三個方波週期於 CLK，去獲得一個方波週期於 DIV3：

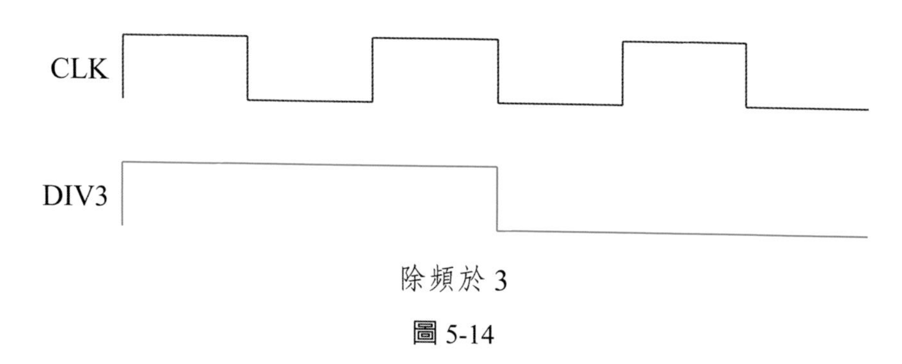

除頻於 3

圖 5-14

在三個 CLK 方波週期裡有六個沿，即三個上升沿和三個下降沿。所以，若咱能在每次 DIV3 轉態後，數三個沿的時間就再轉態一次，咱就可以完成除頻以三的工作。

這方法可被推廣到除頻於其他整數 N。這是因爲咱可畫出 N 個 CLK 週期，裡頭有 2N 個沿，然後只要每數 N 個沿轉態一次就完成了除頻以 N 的工作。

爲了用這方法，咱需能偵測下降沿，也需能偵測上升沿。下圖 5-15 能負責該升降沿偵測，其中 (A) 偵測下降沿、(B) 偵測上升沿、(C) 可皆測上下沿兩者。[9]

A 點於下圖 5-16 發脈波標示 CLK 升降沿，且觸發一個二進位計數器，並稍後重置該計數器當其數到三時，該重置脈波於 B 翻轉輸出 DIV3。如此咱就辦到了數三個沿就轉態，即達成了除頻以三。概念雖如此，但實際設計需考慮走鐘的毛刺（glitch）現象。舉例來說，若 Q0 和 Q1 從 10 變成 01 時，若過程有一瞬間發生 11 的暫態，則 B 電就會誤生新時鐘沿，所以咱用台語「走鐘」來形容這短暫的毛刺現象。這也是一重點查核事項當設計混用正反器和邏輯閘時。

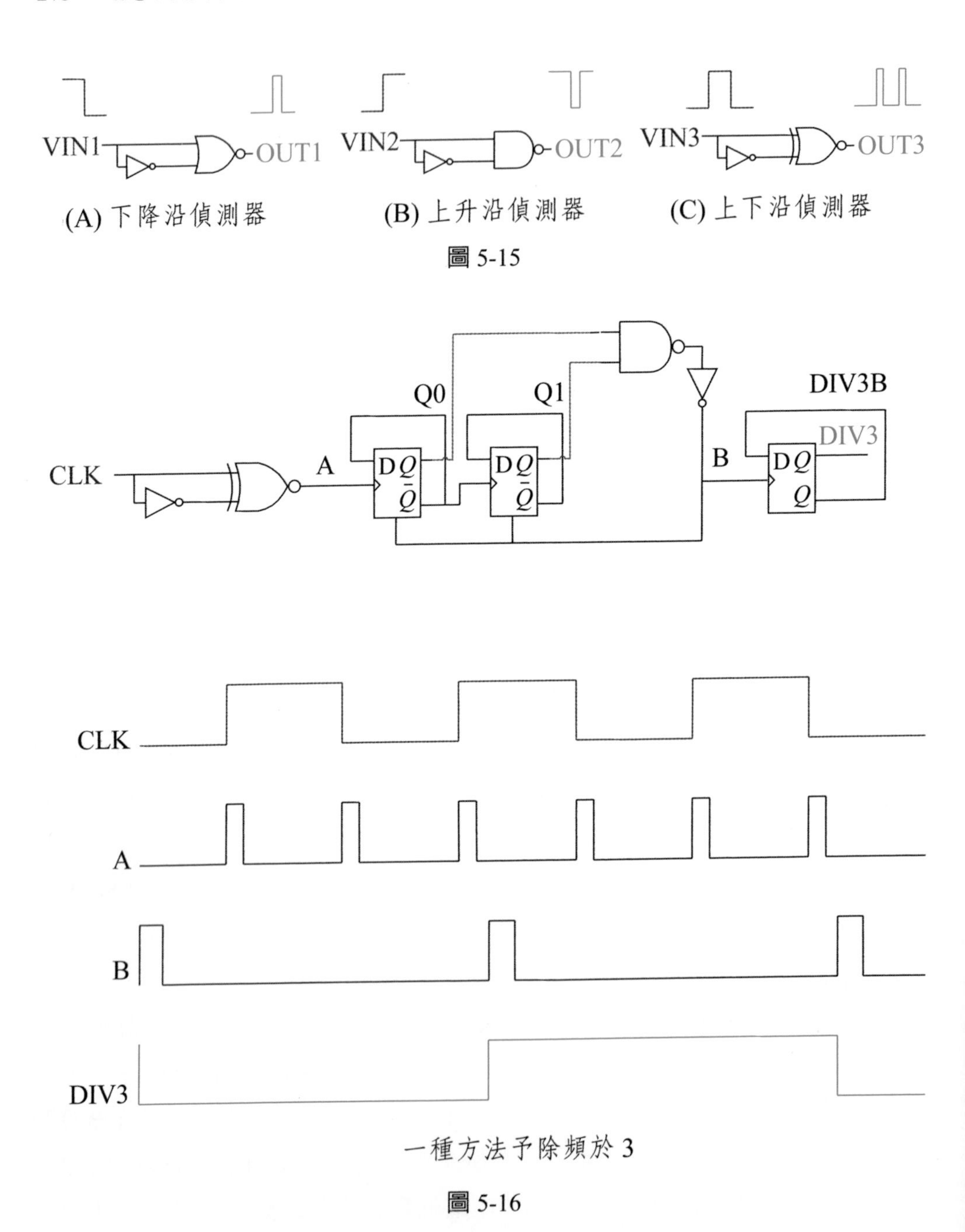

(A) 下降沿偵測器　(B) 上升沿偵測器　(C) 上下沿偵測器

圖 5-15

一種方法予除頻於 3

圖 5-16

上圖 5-16 的脈波寬度被誇張地繪示，表示該寬度爲有限、且可以依需求調整。至於走鐘問題，就請讀者想解法，應不困難。

5.5 倍頻（FREQUENCY MULTIPLICATION）

簡單的邏輯閘組合就能達成倍頻效果，如下圖 5-17 所示。該圖輸出鐘 CKO 有兩倍頻率於輸入鐘 CK，但占空比取決於延遲反相電路。該電路核心是個反互斥閘，其中一輸入 VX 總是滯後於 CK 一段時間，因此在每個升降沿於 CK 都能產生脈波效果。這方式類似上一節的升降沿偵測，只是這回延遲電路需為可調，才能得占空於50%。但有更簡單的方法。請讀者想想。

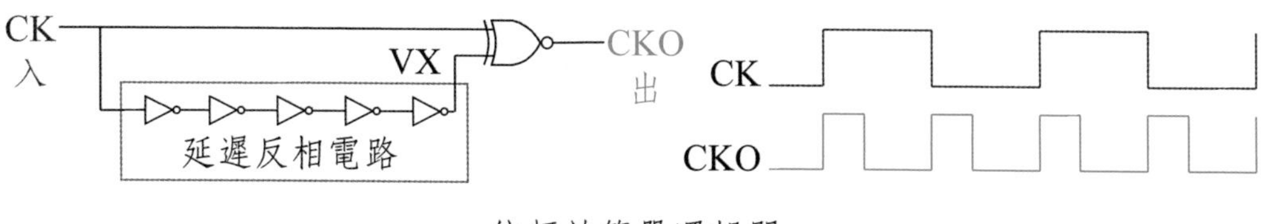

倍頻於簡單邏輯閘

圖 5-17

另一種倍頻方式用互斥閘為核心如下圖 5-18 所示，類似前例，只是這回時積分器和比較器造就時間延遲，不同於前例的反相延遲，且互斥閘替代了反互斥閘。這時占空比於 CKO 決定於時間常數於積分器和閾值於比較器，有點麻煩，但總是可調。

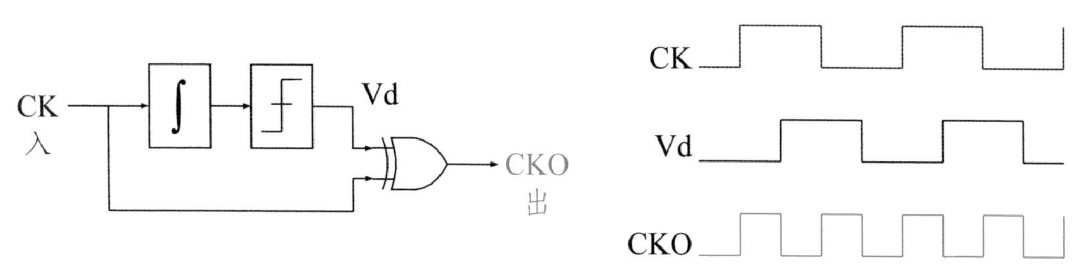

倍頻於 XOR 伴積分延遲

圖 5-18

比較複的倍頻做法使用鎖相迴路（phase lock loop，簡稱 PLL），如下

圖 5-19 所示。其中閉迴路能迫使 CKF 同步 CK，且除法器確保頻率於 CKF 有 1/M 頻率於 CKO，所以該 CKO 頻率是 M 倍於 CKF 頻率、接踵使 CKO 頻率為 M 倍於 CK 頻率。此即倍頻效果，且輸出占空比可為 50%。

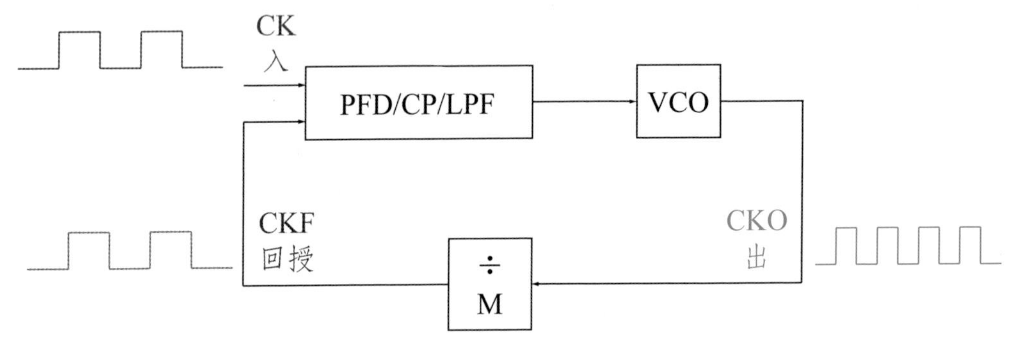

倍頻於 PLL 方法伴 M = 2

圖 5-19

鎖相迴路功能好，概念簡單，但設計考量複雜，不常見於簡單磁系統裡、較常見於通訊系統。

5.6 於語言——音調（ON LANGUAGE–TONE）

本章既然講時鐘、除頻、倍頻，好比改變 tone 一般。那在這語言特區裡，咱就講講音調性（tonality）、呼應上章末所講的 tonal language 和音素（phoneme）等話題。

上章末咱說音調性語言用不同的轉頻過程（countour）和轉幅過程去定義一個字義。這概念雖大致能被直覺地類比於注音符號，但有例外。比方下表 5-1，抄錄式自 [11]，顯示在雙音節字中，第一聲、第四聲基頻確實如注音符號所示有明顯持平和下降。但是第二聲和第三聲就非如此規律。很多情況下並不見三聲基頻先降再升。因此，第三聲的勾勾符號有時代表一種籠統的想像，而非實情。這並不是說咱學錯了啥。而是因為咱學注音符號時，大概尙無概念於基頻，只能用一種行爲模型去近似第三聲。老師們爲了達到第三聲效果，常在第三聲字尾刻意提高音調，並手劃勾勾、同步點頭抬頭去引導小朋友。此時，他可能把「以」字唸成「以一」兩字的連程，即利用一字的第一聲高頻特性去達到基頻抬升的勾勾尾，但並不這麼用在完整句子裡。很多小朋友並不清楚這個勾勾到底代表基頻、強度或兩者皆是。

在下表 5-1 裡，T14 表示第一音節爲第一聲、第二音節爲第四聲，依此類推。讀者可見 T14 裡，基頻變化在第一聲小於 6%，但基頻變化在第四聲下降超過 36%。

表 5-1

雙音節代號	第一音節（Hz）			第二音節（Hz）		
	起始	中點	末尾	起始	中點	末尾
T11	192	191	193	189	187	198
T12	193	192	193	160	133	161
T13	198	199	203	172	136	108
T14	201	190	192	212	173	134
T21	176	163	196	202	188	207
T22	157	163	194	167	140	168
T23	165	160	208	161	127	114
T24	160	146	171	210	161	127
T31	167	140	125	179	185	198
T32	156	133	124	146	134	167
T33	159	159	203	170	126	103
T34	161	132	119	202	165	124
T41	220	168	135	182	174	184
T42	221	178	140	137	130	158
T43	214	163	132	127	100	103
T44	213	160	132	189	158	126

咱知道音調不只被用來描述注音的四聲，還被用在表達態度和情緒。比如英文用提高音調於句尾去表達疑問，此時提高音調並不代表一個新的字，這種變化於 tone 並非特有於 tonal language。

雖然，一般男性發聲基頻平均皆約在 125Hz、女性約在 200Hz、嬰兒約在 300Hz，但是，中英文組字方式不同使得節奏和感受極不同。舉非學術來源做例說，某網站 [R1]* 報導子音主要能量分布在爲 250Hz～8kHz，母音主要能量分布在 250Hz～2kHz。咱姑且不論其正確性，僅憑感覺說，中文字有多數收尾於母音，而英文卻不是。對那些英文字示於網站 [R2]* 而言，依統計於 2021/07/17，其中有 74242 個英文字結束於子音，但僅 24794 字結束於母音。以上數字和統計方式有關，請讀者明辨。

咱再做個假設，請讀者去研究判斷。該假設爲：善用子音能助發音簡化、流暢。若此假設爲眞，則加重比例於子音運用在中文裡是有益的。

舉個最明顯的例子，那就是 MOS，取了三個字母，但唸來只有一音節，卻又包含了三種材料的影子。若用中文，大部分三字組合恐怕都被唸成三個音節。即使叫 MOS 爲三層管，還是得發音三個音節。若叫管子，雖然可輕唸子字，轉兩音節爲一音節，但就缺了材料訊息。金氧半導體一詞雖正確，但太冗長。所以，善用子音有時還是挺有好處的。

針對音素有特定轉頻歷程者，咱還得提一套輔助記號，叫做 tone letter，即音標記法，曾由趙元任先生提出並標準化，假如筆者沒誤引歷史的話。這些記號不只針對中文，也被應用到其他語言。若讀者想進一步了解 tonal language，以上所述關鍵字可供作爲起點去網搜。據稱當年趙元任先生用音樂取得靈感去幫助建構音標記法。

爲了做個對照，咱就把常用的基頻在鋼琴音樂列出做個對比，看看人聲落於樂器聲的哪些範圍。

表 5-2

鋼琴音頻（Hz）									
	第 0 梯	第 1 梯	第 2 梯	第 3 梯	第 4 梯	第 5 梯	第 6 梯	第 7 梯	第 8 梯
A	27.5	55	110	220	440	880	1760	3520	
C		32.7	65.4	130.8	261.6	523.2	1047	2093	4186

若讀者注意 A 音，即咱說的ㄌㄚ音，可見其音頻加倍於每增一梯度（一個八度，十二個音）。若看 C 音，似乎略有誤差，但那是因爲咱四捨五入，若算準，仍恰恰加倍於每增一梯度。

每個梯度裡有十二個音，以等比級數呈現，咱稱此爲十二平均律（equal temperament）。所以鋼琴鍵音頻公式爲 440*{(2)^(1/12)}^{(n-49)}。其中 440Hz 即 A4 音頻。咱常說的中央 C 即 C4 其近似 262Hz。

至於十二平均律，讀者可搜尋關鍵字「十二平均律」、「朱載堉」、「和諧音概論」、「平均律鍵盤曲集」、「巴赫」、「黃鐘」等等去輕鬆地看看歷史故事。

練習（Exercise）

練習 5.1（tuned oscillators）

(1) 請修改並完善以下三組電路簡圖，幫它們加上偏壓電路，使其眞正成爲振盪電路全圖。該三組電路圖出自 [10]{page505-506}。

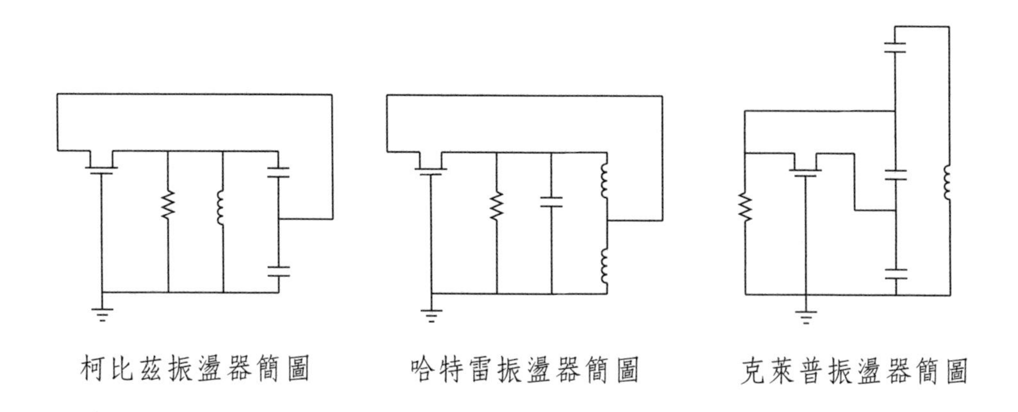

柯比茲振盪器簡圖　　哈特雷振盪器簡圖　　克萊普振盪器簡圖

(2) 承上題，請用模擬器模擬驗證該修改是合理的。請列出所用數值於R、L、C，並繪出輸出波形、標示電壓於電源和峰對峰值於輸出、標示振盪頻率。手繪或電腦繪圖皆可。

提示 此頁練習旨在助練習拼湊振盪器伴模擬器之助。若能用實驗印證，則本練習將有較好的效果。[10] 從電路組態去討論這些 LC 振盪器，比如柯比茲振盪器用電容抽頭（tap），哈特雷（Hartley）振盪器用電感抽頭，克萊普（Clapp）振盪器類似柯比茲振盪器，但是增加一個電容抽頭。[10] 專寫射頻電路，切入角度不同於本章 5.3 節，可相互對照。

練習 5.2（mechanical relaxation oscillation）

請修改抽水馬桶的結構，使它具有鬆弛振盪特徵，即在稍遲於水位達高位後，水箱就開閥放流使內水位一口氣降低，然後再慢慢回復至高水位，如此反覆。目前的抽水馬桶行爲比較類似一種叫做 one shot 電路，其被介紹於下一章。

提示 此練習旨在助體會鬆弛震盪。可搭配 5.1 節思考。

文獻目錄

1. S. Jeong, I. Lee, D. Blaauw, D. Sylvester [A 5.8nW 45ppm/C On-Chip CMOS Wake-up Timer Using a Constant Charge Subtraction Scheme] 2014NIHMS712339
2. N. Wang, Z. Zhang, Z. Li, Y. Zhang, Q. He, B. Han, Y. Lu [Self-Oscillating Flux-gate-Based Quasi-Digital Sensor for DC High-Current Measurement] 2015 期刊於 IEEE
3. I. M. Filanovsky [Design of Electromagnetically Coupled Isolation Operational Amplifiers without Input Buffer] 1993 期刊於 IEEE
4. 吳定中、賴敏成 [電子學經典題型解析 II] 2012 書 ISBN978-957-41-2445-9
5. Behzad Razavi [Design of Analog CMOS Integrated Circuits] 2001 書 ISBN0-07-118839-8
6. Behzad Razavi [A CIRCUIT FOR ALL SEASONS The Ring Oscillator] 2019 期刊於 IEEE
7. devttys0 [www.youtube.com/watch?5StwZCeNzVU] YOUTUBE 影片
8. devttys0 [www.youtube.com/watch?v=I4bAfDu6F1k] YOUTUBE 影片
9. R. Jacob Baker [CMOS circuit design, layout, and simulation] 2007 書 ISBN978-0-470-22941Revised2ndEdition
10. T. H. Lee [The Design of CMOS Radio Frequency Integrated Circuits] 2000 書 ISBN0-521-63922-0
11. 鄭靜宜 [華語雙音節詞基頻的聲調共構效果] 2012 其刊於台灣聽力語言學會雜誌

[illegible]

[illegible] [K] YOUTUBE 影片

[illegible] Baker [CMOS circuit design, layout, and simulation] 2007 年, ISBN978-[illegible] (Revised 2nd edition)

10. T. H. Lee [The Design of CMOS Radio-Frequency Integrated Circuits] 2000 年, ISBN0-521-63922-0

11. [illegible] 2012 [illegible]

第六章

簡單的數位控制

在一磁感測系統其以感測類比信號為核心，數位電路的存在幾乎是無法避免的，就像一個人不能只有手腳皮膚但沒大腦。這些數位電路並不一定需要產生於自動合成（auto synthesis）的過程。若咱僅需替振盪器做二進位的頻率除法、創造簡單的時序、控制電路參數於暫存器、辦簡單的二進位編碼解碼或造簡單的計數器，設計者並不一定需要用複雜的硬體描述語言（hardware description language，簡稱 HDL）去做數位合成，也不需自動布局繞線（auto placement and route，簡稱 APR）。

運用自動合成於數位電路固然可實現較複雜的電路行為，但它常需額外的成本和人力。若咱要拿合成後的電路檔案去整合類比電路予模擬，則咱需要額外的軟體功能（有人簡稱 co-sim）。因此，類比電路工程師仍有必要熟練一些基本常用的數位電路，去降低成本、並增加設計靈活度。

6.1 穩定態於數位電路（STABILITY IN DIGITAL CKTS）

文獻 [1]{page529} 繪示了一簡圖其概念性地說明：(1) 不穩態電路輸出不會永久停留在同一個電位。(2) 單穩態電路也許暫時會改變電位但是最終總是停留在同一種電位。(3) 雙穩態電路可擇一於兩種電位選擇，其結果經常取決於輸入方式。該圖沒繪示介穩態，咱將用幾個常見的數位電路做例子補充說明。

6.1.1 環形反閘對（ring inverter pair）

傳統上，「交越偶合反閘對」（cross-coupled inverters）才是慣用的原文稱呼，其針對結構於下圖 6-1(A)。但若展開交越，該圖就變成下圖 6-1(B)，所以說它是「環形反閘對」也行。

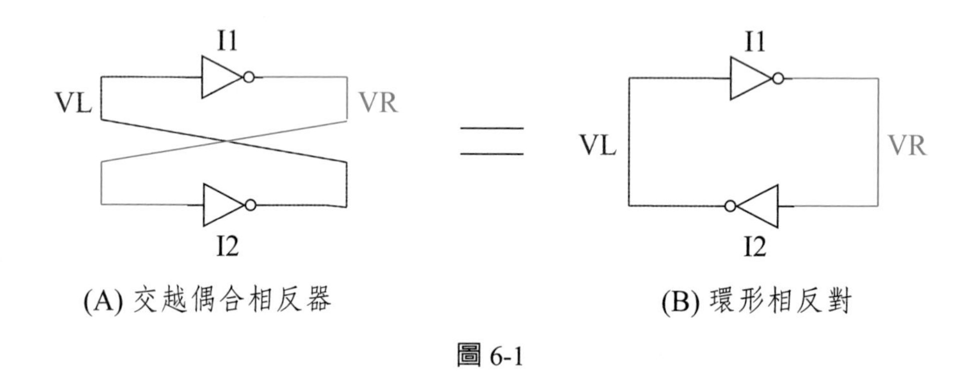

(A) 交越偶合相反器　　(B) 環形相反對

圖 6-1

註：筆者當年以為 cross-coupled 這字這和西方人喜歡十字架（holy cross）勝過 ring 做宗教符號有關，但這觀點無關於技術本身（讀者若看過達文西密碼可以想像關聯性之於符號學、語言學和電路圖，是另一種學問）。所以，後來筆者想，傳統構圖法可能著眼於維持輸入到輸出都從左向右的習慣。

至於標題說「環形反閘對」只是爲了發音方便，避免拗口的發音。若「環形反閘對」被唸快了還可退化「形」字發音用滑動連音取代、只留四個音節，咱唸來就像「環一反閘對」，有點日文味。若要更省還可以說它是「反閘閂鎖」（inverter latch，中英文都四個音節）、「環反閘」、「環閘鎖」、「環鎖」、「閂鎖」（latch）或僅僅「鎖」。由此可見，給名字從古至今都不是件單純事，人文科學或工程科學皆如此。

說文解字暫告一段落，咱現開始分析環形反閘對。若咱繪出特性曲線予兩反閘如下圖 6-2，再重繪其一於置換兩軸，之後就可疊出一張蝴蝶圖，其藍灰線交點就代表可能的最終狀態於該環鎖。

下圖 6-2 提示了「介穩態」和「雙穩態」的特性，其理由可由下圖 6-3 去表達，藉箭頭路徑示意兩種虛擬過程。

若 I1 輸出一開始在 W 點，其縱軸輸出即 I2 輸入在 X 點。I2 接著在 X 點有橫軸輸出即 I1 輸入在 Y 點。I1 接著在 Y 點有縱軸輸出即 I2 輸入在 Z 點。最後 I2 在 Z 點有橫軸輸出即 I1 輸入仍在 Z 點，此後工作點維持在 Z 點、進入穩態。此虛擬過程僅被用來判斷穩態點，並非眞實暫態過程。

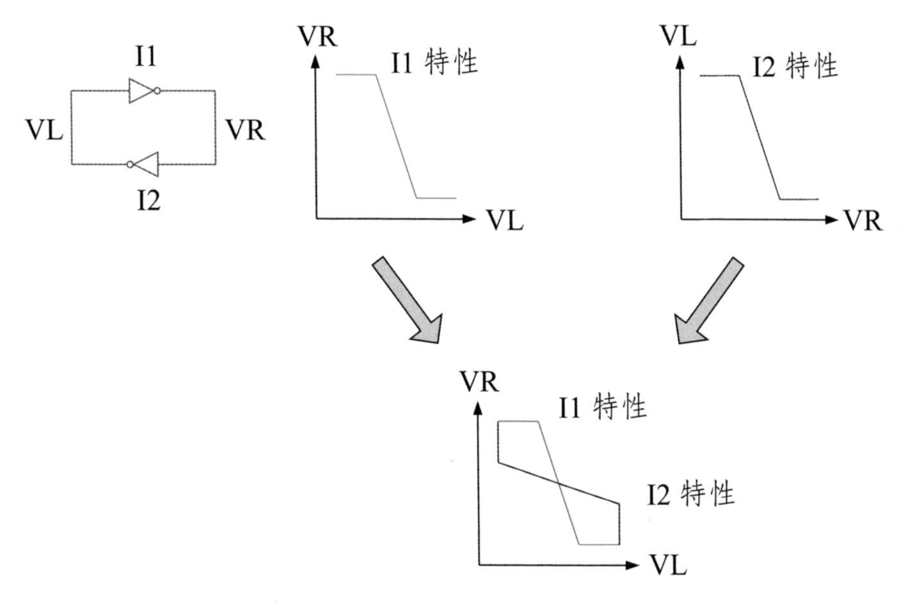

疊圖予反閘對特性於環形反閘對

圖 6-2

同理若 I1 輸出一開始由 P 點表達，則工作點經過 P->Q->R->S 過程，最終穩定在 S 點。比較嚴謹地說，I1 曲線和 I2 曲線有三個交點（Z、M、S），若起點不是 M，終點就必然在 Z 或 S。

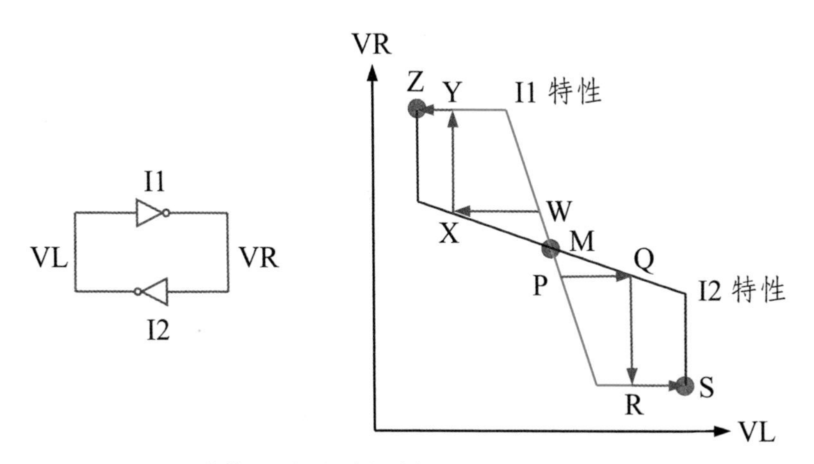

尋找穩態點於蝴蝶圖用一虛擬過程

圖 6-3

上圖 M 點雖然是一個可能的情況，但是只要有些微雜訊就會把電路的平衡推向 Z 或 S，但也許過程費時，因此 M 點的穩定態被稱爲介穩定態（meta stable state，意味介於兩者之間的穩定態）。設計者常常追加一組電路將平衡點推離 M 點使得環鎖類電路能夠以受控的雙穩定態模式運作，即若非穩定於 Z，則穩定於 S，且在開機時取其一初始化。

爲了定量地分析上圖過程如何趨近穩態，咱把 I1 和 I2 看作兩個放大器互相偶合如下圖 6-4 所示：

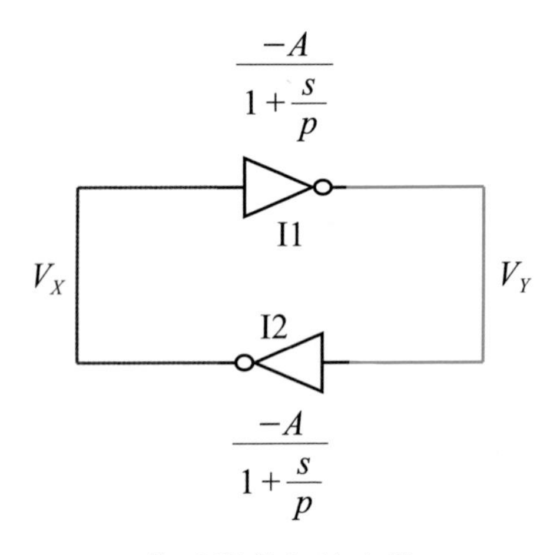

待反閘對如放大器

圖 6-4

咱可以用 I1 於上圖 6-4 建一關係式於 Vx 及 Vy 作爲拉氏轉換變數：

$$V_Y = \frac{-A}{1+\frac{s}{p}} V_X \qquad (1\text{-}6.1)$$

移項之後可得：

$$V_Y + \frac{s}{p} V_Y = -A V_X \qquad (2\text{-}6.1)$$

咱接著令：

$$p = \frac{1}{\tau_0} \quad (3\text{-}6.1)$$

到此咱可能已有衝動改寫算式 2-6.1 於反拉氏轉換得一時域算式：

$$v_y + \tau_0 \frac{dv_y}{dt} = -Av_x, \text{ when } t > 0 \quad (4\text{-}6.1)$$

同理咱可用 I2 放大器得一對稱的時域算式：

$$v_x + \tau_0 \frac{dv_x}{dt} = -Av_y, \text{ when } t > 0 \quad (5\text{-}6.1)$$

以上兩式在文獻 [2]{page179} 中被作爲分析的起點。咱在上頭並未嚴謹地運用初始值予微分項去做反拉氏轉換得脈衝於時域，請讀者自行將它補齊。甚至也許有些比較敏銳的讀者不需要拉氏轉換仍能靠直覺寫出上兩式。但無論如何，拉氏轉換仍然提供一個起點予記憶和聯想，不無小補。咱接著做減法予式子 4-6.1 和 5-6.1 可得：

$$-\tau_0\left(\frac{dv_x - v_y}{dt}\right) - (v_x - v_y) = -A(v_x - v_y), \text{ when } t > 0 \quad (6\text{-}6.1)$$

解該微分方程後，咱會看到一個量化的結論：

$$v_x - v_y = v_{xy0}e^{(A-1)\frac{t}{t_0}}, \text{ when } t > 0 \quad (7\text{-}6.1)$$

這表示該電壓差於環鎖加速擴張於一指數過程隨時間演化，起碼它是如此當 I1 和 I2 的轉移函數仍然成立時。在以上分析中，只要初始電壓差不爲 0，壓差於環鎖兩端就會被放大去趨向滿表電壓準位，且至少在某段時間內會加速奔向那狀態直到接近穩態。

至此量化分析告一個段落，咱回來討論初始化一個雙穩態電路。

6.1.2 相反鎖於 DFF（inverter latches in DFF）

反閘鎖常匿於 D 型正反器和 SR 閂鎖裡。咱先舉前者爲例，簡稱它爲 DFF，並繪其於下圖 6-5(A)。

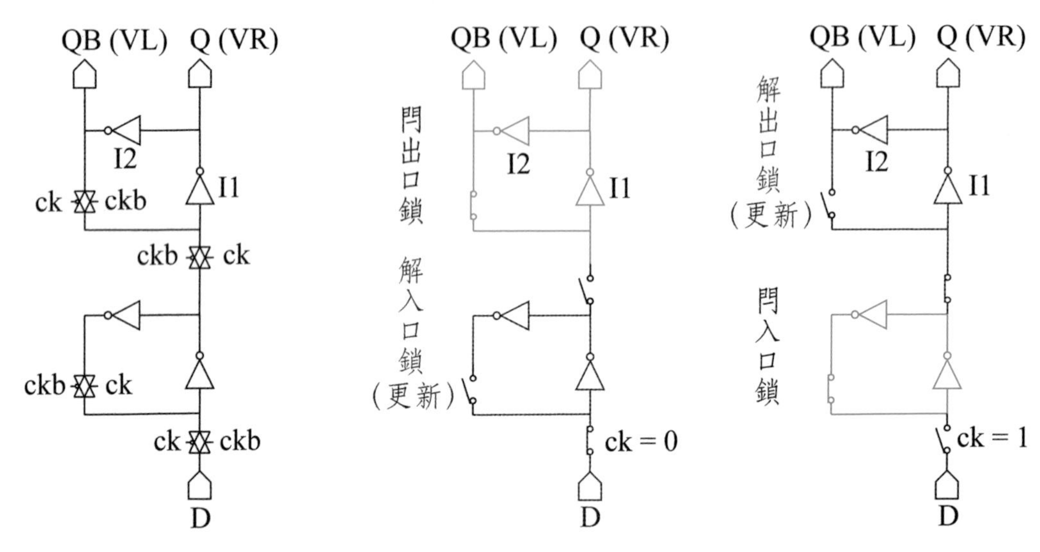

(A) 一種基本構造於 DFF (B) 閂出口鎖、解入口鎖去更新入口 (C) 解出口銷、閂入口鎖去更新輸出

圖 6-5

上圖中 DFF 有兩個環鎖結構，出口環鎖由反閘 I1 和 I2 組成，其沿用兩圖前圖 6-3 記號，順理成章地，Q 就相當於 VR，QB 就相當於 VL。另一組相反器則可形成入口環鎖。

DFF 於不同時間更新入口資料和出口資料、防止入口於更新過程中遭到出口回授影響。當資料停止更新時，DFF 用環閂鎖去鎖定、記憶結果、並抵抗雜訊；當資料需更新時，DFF 解鎖推資料入開迴路反閘對且不受抵抗。

所述過程於上一段可用上圖 6-5(B) 和圖 6-5(C) 表示，可見出口鎖和入口鎖交錯變化，其中開關代表傳輸閘，其控制著閂鎖和解鎖動作。當 ck=0 時，DFF 解入口鎖去追蹤輸入、隔離入口鎖與出口鎖、並閂出口鎖去防止出口變化；當 ck=1 時，DFF 隔離輸入與入口鎖、閂入口鎖鎖定最新資料、接通入口鎖與出口鎖、並解出口鎖更新輸出。

但是，在剛開機時，上圖 6-5 並不能確保 Q 爲高電平或低電平。比方上圖 6-5(B) 情況，咱搭配三圖前的圖 6-3 說明，若開機過程使 Q 暫時跑到了 W 點，則其最後依 W->X->Y->Z 趨勢穩定到 Z；若該過程讓 Q 暫時跑到了 P 點，則其最後依 P->Q->R-S 趨勢穩定到 S。這種不確定性是壞事。咱要的雙穩態是可控的雙穩態、不是隨機的雙穩態。

讀者也許會問開機時到底出現了什麼魔法，怎地會有這些不確定性？咱仍舉上圖 6-5(B) 的情況回答這問題。首先，VQ 和 VQB 互為因果，類似那問題咱論及在第 3 章關於鎖死一事。其次，I1 和 I2 存在製程差異，不一定哪個充電能力較強。最後，當 I1 和 I2 兩者進行角力時，哪邊受寵於噪聲也能左右終局。

好吧，環相反對有隨機性，怎辦呢？那當然需有個初始化動作。其中一種解決方案如文獻 [1] 所示。咱還可從下一小節的 SR 閂鎖得到啟示。馬上來看。

6.1.3 相反鎖於 SR 鎖（inverter latch in SR latch）

如同相反鎖一般，SR 鎖也可以有長名和短名。比如「交越偶合的 SR 閂鎖」如下圖 6-6(A)，或「SR 環鎖」如下圖 (B)。它們代表相同的東西。本節簡稱它們叫「SR 鎖」。

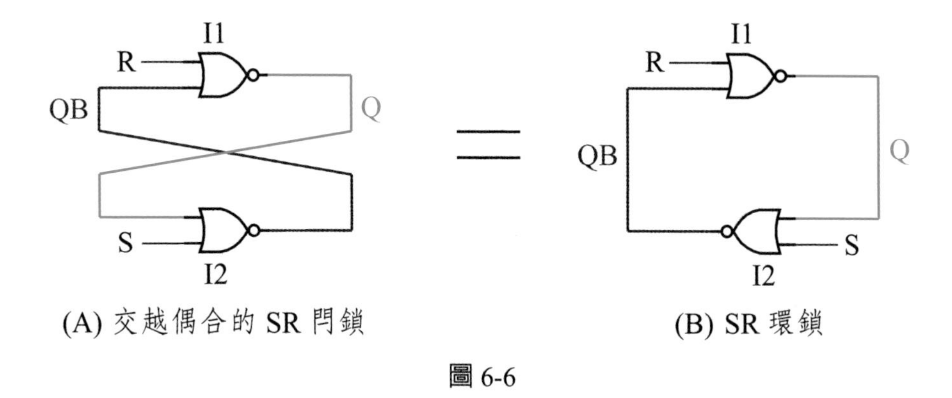

(A) 交越偶合的 SR 閂鎖　　(B) SR 環鎖

圖 6-6

咱回顧一下 SR 鎖的轉態特徵於下圖 6-7，順便對照其他正反器特徵複習。稍後咱會講閂鎖和正反器差異。但目前，咱只要記得 SR 鎖有 S 和 R 兩端，其目的即讓咱擇一於雙穩態。但仍有隱患，啥呢？

SR 鎖

S	R	Q
0	0	NC
0	1	0
1	0	1
1	1	X

D 正反器

D	Q’
0	0
1	1

JK 正反器

J	K	Q’
0	0	Q
0	1	0
1	0	1
1	1	QB

T 正反器

T	Q	Q’
0	0	0
0	1	1
1	0	1
1	1	0

轉態表予常用的閂鎖和正反器

圖 6-7

想想若開機時遇到 S=0, R=0 的情況如下圖 6-8(A)，則該功能與其在環反閘於下圖 6-8(B) 無異。咱好像看到了一個反閘鎖匿於 SR 鎖內，都可謂環閘鎖，需被初始化才能消除隨機性。

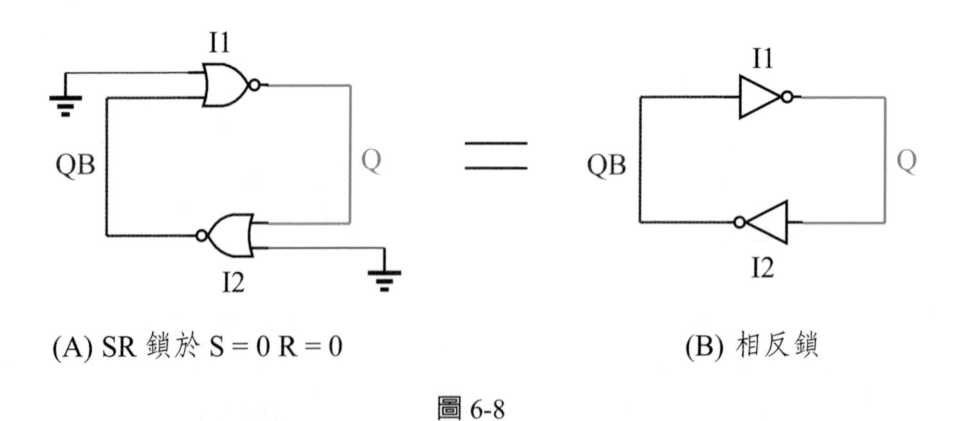

(A) SR 鎖於 S = 0 R = 0　　(B) 相反鎖

圖 6-8

初始化是件容易的事對 SR 鎖來說，因爲有現成的重置 R 腳位。開機時在那腳位上給個脈波如下圖 6-9(A) 就能讓 Q 和 QB 照要求來如下圖 6-9(B)。

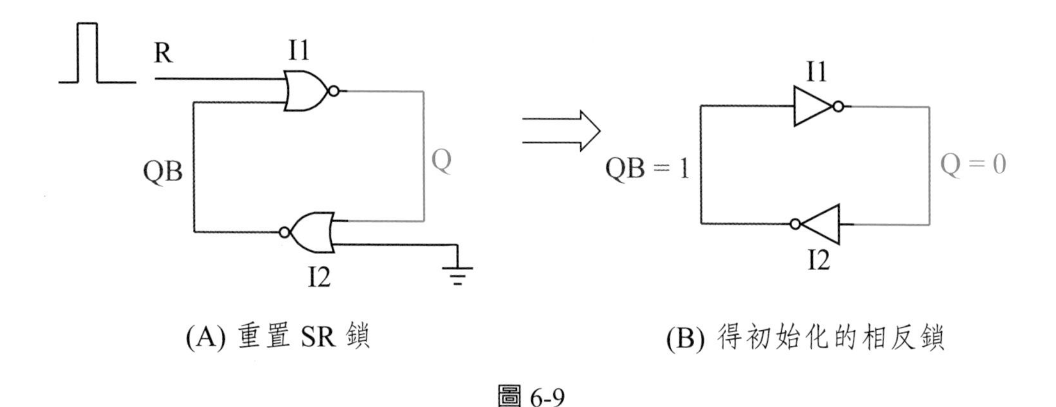

(A) 重置 SR 鎖　　(B) 得初始化的相反鎖

圖 6-9

但，S 和 R 並非專用來做開機重置的，該重置任務通常由第 3 章所說的 POR 電路負責下令，其重置信號被稱爲 POR 信號。雖然 POR 信號常不是脈波形式，但爲了簡化討論，咱先假設它是個脈波 PORP 如下圖 6-10(A) 所示，其中 PORP 本可以和原始的 R 信號先做 OR 再進入 I1，不過咱先假設 I1 是有三個入口的 NOR，而 PORP 和 R 各接一入口於 I1。

若咱再次用蝴蝶圖概念，且用灰線表 I2 特性、用藍線表 I1 特性，則當時間在早於 t0 在 6-10(A) 圖時，下圖 6-10(B) 有兩可能的穩態點，電路尚有隨機性。但當 t0<t<t1 時於 (A) 圖時，POR 爲高電位，Q 被重置爲 0，使得原先 (B) 圖的可能 1 被消除，只剩可能 2，待 t>t1 於 (A) 圖時，PORP 回到 0，使 SR 鎖進入所謂的不變（no change）狀態，因此晚於 t1 後該 SR 鎖將維持在指定初始值，如下圖 6-10(C) 所示，直到 S 被改接到高電位上。

類比電路有許多接線交越的的結構像交越偶合 SR 閂鎖一般，易造成視覺跳序，但若把糾纏在一起的線攤開如環鎖，形成一個分析迴圈，有時能幫助設計者避免在疲憊中犯錯。咱接下來看另一種交越偶合結構。

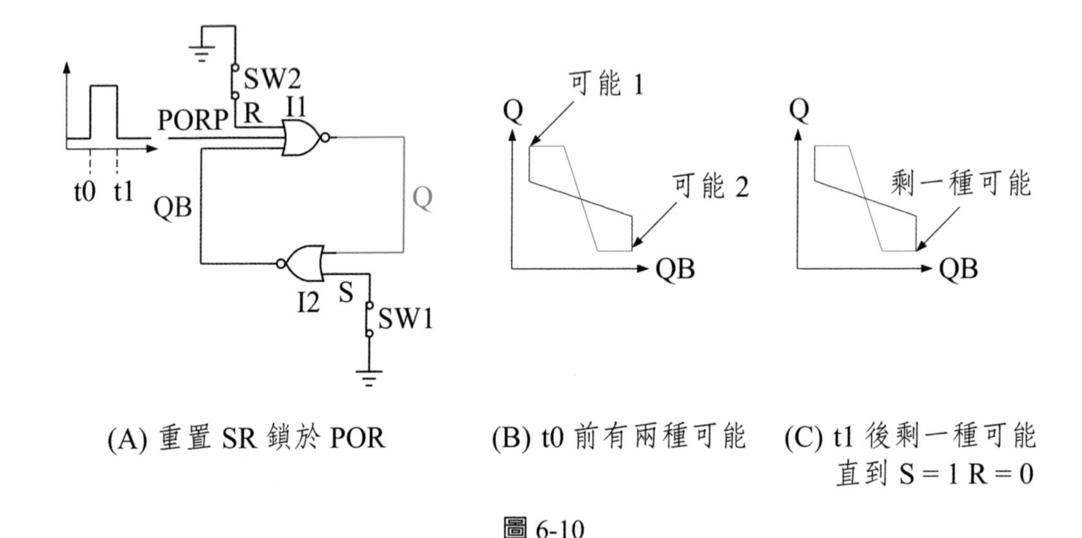

(A) 重置 SR 鎖於 POR (B) t0 前有兩種可能 (C) t1 後剩一種可能直到 S = 1 R = 0

圖 6-10

6.1.4 位準偏移器（level shifter）

咱現介紹一種位準偏移器不同自第 2 章的類比位準偏移。兩者雖都牽涉轉換電壓準位，但本小節強調數位輸出入搭配類比處理過程；第 2 章的偏移器則強調類比輸出入搭配類比處理過程。

在本小節，偏移器用晶體管特性去分析信號暫態，不用邏輯閘去主辦此事，所以該位準偏移器常被歸類到類比電路。但是，若被觀察於簡化結構，該偏移器也有特徵類似於環鎖，很像一組邏輯閘，所以它在此被簡稱「數位偏移器」。咱也將繼續運用疊圖技巧如前兩小節所示去尋找穩態點。

數位偏移器可分為低轉高電位和高轉低電位兩種。咱用前者的陽春版做說明，其電路與特性如圖 6-11(A) 所示，其中輸入 VIN 以 VDDL 作為最高電位，但是輸出 OUTPUT 以 VDDH 做最高電位且保有相同的邏輯態之於輸入 VIN。

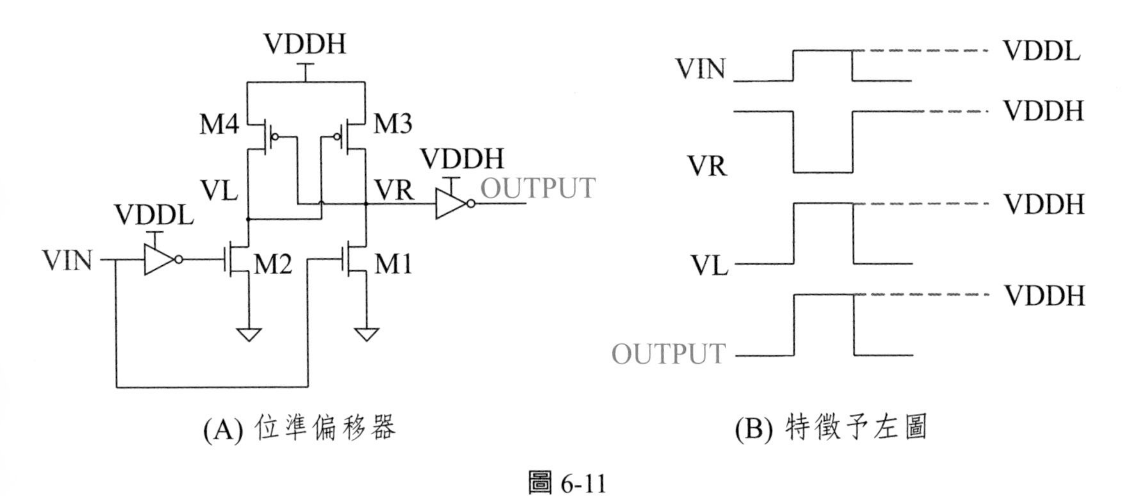

(A) 位準偏移器 (B) 特徵予左圖

圖 6-11

若咱設定 VIN=VDDL，上圖 6-11(A) 的等效電路就如下圖 6-12(A)。咱將左側交越的毛線攤平成右側，手段一如既往，避免視覺錯位，並照舊區分電路為兩部分——這回分成左電路和右電路如下圖 6-12(B)：

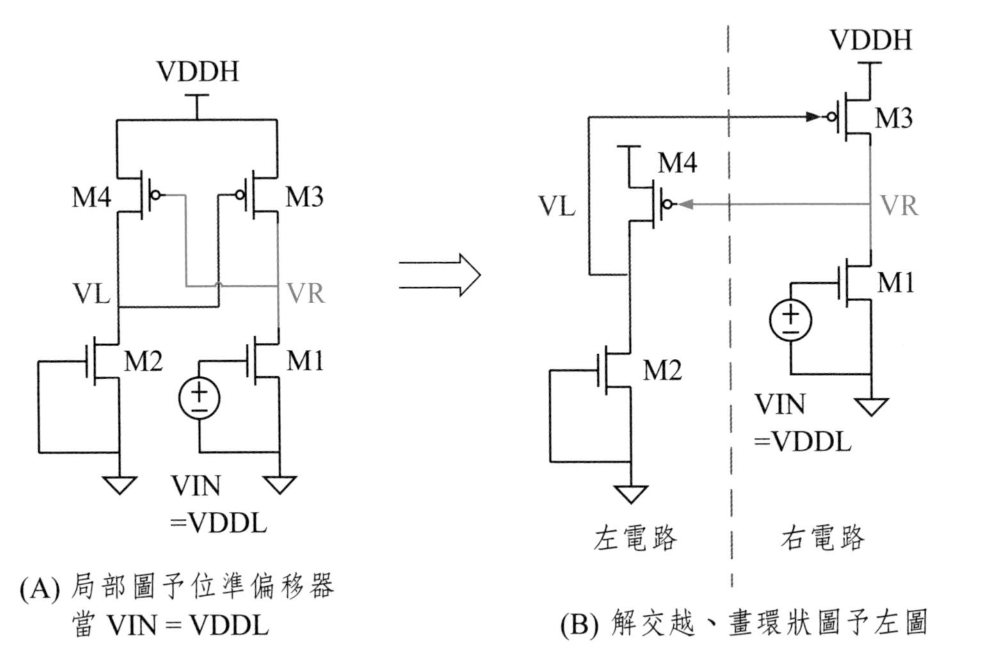

(A) 局部圖予位準偏移器
當 VIN = VDDL

(B) 解交越、畫環狀圖予左圖

圖 6-12

雖然仍是環狀連接，但這回不同於相反鎖。咱分別繪出特性曲線予上圖 6-12(B) 在下圖 6-13，結果發現：右電路仍有類相反器特徵，但左電路沒有。故經於疊圖後，兩特徵曲線只有一交點。這說明在 VIN 固定時，此電路有單穩態特性、無隨機性；若 VIN 變化，這偏移器就可進入受控的雙穩態。

不隨機！好消息。這麼說此電路不用被初始化嗎？可惜有時候沒這麼單純，理由和它的應用方式有關。這不在咱討論範圍之內。另外，本電路牽涉兩種邏輯電壓，設計時還是稍微留意檢查一下、避免 VDDL 過低、低到讓藍線於下圖 6-13 右移、影響穩態準位。換句說，這設計雖像一道送分題，但咱還是要留心別用太誇張尺寸搞砸了它。

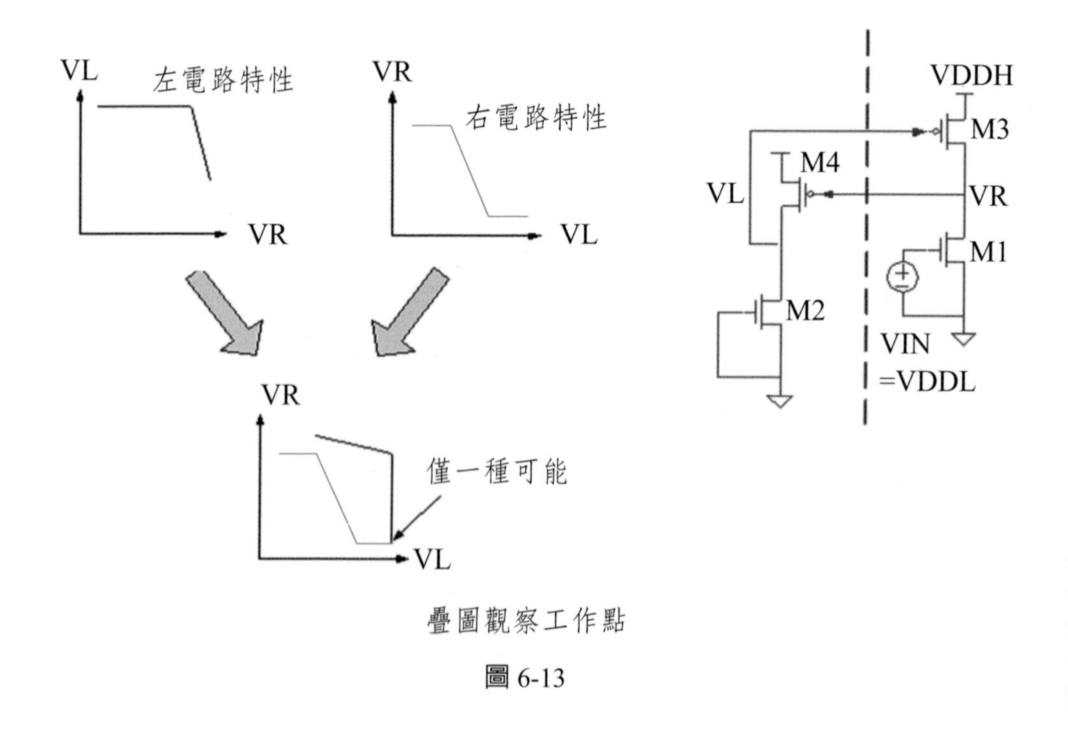

疊圖觀察工作點

圖 6-13

位準偏移器這種雙穩態電路不會先走偏到第二種邏輯狀態才回歸正確邏輯態。它若轉態就一口氣轉定，雖然有時需被優化去避免轉態過慢，但不致於出口轉態後暫時變軌再回到正軌，除非該設計有瑕疵。相較之下，下小節的單穩態電路提供暫時變軌的特性，能助提高邏輯電路的彈性，其中一個應用在先前第 5 章有提到，咱馬上順勢回顧這類應用。

6.1.5 脈波產生器（pulse generator）

下圖 6-14 的兩組單穩態電路都能暫時變軌。6-14(A)(B) 表示 OUT1 暫時變軌只針對 VIN1 下降沿；6-14(C)(D) 表示 OUT2 暫時變軌只針對 VIN2 上升沿。

若改圖中 NOR 閘和 NAND 閘成 XOR 閘，則輸出會暫時變軌皆於上升沿和下降沿。

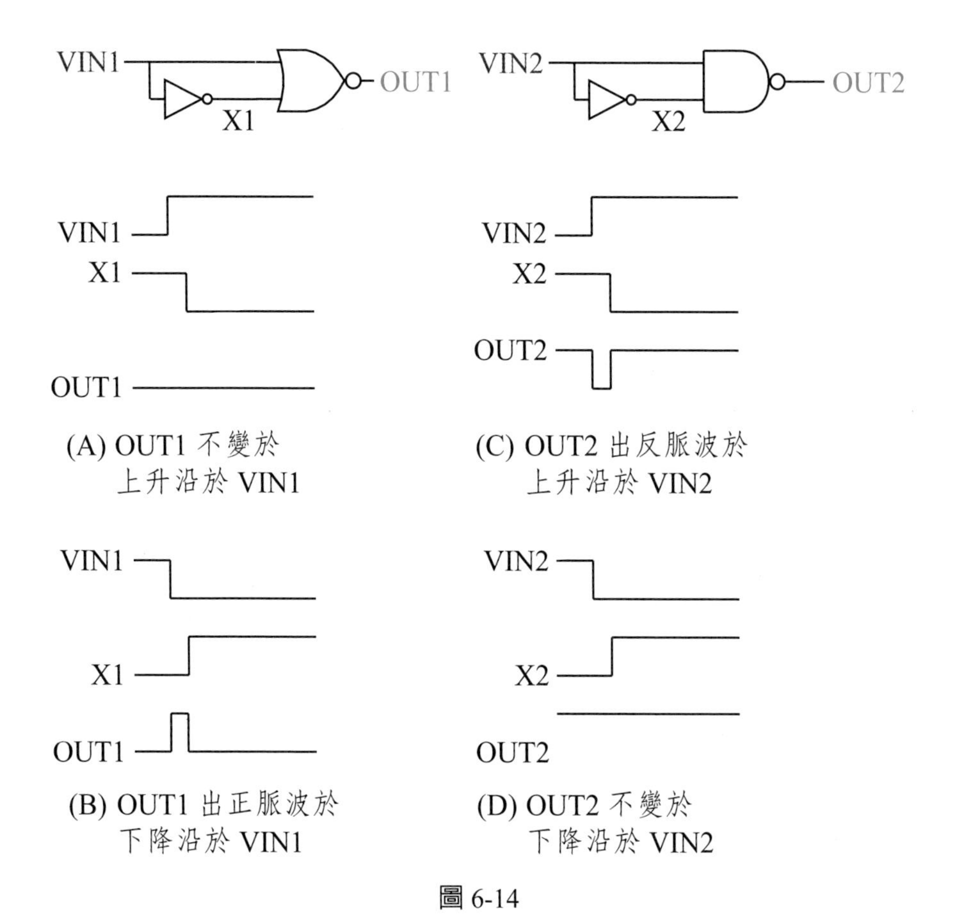

圖 6-14

在上圖 6-14，反閘的反應時間決定了變軌滯留時間，即脈波寬度於 OUT1 和 OUT2。若用奇數個反閘去串連並取代原單一反閘則該滯留時間能被增加。

單穩態電路輸出不一定會變軌，但若它能暫時變軌，則咱可用它來產生一脈波，其同步於上升沿或下降沿或兩者。第 5 章的除頻於奇數就用這特性，讓正反器能更新於半週期時間。

有時這類變軌行爲必須可被延長、定時、並能抗噪，這時咱可用另一種單穩態電路，叫「單發」電路（one shot），去搞定。經典的 IC555 就可被應用去作爲一例，其被用在單發電路時，脈波滯時可受控於外接的 R 和 C，因此可造出長脈波如下圖 6-15(A) 所示。且若觸發電路在短時間內有多餘轉態，單發電路的輸出仍能維持單發特性，只產生一脈波，如下圖 6-15(B) 所示。先前所述的脈波產生器則無此抗噪性，下圖 6-15(C) 反映該特點。

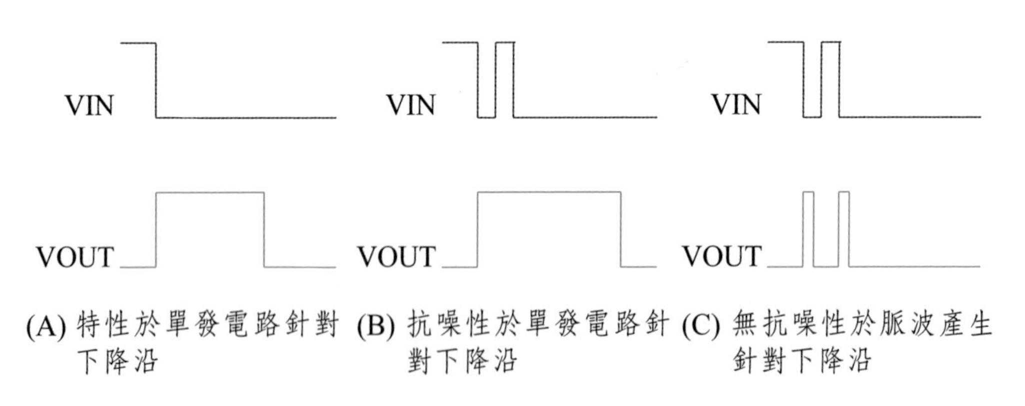

(A) 特性於單發電路針對下降沿　(B) 抗噪性於單發電路針對下降沿　(C) 無抗噪性於脈波產生針對下降沿

圖 6-15

6.1.6 延遲堆疊電路（delay stack ckt）

上一小節的脈波產生器用奇數個相反器產生暫時變軌。若是咱把奇數改成偶數，則咱能獲得一雙穩態電路，其上升沿和下降沿反應時間不同，此特性能助咱製造一對同步信號，其中一個有晚到早退時序較於另一者。

比如下圖 6-16(A)，上升沿和下降沿於 V1 同步該沿於 VIN，其領先二個邏輯閘時間皆諸於兩情況。

但，上升沿於 V2 同步該沿於 VIN，其領先了五個邏輯閘時間；下降沿於 V2 同步該沿於 VIN，其領先僅一個邏輯閘時間。

因此，上升沿於 V2 落後該沿於 V1 以三個邏輯閘時間，但下降沿於 V2 領先該沿於 V1 以一個邏輯時間。所以咱有晚到早退特徵予 V2 對 V1。很像電腦的堆疊（stack），其提供 last-in first-out 特徵。這相當於說 V1 對 V2 有早到晚退特徵。

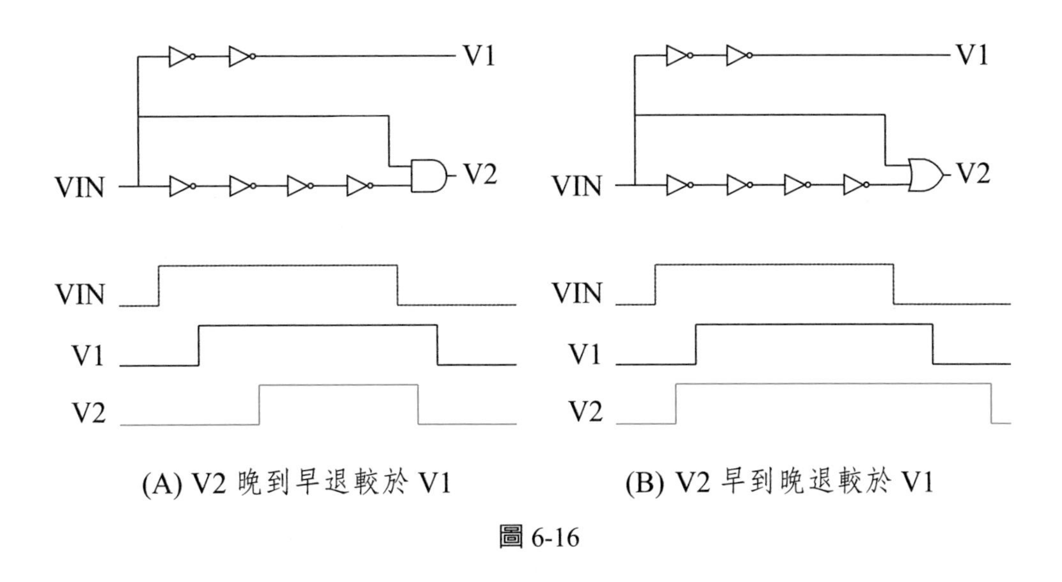

(A) V2 晚到早退較於 V1　　(B) V2 早到晚退較於 V1

圖 6-16

上圖 6-16 的延遲電路在此被稱為「延遲堆疊」，很實用。

6.1.7 正反器對栓鎖（flip-flop vs latch）

有時那些和先前事件有關的邏輯電路被稱為有記憶性〔雖然電源消失之後這個記憶就會消失，但是，我們仍然稱其為一種記憶，我們電腦裡的動態隨機存取記憶體（DRAM）也是如此〕。最典型的例子就是電視機的電源開關，若電視在關機態，則按鈕一次可開機；若其在開機態，則按鈕一次可關機，其味道似 T 閂鎖。

若要保存記憶、並依其去擇反應模式，則咱通常使用正反器（flip-flop）或栓鎖（latch）作爲記憶單元最直接。正反器能讓事件同步於時鐘信號沿，一般稱爲信號沿觸發的（edge-triggered）邏輯電路。栓鎖則常被稱爲準位觸發（level-triggered）的電路，即輸出變軌行爲不受限在時鐘的升降沿附近的狹窄時間窗口；只要輸入準位合適，閂鎖輸出立即變軌。這聽起來複雜，實際上簡單，我們用以下的例子來看就會明白。

如下圖 6-17 所示，咱提供資料 data 和時鐘信號 CK 分別給 D 形正反器和閂鎖。以 D 型正反器於 (A) 圖來說，Q 僅能轉態於 t0 和 t1 時，即 CK 的上升沿時——此乃信號沿觸發。

以栓鎖來說如下圖 6-17(B) 所示，只要 CK 爲高電平，Q 就會同步於 Data 去進行轉態，不需在 t0 或 t1 時。該閂鎖可被分爲一 SR 鎖再加上兩個 AND 閘讓 CK 信號用作爲準開（致能，即 enable）信號，並包括一反閘去確保 SR 鎖在準開狀態下總是處於 set 或 reset 的狀態。若在 CK 爲低，即禁開（disable）狀態下，SR 鎖不轉態。

換言之，正反器輸出僅更新於 CK 上下沿時；但閂鎖會持續隨輸入準位更新，只要 CK 維持高邏輯——此乃準位觸發。

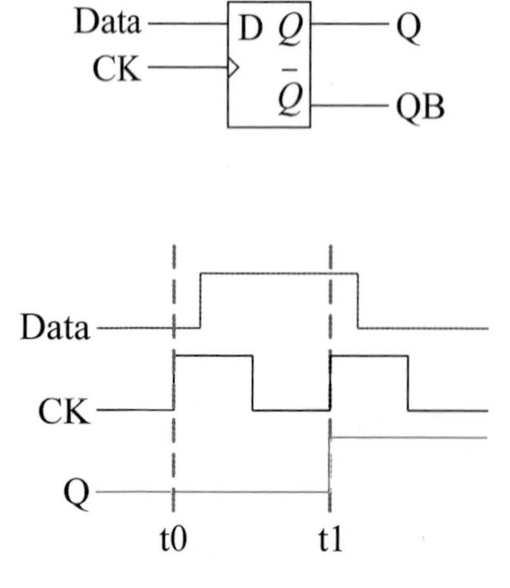

(A) 正反器只更新 Q 於時鐘沿

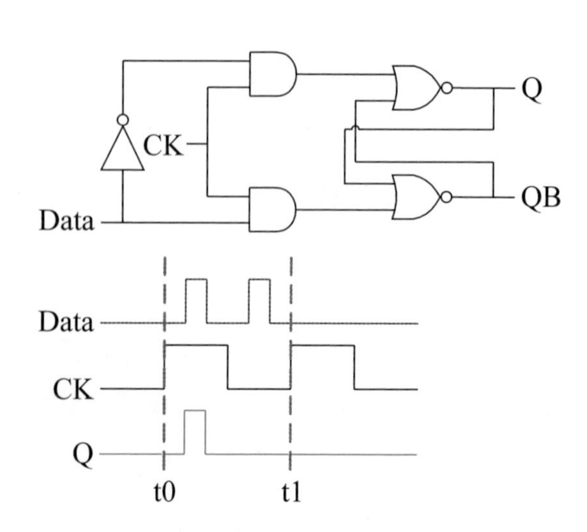

(B) 閂鎖可更新 Q 於整段高時鐘處

圖 6-17

咱暫時岔開話題說說那起源於正反器和栓鎖之名。先看看正反器，其英文的第一字為 flip，也就是掀開翻轉的意思；第二字為 flop，為翻牌或突然改變的意思。兩字合一起 flip-flop 英文也可代表夾腳拖鞋，其一對有兩隻（就好像 Q 和 QB），每隻各有正反兩面，可以會意地去描述正反器一會兒正邏輯在一邊，一會兒在另一邊，好像咱擲筊有聖筊一樣。

至於栓鎖，其英文為 latch，常被用來表示門栓，具有兩個栓位，滑到其中一栓位後可開門，滑到另一栓位後可鎖門。在兩個栓位上，門栓都被固定著，需手動抬起才能滑動改變。這裡鎖定栓位就像鎖定邏輯一樣。

6.1.8 無交疊時鐘（non-overlapping clock）

咱現想像一種情況，就說咱運用反向放大於 SC 電路如下圖 6-18 依 X->Y->Z 的程序，則 S1 經歷過程由斷到通、且 S2 經歷過程由通到斷。但萬一不幸過程變成 X->W->Z，其中有短時間 S1 和 S2 皆導通於 W 狀態，則放大結果將錯誤。

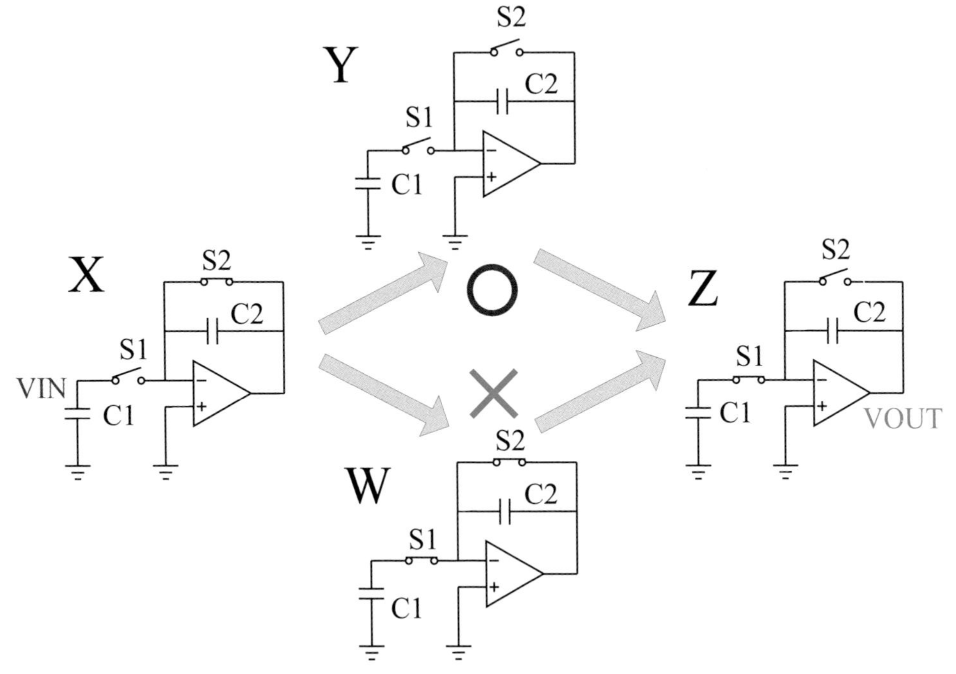

有交疊時鐘導致錯誤於反向放大

圖 6-18

怎預防 S1 和 S2 同時導通呢？其中一種方法就是製造兩無交疊時鐘、並令該兩者分別控制 S1 和 S2。（讀者稍後可想是否能用 6.1.6 的延遲堆疊來處理這事）

有種無交疊時鐘如下圖 6-19 所示 [1]，其中 Q 到 Y 之間相反器數量被簡化剩兩個以便繪圖討論。如同先前討論於 6.1.1，把交越偶合結構展開成環狀可助分析，此處也不例外。但咱做環狀分析前可先注意到本電路非常類似 SR 閂鎖，只是多了一些反閘。於是，咱先只考慮 CK 由低轉高，且令 CK 為 S 信號之於 SR 閂鎖，然後可得一簡化的分析結果如下圖 6-19(B) 所示。

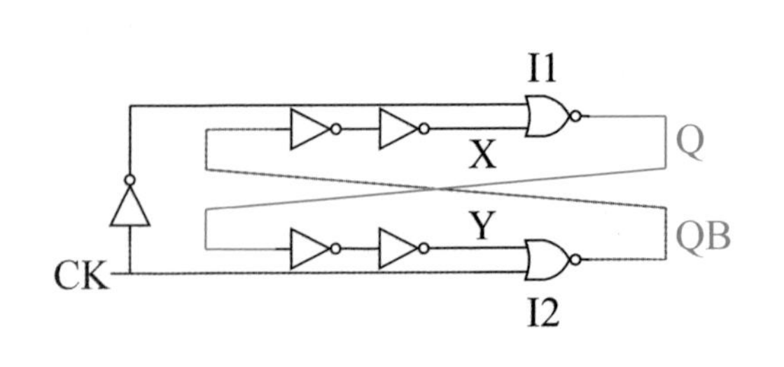

(A) 示意圖於無交疊鐘

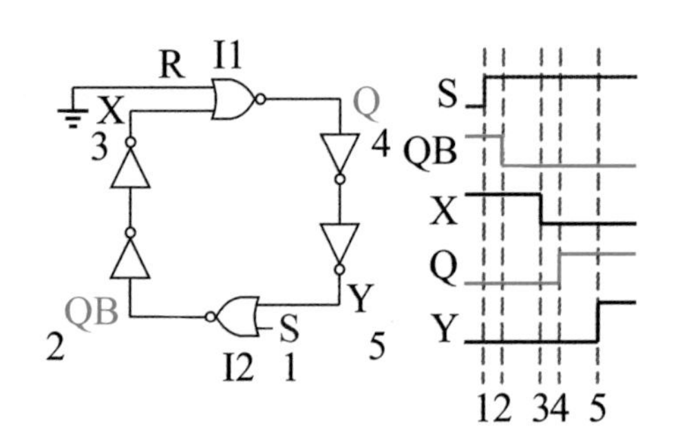

(B) 簡化圖於無交疊鐘在 CK 上升沿

圖 6-19

上圖 6-19(B) 中，咱依時序繞一圈分析事件於標號 1～5，可見 QB 轉態於時間 2、Q 轉態於時間 4，且其間 Q 和 QB 同時為 0、故無同時為 1 的交疊情況發生。Q 和 QB 即所需的無交疊時鐘對。

上圖 6-19(B) 的核心之一在於「對稱」兩字。咱既然已知 S 上升促 QB 先降、Q 後升，因此憑對稱兩字，咱即知若今天換 S 接地，則 R 上升促 Q 先降、QB 後升。順此理，咱僅需反覆互換邏輯態於 S 和 R，就能造出無交疊時鐘對在 Q 和 QB，即使 S 和 R 略有交疊，因為串連相反器有遲滯去確保一個時鐘先歸零、另一個時鐘才被拉起。

若咱考慮包括上升沿和下降沿，且依舊把 CK 當作 S，則咱可得分析如下圖 6-20。在該圖中，咱把 R 信號一併畫出，讀者可能就會了解爲何咱先前要用簡化情況繪圖。

在下圖 6-20 中，咱誇大了邏輯閘的延遲時間，便於分析，其中 S 和 R 在時間 1 到時間 2 之間有短暫的交疊。這本來不被 SR 閂鎖允許，但因爲 Q 在當時受 X 控制、有明確的定義，且反閘串連於 X 和 QB 之間保證了 X 轉態在時間 3、其晚於 R 歸 0 於時間 2，所以該短暫違例無害。

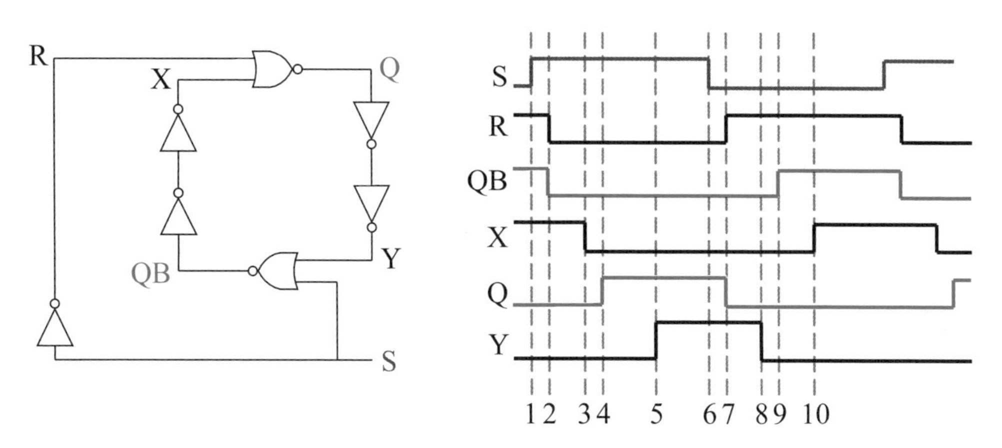

Q 和 QB 無交疊於無交疊鐘結構

圖 6-20

咱現注意輸出入關係於上圖 6-20。灰色輸入有占空比於 50%、藍色輸出有占空比於 < 50%。這個 < 50% 即代價之一於防止交疊在 Q 和 QB 上。

6.2 逐步逼近邏輯電路（SAR LOGIC CKTS）

逐步逼近暫存器邏輯（successive approximation register logic，簡稱 SAR）是一種邏輯電路，其陽春版運用二元搜尋法原理。若被實踐在 ADC 裡，只需要一個比較器去比較近似值和輸入值。相較下，多位元快閃 ADC 需用多比較器，其數量爲全幅的 LSB 數減一。SAR ADC 則相對較省面積。

SAR 屬典型的混合信號電路 ，其數位和類比部分互爲輸出入。該類比部分需由類比工程師掌握，所以他常需自己照顧相關數位電路、同時定義一時序圖予數位工程師，才能嵌 SAR 邏輯入整個磁感測器中。當然，若系統特陽春，類比工程師仍可能自己搞定一切。

SAR 邏輯有工作原理如下圖 6-21。主要概念就是逐步修正 Vref 於調整輸出位元過程，直到 Vref 夠接近輸入電壓時鎖定該位元組。下圖 6-21 描述前三次逼近過程於一個 3 位元 SAR 邏輯電路。由於調整過程由高位元進行到低位元，所以每次調幅都折半相較前次。原則上就是若 Vref 大於或等於輸入，就調低 Vref 於下次近似時，反之則調高。

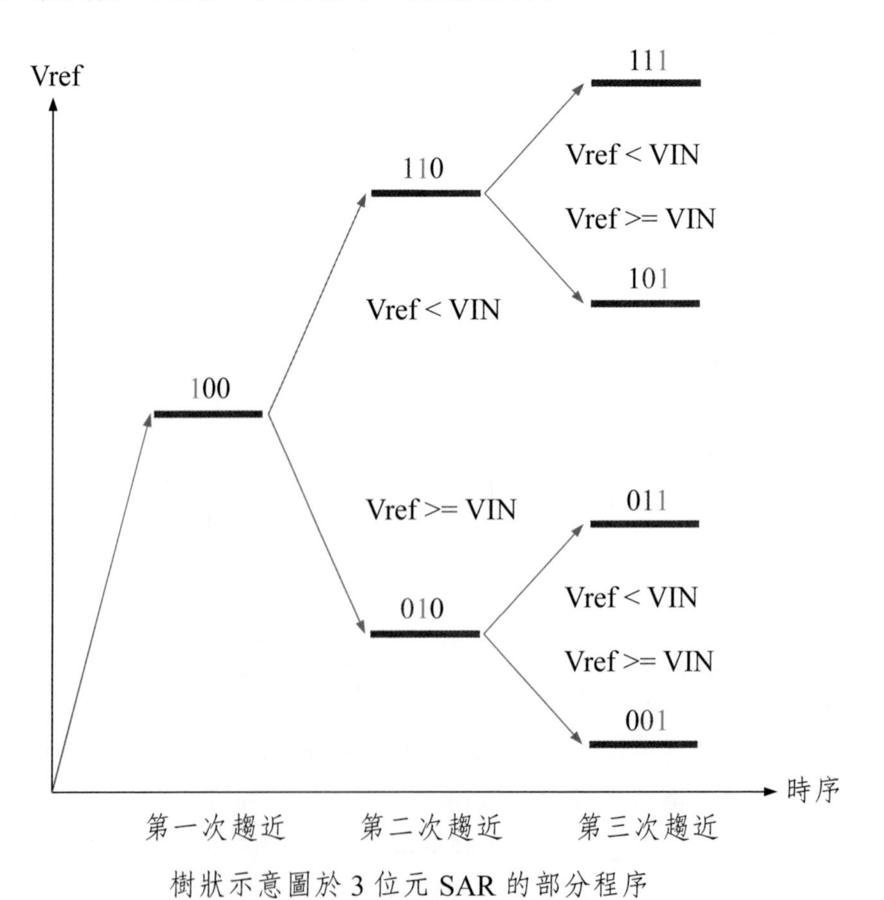

樹狀示意圖於 3 位元 SAR 的部分程序

圖 6-21

有兩個主要特徵可作爲 SAR 邏輯的核心：第一個特徵是第 N 位元必設爲 1 在第 N 次逼近時，該位元在上圖中以藍字表示。這裡位元由左向右數字遞增，所以 100 的第一個位元爲 1。但是由於它代表最高位，也就是 MSB，所以 1、0、0 其實對應 B<2>、B<1>、和 B<0> 於輸出。咱這裡只是把 B<2> 稱作第一位、B<1> 稱作第二位、B<0> 稱作第三位。

第二個特徵是第 N-1 位元依比較情況調整於第 N 次逼近時，該位元在上圖即左於藍字的灰字表示。所以除了第一次逼近過程外，其他每回趨近都會設定 1 給一新位元（藍色），同時視情況調整前次設定的舊位元（灰字者）於一比較結果。

以上過程在 [3]{page669} 頁裡有類似描述。該文獻還提供了電路圖。咱將其精簡化，改繪於下圖 6-22：

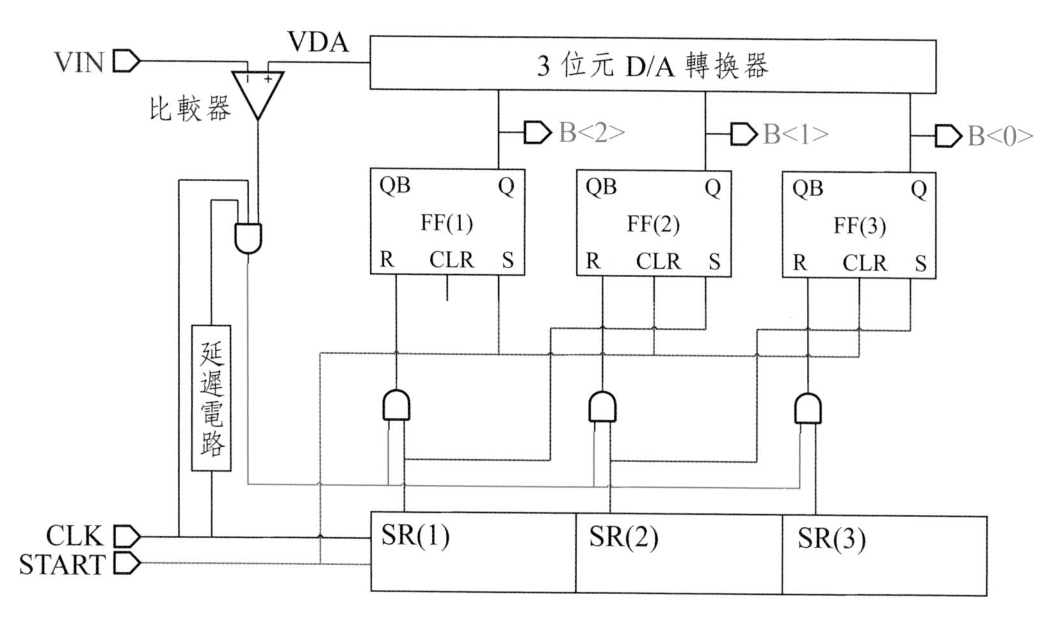

3 位元 SAR 電路示意圖改繪自 [3]

圖 6-22

咱現針對核心部分論述。首先，Start 信號設定 <100> 予 B<2：0> 去做初始設定。該信號用灰線示於上圖。

其次，第 N 次趨近時，位移占存器 SR(N) 輸出 1 予入口於 FF(N+1) 暫存器。這促使在 N+1 次趨近時，FF(N+1) 出口 1，實現了前述第一特徵。此類 SR(N) 輸出也用灰線示於上圖。

另外，第 N 次趨近時，前次比較結果被用來決定是否重置設定於 FF(N-1)。這實現前述第二特徵。該比較結果示於藍信號線於上圖。

本圖中比較器正負號與 [3] 中相反，請讀者仔細檢查推敲是否正確，作爲練習。

因爲上圖屬教科書版本，所以筆者舉上圖爲例，但該版本並非唯一方法予 SAR 邏輯。

若咱想模擬此電路特徵，咱並不需要任何電晶體參數就能完成，很多免費模擬器都能勝任這工作。所以這 SAR 邏輯挺適合做自修題材。咱雖並未詳述每個電路於上圖，但上圖可以作爲有效提示、幫助記憶，只要工程師本身自修模擬一次，就能了解梗概。

註：flip-flop 被譯成正反器，雖然合理，但是有三個音節，大於 flip-flop 的兩音節。英文甚至可簡稱它叫 flop。因此筆者私下想了個新名字給它叫「迭」。剛好 flop 代表疊、諧音迭，同時利用交替往返意義於迭字去類比正反器。舉例來說，D 正反器就叫 D 迭，一個正反器就叫一迭。這樣，不僅縮到一個音節、不失原意、還易於拼筆（第 1 章末有提到）。大家討論時就可以說「你到底是要用 D 迭、JK 還是 T 迭」之類的，簡單多了。當然這是主觀的感覺。咱進入本章的語言區吧。

6.3 在語言——連接語（ON LANGUAGE–CONJOINING TERMS）

本章既然講邏輯電路，在這語言特區裡，咱就講講語法裡的邏輯模塊、連接詞並擴展到介系詞，作爲右分支的車廂鉤，如第 1 章所述。

咱在第 1 章末舉例說「於」字作爲介系詞（preposition）和「其」字作爲關係代名詞（relative pronoun）能幫助右分支語法。這有多重要呢？咱引用維基百科的參考，它說，英文裡最常出現的字爲：

「the, of, and, to, a, in, that, it, is, was, I, for, on, you, ...」

該列單字的前十四個裡，有七個被咱用底線標出，它們屬於介系詞、連接詞或關係代名詞。可見該三種詞的份量。而且，這些詞大多數都被用在右分支句型裡。

在了解如何妥善運用它們於中文時，咱先想，啥是它們的作用。首先，連接詞表通常表達邏輯關係於前後兩物或兩事。介系詞則專注於時空關係於前後兩事物。有時候介系詞可以當連接詞用，咱不多論，只專注在其目標特色。

連接詞在中文語序和英文語序有很多共通處，比如且、或、但、所以等等，用法類似。有些語序不同比如 both。

介系詞語序則造成很大差異，因爲在中文裡，它往往出現在動詞之前，比如他在球場打球。這只有一次時空修飾，似乎還好。但這不利於連續時空修飾。比方「他在球場於一個下雨天當早 10：00 在他吃過早餐後去打球」。咱到最後才聽到動詞，因此整個過程中那些時空修飾都缺乏事件依托。整句話在打球一詞出現前有很多左分支。咱暫且稱此爲 A 版本。

相較下若咱說「他打球在球場於一個下雨天當早 10：00 遲於他吃早餐後」，則語句在第六個字就已經穩定、懸疑就已被紓解（resolved，有如音樂的語句一般）。此版本在打球一詞前左分支較少，咱暫且稱此爲 B 版本，但在 A 版本裡這種紓解需等到二十字以後才會發生。因此，一個句子在動詞前若有大量連續左分支，咱常常拆句去把動詞提前去紓解未決態。可是一旦拆句，就產生語序交錯和多字，有時效率打折扣。

上一句右分支受助於「在」、「於」和「遲於」這三個介系詞去分別對應英文裡的 at、during、after，還保留了後字搭配遲於兩字（註：很多英文字可有多種詞性，但這並非咱的重點。咱的重點是某些詞性的字可助改變語序）。

早先在 A 版本，咱說「於他吃完早餐後」，用於和後搭配。但是咱不聽到最後一字不會知道咱想講 after 這字，即早先咱雖然用了 adposition，但是仍需要 postposition 才能完成敘述。

爲了發揮 adposition 的早提示、少懸念特點，咱改成「遲於他吃完早餐後」，使讀者看頭兩字就知 after 的概念，而最後一個後字只是再度確認。咱只用 adposition 就完成了主要目的。

咱解釋一下，preposition 的主要概念就是「時空關聯詞前於關聯物」。比方「**on** Monday」，其中 on 爲介系詞前於 Monday，所以 on 有 adposition 的特徵。但有的時空關聯詞在關聯物之後，比方「two days **ago**」，其中 ago 爲介系詞後於 two days，這叫做 post-position。整體來說介系詞包括 adposition 和 postposition 兩者，都用來描述時空關係。

這告訴咱，假如咱要眞正得到右分支的好處，咱除了要善用介系詞和連接詞，還要適時改變它們的表達法，讓它們能以 adposition 的形態出現，而不只是 postposition 的形態出現。

舉些常用的例子：

於，之於，關於～of

於～in、on、at

於，于～by

予～for

早於……前，先於～before

晚（過）於……後於，遲於、滯於～after

介於，間於，夾於……間，～between

前於～in front of

後於～behind

皆諸於，皆諸～both of

隨於，伴於，搭，隨，伴～with

大家看到這可以發現「於」這個字和相關發音甚有彈性。大家可多發揮想像力去造出更多好用的介系詞和連接詞。

咱不需處處都用 adposition，這裡只是提供選擇，表示若想用可參考。

當然，欲發揮這些詞的效果，咱仍得靠拼筆字簡化。

等第 10 章時，咱會進一步解釋左右分支。這裡，咱先強調，雖然咱將英文的介系詞特性引入中文去發揮右分支優點，但也有些時後混用咱的老方法會更優。咱舉先前 6.1.7 的一句爲例：

「變軌行爲不受限　在　時鐘升降沿附近的　狹窄時間窗口」 (C)

此句若硬要增加右分支比重，可能就會變成：

「變軌行爲不受限　於　狹窄時間窗口　於　升降沿附近」 (D)

但是 (D) 版有個問題。它把變軌和升降沿兩關鍵詞拉遠了，若把第二個「於」字以後砍掉，這句話的關鍵信息就不完整，雖然句法完整，但信息不完整；(C) 版則不同，砍掉「的」字以後內容，句法完整，主要信息仍然「大致」完整。

這是一件耐人尋味的事，即是說 (C) 版語法多了左分支味，但語意卻多了右分支味。(D) 版語法多了右分支味，但語意卻少了右分支味。所以咱描述問題時，有時可自問，眼下目的是否在追求語法效率、抑或是語意效率。

(C) 版的例子就是爲了追求語意效率，而用了咱習慣的舊語法。

練習（Exercise）

練習 6.1（interpret computer codes into circuits）

(1) 請用正反器和邏輯閘實現以下虛擬程式片段其類似 C 語言，使得 d[i] 可被正確地反映於輸出端於正反器：

```
int i = 0;                    // 計數用變量的初始化
bin d[0:3] = {0,0,0,0};       // 數位輸出陣列的初始化
main()                 // 主程式開始
{
    while(1)                  // 迴圈頭
    {
```

```
        i = i mod 4;            // 迴圈核心
        d[i] = ~ d[i];          // 迴圈核心
        i = i++;                // 迴圈核心

        if ( i == 4 && d[3] == 1 ) // 條件予跳脫迴圈
        {
            d[0]=0;d[1]=0;d[2]=0;d[3]=0; // 跳脫前動作
            break;                       // 跳脫指令
        }
    }                   // 迴圈尾
}               // 主程式結束
```

(2) 承上，請表列出 d[0:3] 的變化過程。

(3) 承上，若跳脫條件改為（i == 4 && d[3] == 0），則請問如何修改上題電路，並也請表列 d[0:3] 變化過程予此情況。

(4) 承上，請用 verilog-HDL 重寫以上虛擬碼，假設跳脫條件是一個事件，且是隨機發生的，由一個數位信號 A 的狀況決定，需要 A=1 去跳脫，其不必發生於特定的 i 或特定的 d[3]，甚至可能發生在迴圈核心進行時，因此難妥善表達於循序編程（sequential programming），而需要並列語序編程（concurrent programming）。

提示 本題組旨在練習將概念的行為模式轉換成數位電路。本題可搭配本章 6.1.2、6.1.3、6.1.7 小節內容和前一章 5.3.2 小節內容。

練習 6.2（late-in-early-out circuit design）

(1) 請用下圖列出算數關係介於 a 和 b，使得 T12 = T21，其中 AND 閘用一個閘延遲時間去處理信號。

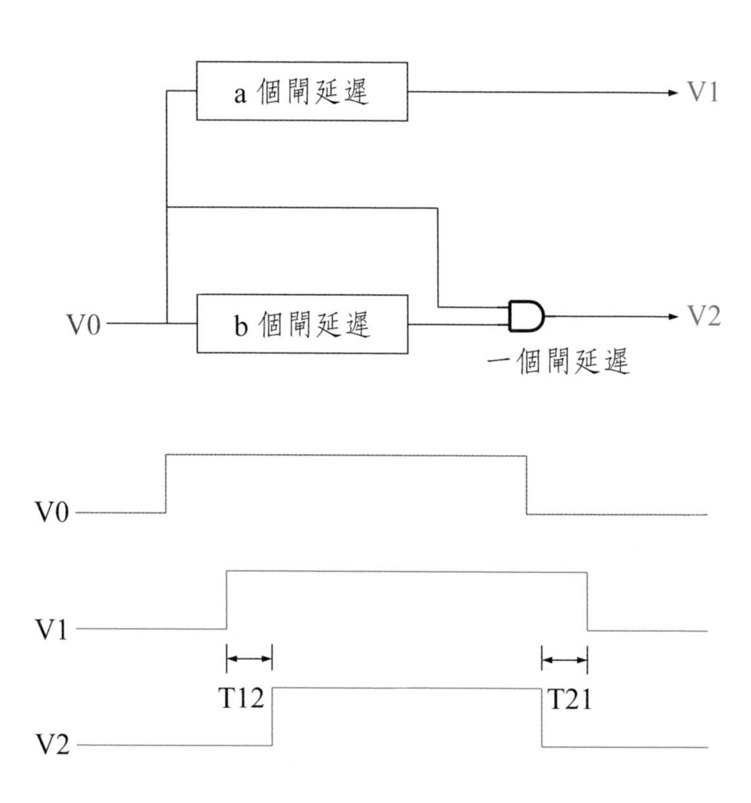

(2) 承上，請選一組合理的 a 和 b，使其能用若干反閘完成，並用其繪出完整電路圖。

提示 本題組旨在練習設計延遲電路。本題可搭配本章 6.1.6 小節內容。

文獻目錄

1. R. Jacob Baker [CMOS circuit design, layout, and simulation] 2007 書 ISBN978-0-470-22941Revised2ndEdition
2. Behzad Razavi [DATA CONVERSION SYSTEM DESIGN] 1995 書 ISBN0-7803-1093-4
3. P. E. Allen, D. R. Holberg [CMOS Analog Circuit Design] 2002 書 ISBN0-19-511644-5

第七章

通訊與記憶功能

7.1 常用的通訊協定（COMMONLY USED COM PROTOCOLS）

7.2 耳機孔發射器（EARPHONE SOCKET TRANSMITTER）

7.3 耳機孔無線電報機（EARPHONE WIRELESS TELEGRAM）

7.4 在於語言——編碼（ON LANGUAGE - CODING）

練習（Exercise）

為監測且修調磁感測器，咱常需用通訊和記憶。這過程類似使用電話語音系統，此時咱按鍵輸入密碼、聽取語音提示、再按鍵輸入選單號碼、使用語音輸入、然後按鍵更新來電問候語等等。

在以上例子裡，按鍵、語音提示和語音輸入都算通訊；更新來電問候語算記憶。該兩功能確保服務品質。

感測器設計者，如同設計一個語音系統一般，常需布署一通訊系統於感測器去接收外來指令，其服從一通訊規範咱稱為通訊協定（communication protocol）。通訊規範規定指令格式，也規定接收端反應模式。

通訊系統很關乎產品的彈性，算是兵家必爭之地。但是也因此對初學者構成一道牆。初學者往往需要使用一串工具鏈（tool chain）才能越過這道牆、去獲得一點點初步功能。面對這堵牆，很多人的第一個念頭就是從旁繞過。

但是，通訊其實是很自然發生在生活裡的事，咱可類比很多生活經驗去建構一組通訊符號。比方咱打牌的時候做暗號，牌擺成一列代表要筒、擺兩列表要索、擺三列代表要萬、打散代表暫時不出暗號等等。當然這只是比方。

稍微複雜一點的符號組如摩斯碼，運用數量、長短音和排序。下圖 7-1 展示部分摩斯碼，其轉載自 Wikipedia，僅示意，請讀者自行查對。

下圖 7-1 中，雖然編碼包含長短音，但若咱只要傳 E、I、S、H、5，則只需要短音即可，其只需數量概念，就像先前說的打牌例子一般。磁感測器中，有些簡單的系統就運用這類原理進行通訊。

這種電報式的符號組只需要一條信號線加地線，就能對資料進行收發。至今仍然很管用。解譯者甚至直接聽音就能翻譯。

複雜的通訊協定需要電腦程序去操作，因此往往依賴微處理機。這就產生了一個問題：咱為了控制一顆特定 IC，結果需先學另一顆微處理器 IC 去辦通訊針對特定 IC。而要學使用該微處理器 IC，還必須先蒐集它的燒錄硬體、燒錄程式、開發軟體、開發程式範例、開發板驅動程式，有時連電腦作業系統都得匹配，這提高了門檻在使用該 IC 上。

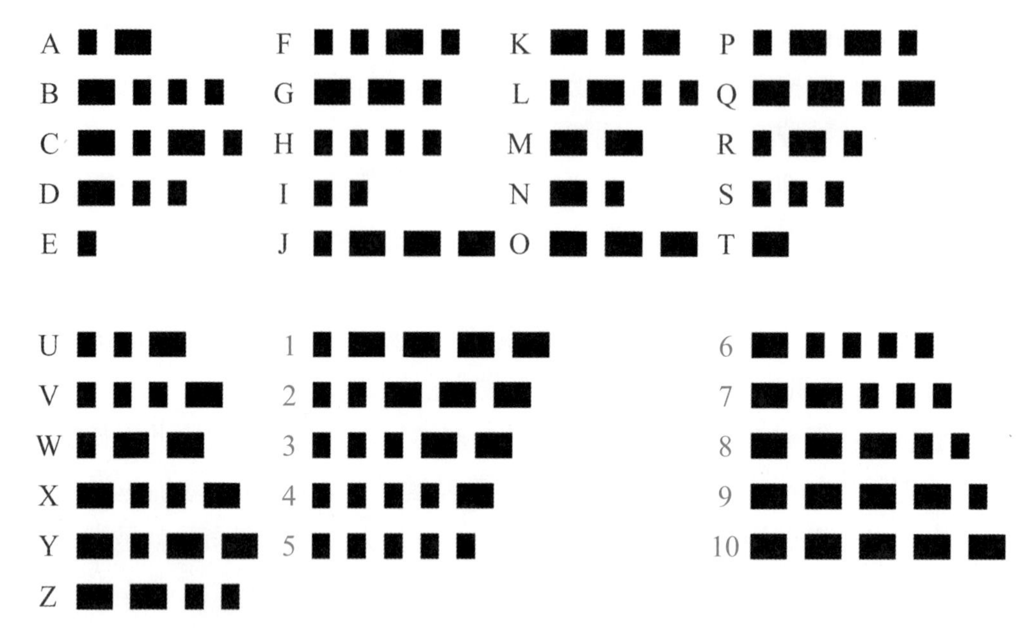

抄摩斯碼自 Wikipedia

圖 7-1

因此，學習者不妨由簡入繁去增加信心。比如先練習控制並列通訊的 IC，其操作容易，常可用指撥開關或跳線完成控制，學習者可藉此先熟悉簡單的通訊協定，待之後建立手感，再去碰那複雜的串列協定。以 ADC 類的 IC 爲例，先練習使用 ADC0804 會比先練習 MCP3202 更容易 [1]。前者採用並列通訊，使用者可以分別控制簡單高低邏輯於每根通訊腳去完成 ADC 功能，讀取資料也不需採樣於精確時間；後者採取序列通訊，需在同一根腳位上產生複雜且特定的高低邏輯，像跳一隻舞，還不能錯拍子，若在高速時鐘驅動下，憑人力手動是無法跟上節奏的，因此需要程式化控制。

從設計角度來看，通訊介面有時只是給工程師用的，有時是給使用者用的。比如磁開關的通訊介面常僅爲讓工程師能去修調內部寄存器狀態或進行檢查分析，客戶購買該產品後完全不會使用到該通訊介面，而且，工程師還會設計機關，專門阻止客戶使用該通訊介面以免客戶誤改產品設定。但有時，有些磁感測器 IC 需要讓客戶端微處理器指揮，去依指令回報資料和休眠，此時，工程師就必須設計一個通訊介面給客戶端使用。

設計者還需要設定通訊模式，其常被決定於手頭資源，如晶粒面積、IO 接腳數和客戶市場需求。

7.1 常用的通訊協定（COMMONLY USED COM PROTOCOLS）

這部分較常被熟稔於數位電路設計師。類比設計師，相較下，通常僅需理解通訊口性值予除錯所需。

但若類比設計師負責整合整個磁感測器系統，他可能需要決定通訊協定依腳位數量在設計初期、安排恰當 IO 電路去支援通訊、並指派測試人員開發通訊介面，以便日後進行測試。簡單說，他還是得知道一些常用的通訊介面，才能開發好產品。

7.1.1 協定比較（protocol comparison）

咱在下圖 7-2 列舉幾個常見的序列通訊協定（serial communication protocol）。其中包括 1 根通訊腳的 one-wire，其由 Maxim 公司所提出；2 根通訊腳的 I2C，其由 Phillips 半導體所提出；4 根通訊腳的 SPI，其由 Motorola 公司提出；年代久遠的 UART，其又包含不同電壓規格和細部接口規格。

實際應用有時有些微出入對下圖論。舉一例於 SPI 通訊介面來說，該介面被用在 MCP3202 類比數位「轉換器上 [1]{page12-11}，但該文獻用「SCK」替代 SCLK、用「SDI」替代 MOSI、用「SDO」替代 MISO、用「CS」替代 SS。其中 CS 代表 Chip Select，表示主控端可以擇一於多從屬端，而非如下圖所示僅有唯一從屬端。磁感測器通常作爲從屬端的一員，被主控端微處理器選擇控制。

簡稱	應用法	同步性	IO 特徵	全名
UART	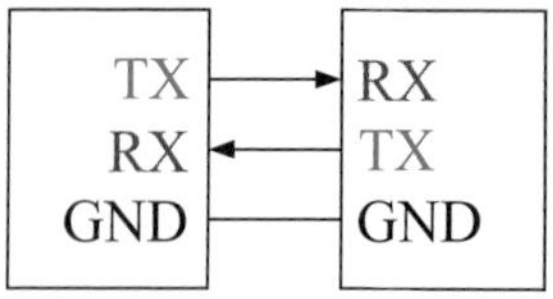 TX → RX RX ← TX GND — GND TX: transmitter RX: receiver	異步	全雙工	universal asynchronous serial interface
1-WIRE	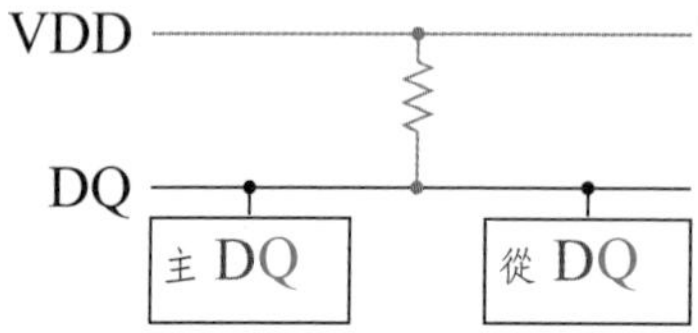 VDD DQ 主 DQ　從 DQ DQ: data	異步	半雙工	one wire
I2C	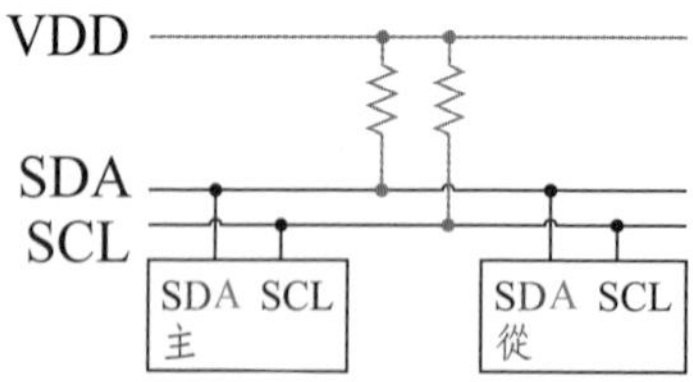 VDD SDA SCL SDA SCL 主　SDA SCL 從 SDA: serial data SCL: serial clock	同步	半雙工	inter-integrated circuit
SPI	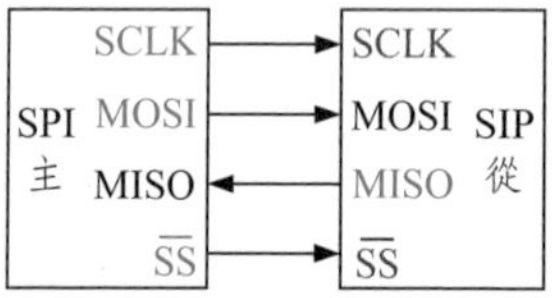 SPI 主: SCLK → SCLK, MOSI → MOSI, MISO ← MISO, $\overline{SS}$ → $\overline{SS}$:SIP 從 SCLK: serial clock MOSI: master output, slave input MISO: master input, slave output SS: slave select	同步	全雙工	serial peripheral interface

圖 7-2

咱舉另一例於 UART 介面。若咱到光華商場買個串口元件去做 USB 到 UART 的轉換，以便能透過電腦的 USB 串口去指揮該 UART，作爲主端串口，則其可指揮從端串口於微處理器的開發模組。簡單說，就是咱可透過電腦去驅動該串口元件，並藉此控制微處理器模組。此時除了上圖所繪三根腳，主從端之間還各有一電源腳位可供互連，去確保彼此工作電壓一致，但並不代表從端不能改採獨立供電於其他電位基準。

上圖 7-2 有個 IO 特徵欄位，其下全雙工代表輸出入各有一專屬腳位，其中藍色字表示輸出，輸入腳保持黑色；半雙工代表輸出入發生在同一腳位，因此該腳位被標藍字和黑字混合。

另一個欄位叫做同步性，指是否有時鐘去協助同步主從端事件。是，就叫同步；否，就叫異步 [2]。

上圖 7-2 的 1-Wire 協定用資料匯流排（或稱總線）DQ 去連接 DQ 腳位於主端和從端，且用該 DQ 連一跨接電阻到 VDD。這種結構著眼於一種邏輯 OR 的下拉關係，即主端和從端任一者下拉 DQ 都導致 DQ 被下拉到地，僅當主從皆無下拉動作才允許 DQ 停留在高電位。

上段概念被反映在下兩圖。其出自 Maxim 公司影片其載於 youtube。下圖 7-3 反映寫入態。此時主端通知從端於一 DQ 匯流排，其中主端於 T0 時下拉 DQ，知會從端，其聞訊後在 T1 時查閱 DQ 狀態去了解主端意圖。若主端僅短暫地下拉 DQ，則從端見高電位於 T1，可知主端欲傳邏輯 1，如圖 (A)；若主端長時間地下拉 DQ，則從端見低電位於 T1，可知主端欲傳邏輯 0，如圖 (B)。

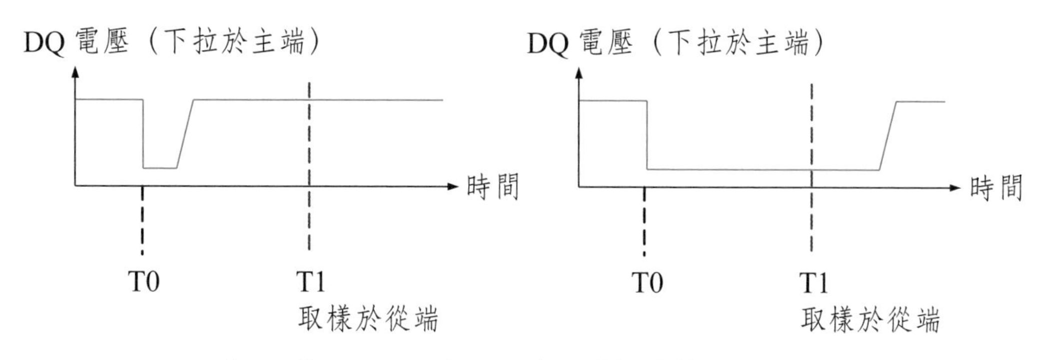

https://www.youtube.com/watch?v=IsikcaA7q-c

(A) 主端寫 1 予從端　　(B) 主端寫 0 予從端

圖 7-3

下圖 7-4 則反映讀取態。此時主端欲得回報自於從端，故先下拉 DQ 知會從端，從端得訊後決定是否接手維持低 DQ。若從端任 DQ 反彈回高電位，則主端於 T1 可取樣 DQ、了解從端回報 1，如圖 (A)；若從端接手維持低的 DQ 於一段夠長的時間，則主端於 T1 可取樣 DQ、了解從端回報 0，如圖 (B)。

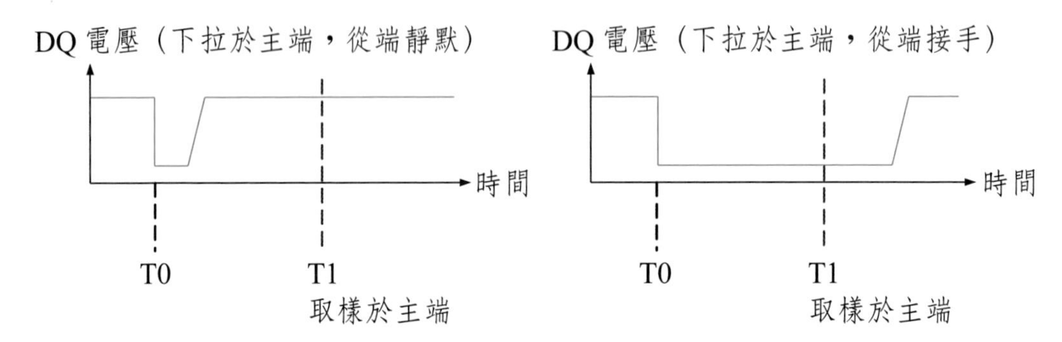

https://www.youtube.com/watch?v=IsikcaA7q-c

(A) 從端回報 1 予主端　　(B) 從端回報 0 予主端

圖 7-4

以上兩圖雖未示意從端如何得知主端欲寫入或讀取，但讀者不難想像到多種方法去達成此事。且當 DQ 匯流排被共享到多個從端時，主端就能對選定的從端下指令。免去硬體累贅其肇因於鋪專線到每個從端。

這種共享概念於匯流排，可得利於一種電路結構，叫開漏輸出（open-drain output，以下簡稱爲 OD）。

7.1.2 開漏 / 推挽（open drain/push pull）

關於通訊協定，類比工程師不一定知怎配置資料位元，但他通常需知開漏 OD 結構和另一種輸出結構叫推挽輸出（push-pull 結構，以下簡稱爲 PP），去實作通訊介面。

OD 的基本輸出結構如下圖 7-5(A) 所示，當 VG=0，NMOS 開路，VD 浮接；當 VG=1，NMOS 閉合，VD 接地。這種結構能拉低但不能推高 VD。因此，應用上，VD 通常靠一外部電阻去連接外部電源 Vext，並由此獲得拉抬電位的能力。

當多個 OD 共享一總線 VBUS 如下圖 (B) 時，只要有任何一個 MOS

去下拉 VBUS，其他 MOS 沒有能力把 VBUS 推高。此時唯一能推高 VBUS 的，是那上方的推電流，其來自外接電源 Vext，且經共享的 R 達到 VBUS。該推電流最大值爲 Vext/R，常被設計遠小於 MOS 的最大下拉電流，去確保 MOS 能將 VBUS 電位拉低到規格，在恰當尺寸下。這結構雖簡潔，但仍有缺點，其一是 VBUS=0 時消耗靜態電流 Vext/R，其二是該電流受限相當於通訊速度受限，且使得所費時間於上升沿甚不同於其在下降沿予 VBUS。

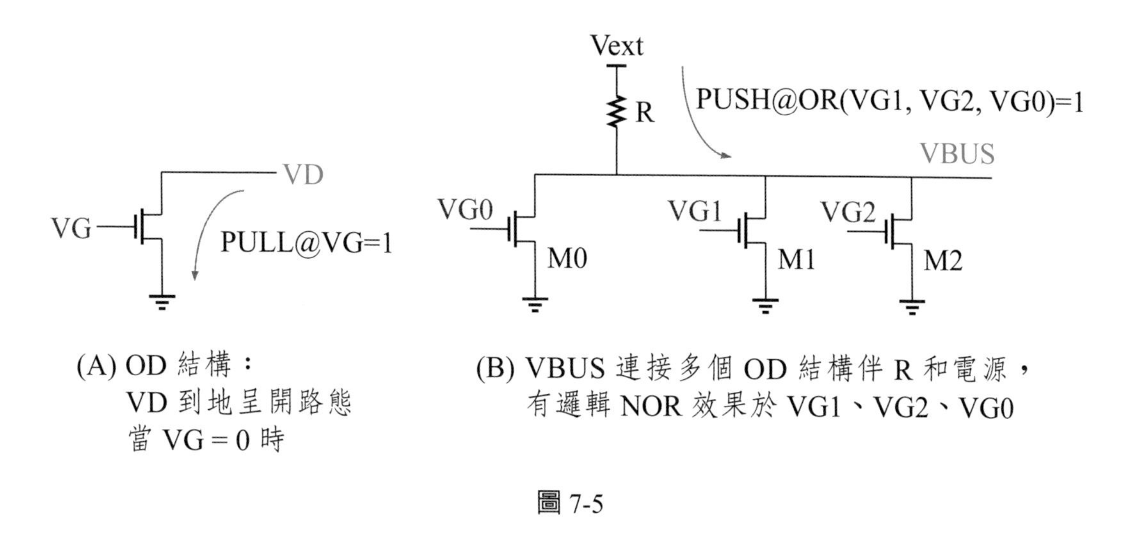

(A) OD 結構：
VD 到地呈開路態
當 VG = 0 時

(B) VBUS 連接多個 OD 結構件 R 和電源，
有邏輯 NOR 效果於 VG1、VG2、VG0

圖 7-5

雖然僅僅是一個 MOS，但 OD 結構連接晶粒外部，屬於 I/O 原件，需考慮靜電規範（ESD rule）和閂鎖規範（latch-up rule），因此在布局上有額外要求去加大長寬，還會限制周邊電路的擺設。請讀者參考 [3] 去多了解這些問題。這些問題雖無關於核心電路，但若不被考慮，則產品可靠性缺保障。一般客戶會指定防靜電規格於 I/O。工程師需依規格調整 I/O 相關元件。

相較之下，下圖 7-6(A) 展示的推挽結構能夠發揮較高速度、低靜態電流，但不能不加配套措施地直接連在總線結構。該圖中 PMOS 只要夠大，就能提供大的推電流伴 VG=0；只要 NMOS 夠大，就能提供大的拉電流伴 VG=1。因爲它推拉都能勝任，所以被稱爲推挽結構，而且有些時候鬧極端於 PMOS 和 NMOS 可被各別控制，讓 PP 結構也能被調整成 OD 結構。

下圖 7-6(B) 告訴咱，直接把單一匯流排分享到多個 PP 結構可造成通訊障礙。舉例來說當 VG1=1，VG2=0，VG3=0 時，M2 對 VBUS 做下拉，但 M3 和 M5 對 VBUS 做上推。若 M2 輸給 M3 和 M5，則 VBUS 無動於衷，若 M2 和 M3、M5 打平，則 VBUS 非邏輯態，即使 M2 勝過 M3 和 M5，也浪費巨大電流。設計者當然可增添高阻抗模式給各輸出級，但這複雜化任務。

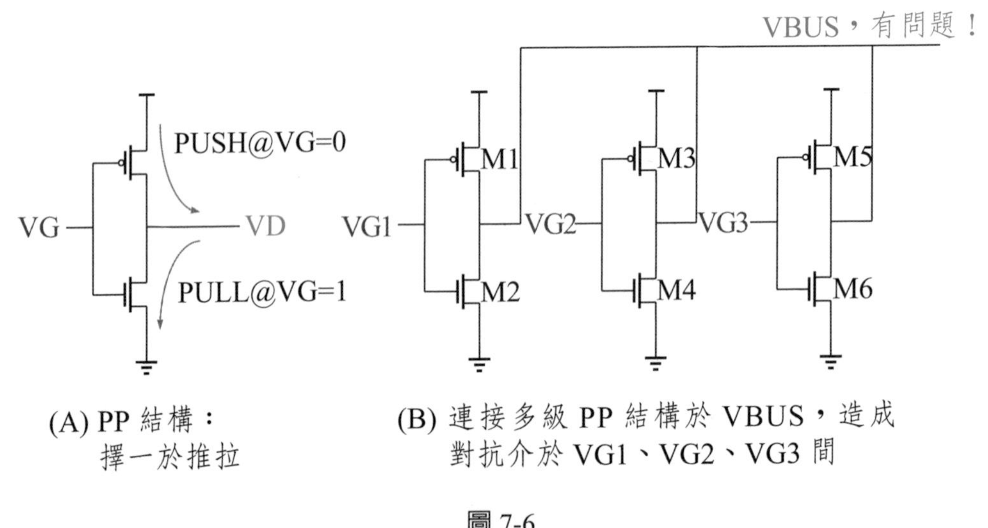

(A) PP 結構：擇一於推拉

(B) 連接多級 PP 結構於 VBUS，造成對抗介於 VG1、VG2、VG3 間

圖 7-6

因爲 OD/ 和 PP 都是常見的輸出模式，所以很多產品都同時支援兩者。比方微處理器 STM32 的 GPIO（general purpose input output）就是如此。

所謂 general purpose，即「一般用途」，其目的在涵蓋常用輸出格式與雙工能力。因此，不只支援 OD 和 PP 輸出，還包含輸入緩衝電路（input buffer）。所以 GPIO 的 ESD 保護電路必須同時照顧到輸出級（TX）和輸入級（RX）。IO 本身則要能在模式間切換、且往往需承受一外部電壓其高於或低於內部電源。IO 的布局對產品可靠性極重要。

由於 OD 和 PP 結構都輸出全擺幅邏輯電位，故速度不如其他小擺幅的輸出協定。好在，磁感測器通常不需通訊速度高過 OD/PP 所能提供。

7.1.3 脈寬調變（pulse width modulation）

有些通訊協定運用脈寬調變（pusle width modultion，簡稱 PWM）。原則上，通訊資料線性地決定於脈寬，其生成僅需輸入三角波和資料到一比較器即可成，如下圖 7-7 所示。

若要解讀或還原入口資料，可用數位或類比方案。數位解讀方案可包含一計數器，用時鐘計數去計算脈寬，然後換算出其代表值。類比方案只需用低通濾波器濾掉基頻以上的頻率成分。

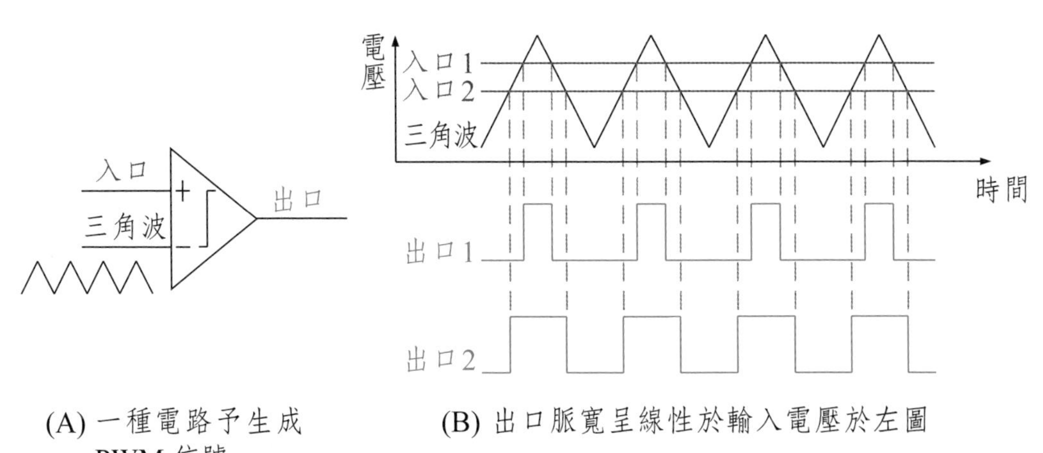

(A) 一種電路予生成 PWM 信號

(B) 出口脈寬呈線性於輸入電壓於左圖

圖 7-7

咱把一脈波週期信號如下圖 7-8(A) 標示，咱發現其占空比正比於其傅立葉係數如下圖 7-8(B) 於 n = 0 時。所以咱只要濾掉基頻以上的成分，只留下 DC 項，結果就正比於 PWM 占空比，即正比於脈波寬度，也就能線性地對應原資料強度。這不出人意料，因爲咱用肉眼即可感覺到脈寬正比於平均值。因此低通濾波器作爲一種常用的平均工具能反映出脈寬很正常。下圖出自 [4]{page117}。

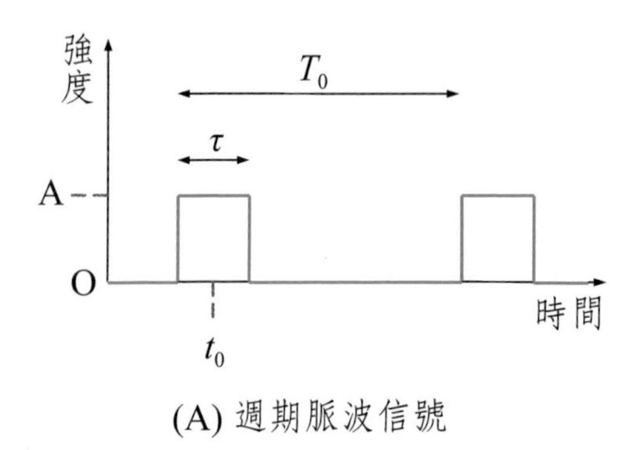

(A) 週期脈波信號

$$X_n = \frac{A\tau}{T_0}\sin c\,\frac{n\tau}{T_0}e^{-j2\pi n t_0/T_0}$$

(B) 傅立葉係數予左圖信號

圖 7-8

PWM 除了被用在通訊協定，還被用在電源控制與功率放大器。在電源控制方面，咱可用 PWM 信號去控制開關於階降與階升電路，並以此決定輸出電壓高低如下圖 7-9 所示。其中 D 代表導通時間占空比關，其由 PWM 信號控制。圖 7-9(A) 中 VOUT/VIN=D 表示輸出電壓正比於占空比，前提是該階降電路操作於連續導通模式（continuous conduction mode，表示電感中的電流總是不小於或等於 0），且 VIN 爲定値。圖 7-9(B) 輸出入比也簡單地關聯於占空比 D。咱不難想像 PWM 很重要於交換式電源電路。讀者可對照 3.4.1 小節去回顧 SMPS。

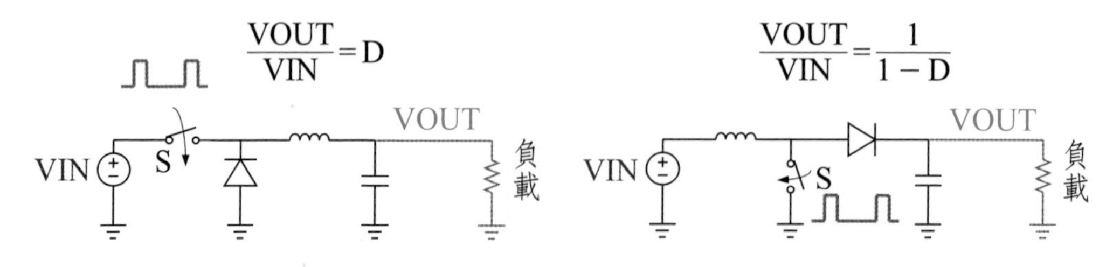

(A) 輸出正比於占空比於階降 DC-DC 轉換器於連續導通模式

(B) 輸出關連於占空比於階升 DC-DC 轉換器於連續導通模式

圖 7-9

在控制功率放大器方面，一典型的 PWM 應用當屬 D 類放大器 [5]。如下圖 7-10 所示比較器產生 PWM 信號使 N 點交替連接到 VDD 或 VSS。Llp 和 Clp 隨後濾波去產生 Vspkr，其為 VIN 的放大。

相較於線性放大電路如 A 類 B 類 AB 類放大器，D 類放大器用比較器、閘極驅動和低通濾波去替代線性放大級，並且用 M1 和 M2 做開關驅動級。這麼做可以節省功率，其道理如同交換式電源有功率優勢相對於線性穩壓器。

一般來說，三角波頻率遠大於 VIN 的頻率。如此濾波器能更易地濾掉 PWM 的諧波，同時又保留原始信號變化。

下圖並沒說明如何控制放大倍率。有些設計使用額外的回授電路去完成這件事，其中放大倍率可由回授電阻決定。

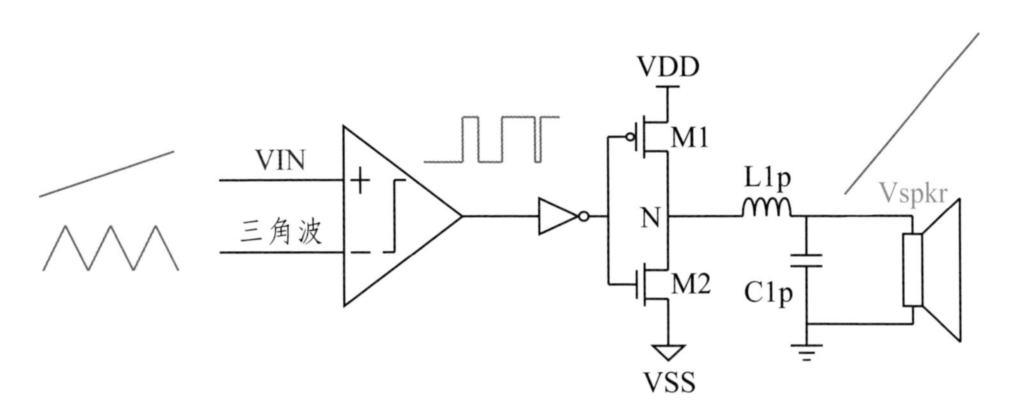

運用 PWM 於 D 類放大器

圖 7-10

7.1.4 通訊於電源腳（communication via power pin）

有的單線介面（one wire interface，簡稱 OWI）能收發指令於電源腳位。這裡 OWI 與先前的 1-Wire 不同。OWI 不一定僅被用在電源腳，但若被用在電源腳，則可增加通訊彈性。舉個產品 PGA300 為例，其啓動機制 OWI 如下圖 7-11 示意。其中 PWR 表示電壓準位於電源腳。

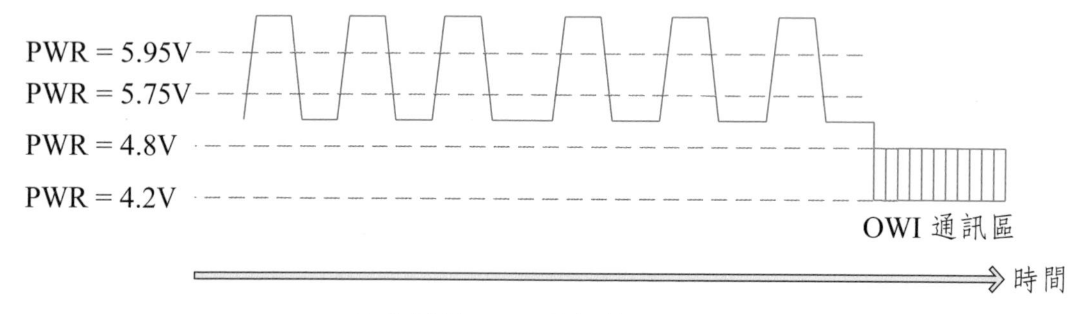

示意圖於 OWI 通訊於 PGA300

圖 7-11

有電源腳通訊功能當然很方便，但是大家可看上圖 7-11 想想，肯定要犧牲些什麼才能擁有此功能。比方上頭有四種電壓準位，這表示爲了通訊，必須有電路產生恰當的閾值、而且需要有比較器去進行比較。這些對低功耗的產品都是挑戰。

7.1.4 記憶功能（memory function）

前述通訊功能除了被用在偵錯之外，還被用在修調。就像咱更新來電問候於電話答錄機。修調結果需要被牢牢記住。否則就像 RAM（random access memory）一樣，所有記憶消失在經關機後。讀者可對照 3.8 節，回顧修調參數的重要性。

現代積體電路有多種設計可用予永久記憶。但咱只用 e-fuse（電子熔絲，即 electronic fuse）爲主例，因爲它相容於一般 CMOS 製程，可直接取材於製程中的多晶矽或金屬去做熔絲本體。該熔絲不需額外特製的摻雜如 antifuse，也無需製作浮接閘極如 FLASH、EPROM、EEPROM 等記憶體，且常不需高壓幫浦電路去助寫錄資料。

電子熔絲就像咱一般家電熔絲一樣，其承受大電流後發生高溫、電子遷移（electromigration）和熔斷現象。燒斷的（blown）熔絲有大阻值較於未燒斷的（unblown）熔絲。該兩態能被電路鑑別，因此可分別標示 1、0 予一記憶位元。在顯微鏡下，該兩態外觀類似下圖 7-12(A) 所示，不像 (B)、

(C) 兩者用有無電子於浮閘去區分 1、0[7]。

當咱說燒電子熔絲時，咱常說「blow the fuse」。這裡「blow」一英文字可從兩個角度去理解。其一可做「吹」字理解，像吹熱玻璃或吹氣球直至產生破裂 rupture 或完全斷裂，尤其當融絲材質類似玻璃時更爲貼切；其二可做「炸」字理解，好像某些 IC 過熱產生爆竹聲留下一堆灰燼一般。咱用中文燒字也不壞，有會意功能，只是外語不這麼說。

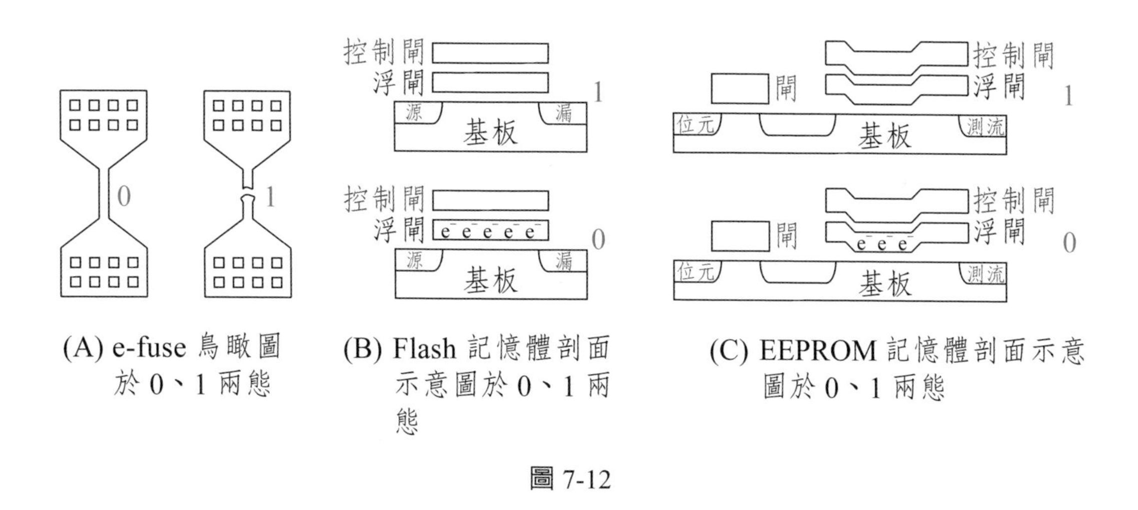

(A) e-fuse 鳥瞰圖於 0、1 兩態

(B) Flash 記憶體剖面示意圖於 0、1 兩態

(C) EEPROM 記憶體剖面示意圖於 0、1 兩態

圖 7-12

下圖 7-13 示意一種鑑別電路於不同狀態予熔絲。圖 (A) 表示讀一未燒斷的熔絲，鑑別得 DOUT=0；圖 (B) 表示寫（燒錄，或稱 program 或 write）一熔絲，此時短暫的大電流 VP/Rfuse 通過熔絲，將其燒斷，並改變熔絲阻值，DOUT 此時處於 don't care 狀態，不被使用；圖 (C) 表示讀一被燒斷的熔絲，鑑別得 DOUT=1。

下圖 7-13(C) 中，熔絲已被燒斷。該斷路可被見於肉眼伴顯微鏡之助。這有好有壞。好處是容易被檢查、除錯、推敲，壞處也同是這些。e-fuse 可靠性高，但隱蔽性差。

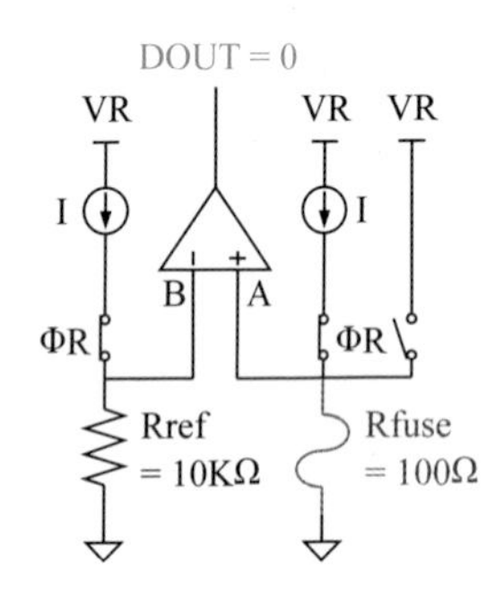

(A) 示意圖於熔絲電路其讀取未燒斷式熔絲

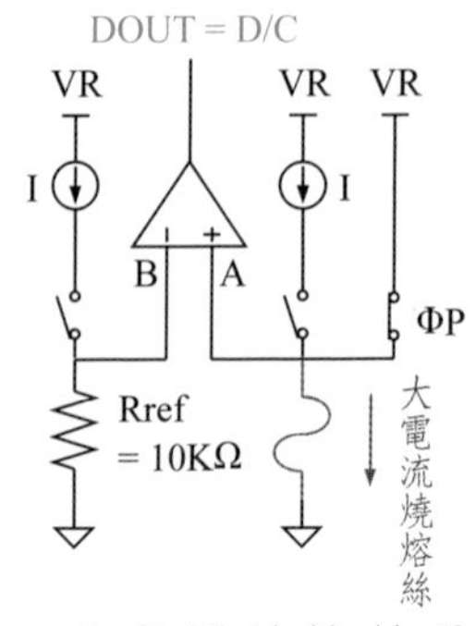

(B) 示意圖於熔絲電路其燒錄熔絲

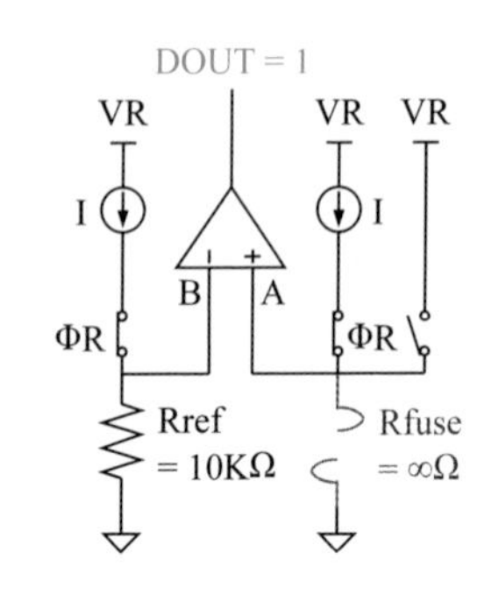

(C) 示意圖於熔絲電路其讀取燒斷式熔絲

圖 7-13

另一種熔絲叫 antifuse，其外觀無法讓人區別 0、1 態，使逆向工程變困難。antifuse 有如相反的 e-fuse，燒錄前爲斷路，燒錄後爲通路，因此得名。燒錄於 e-fuse 和 antifuse 皆不可逆。若可逆，則爲瑕疵品。因此，這種燒錄才會被稱爲一次性燒錄（one time programming，簡稱 OTP）。相對於 OTP 的技術則被稱作 MTP（multiple time programming），即可被多次讀寫的技術。

7.2 耳機孔發射器（EARPHONE SOCKET TRANSMITTER）

筆者早年手邊缺軟硬體資源，想憑一台桌上電腦和免費軟體就控制各種 IC 和開關。結果就把腦筋動到電腦的耳機孔上，做了一個耳機孔發射器，其產生多個獨立的信號通道，可藉由一般高階語言如 VC# 或 VB 去控制。

這個過程很有啓發性予初學者，因此筆者用這一例去展示一些通訊手段。發射器本身包含放大、濾波、檢包、比較、計數、輸出等功能，如下圖 7-14 所示，整合了各種初學者常見的問題。該系統雖構築於許多離散元件，但其中技巧大多可被用在單晶粒積體電路上。

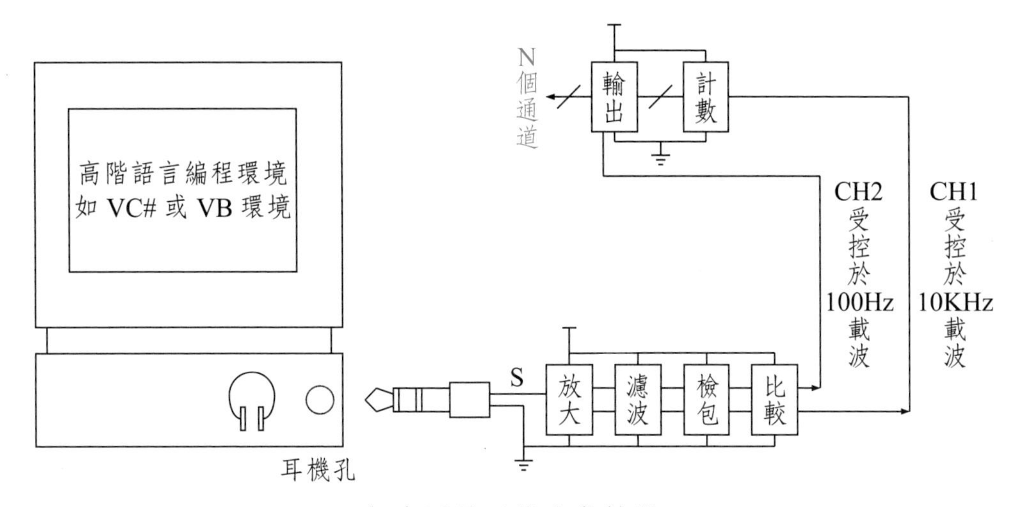

概念圖於耳機孔發射器

圖 7-14

暫核心於上圖電路有兩點，其一在於濾波器對音頻有選擇性，使通道對音頻有選擇性，此概念如下圖 7-15 所示；其二是計數動作可憑單一通道 CH1 控制，且輸出時機可由另一通道 CH2 控制。

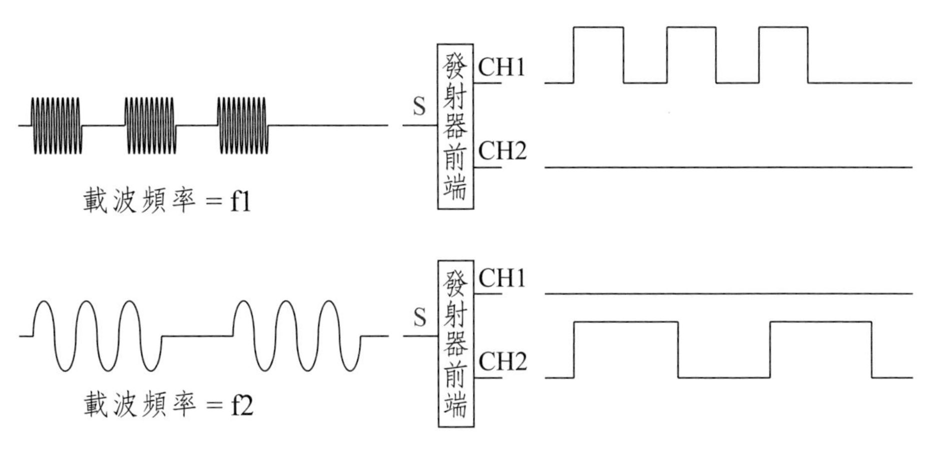

概念圖於前端分頻通道於前述耳機孔發射器

圖 7-15

筆者曾用下圖 7-16 所示電路去實現上圖 7-15 的功能。其中網路一和網路二本可能被合併，但當時未及改良，現就照當時電路說明。下圖中，網路一和網路二辦理放大；X 到 Y 辦濾波；Y 到 Z 辦檢包（envelope detect）；Z 到 CH 辦比較憑史密特觸發器，其由數個史密特反向器串接而成。

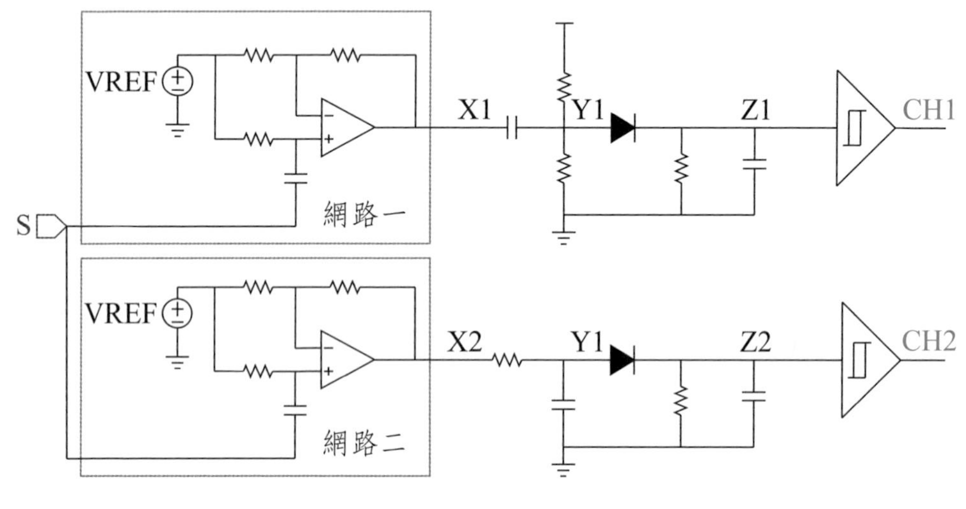

圖 7-16

下圖 7-17 爲發射器後端，其包括兩部分，CH1 驅動一串計數正反器，CH2 驅動輸出。實作時需加一小叢額外電路去辦重置功能，其可爲自動亦可爲手動。

在這個練習中，控制程式可有一個操作介面由使用者自行設計，且可和其他程式融合在一起，相當於結合了發射器和電腦兩者的處理能力。

但是，這練習有個缺口，那就是整個系統並非閉迴路。使用者雖然能透過發射器對外下指令，但是並不能透過發射器從外收指令。有興趣的讀者可以想想有沒有簡單的方法去補上這個缺口。一個比較完整的控制系統，應該除了能發射指令，還要能經常採集環境狀態做調整。

後來，筆者接觸到單晶片處理器 8051，就想到可以用耳機孔發設器控制該單晶片。這相當於可用 C# 開發環境作爲控制介面予多顆 8051，比起用

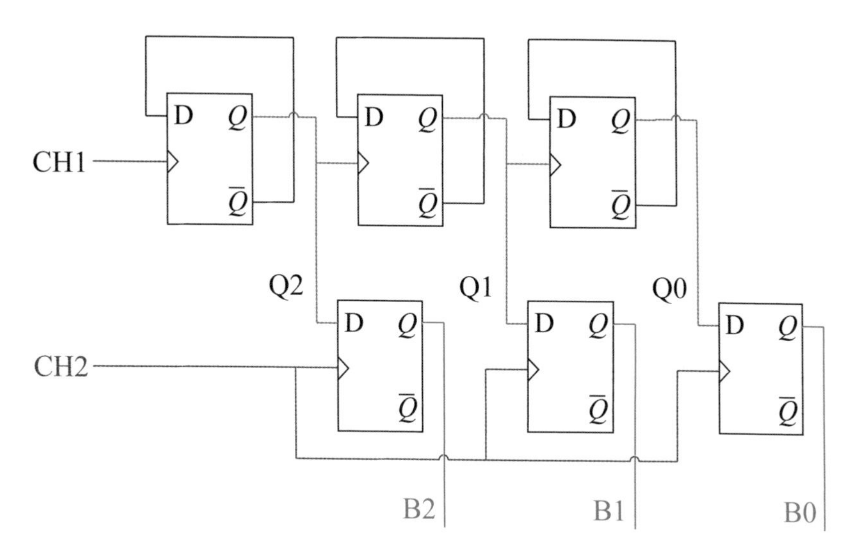

概念於計數與觸發去控制更多通道

圖 7-17

指撥開關來控制方便多了。即便沒有 8051，這套發射器系統已足夠指揮簡單的 ADC 和 DAC 等 IC 去工作。

業界有套軟硬體俗稱 NI 的 DAQ（data acquisition system）可做即時資料收發和一些信號處理。但使用者需軟硬體資源和養成時間。若讀者能想出平價版的控制系統，就能降低門檻去運用 IC，更多人就能更有彈性和時間去做更多更有意義的事。

很多工程師包括新手或資深，都會遇到實驗需求或成品展示，當下就得有自動化能力，卻往往被卡在不會程式化電源供應器、不會使用工具去即時擷取信號、而無法對其分析去做回授控制。這些工程師可能讓主任務卡關於這些次任務，且需求助於別人去完成工作，然後在求助和溝通時又消耗額外時間。因此，若能簡化這些關卡，就能有效地釋放很多工程能力，其中一個關鍵就是工具間的通訊。

7.3 耳機孔無線電報機（EARPHONE WIRELESS TELEGRAM）

接下來這節很有趣，雖然與磁感測無關。因為可作為上一節的延伸，做很好的學習工具，筆者還是要用耳機孔發射器岔開話題講個新主題。

耳機孔發射器還可用來下達指令做電報功能，比如送滴答摩斯碼、甚至指揮無線電信號，當然這需要運用額外電路。筆者在實作過程中發現這例子很有啓發，可以和第 8 章的被動式近場通訊做對比。

上一節的耳機孔發射機有個好處在於可用筆電控制數位輸出於指定的通道。若咱把該通道用在電源開關或切換電源位準，就能調幅予無線電放大器。這相當於用電腦替咱手按滴答發電報。下圖 7-18 提供三種實施概念，分別由數位通道 1、2、和類比通道 3 去實現。

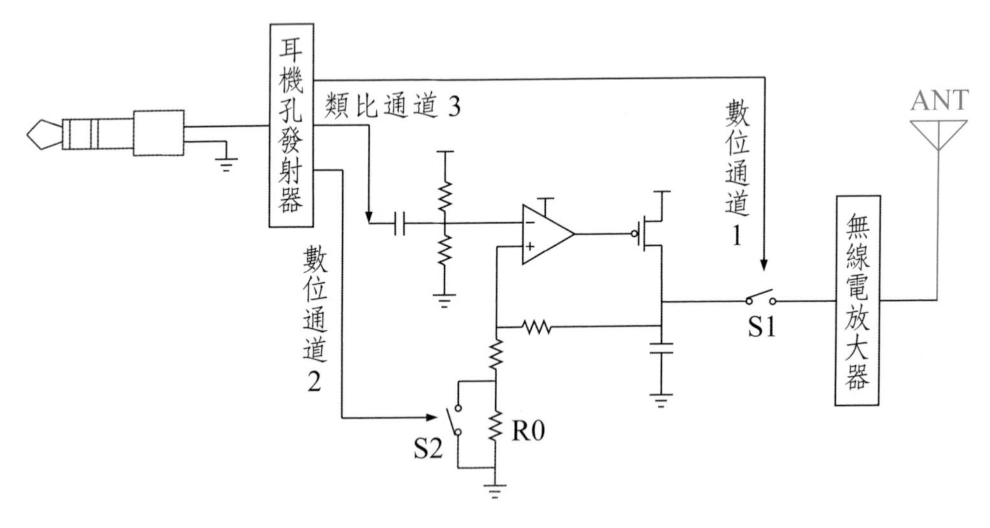

學習版無線電報機控制基於耳機孔發射器

圖 7-18

上圖 7-18 有個 LDO 穩壓器介於耳機孔發射器與無線電放大器。若該 LDO 被替代於 DC-DC 穩壓器，則效率和功率都可提升。但以學習版來說，線性 LDO 即夠用且更好控制。

上圖 7-18 有三種調幅選擇。第一種利用數位通道 1 件開關 S1，其可爲一繼電器或電晶體，可促 on off key 效果（簡稱 OOK）；第二種利用數位通道 2 件開關 S2，其也可爲一繼電器或電晶體，可改變輸出電壓於 LDO，但仍是僅供兩個輸出電位；第三種利用類比通道 3，其電路需稍做增修，但也非難事。

咱現選上圖數位通道 2 去多了解細節，它的一種實施例如下圖 7-19，其中耳機孔發射器實現脈波產生，且使用電源 VDD1。該電源可不同於 VDD2，其爲線性穩壓器輸出上限。脈波產生可開關 NMOS（比如 BS170），使穩壓器輸出 VR 上下變化，這連帶改變包絡於振盪器輸出 VM，造成調變效果。

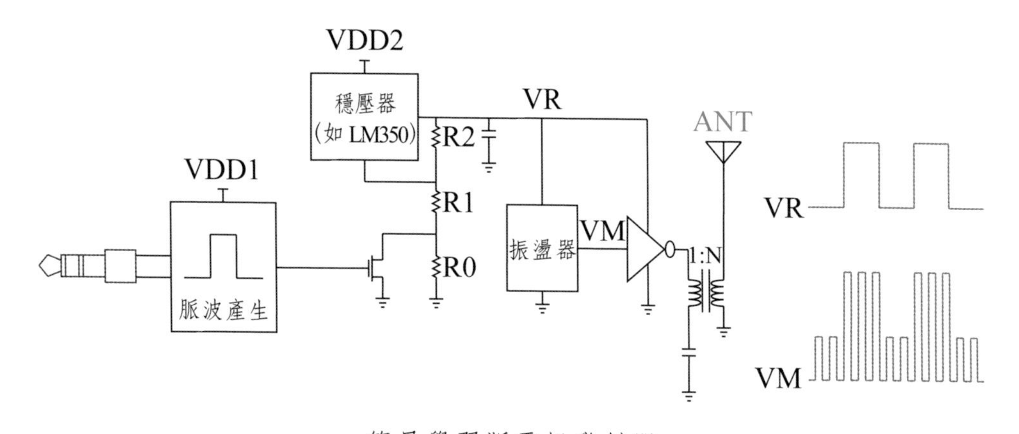

簡易學習版電報發射器

圖 7-19

在上圖 7-19 中，VM 指揮輸出級去驅動升壓線圈和天線，產生輻射給接收機。筆者實驗時使用 2MHz 振盪器、輸出級用並聯的 74HC04 相反器，幾乎隨時都可在電子城裡被買到。讀者可思考，若上圖中反閘先接電容，再串接電感，是否有差異，作爲練習。

便利性是主要考量去讓咱選擇載波頻率接近 AM 收音機頻段和振幅調

變模式。在該頻率下，收發設備仍可在麵包板上完成，即便麵包板實驗會引進很多噪聲和耦合，實驗過程仍不需任何焊接或 PCB 製作工作。糟糕噪聲反而讓實驗者能看到收發的要緊處在哪。所以這個練習的最大價值，就在於一旦買齊簡單材料後，所有事情全靠實驗者自己一人就能完成。過程不會卡在別人手上。而且只要觀念正確，兩天內就能完成所有發射機和接收機實驗，還包括模擬，大大降低了投資風險於學習。

比較棘手一點的部分是輸出端共振腔、升壓線圈和天線的設計。若想要了解這些內容，咱必須對電感這種元件有些認識，咱下一章再提電感。筆者當時做此實驗使用冠磁公司提供的磁心樣品並組合它們予繞線去得到升壓效果。天線設計是一個專門的課題，請讀者多參考其他資料或向中華民國業餘無線電協會的前輩們請益。參考 [6]{page138}[8] 也很有幫助。

一般網路上流傳的示範關於自製無線收發音樂實驗通常只有幾公分的傳輸距離，使得發射端天線和接收端天線需要被擺得很近。其發射機常類似下圖 7-20。該方案好處在觀念直接簡單，可調變出類比振幅，缺點是發射電壓偏低（小於 2VDD）。場強小，信號自然就小。當然，傳輸距離短也和天線型態與尺寸有關。收聽部分通常由天線收音再轉接到喇叭入口或麥克風孔搭配耳機收聽。此外，振盪器的方波富含諧波於基頻，也需被考慮。

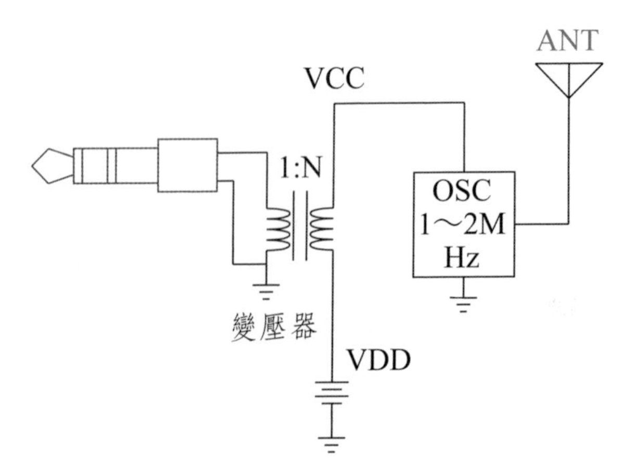

一種 AM 發射器，其常見於網路上的影片教學實驗

圖 7-20

咱的實驗不同於上圖。咱有共振腔和升壓線圈，所以傳輸距離遠些，再搭配稍後要提的麵包板接收機可以輕易讓傳輸距離達到幾十公分以上。但是請讀者們特別注意實驗安全。筆者做協振腔實驗時雖然已經刻意限制振盪電壓在市電強度以下，仍然不小心被電了好幾回，戴個塑膠手套是比較明智的選擇。萬一讀者想加強載波，弄個上百上千伏的振盪電壓，就得更注意安全和法規。

既然咱有發，當然就要有收。只發不收和只收不發就像看一個動作片卻分鏡把出拳和接招分成兩個鏡頭，滿足感打大折扣。所以咱也順帶談接收端。

筆者曾用下圖 7-21 的接收電路去接收來自圖 7-19 的無線電報。雖然當時接收機的 LED 能閃爍去正確反應發射端信息，但這電路有缺陷，而且若實驗擺設不妥，有時會發生假觸發，請讀者用模擬或實作去修改它讓它更健全，作爲練習。

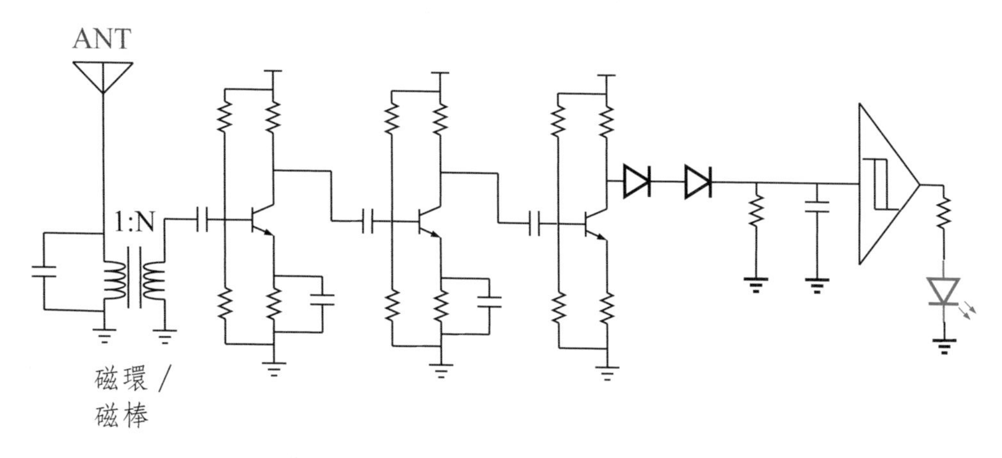

學習版無線電報接收機予改進練習

圖 7-21

以上電報機受控於筆電，咱發送電報時，可以程式化處理，先把腳本打好，然後用電腦批次發送，省去人爲錯誤。人隨時也可改成手動操作。這樣的話，即使不熟練發報技巧，也能迅速發出大量訊息。

本節的價值在於提供一個實際應用配合自動化潛力去整合學習課題，讓看不見摸不到的電磁波，變成好像可見的串流。

筆者建議讀者實驗時可以搭配不同天線形態去比較結果。在本實驗中，筆者將導線繞於磁芯去形成共振腔，並且作爲天線的一部分，這與一般的 AM 無線電收音機內部構造很像，只是一般 AM 無線電收音機內部的線更細更多，可以在小體積內增加有效截面積。筆者還嘗試在收發線圈尾端加長天線去做實驗去比較不同的感應方式。

有的天線能感受磁場變化，比如被繞成環形的天線。有的天線能感受電場變化，比方兩直角線的偶極子天線。

咱高中學安培定律說動電能在遠端生磁，所以直覺上，發射機改變電流，就能給接收機磁擾動。若接收機天線形成迴路感受了該擾動，則高中的法拉第定律預測該擾動導致磁通變化，並產生電信號，其可被用予接收機去鑑別。下一章所談的 NFC 就專門感受磁通變化。

大學知識修正了高中的安培定律，並結合法拉第定律去推論電磁波的形式，使得咱可以同時預測電場和磁場予遠端一點。磁通變化也不再是唯一的信號來源予接收端。而一個好的無線電實驗，可以替這些知識畫龍點睛。

下一章，咱會提到麥斯威爾整理的電磁規律。

7.4 在於語言——編碼（ON LANGUAGE – CODING）

本章既然提到摩斯碼、通訊協定、PWM 等編碼方式，咱就順勢談談語言文字的編碼。

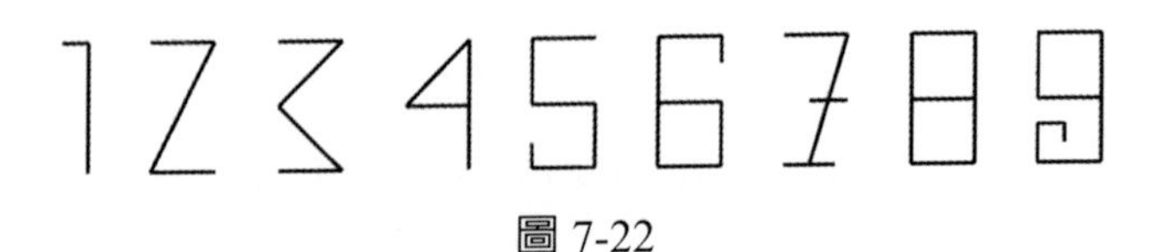

圖 7-22

阿拉伯數字若用上圖表達，則轉角數於任一個數字相等於該數的代表量。這給人一種由簡到繁、有規則的感覺。所以單筆號也從左到右、按特徵數排列。咱再看一次舊版的單筆號如下圖：

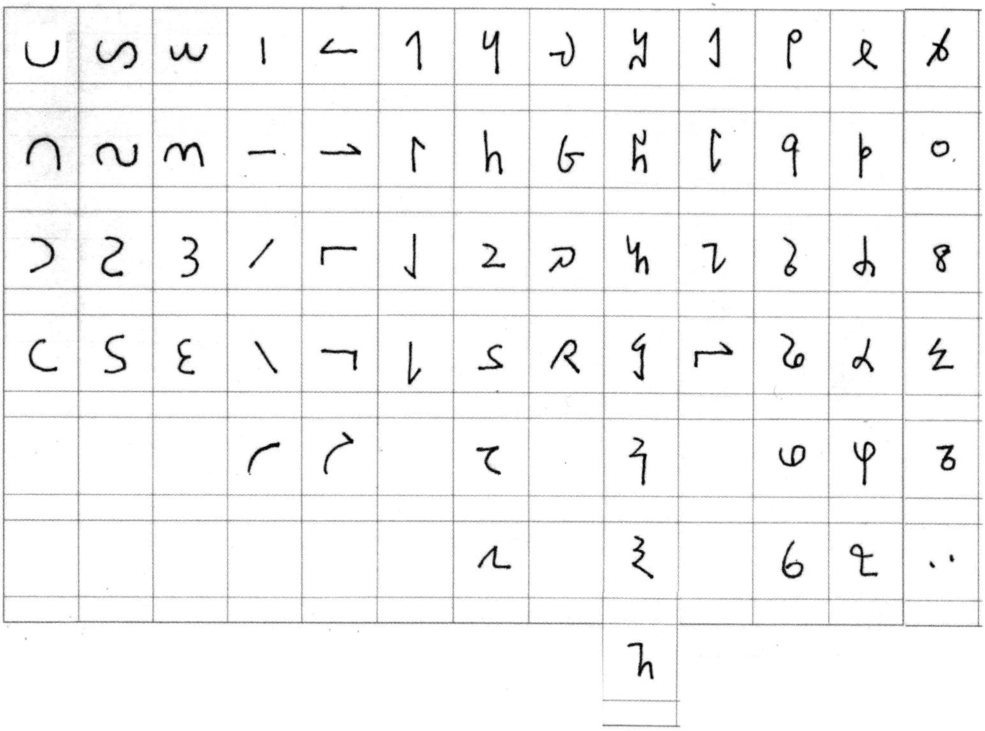

圖 7-23

第一排為 1 曲，第二排為 2 曲 0 折，第三排為 2 曲 1 折，第四排為 1 直或 1 弧，第五排為兩直 1 折或 1 弧 1 折（橫向較長），第六排為 2 直 1 折（直向較長），第七排為 1 曲 1 直 1 折，第八排為 1 大曲 1 直 1 折，第九排為 2 曲 1 直 2 折或 2 直 1 曲 2 折，第十排為 3 直 2 折，第十一排為 1 捲，第十二排為 1 跨，第十三排為剩下。

單筆雖然好寫，但還要能簡化中文成拼筆字才有意義。首先要對應到許多部首和固定字形，這會使得該些部首和字形被簡化成一筆畫。

簡化過程有個輪廓原則。輪廓原則的重點是，若一字有包圍筆畫和被包圍筆畫，則在能辨認的前提下，被包圍筆畫全部可略或部分可略。這原理和照相的剪影是同一個原理。比方傍晚咱面光拍攝城市天際線，建築物高高低低都黑掉，只剩夕陽清楚，雖然建築物細節都消失了，但只憑輪廓仍能分出台北 101 和其他大樓。咱用下圖 7-24 說明。其中早字的輪廓是口字和十字狀，所以對早字只需針對口字和十字進行單筆化，因為日字輪廓被保留，不寫中間一橫也不會被錯認成別的字，所以最後早字只用 o 對應口，¬ 對應十。另外，大家看能字和偷字裡頭的月都因為輪廓原則被簡化成∩。這種輪廓原則，不只能減少筆畫、保留辨識度，還能降低筆畫密度、保護視力。

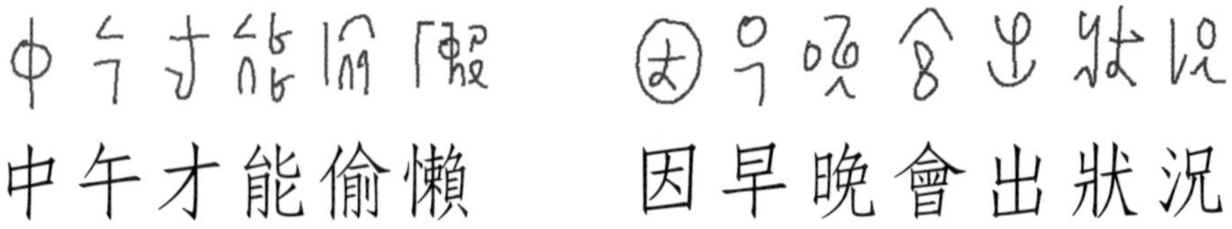

中午才能偷懶　因早晚會出狀況

圖 7-24

再舉一例，下圖 7-25 中有個「哪」字，口字對應到 o（因為所有單筆中只有 o 符合完整封閉特性），耳朵邊對應到 p，中間一堆東西分成兩區塊，其中兩橫一撇被剩下的筆畫從上右下三方包圍，所以兩橫一撇被省略，剩下筆畫用鏡像的 c 代替。所以整個字只剩三個單筆。大家並不會認不得它，因為它保留了該字的獨特輪廓。下圖中個字是筆者自己的習慣，沒有使用 | 和 o 兩碼去代表「個」字，反而長得像簡體字。所以在自行簡化之前，讀者有機會也可參照簡體字經驗，有時用拼筆再將其簡化也會產生好用的符號。

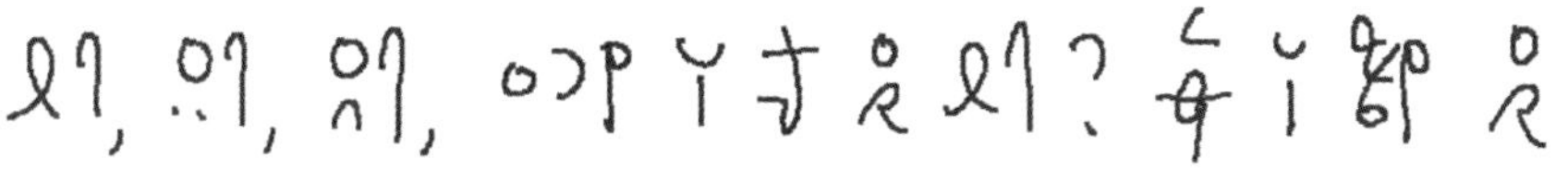

則，則，則，哪 個才是則？每個都 是

圖 7-25

但若咱口字寫左邊，十字寫右邊呢？這不就和早字的編碼重疊了？都是先 o 後¬ ？這在書寫上不成問題，因爲字形不同，不造成辨認困難，但是對電腦來說，就需要多一個訊息去區別兩者。這也不難處理，電腦能列出所有符合字，通常一組拼筆不會對應到很多字，電腦只需把所有吻合字列出，往往只有一兩個，很多還是唯一的，最常用的直接 enter，不常用的按數字即可。因爲大多時候拼筆字都有唯一對應，且拼筆把多數字都簡化成五筆畫以內（讀者看前兩圖即知，很多字都兩三個單筆就解決了），故從電腦的角度看，僅需完全按照單筆編碼予輸入法即可。而且，即使有的字拼於超過三個單筆，比如能字。有四個單筆，但使用者往往在打到第二個單筆就能選字於少數幾字間，若打到三個單筆就已經確立唯一性。所以，用單筆號直接作爲輸入碼並不複雜。

但，有時大家的拆字方法不一樣，這時，問題就分成幾個層面，第一個層面是書寫，第二個層面是提供標準編碼和容錯性。

關於書寫，只要使用者知道啥是自己寫的即可。所以大家可以發揮創意。讓自己方便。所謂的標準版本此時只是一個參考對照表，萬一使用者自己拿不定主意，可以參考標準版，簡化日後工作。這種標準版還可以產生藝術版，用藝術月刊、網路文章和廣告的方式呈現。如此便能普及使用率，同時吸納大衆的想法。

關於標準編碼，只需有個人提出第一版，並提供足夠的容錯碼即可。最終甚至可用機器產生並演化。

舉上圖爲例，則字可被拼筆於 o .. ¬ 三碼，但也可被拼筆於 o ∩ ¬ （o 對應目字依輪廓規則、∩對應八、¬ 對應刂）三碼，還可被拼筆於 ℓ ¬ 兩碼。標準版只需提供最後一種筆畫最少的，其中 ℓ 對應貝，¬ 對應刂，剩下的加入容錯碼即可。若是電腦，甚至可開放使用者依自己喜好拼筆編碼，並提升其優先順序，這並不是什麼難事。如此在自己的電腦上，就有自己習慣的輸入法。

這裡要說一下，書寫習慣和編碼可稍有差異，依個人喜好即可。比如¬書寫時不論起頭是下斜還是直橫在編碼上都屬於¬。這麼做是因爲每個人寫快起來以後弧度會略有不同，爲了涵蓋這些差異，有時角度和弧度的差異都被忽略。又比如 ω，寫快了有時會變成 w，所以這兩個符號在單筆號裡被歸爲同號，雖說前者是曲線組，後者是折線組。這賦予書寫很大彈性。

三圖前的圖 7-23 裡有六十五個碼。對電腦輸入來說雖嫌多，但也有辦法解決。比方說注音符號就有 36 鍵，一鍵管兩碼即可覆蓋所有的單筆號還有剩。而且很多符號有鏡像、旋轉關係。因此只要妥善使用 shift、ctrl 兩鍵盤就可解決部分問題。另外，上排數字鍵和功能鍵也可取來做符號輸入。

輸入上甚至可以設計對應注音模式或英文模式，使得對應鍵盤位置和平常習慣一致。這算是附加功能。即給予使用者多種鍵盤格式外加一自訂模式。

拼筆字大量運用弧形和曲線，猶如英文小寫。要定義稜角化的大寫其實也不是難事，但牽涉另一問題，咱留待第 8 章末再談。

大家應該開始發現，把雜七雜八的中文字變成少數個符號碼是可能的，不只是輸入法，連手寫都可行。這代表，經拼筆簡化後，中文字有可能被作爲電腦語言工具。大家想像英文程式語言關鍵字 for、while、if、else、then 等等，這些用中文拼筆字其實鍵數差不多。甚至，在代號使用上，如第 3 章末所說，也能對應到每個英文字母。

練習（Exercise）

練習 7.1（asynchronous communication）

(1) 請給出 Q0、Q1、Q2、Q3 值在微前於 RESET 由 1 轉 0 時，假設 PULSES = PULSES1，也假設 QXQY 和 QXQYB 沒有 glitch。本題強調 CLK 不同步於 PULSES，且有隨機的相位關係予 PULSES 和 CLK。

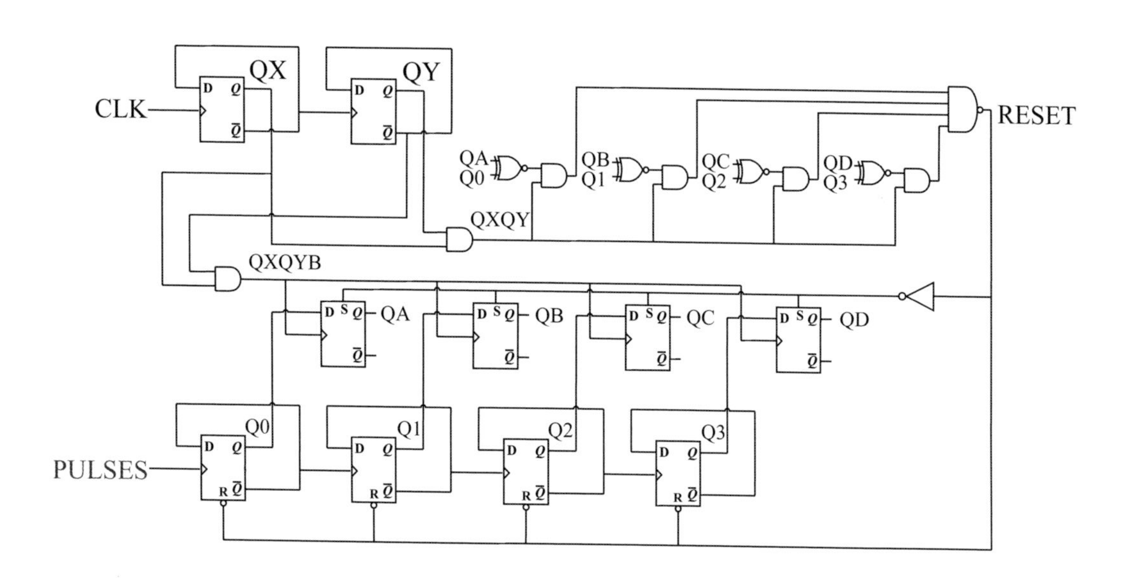

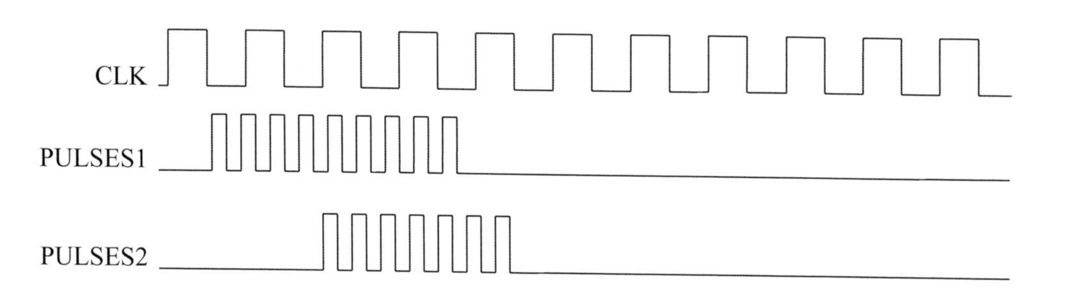

(2) 請再次給出 Q0、Q1、Q2、Q3 值在微早於 RESET 由 1 轉 0 時，但

這次假設 PULSES = PULSES2。

(3)請發揮想像力，講個方法，去利用本電路接收摩斯電碼。文字敘述即可。並說明接收端和發射端之間需要幾條連接線，地線除外。

(4)請問有何方法修改電路去防止 glitch 發生於 QXQY 和 QXQYB？文字敘述即可。

(5)請說明本電路有何瑕疵，即有何限制於計數。想要有點挑戰性的讀者請略過以下提示。本電路的原理在於檢查脈波數於每隔一段時間，若脈波數不變，則記錄數量並重置電路，以進行下一輪計數。

提示 本題組旨在對照下一題，比較非同步和同步的通訊。兩題都希望獲得一數字相關於脈波數稍前於重置正反器時，作爲一信息符號。但兩題都沒說如何紀錄。先做練習 7.2 能獲得提示，先做練習 7.1 則較有挑戰性。本題假設當正反器 R 端的圓球收得 0 時，重置 Q=0 發生，即 RESET 爲 0 時辦重置，並假設正當反器 S 端得 1 時重置 Q=1 發生。

練習 7.2（synchronous communication）

(1)請給出 Q0、Q1、Q2、Q3 值在微早於 RESET 由 1 轉 0 時，假設 PULSES = PULSES1。本題強調 CLK 同步於 PULSES，且有固定的相位關係予 PULSES 和 CLK。假設 CKP 的變化能滿足正反器的 setup time。

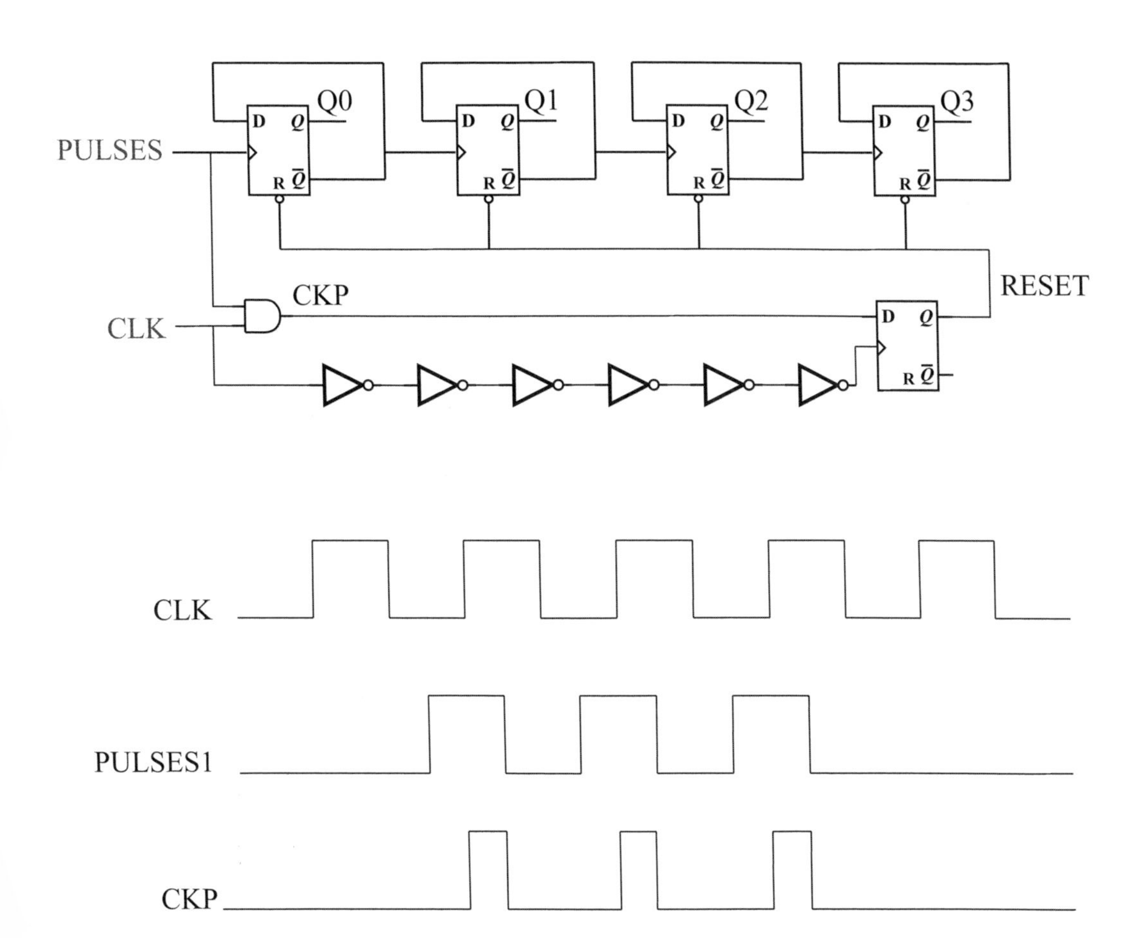

(2)請再次發揮想像力，講個方法，去利用本電路接收摩斯電碼。文字敘述即可。並說明接收端和發射端之間需要幾條連接線，地線除外。

提示 本題旨在對照上一題，看同步通訊的簡單處。咱依舊假設當正反器R端的圓球收得0時重置Q=0發生。

文獻目錄

1. 張議和、王敏男、許宏昌、余春長 [例說 89S51C 語言]2014 書 ISBN9780986-236-832-9
2. 正點原子 [手把手教 STM32F103- 第 25 講 _ 串型通信原理講解 _UART] www.youtube.com/watch?v=WuLoHSn9Fk
3. NCTU 柯教授與學生 [互補式金氧半導體積體電路之靜電放電防護技術] www.ics.ee.nctu.edu.tw/~mdker/ESD/index/index6.html
4. R. E. Ziemer, W. H. Tranter, D. R. Fannin [SIGNALS AND SYSTEMS: Continuous and Discrete] 1993 書 ISBN0-02-431641-5
5. maxim integrated [FUNDAMENTALS OF CLASS D AMPLIFIERS] Application-Note3977 於 maxim integrated 網文
6. R. Ludwig, P. Bretchko [RF Circuit Design Theory and Applications] 2000 書 ISBN0-13-095323-7
7. Microchip Technology [What is EEPROM?] www.youtube.com/watch?v=7qa1ds CpMMo
8. D. K. Cheng [Field and Wave Electromagnetics] 1989 書 ISBN0-201-52820-7

第八章

被動元件

被動元件於磁感測器包括了電感（inductor）、電容（capacitor）、電阻（resistor）。這三者被用來生電、蓄電、配電，是基礎元件於類比電機，其中電容電阻還是標準配備在類比 IC 製程。

二極體（diode）、變壓器（transformer）、比流器（current transformer）、線圈（coil）和一些磁鐵芯材料也算被動元件。被動元件並不放大功率，即輸出端功率小於或等於輸入端，因此被稱爲被動，變壓器就是個好例子。

在分別討論這些被動元件之前，咱先回憶一組電磁定律於麥斯威爾方程組如下表 8-1，有微分和積分形式，前者類似微觀概念、後者類似巨觀概念。該組定律中，第一個是法拉第感應定律，講磁生電；第二個是安培定律講電生磁；第三個是高斯律於電場，講電荷量等於電通量過封閉面；第四個是高斯律於磁場，講無淨磁通跨封閉面。

表 8-1　電磁學四定律

	微觀	巨觀	
法拉第定律	$\nabla \times E = -\frac{\partial B}{\partial t}$	$\oint E \cdot d\Gamma = -\frac{d}{dt}\oiint B \cdot dS$	磁生電
安培定律	$\nabla \times H = J + \frac{\partial D}{\partial t}$	$\oint H \cdot d\Gamma = \oiint J \cdot dS + \frac{d}{dt}\oiint D \cdot dS$	電生磁
電高斯律	$\nabla \cdot D = \rho$	$\oiint D \cdot d\Omega = \iiint \rho dv$	電荷生淨電通跨封閉面
磁高斯律	$\nabla \cdot B = 0$	$\oiint B \cdot d\Omega = 0$	無淨磁通量跨封閉面

咱先專注於前兩個定律，並且解釋其應用在電感、比流器和磁通閘，因爲這常較令人困惑。

上圖中大寫都代表向量，純量則用小寫代表。上圖中 dΓ 代表一片段徑於閉迴路，傳統上寫 dl，這裡爲了表達向量改變記號；dΩ 代表一片段面於封閉面，傳統上寫 dS，但爲了區隔其與片段面於非封閉面，咱改用希臘字母。

咱還可替巨觀算式做闡釋；一般教科書寫算式時，習慣上等式左邊寫果，等式右邊寫因，因此，巨觀法拉第定律就好像在說，若製造磁通變化即可得感應電動勢，像描述一種生電方法。因此咱說該定律強調磁生電。但這種因果關係生於一種分析過程其來自人爲習慣。數學算式本身則對等號左右一視同仁，兩者互爲因果、沒有先來後到的區別。咱說安培定律描述磁生電也依同一道理。咱只是爲助理解和突出特徵，才選一種應用角度去演繹那些巨觀數學式。咱各給個例子如下圖 8-1 所示：悠遊卡就運用法拉第定律、電流鉤表就運用安培定律。

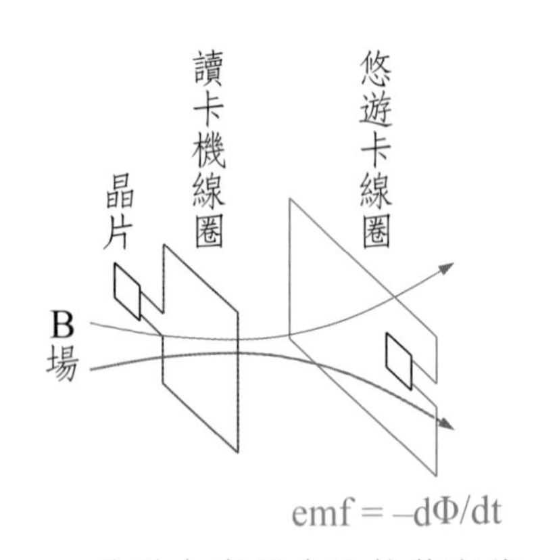

(A) 悠遊卡應用在法拉第定律

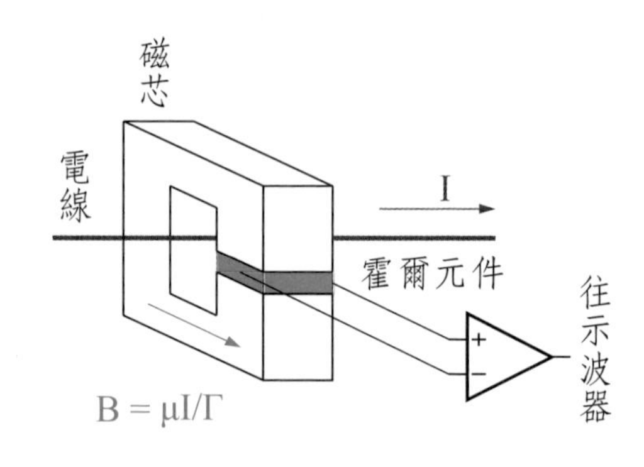

(B) 電流鉤表應用在安培定律

圖 8-1

上圖 8-1(A) 裡，讀卡機促生射頻交流電於其線圈、產生交流 B 場。該 B 場過一截面其受圍於一線圈迴路，其被嵌在悠遊卡內層、替該卡建立交流磁通量。因該磁通變化，該卡獲得感應電動勢 emf，其作爲電源去驅動該卡晶片。咱說這 emf 展現了法拉第定律。（註：悠遊卡線圈也算一種天線）

上圖 8-1(B) 裡，電流鉤表頭部用磁芯環繞電線。電流 I 於電線產生一磁場被集束於磁芯。該磁場可被計算於安培定律、並被感知於霍爾元件。該霍爾元件後接放大器，其輸出到示波器做檢測。此處霍爾元件發揮大動態範圍優勢，能助檢測 mA 級小電流、也能助檢測安培級大電流。

咱甚至在某種程度上可說上圖 8-1(A) 應用了安培定律去產生 B 於讀卡

機線圈。因為該圖兩線圈有如一個無磁芯的變壓器，其一次側弄電生磁、二次側弄磁生電，其中能量的傳遞建立於線圈。線圈在此作為被動元件有電感特性包括自感和互感，還挺複雜的，咱就接著講講它吧。

8.1 電感（INDUCTOR）

8.1.1 定義與由來（definition & origin）

電感是一種被動元件。其電流引發磁通——從應用端講。英文 induce 表示引發，所以電感被稱為 inductor 合情理。

電感值本為一比值於所生磁通對所費電流，其表達如下式：

$$L=\frac{\Phi}{I} \tag{0-8.1}$$

其中 L 為電感值，Φ 為所生磁通，I 為所費電流。

但做線性電路分析時，咱慣用一 VI 關係描述電感值定義如下：

$$V=L\frac{dI}{dt} \tag{1-8.1}$$

咱現舉螺線管為例，說明（0-8.1）和（1-8.1）沒有衝突。咱知螺線管有磁通可表示如下：

$$\Phi=NBA=\mu\frac{N^2}{l}AI \tag{2-8.1}$$

其中 N 為螺線管砸數，B 為螺線管內均勻磁場，A 為螺線管截面積，μ 為磁導率，l 為螺線管長，I 為螺線管電流。因此其電感值依原始定義即 Φ/I 可由如下算式表達：

$$L=\mu\frac{N^2}{l}A \tag{3-8.1}$$

所以咱現目標是要證明：若用（1-8.1）去定義 L，則其值會如（3-8.1）所示。咱可用一電路模型如下圖 8-2 去驗證。

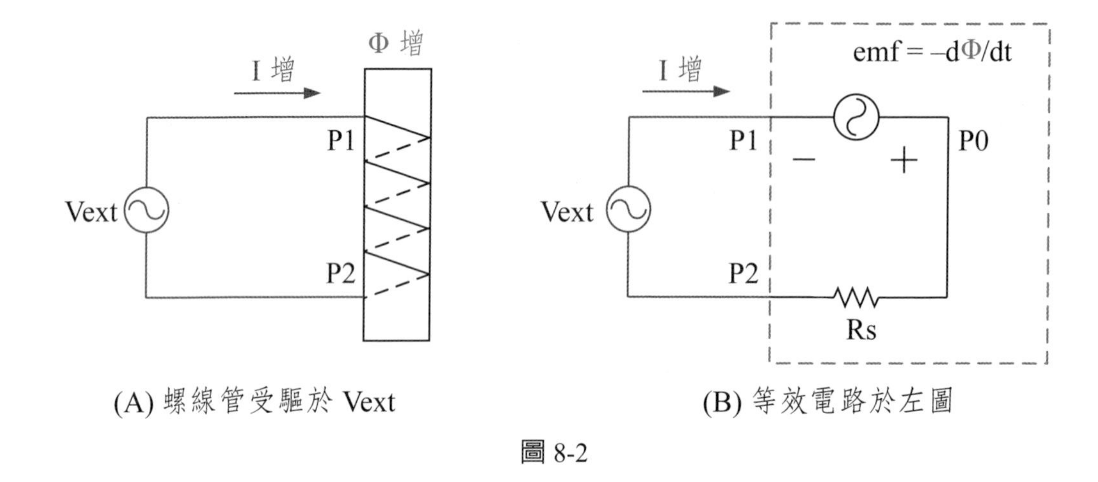

(A) 螺線管受驅於 Vext　　(B) 等效電路於左圖

圖 8-2

上圖 8-2 中 (B) 用虛線框標示等效電路於螺線管。其中 emf 被用電源表示，這是爲了滿足荷西科夫電壓律（KVL）。本來法拉第定律說從 P0 順時針走一圈回到 P0 電場作功 emf，但這違背保守場的做圖特性，使 P0 無法以單一電位表示。所以，咱把 P0 這一點分成兩點，其中起點仍叫 P0，終點叫 P1，使得電場作功 emf 自起點到終點、且 P0 和 P1 仍可被保守場電位標示、靠得是塞一電源 emf 到迴路中。圖中 Rs 爲等效電阻於螺線管。寫閉迴路 KVL 方程式，可得：

$$Vext + emf = IR_s \quad (4\text{-}8.1)$$

若 Rs = 0，則

$$Vext = -emf = \frac{d\Phi}{dt} = \frac{d\Phi_s}{dt} \quad (5\text{-}8.1)$$

其中 Φs 代表磁通於螺線管，其在此被假設等於閉迴路磁通 Φ。取（2-8.1）代入（5-8.1）得：

$$Vext = \frac{dNBA}{dt} = \frac{\mu N^2 A}{l}\frac{dI}{dt} \quad (6\text{-}8.1)$$

於是咱就可重寫上式如下：

$$Vext=L\frac{dI}{dt}\text{，其中 }L=\frac{\mu N^2A}{l} \qquad (7\text{-}8.1)$$

此電感格式符合（1-8.1）的習慣，且其值又符合（3-8.1），其來自計算 Φ/I 於（2-8.1）。

8.1.2 互感（mutual inductance）

互感值也是一比值於磁通對電流，只是該磁通與電流被定義於不同的迴路。如下圖 8-3 所示，L12 代表一互感值，其電流 I1 由線圈 1 定義、其誘發磁通 Φ2 由線圈 2 定義，使 L12 = Φ2/I1。同理，若投入電流 I2 於線圈 2，則一磁場 B2 將被建立且造成磁通 Φ1 於線圈 1，此時咱可得另一互感 L21 = Φ1/I2。

感應能力於線圈 1 到 2 相等於該能力於 2 到 1，即 L12 = L21。這種互換相等性（reciprocity）建立於一串向量分析，其結果如下圖捲積所示。咱發現互換該捲積順序不改變結果，因此可獲互換相等性。請讀者參照 [1]{page274} 去多做參考驗證。

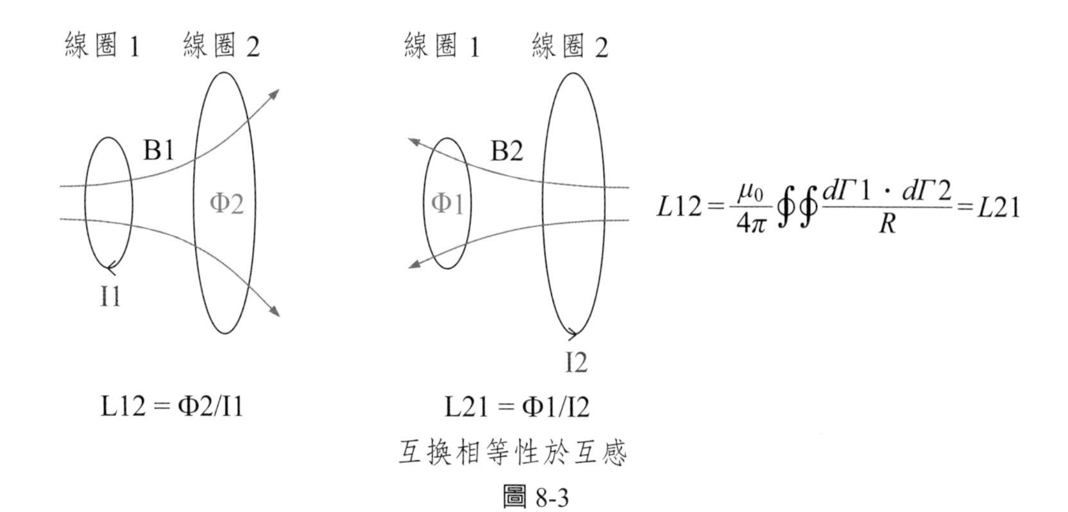

互換相等性於互感

圖 8-3

總之，因為兩迴路的相互感應能力相當，所以咱用個名符其實的符號去代表該互感值（mutual inductance）：

$$M = L12 = L21 \tag{8-8.1}$$

上圖的捲積號旁有個 R 在分母，其代表距離介於 dΓ1 和 dΓ2 間。因此，當兩線圈距離很遠時，互感 M 很弱。這說明了爲何悠遊卡需接近讀卡機才能被感應。

相對於互感，若感應磁通和所費電流都定義於同一迴路，則該電感值爲自感值（self inductance），比如 L11 = Φ1/I1 爲自感值，當 Φ1 由 I1 引發；同理，L22 = Φ2/I2 也是自感值，當 Φ2 由 I2 引發。

8.1.3 偶合線圈（coupling coils）

當咱討論 NFC、RFID 應用如悠遊卡線圈時，咱自然會想問，讀卡機和卡片得做多大、線圈得繞幾圈之類的問題。爲了回答這這類問題，咱先考慮兩個圓形線圈如下圖 8-4(A)，並想像悠遊卡線圈是次線圈，讀卡機線圈是主線圈。咱運用大學電路學，選下圖 8-4(B) 的電路模型去描述一組偶合線圈。該圖中的黑圓點和 k 有特殊意義，咱稍後再談。

咱先注意到 V2 受兩項影響，第一項和互感 M 與電流 I1 有關，第二項和自感 L 與電流 I2 有關。假設次線圈爲斷路，則 V2 的感應電動勢完全來自互感和 I1 變化。

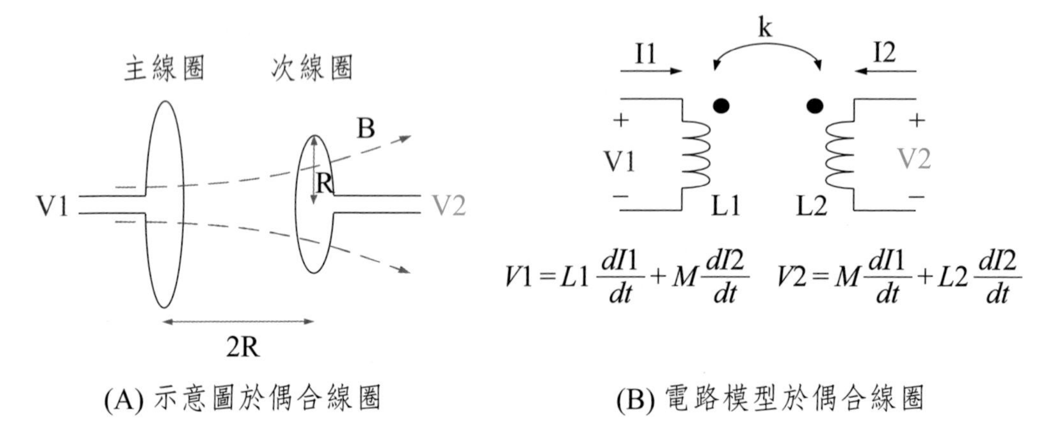

(A) 示意圖於偶合線圈　　(B) 電路模型於偶合線圈

圖 8-4

此時若咱要用 V2 做悠遊卡電源，咱只要確保互感夠大、I1 變化量夠大即可提供足夠大的電壓。那如何增大互感呢？把其中一個線圈做很大有幫助嗎？很遺憾這不一定。若線圈依上圖 8-4(A) 擺設，則互感 M 隨尺寸變化可能有個近似趨勢如下圖 8-5(A)。在該圖中，互感 M 有最大值當主線圈半徑是 2～3 倍於次線圈半徑時。其實這不難理解，想像一個噴水池，在噴水口上方一段距離平放個呼拉圈，有些水穿過呼拉圈形成淨通量，有些沒有。若咱把呼拉圈做得特別巨大，大部分向上穿過呼拉圈的水稍後又會向下穿過呼拉圈使淨通量減少。這比喻裡部分水的動線就像磁力線。

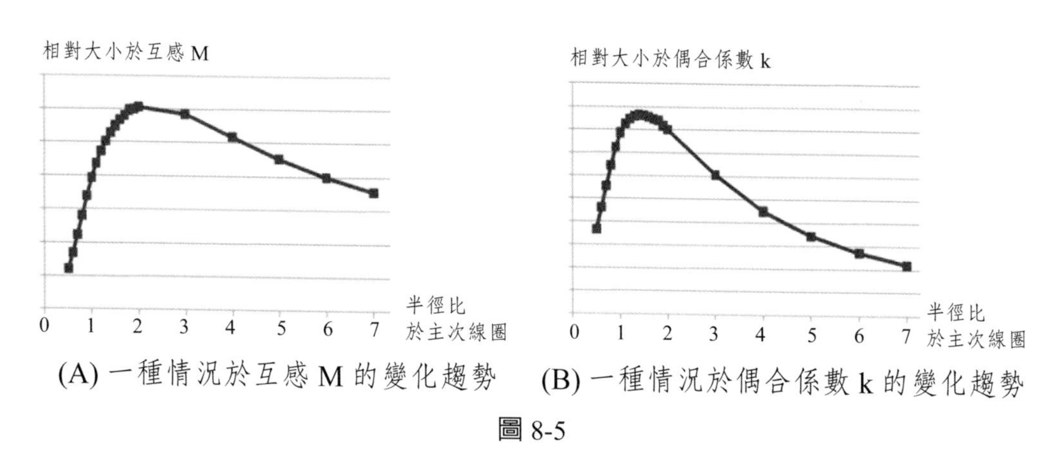

(A) 一種情況於互感 M 的變化趨勢 (B) 一種情況於偶合係數 k 的變化趨勢

圖 8-5

另一方面偶合係數 $k=M/\sqrt{(L1*L2)}$ 在高半徑比時更受其害如上圖 8-5(B) 所示，因爲 M 下降，L1 上升，讓 k 大幅下跌。k 對咱的應用有兩層意義。第一個意義是表達一種能力去利用有限的 L1 和 L2 造就互感，其中 k 的最大值爲 1，表示互感不會超過 $\sqrt{(L1*L2)}$；第二個意義則和功率效能有關，咱需要考慮負載和串聯電阻值。

若咱給交流電流於主線圈，傳送功率到負載於次端，則咱有額外功率消耗於主端。用下圖 8-6(A) 來說，就是有功率消耗在 R1，也有功率消耗在 R2。在此 R1 代表等效電阻於 L1，R2 代表負載電阻。咱發現效率 η 和 k、Q1、Q2 有關。若 η 的分子很小，則效率很低，表示傳送一點點功率到 R2，就要浪費很多功率在 R1。

在下圖 8-6(A) 中，為了提高 η，咱需加大其分子，表示咱需要加大 k、Q1、Q2。這裡 Q1 = ωL1/R1，Q2 = ωL2/R2，請讀者參閱 [2]{page90}[附錄算式（5-A.6）和附錄 A.5] 多了解其意義。若咱一直加大主端線圈，雖然可以讓 L1 上升，但是其 R1 也會上升，且咱剛說 k 在主線圈很大時會下降如上圖 8-5(B) 所示，若依下圖 8-6(A) 所寫，k 還有平方效果。這使得提升 η 仰賴優化幾何參數於主次線圈，咱不只需優化針對 k，還得優化針對 Q1。無論如何，咱在這看到了 k 的影響力。簡單說，若其能力於製造互感很低，則該偶合線圈很可能無法傳播能量於高效率。

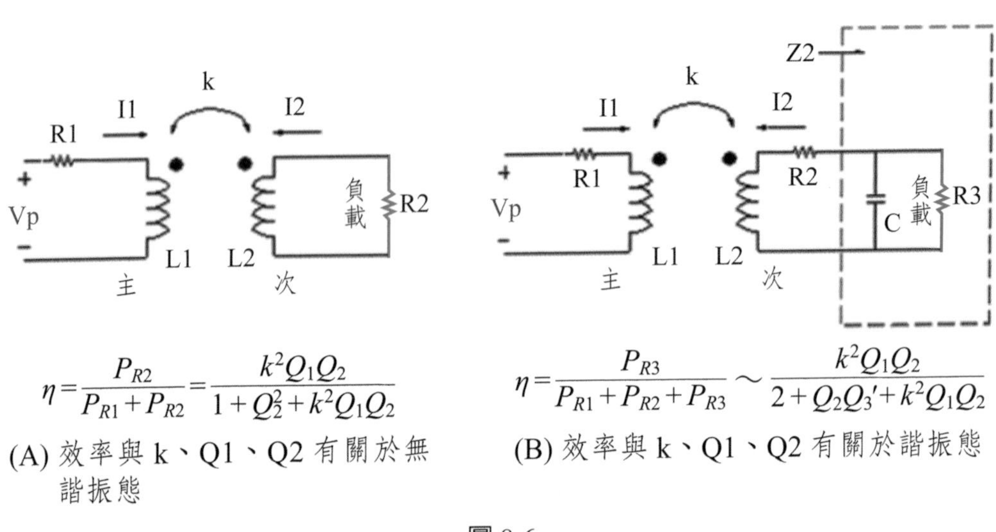

$$\eta = \frac{P_{R2}}{P_{R1}+P_{R2}} = \frac{k^2Q_1Q_2}{1+Q_2^2+k^2Q_1Q_2}$$

(A) 效率與 k、Q1、Q2 有關於無諧振態

$$\eta = \frac{P_{R3}}{P_{R1}+P_{R2}+P_{R3}} \sim \frac{k^2Q_1Q_2}{2+Q_2Q_3'+k^2Q_1Q_2}$$

(B) 效率與 k、Q1、Q2 有關於諧振態

圖 8-6

讀者會說，既然一直加大尺寸無用，那就用固定尺寸多繞幾圈線圈行嗎？這也可，但這麼做會改變頻率響應於 Q 值、線圈 R 值和 L 值。該等頻率響應不在本書討論範圍內，有興趣讀者可參閱 [3] 去進一步了解。

偶合線圈常面臨低 k、低 M 問題於空氣介質。即使咱提升了 η，但若 M（dI/dt）太小則仍無法實用。比方次端電路需要 3V 作為電源，但次端感應電動勢只有 0.3V，就無法滿足規格。為了解決這問題，多數設計於次端加個電容造成共振效果，藉此提高 R3 上的電壓振幅，如上圖 8-6(B) 所示。其中 R1 代表等效電阻於主端線圈、R2 代表等效電阻於次端線圈、R3 代表負載。在上圖 (B) 裡，咱還假設了 R3>>R2，去獲得一個近似算式予 η，其形式很類似於它在無諧振態時。Q3' 近似 ωL2/R3，其遠小於 Q2。大家不難看出這個設計問題有多個條件去限制優化結果。一般咱稱此類優化過程屬於感應鏈設計（inductive link design）。

8.1.4 反射阻抗（reflected impedance）

咱接著上一小節想，若咱傳輸功率到次端，那對主端來說，總負載就不是僅僅 R1 串連 L1 而已，而應是有額外效應，否則所有的功率都將僅僅消耗在主端元件上。那額外的效應，猶如在主端串連一個額外的阻抗，其被稱爲反射阻抗（reflected impedance）ZT，使得主端等效電路爲 R1 串連 L1 再串連 ZT。

爲了理解這概念，咱重畫上一小節的圖 8-6(B) 到下圖 8-7(A)，並在其中多加上一個開關 S 便於稍後討論。經過一番頻域分析，咱可量化該反射阻抗 ZT 如下圖 8-7(B)，其作爲主端等效電路對圖 8-7(A) 言。咱發現，當 R3 變化時，Z2 產生變化，使 ZT 產生變化。

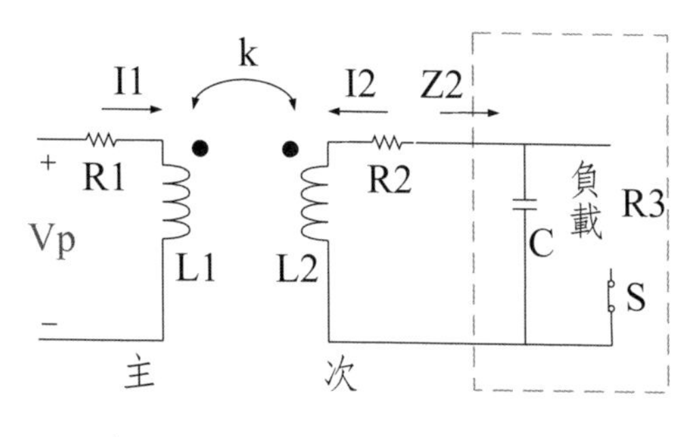

(A) 加上一開關 S 於次端去調變負載

I1 + R1 L1 Vp ZT − 主

$$ZT=\frac{\omega^2M^2}{R2+j\omega L2+Z2}$$

$$=\frac{\omega^2M^2}{R2+Req}\text{，於諧振}$$

$$Req=\frac{R3}{1+\omega^2C^2R3^2}$$

(B) 等效電路予主端

圖 8-7

所以，若咱設計適當的負載 R3，就能用開關 S 於上圖 8-7(A) 去交替切換負載於斷路和 R3 間，造成反射阻抗 ZT 於上圖 8-7(B) 交替於兩值間。這種變化可被主端察覺，作爲一種次端回訊給主端的方法，其被稱爲負載調變（load modulation）。很多 NFC（near field communication，又稱近場通訊）都利用負載調變作爲反向通訊手段。該變化幅度決定了主端是否能感測它。所以負載調變必須慎選負載，才能使主端有效鑑別次端訊息。有時咱調變 R3，ZT 實部下降，但虛部上升，若想要偵測這種變化，主端設計也要計較，還要搭配額外的感測電路，請大家參考 [4][5] 去深究。

有興趣深究的讀者可以想想，如何增加主端感測能力。除了加入諧振設計到主端，能否將主端諧振條件設在負載爲 R3 時，但將次端諧振條件設在負載爲開路時。或顛倒兩者，看哪種組合情況比較可能被偵測。（註：在 NFC 應用裡，主端通常需要諧振放大器去驅動電感。）

8.1.5 變壓器、比流圈、扼流圈（xfmr、CT、choke）

變壓器（transformer）教材真的是多不勝數。咱想換個介紹方式跟讀者聊聊它。變壓器像是一組偶合線圈，兩線圈緊繞著一共享磁芯，其磁導率極高，使電感值很大，其無漏磁且幾乎完全共享磁通於兩線圈，好比 k 值爲 1，如下圖 8-8(A) 所示。兩線圈電感值 L1、L2 也被假設極高，其導致特殊的電流和電壓關係。若想得到這些關係，咱只需先做頻域電路分析予圖 (A) 如下圖 8-8(B)，其中算式由 KVL 得出，然後依下圖 8-8(C) 的順序分析。首先，該圖 (C) 的 L2 和 L1 共用一磁芯，故依式子（7-8.1）有平方關係。接著，M 本爲 $k\sqrt{(L1*L2)}$，現在 k = 1 且咱可表 L_2 於 L_1，所以 M 可表於 L_1。最後，取前兩步的 L_2 和 M 表於 L_1 帶入次端 KVL，即 $I_2R_2 + sMI_1 + sL_2I_2 = 0$，咱就得一算式予 I_2。在該 I_2 算式裡，咱假設 L_1 很大，所以 R 幾乎不影響分母大小和相位，導致 $I_2/I_1 = -Np/Ns$。這個負號肇因於 I_2 指向線圈。若把 I_2 掉頭指向 R 如一般變壓器記號，則比值回到熟悉的 Np/Ns。

講這一串有個主要目的，即說明有其重要意義去假設 L_1 和 L_2 很大予變壓器——因有該假設，所以次主電流比 |I2/I1| 才會是 Np/Ns、負載 R 的影響才能被忽略。若咱用結論於下圖 (C) 去代回下圖 (B) 算式，即可得回變壓器的基本電壓關係 VP/VS = Np/Ns。

相關概念很重要於模擬非線性電感於 SPICE 類軟體。

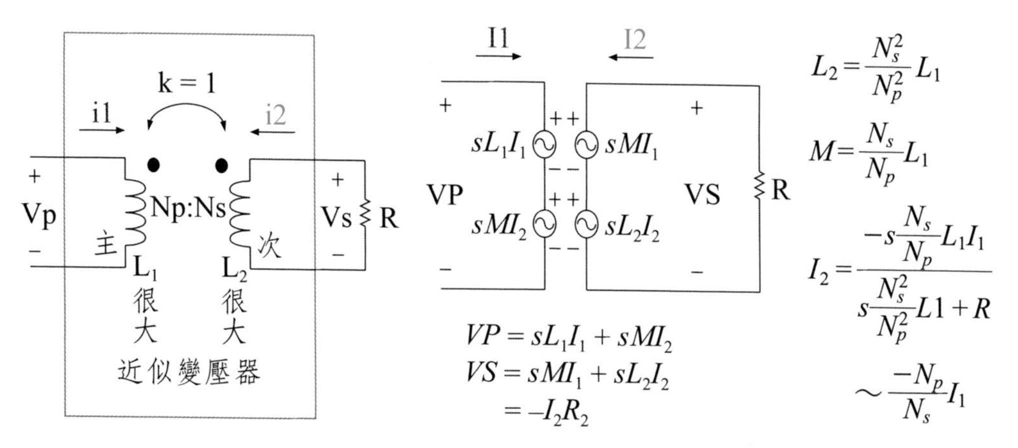

(A) 用偶合線圈近似變壓器　(B) 頻域等效電路予左圖　(C) 推導電流關係予左圖

圖 8-8

變壓器有時又稱 potential transformer，簡稱 PT，因爲它通常被用來轉換電壓，雖然它也有轉換電流的功能。大家家中常用的變壓器通常還搭整流功能，咱稱它爲 adapter，它的輸入是固定的交流電壓，而非固定的交流電流。

同類電路也可被用來轉換電流，比流器（current transformer，簡稱 CT）就是一例。它的主端通常只有少數幾圈，甚至只有一圈，其通過大的待測電流，比如 4000A。而次端有多圈，獲得較小轉換電流予量測之便，比如 5A。

還有一種變壓器應用叫做巴倫（BALUN），被廣泛用在無線通訊上。巴倫也稱換衡器，去做平衡 —— 非平衡信號轉換或逆向轉換。該名稱可由下圖 8-9 去理解，其中圖 (A) 輸入爲一對稱波形，所以稱爲平衡的（balanced）；輸出則只有單邊，所以稱爲非平衡的（unbalanced）。BALUN 就是英文簡寫於平衡－非平衡器。該器件可換方向操作，以非平衡端爲輸入、平衡端爲輸出，如下圖 8-9(B) 所示。該圖中介於電感間有雙直線代表共用的磁芯，它可以是磁棒、磁環或其他形狀，是核心於感應和變壓。

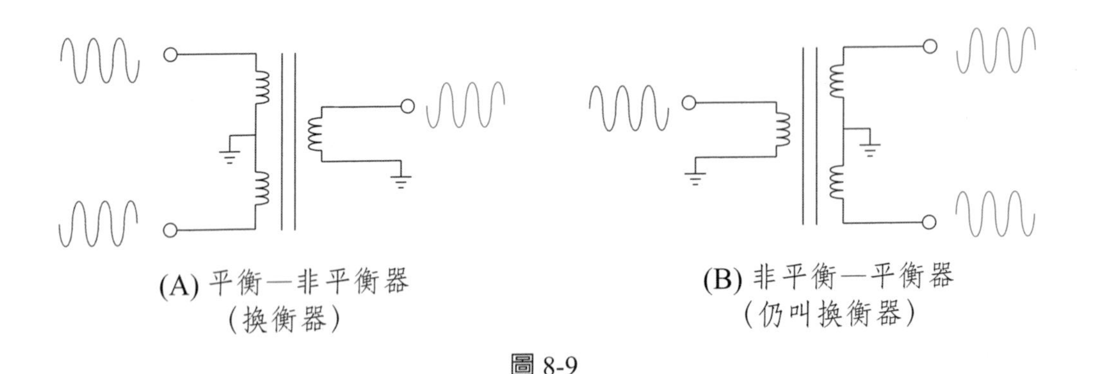

(A) 平衡—非平衡器
(換衡器)

(B) 非平衡—平衡器
(仍叫換衡器)

圖 8-9

巴倫也可助升壓，就如變壓器一般，只要輸出端砸數高於輸入端。比如第 7 章講的耳機孔發射機，就產生一個非平衡的載波，其藉巴倫升壓，並連接天線。天線不一定非要用平衡態輸出，也可以只用單邊，即把 BALUN 變成非平衡—非平衡器，但，咱還是通稱該 BALUN 爲換衡器。請查 [14] {page 138} 去看個 BALUN 例子在天線應用。巴倫還可替天線做阻抗匹配。

有些換衡器的一次端也是部分於二次端。如下圖 8-10(A) 所示，咱稱這種巴倫爲自偶變壓器 BALUN。該圖所示換衡器有時被用來代表 1：4 換衡器，其表示二次側電感值爲四倍於一次側，因爲有兩倍匝數，其和感值有平方關係。同理，當咱說一個 1：16 的巴倫，咱表示匝數比爲 1：4 予一次側相較二次側。

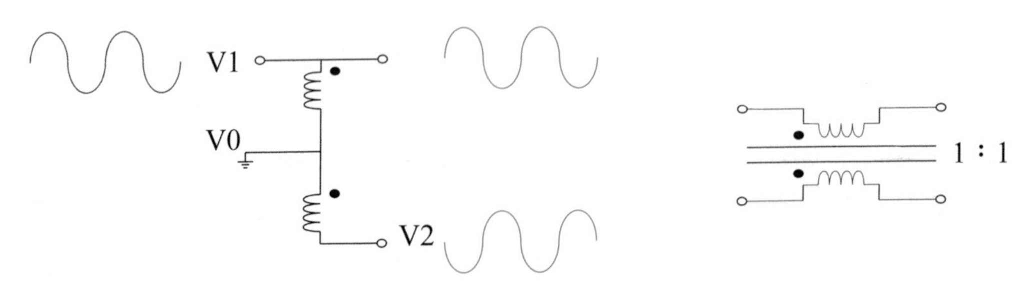

(A) 自偶變壓器 BALUN

(B) 簡圖於扼流圈

圖 8-10

另一類變壓器應用叫扼流圈（choke），其簡圖如上圖 8-10(B) 所示，好像把 1：1 變壓器擺橫著用。扼流圈最常用於傳遞差模電流 IDM（I differential mode）、同時阻擋共模電流 ICM（I common mode）。一種簡化的扼流圈應用如下圖 8-11 所示。其中 DC 電源用 V1 匯流排供電正端給敏感系統和 DC/DC 轉換器，V0 匯流排供電負端。[6] 中有敘述，說有些 DC/DC 轉換器忙碌起來時，會產生瞬變的 ICM，由藍箭頭所示。此刻若無扼流圈，較大 ICM 將向匯流排 V1 和 V0 運動，並干擾敏感系統與電源，同時在行進過程產生較大 EMI（electromagnetic interference）。咱略去了 EMI 濾波器，只繪示扼流圈。

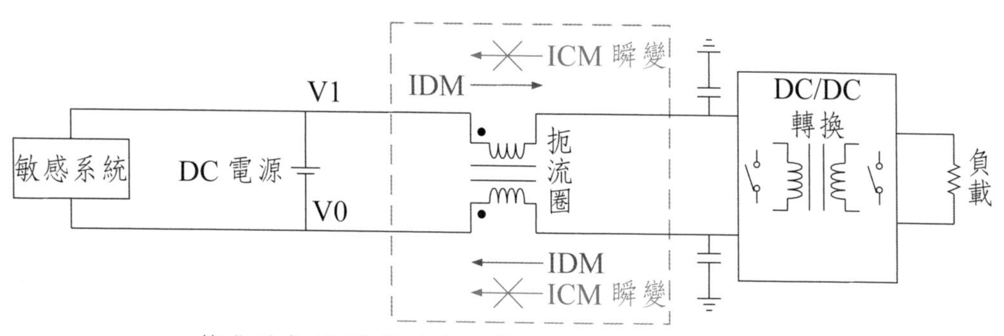

簡化的扼流圈應用去保護電源匯流排並防 EMI

圖 8-11

由上圖的兩黑圓點可知，當扼流圈上下兩路皆流過 ICM 時，扼流圈產生同向磁場於磁芯。該扼流圈此時具有大電感值，因此有高阻抗。但若 IDM 如灰箭頭所示，一往一返於電源供電過程，則磁場抵銷為 0 於扼流圈，其此時呈現低電感值與低阻抗。

上圖中扼流圈不只阻撓 ICM 向左運動，也阻撓 ICM 向右運動，所以它有保護作用皆然於其兩側的設備。

對磁感測器設計者來講，變壓器、比流圈和扼流圈常在實驗上遇到，也是處理磁通閘的必備知識；BALUN 則偏重在通信和電力類應用。

8.1.6 荷姆霍茲線圈（Helmholtz coil）

荷姆霍茲線圈是最常見的線圈組之一於一般實驗室。其通常被用在 DC 態去製造均勻磁場。在直流情況下，該線圈組不產生感應電動勢，所以使用者不需顧慮偶合係數於該線圈組。

荷姆霍茲線圈有個尺寸定義如下圖 8-12(A) 所示，其中兩線圈軸心距恰等於線圈半徑 R。如此安排使得左線圈造 B1 於 Z 軸上，且右線圈造 B2 於 Z 軸上。B1+B2 就得到 B 合併，其接近一定值介於兩線圈間。下圖 8-12(A) 給該定值一個近似公式，其中 I 代表電流過線圈，n 代表線圈匝數，R 即線圈半徑。

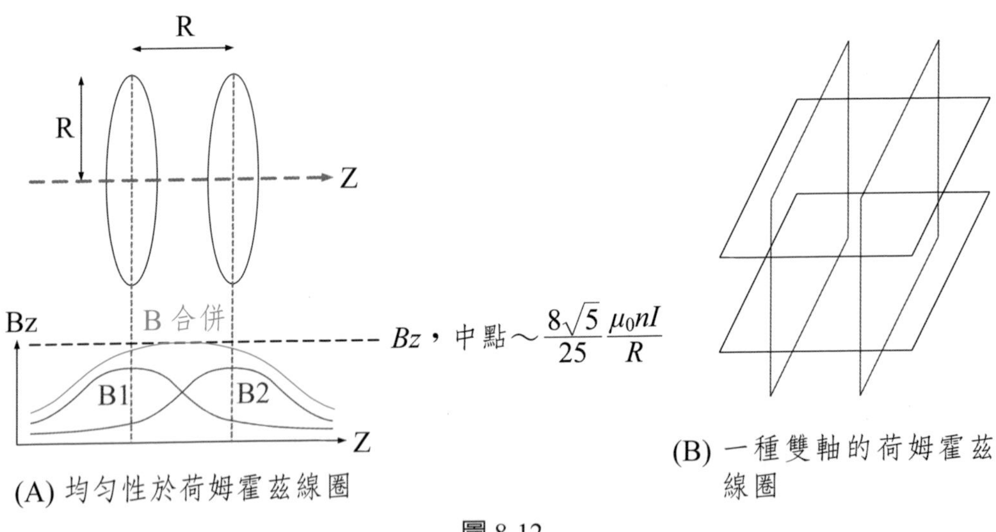

(A) 均勻性於荷姆霍茲線圈

(B) 一種雙軸的荷姆霍茲線圈

圖 8-12

荷姆霍茲線圈提供很好的彈性予實驗。咱可以把樣品放在兩線圈間，位置不需精確，就能確保樣品受到近似固定磁場。實測時，只要將荷姆霍茲線圈接上可程式化的電流源，就能快速掃描磁場予樣品。這不僅在研發階段很有用，還很重要於檢驗產品時。

若把多軸荷姆霍茲線圈拼在一起如上圖 8-12(B)，咱就可給予樣品磁場於多方向。此實施例用方形線圈，幾何定義略有不同。

8.2 磁通閘原理（FLUXGATE PRINCIPLE）

比較起磁阻（MR）元件，磁通閘（fluxgate）感測器有著低噪聲優勢於低頻 [7]。這表示它有潛力偵測更微小的磁場。

磁通閘的核心也是線圈繞磁芯，如同變壓器，但是磁通閘需讓磁芯反覆進出磁飽和狀態，而一般變壓器希望其磁芯對主要信號不飽和。

咱現用兩個觀點去理解磁通閘。第一觀點用固定交流電流，第二觀點用固定交流電壓。

第一個觀點在 [8] 有說明，其附圖被咱模仿改編如下圖 8-13。該圖中主線圈於磁通閘爲一螺線管其內含高磁導率磁芯。磁芯的 B-H 特徵顯示磁飽和於大的 H 強度。該 H 場正比於輸入電流 Iac、但是不正比於 B 場。外部磁場 Hex 會疊加於該受控 H 場，使總 H 場於螺線管內有平移效果，如下圖內的 H-T 圖。該 H-T 圖中灰線反映 Hex = 0 的狀態，而藍線反映 Hex>0 的狀態。咱假設該兩狀態在正負 H 場都進出磁飽和。在正磁場時，藍線較晚離開、且較早進入磁飽和態。此事可被呼應於 Φ-T 圖於下圖右側，其中藍線提早達到高原區表示較早飽和於正磁場；較晚脫離高原區則反之。而在負磁場時，藍線進出飽和由低谷處表達，其變成晚近早出相較灰線而言。

上述差異於藍灰兩線起因於正 Hex 給正的 H 場偏置於螺線管內。這種差異能藉由檢測線圈查出憑感應電壓 V。當 Φ 升降時，V 則遽變。該遽變的時機受Hex決定。因此，咱可檢測電壓於線圈去判斷Hex的強度和極性。

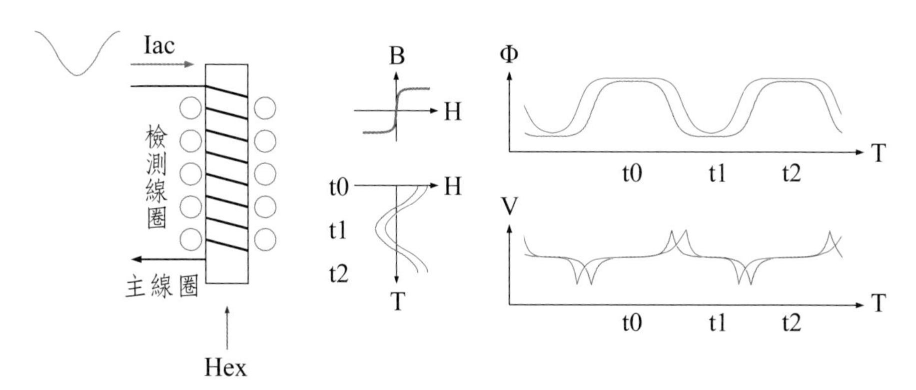

給交流 Iac 予主線圈繞磁芯生變化於 Φ 軌跡對於不同的 Hex

圖 8-13

在 Φ-T 圖於上圖 8-13 中，藍灰兩線都有高原區和低谷區。在那些區域裡，H 場仍然做弦波變化，但磁通 Φ 卻接近固定，彷彿更多的磁通都被一個閘門擋住了。而稍後當 B 和 Φ 低於飽和值時，該閘門又會被打開，直到 B 和 Φ 在相反的極性飽和。如此反覆開關閘門，並在正負磁場都給個閥值去阻擋過多磁通增量，使磁通閘得其名。

第二個觀點於磁通閘爲定交流電壓觀點，[9] 有相關說明。咱回憶先前第 5 章講鬆弛振盪器，其中有 RL 複振器，就是利用兩個電壓反覆交替驅動電感，如下圖 8-14 所示。該圖中 VA 可被視爲固定交流電壓，其導致信標 VN 呈現一階升降行爲。由於電感電流 I 正比於 VN，所以該 I 也振盪，表示磁通 Φ 也振盪。

下圖中 L 爲定值，表示沒有磁飽和行爲，也沒有磁通閥值，因此還不算磁通閘。

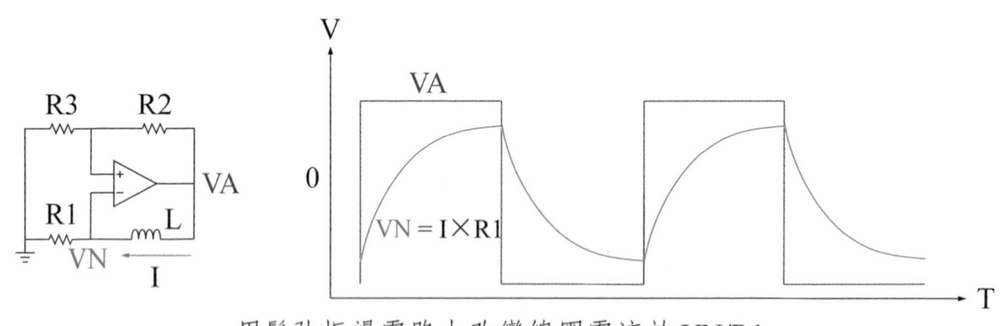

用鬆弛振盪電路去改變線圈電流於 VN/R1

圖 8-14

但若咱用螺線管繞磁芯去代表 L，則該磁芯的磁飽和特性就能替咱設定正負磁通閥值從而形成磁通閘。咱把該 L 和上圖的 R1 單獨挑出來繪於下圖 8-15，並且考慮外加場 Hex，結果可得一個 V-T 圖。該圖顯示藍線位於灰線上方，表示輸出電壓較大在 Hex > 0 時相較無外場情況而言。而且，不論藍線灰線都分爲三段於正負半週。若僅討論 Vin = 高電壓時，Vo 分前段陡升、中段緩升和末段陡升。

前段陡升從負飽和區脫離、B-H 斜率由低數值開始、並小幅增加，表示前期的相對磁導率極低，也意味電感值極低，好比時間常數小、電壓上升快。此時磁通閘由關到開。

中段緩升肇因於 B-H 斜率變大，其意味電感值高，好比時間常數大、電壓上升慢。此時磁通閘保持敞開。

末段陡升肇因於 B-H 斜率再度變小，其意味電感值低，好比時間常數小、電壓上升快。此時磁通閘由開到關。

當 Vin = 低電為時，咱可做相似分析如前三段。

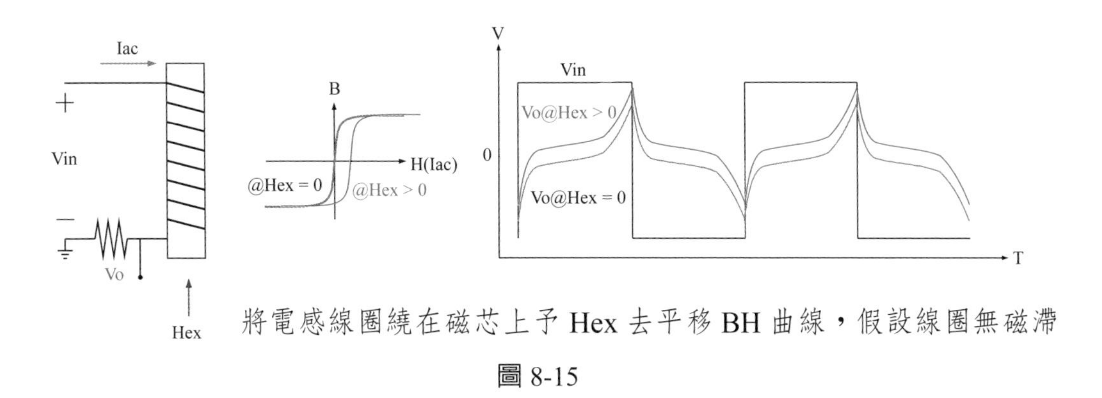

將電感線圈繞在磁芯上予 Hex 去平移 BH 曲線，假設線圈無磁滯

圖 8-15

上圖 8-15 中，咱假設 B-H 特性曲線無磁滯。若有，則示意圖可如下圖 8-16 所示：

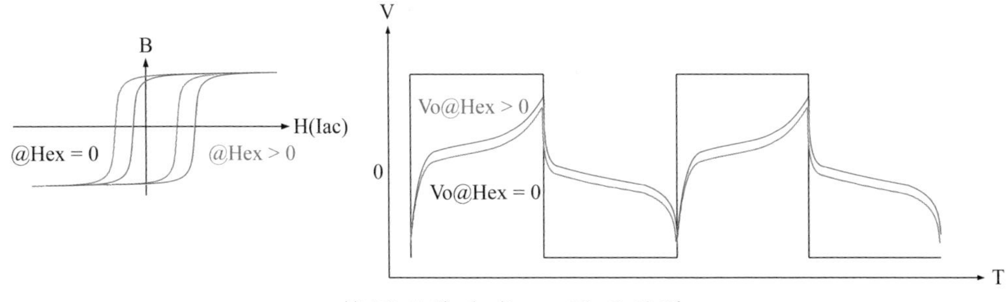

線圈磁滯造成 Vo 更不對稱

圖 8-16

無論如何，只要咱能有效區分差異於 Hex > 0 對 Hex = 0，咱就有可能去檢測它。

很多磁通閘電感既不受驅於定弦波電流，亦不受驅於定方波電壓，但基本上都運用交流場。從分類上來講，磁通閘可偵測 AC 和 DC 磁場，其分類地位相對其他磁感測器如下圖 8-17 所示 [9]：

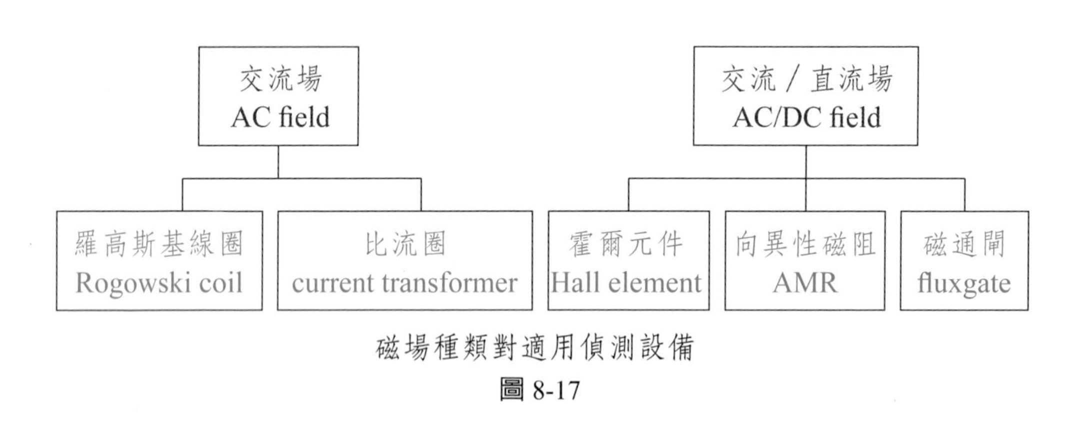

磁場種類對適用偵測設備

圖 8-17

就外型來說，磁通閘可爲棒狀、環狀、空心圓筒狀，或其他形狀。甚至早在上世紀就有嘗試將磁通閘集成到單晶粒上。有的磁通閘需要檢測線圈作爲二次側搭配激活線圈作爲一次側，有的還需要再多個回授線圈 [8]，總之，不缺花樣。咱用下圖 8-18 列舉一些，其中小圓圈代表感知線圈的截面，而纏繞磁芯的則爲激活線圈：

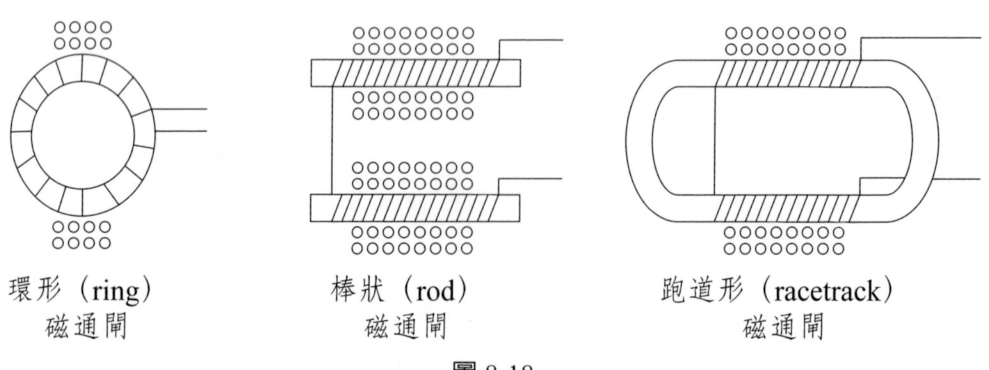

環形（ring）磁通閘　棒狀（rod）磁通閘　跑道形（racetrack）磁通閘

圖 8-18

8.3 電容與電阻（CAPACITOR & RESISTOR）

最大宗的被動元件於電路中當屬 L、C、R 三者。8.1 節和 8.2 節講了 L 和其應用。現在咱接著看 C、R。咱的順序有點反過來，先講難的，再講簡單的。但是，簡單不代表比較不重要。因爲 C、R 比 L 更容易集成且基本，所以其角色更爲核心，這是單就積體電路來說。若受考慮於磁感測器立場，電感能助提供電力、感知磁信號或磁化磁元件，但剩下的信號處理就靠 C、R 和電晶體去辦。

8.3.1 電容（capacitor）

電容值爲一比值於所得電荷對所施電壓，如下圖 8-19(A) 所示。

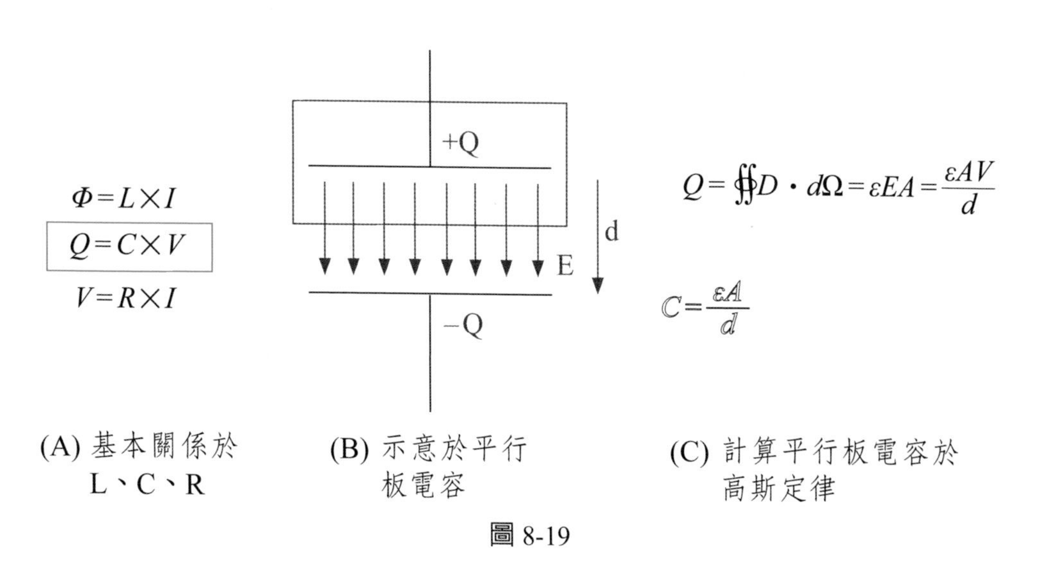

$\Phi=L\times I$
$Q=C\times V$
$V=R\times I$
+Q
−Q
d
E
$Q=\oiint D\cdot d\Omega=\varepsilon EA=\frac{\varepsilon AV}{d}$
$C=\frac{\varepsilon A}{d}$

(A) 基本關係於 L、C、R　(B) 示意於平行板電容　(C) 計算平行板電容於高斯定律

圖 8-19

由上圖 8-19(A)，咱可見。L、C、R 都可定義於一比值關係。

咱看上圖 8-19(B)，示意了一個平行板電容，其面積爲 A，分隔距爲 d。依照高中和大學教材，咱把電容值於平行金屬板寫作 εA/d，其理由來自上圖捲積算式，是電高斯律的應用之於麥斯威爾方程式。可以想像若電場線在電容邊緣跑出正下方底板以外、被其他部件或位置收集，就可能成爲邊緣電容（fringing capacitance）。〔註：英文 fringe 代表邊緣，而 infringe 代表侵權，有拗到邊或侵到邊的味道〕）。精確計算 MOS 的 Cgs 時，就會考慮到平板部分和邊緣部分兩者。

最常用的兩種電容於積體電路爲 MIM（metal-insolator-metal）電容與 MOS 電容。MIM 電容通常較準確，其電容密度不一定比它在 MOS 電容大，但 MIM 的容値不受偏壓影響，漏電相對低很多，很適合施作在取樣保持電路、積分電路、算數電路、運算放大器和計時電路等。舉一例予 MIM 電容截面外觀如下圖 8-20(A) 所示，該電容的兩極金屬板有著小間距，其小過間距於兩連接金屬層 M3、M4。當然 MIM 也可以由其他層金屬完成。咱現用 M3 和 M4 表達，因爲可對照右邊 MOS 電容於圖 (B)。很多時候布局就同時用這兩者，令 MIM 電容在上、MOS 電容在下、前者覆蓋後者，或者 MIM 電容在上、各類電阻在下，去節省布局面積。

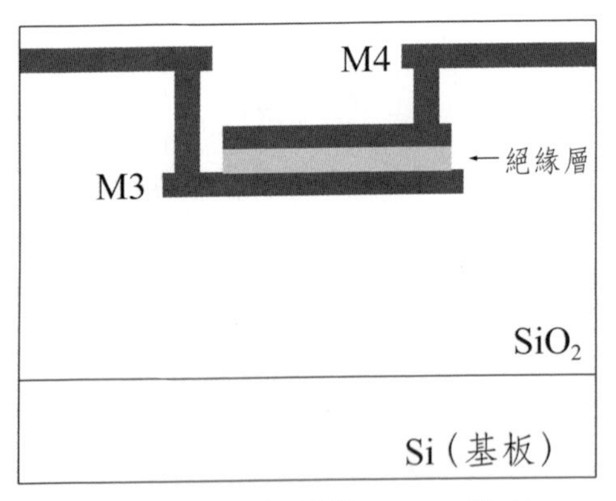

(A) 剖面示意圖於 MIM 電容

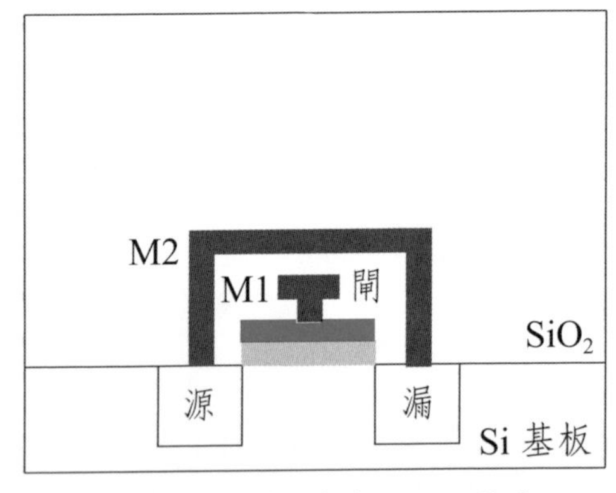

(B) 剖面示意圖於 MOS 電容

圖 8-20

一組特性圖於容值 C 對偏壓 VC 如下圖 8-21(A)、(B) 所示，前者予 MIM，後者予 MOS，轉繪自教科書 [15]。其中 MOS 電容不只是個函數關於 VC，且該函數有不同於高低頻。在製程術語裡，MIM 的上層被稱爲 CTM（contact top metal），在上圖 8-20(A) 中處在 M3 之上 M4 之下，且較接近 M3。

選用電容時，設計者除需考慮偏壓，還得考慮統計特性。比如下圖

8-21(C) 顯示統計變化量上升當尺寸下降，其中灰線代表模擬值、藍方塊代表實測結果於其中一批樣品、黑方塊則對應另一批樣品。這種變化會影響精度和解析度於類比電路。設計者通常可取得這些資訊自晶圓廠。

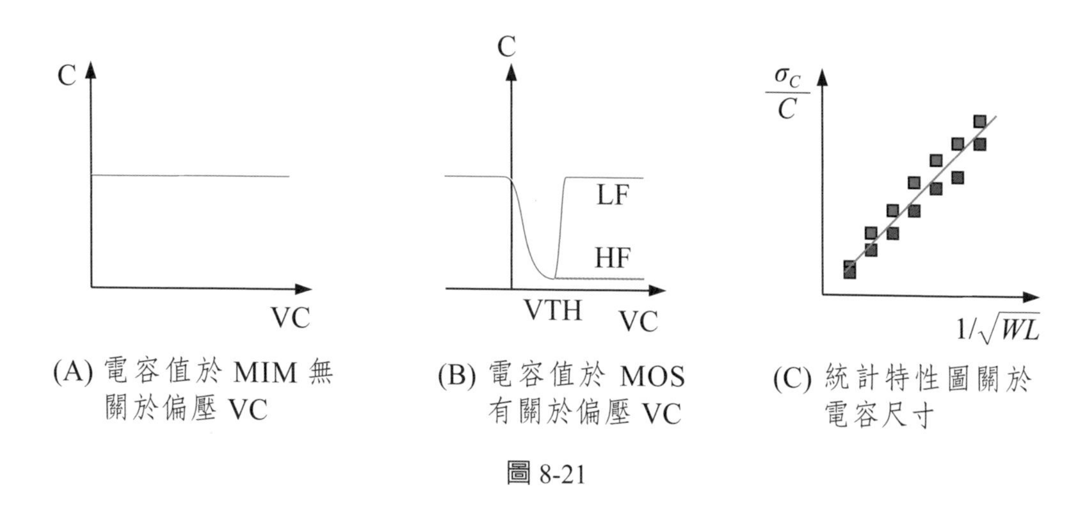

(A) 電容值於 MIM 無關於偏壓 VC

(B) 電容值於 MOS 有關於偏壓 VC

(C) 統計特性圖關於電容尺寸

圖 8-21

上述的電容值可被預知於設計初期。但是，有些電容由電路布局產生。比如介於 MOS 的 N 井和基板處有空乏區電容隨尺寸變化、介於兩條導線也有偶合電容，還有先前說的邊緣電容也可變化於布局。這些電容常不可忽略。通常設計者會利用軟體抽取布局資訊去獲得寄生電容於各節點對地和寄生電容介於各節點間。這些資訊可供查閱也可助模擬。設計者能查閱抽取結果判斷偶合是否過高於敏感線路和嘈雜線路間，然後將這些抽取資訊和原設計網路合併去模擬並調整，最後選擇性地修改布局，並再次抽取寄生電容、模擬、驗證。尤其對於那信號號線其攜帶 uV 等級的信號，檢查寄生電容是不可省略的手續。否則，若該信號線旁邊有一數位信號線隨時鐘跳動，那些干擾就可能通過寄生電容來到主信號線上，導致糟糕的信噪比，有時甚至會毀掉主功能。除了寄生電容，設計師通常還會抽取寄生電阻。所以這種布局後的抽取動作被稱爲 RC extraction。

IC 出廠後，設計者常需抽驗樣品、組裝樣品於 PCB 上搭離散元件，其中又常包括濾波電容和補償電容。此時設計者需對這些離散電容有些基本的認識，才不會測得錯誤特性。筆者以市面上常見的實驗用電容組商品爲參考列舉幾種電容如下表 8-2：

表 8-2　電容表列於一常見電容板

大類	子分類	極性	優點	命名依據
ceramic capacitor 陶瓷電容	多層陶瓷電容 multi layer ceramic capacitor（MLCC）（積層電容）	無	可微縮體積於 SMD 元件 成本低 低 ESR 低 ESL 相對單層有高容值優勢	依介質種類
	碟狀單層電容 single layer disc capacitor	無	成本低 低 ESR 低 ESL 高頻特性好 有易讀容值標示於表面	依介質種類
薄膜電容 thin film capacitor	麥拉電容 Mylar capacitor	無	寬頻高 介質損失小	依介質種類（Mylar 為一種聚合物名）
電解電容 electrolitic capacitor	鉭質電容 Tantalum capacitor	有	容量大相對同體積論 不易受偏壓影響 無壓電效應 低噪相較於 2 類陶瓷電容	依陽極材料（鉭） 陰極材料（電解液）
	鋁質電容 Aluminum capacitor	有	容量大相對同體積論 最便宜於電解電容 有易讀容值標示於表面 常有耐壓標示於表面	依陽極材料（鋁） 陰極材料（電解液）

8.3.2 電阻（resistor）

積體電路裡，常用電阻可分 POLY 電阻、金屬電阻、DIFFUSION 電阻和井（WELL）電阻，其剖面圖可如下圖 8-22(A) 所示。其他結構請讀者參閱 [10]。設計者選用電阻時通常有四項考慮，分別是阻值、製程變異、偏壓變化和溫飄。

從阻值講起，積體電路的電阻通常用薄膜電阻值（sheet resistance）去標示其單位阻值如圖 8-22(B) 所示。因爲，積體電路的電阻大多有固定厚度，設計者常僅能藉電阻的長 L 和寬 W 去控制阻值。所以，設計者通常會先衡量阻值於一長寬相等的單位方形，簡稱一方阻（one square），再乘其值於長度倍數、且除其值以寬度倍數去得最終阻值。圖 (B) 中的薄膜電阻值右下角有個方塊，即象徵方阻。

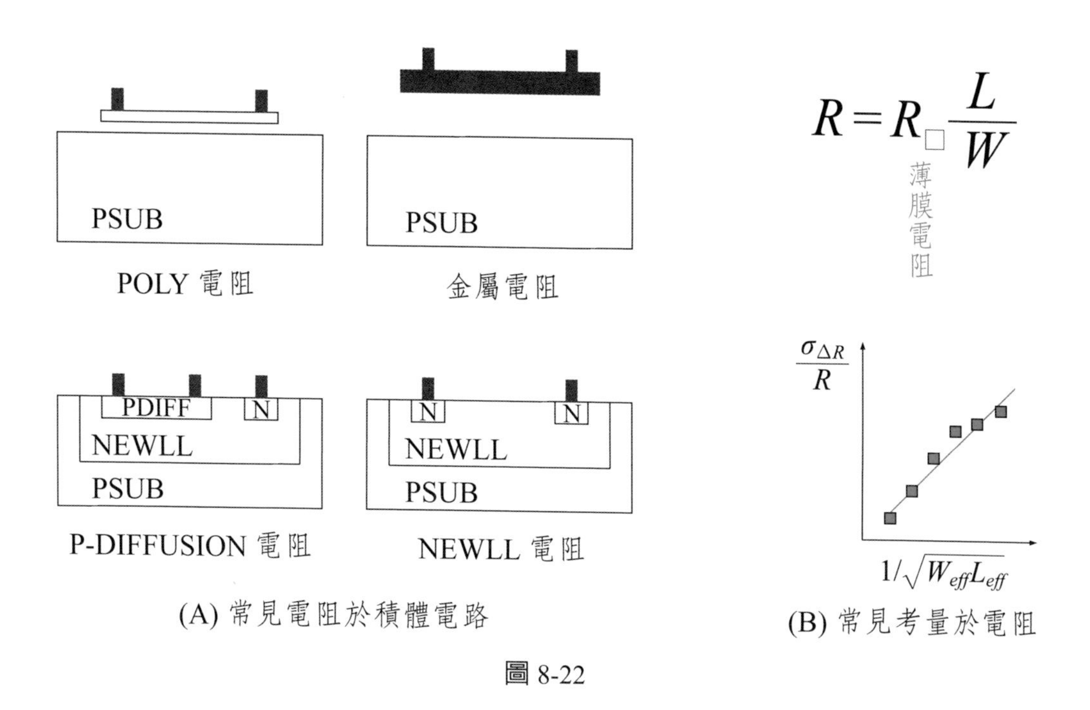

(A) 常見電阻於積體電路

(B) 常見考量於電阻

圖 8-22

從統計變化講，不同製程角落可導致平均阻值變化達數個到數十個百分比不等，且該統計變化與電阻長寬有關。設計者常會參考如上圖 (B) 的分布，再決定用使用哪種電阻。這些資訊通常由晶圓廠提供。

從偏壓變化講，NWELL 阻值受偏壓影響可大於 POLY 阻值。加倍偏壓電流予該兩電阻，前者阻值可能變化在千分之 1 左右之譜，後者可能只變化不到千分之 0.3。這差別似乎不明顯。但若再考慮方阻、最小寬度限制和寄生電容的差異，有時仍會影響規格。除此之外，所需製程光罩數亦爲選用考量。

從溫飄講，有的電阻有正溫度係數，有的有負溫度係數，有些溫度係數還分一次項部分和兩次項部分。設計者通常需要搭配模擬去掌握其特性，有時還得混用兩種不同電阻去得到理想的溫度特性。但如此會使電阻布局產生不匹配，所以需慎用。晶圓廠可能願提供表列予該等溫度係數給設計客戶。

布局過程中，也會產生寄生的電阻。即使只是一條金屬線，本身也有阻值。若連接線被拉長了，它的阻值就可能不可被忽略。尤其當長金屬線承受大電流時，IR 壓降於走線就可能干擾電路的準確性和恆定性，且有時還會影響 IO 特性。通常晶圓廠會提供薄膜電阻值於各層金屬。設計者最好能記住其概數，它對布局挺有幫助。

有些電路需要高阻值，這時選用方阻大者能省面積。比如 1 方阻於 POLY 電阻常為數百 Ω 至數 kΩ，但 1 方阻於金屬電阻可以不到 0.01Ω。

多串連幾顆電阻能提高電阻值，雖然會增加電阻噪聲，但是有時能緩解製程上的變異，是要緊的技巧於精密電路。下圖 8-23(A)(B) 可作為兩練習題讓讀者想想，是否增加電阻數量就能降低輸出變異、其標準差是否如圖所述，請先不考慮噪聲問題。

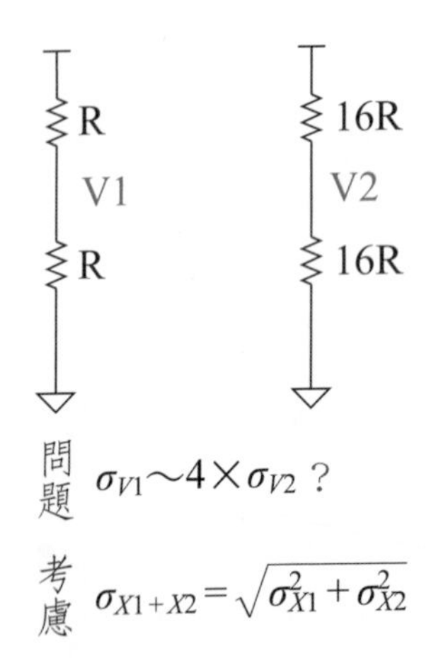

(A) 問題 A 關於標準差於電阻分壓

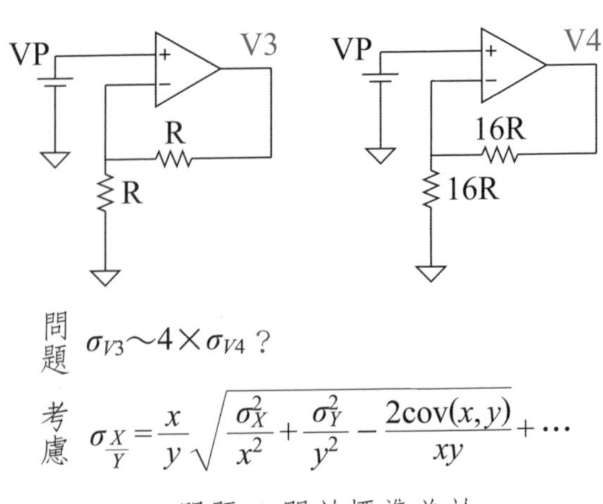

(B) 問題 B 關於標準差於輸出在反向放大器

圖 8-23

讀者可自行檢驗上圖 (B) 所列考慮，並先假設 covariance 項爲 0 去簡化計算。若該圖中接地電阻有不同材質較於那電阻接輸出端者，則輸出標準差可能改變，但咱仍能計算它於圖中的算式。換言之，萬一咱使用電阻不匹配於布局，咱仍能估計最後的統計特性，只要咱知特性於各別電阻，挺方便的。

8.4 編碼予LCR（CODES FOR LCR）

這節內容實用、常會被用予電子實驗、可作爲預備內容予下一章。但內容非引用自工業標準規範，而是依使用經驗、商品標示和網頁文章所得。請讀者多參考其他文獻核對。

由於離散元件種類很多，相關規格也很多。但是，對入門工程師而言，最重要的相關編碼規格如下表 8-3 所示，尤其指前三位數編碼方式。因爲它們代表感值、容值和阻值，精密電阻爲例外。

從單位來說，使用下表時，電感用 uH、電容用 pF、電阻用 Ω 爲單位。但這些都只是指常用的規格。

若電容值較高到了 uF 等級以上，則常有其他表達方式。

從形態來說，下表 8-3(A) 適用於一般軸向引線電感（axial lead inductor）、徑向引線陶瓷電容（radial lead ceramic capacitor）和軸向引線電阻（axial lead resistor）。

註：所謂 radial，和徑向、輻狀、圓形都很有關。比如咱的角度單位 radian、電磁輻射 radiation 和光芒 ray，都有相同的第一音節發音。所以徑向元件的引線常沿元件平面沿伸，比如碟形的陶瓷電容就是如此。至於 axial 指軸向，所以軸向元件本體常像熱狗狀，而引腳方像就沿那插熱狗的木棍方向 —— 這只是幫助記憶。

表 8-3

一般 R、L	一般 R、C、L		一般 R
色碼	前兩碼	第三碼	第四碼
	數字	乘方數	誤差
黑	0	0	
棕	1	1	±1%
紅	2	2	±2%
橙	3	3	
黃	4	4	
綠	5	5	
藍	6	6	±0.25%
紫	7	7	±0.1%
灰	8	8	
白	9	9	
金		–1	±5%
銀		–2	±10%

(A) 一般電阻碼類似於電感碼和陶瓷電容碼

精密電阻			
色碼	前三碼	第四碼	第五碼
	數字	乘方數	誤差
黑	0	0	
棕	1	1	
紅	2	2	
橙	3	3	
黃	4	4	
綠	5	5	
藍	6	6	±0.25%
紫	7	7	±0.1%
灰	8	8	
白	9	9	
金		–1	±5%
銀		–2	

(B) 精密電阻碼不同於一般電感碼和電容碼

下圖 8-24 給出範例予上表 8-3(A) 的編碼。也是最常見的編碼 [11][12]。

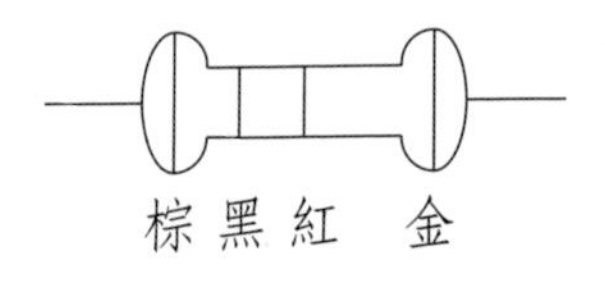

$R = 10 \times 10^2 \pm 5\% \sim 1k\Omega$

(A) 用色碼表達阻值予
一般軸狀電阻

		B	C	D	F	G	J	K	M	Z
誤差	C < 10pF ±%	0.1	0.25	0.5	1	2				
	C > 10pF ±%			0.5	1	2	5	10	20	+80-20

$C = 47 \times 10^3 \pm 5\% \sim 47000pF = 47nF$

(B) 用數碼表達容值予
一般碟狀陶瓷電容

圖 8-24

對照上圖例可知，前表 8-3(A) 裡，所謂乘方數乃冪次數之於一指數，其以 10 為底、並作為前兩位的乘數。所以乘方數為 2 代表乘數為 10^2。這種編碼格式用前兩位數乘上一指數其以 10 為底且以乘方數為冪次去得到最終值，有時也被運用在 SMD（surface mount device）元件上。

在前表 8-3(A) 裡，第四碼規格只標示給電阻 R。對 L、C 來說，色碼第四碼也都標示誤差，但是編碼方式有小差異。[13]

現在的電容經常沒有色碼，經常其前三碼直接表達於數字，最後一碼表達於英文字母。但是年代久遠一點的電容還是有色碼。

有些電感有五條色碼，此時第一碼為特殊用途。之後第二、三碼表頭兩位數字、第四碼表乘數，第五碼為誤差，概念和一般情況類似，只是位置向右平移了一碼。

筆者建議讀者做實驗時準備幾項額外的工具——放大鏡、小手電筒和 LCR 電表。前兩者可以幫助讀者看清色碼或數碼，後者可以幫讀者核對 LCR 值。這種核對相當必要於實驗時。因為那些數碼色碼往往為小尺寸，很容易不小心被錯認，這時就需要量測佐證。若等到實驗開始發現不合預期才要驗證，那就往往需要很麻煩的拆裝動作。

請讀者參閱 [14] 去進一步了解被動元件 RLC 的高頻特性。

8.5 在於語言——規格（ON LANGUAGE-SPECIFICATION）

本章既然講色碼於離散 RLC、各種元件包裝規格、材料。咱就講一講工程語言上的規格。

比方咱說數學。大家都知道三角函數 sin、cos、tan、cot、sec、csc 等等。常操作數學的人都知道寫這些東西有點費事。因為它占了三字母，一般函數只用一字母就解決了。

若讀者曾用三角函數辦三維計算，大概就會知道，常常書寫跟不上思緒，還可能因為字多產生筆誤、降低閱讀效率。

假如咱用單筆號去替代 sin 和 cos 如下：

圖 8-25

則每個函數省了兩符號，舉和角算式爲例，下圖 8-26 中上兩列與下兩列同義，但下兩列比上兩列好讀好寫，而且總共少了二十個字母：

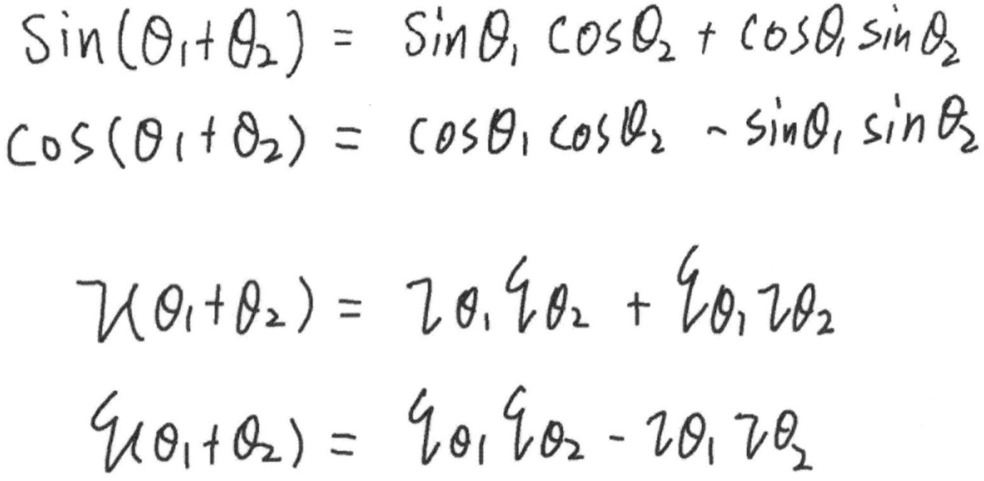

$$\sin(\theta_1+\theta_2) = \sin\theta_1 \cos\theta_2 + \cos\theta_1 \sin\theta_2$$

$$\cos(\theta_1+\theta_2) = \cos\theta_1 \cos\theta_2 - \sin\theta_1 \sin\theta_2$$

圖 8-26

而且，咱選單筆時，注意到了包絡。其中單筆於 sin 僅占高度於一列，而單筆於 cos 占高度於兩列。這使得咱可以只憑文字輪廓就判斷函數組合，讓數學概念圖形化。讀者可以試著自己挑單筆去對應 tan、cot、sec、csc，看哪種組合最合意。

簡化操作還有個意義，就是降低心智強度閾值。本來一個計算複雜到需要智商 120 才能堅持到底完成，簡化後可能只需要智商 110 就能完成，因爲它縮短了回饋時間和操作 overhead。若智商 120 的人善用簡化，就可能完成很多事情其屬於智商 130 的領域，等他習慣了這領域的問題，智商就變 130，這就有破除智商門檻的效果。很多時候，這是以小博大的關鍵。簡化操作就像化學反應的催化劑，使反應速率增加，讓化學反應能超過臨界值。

把這種簡化概念用到週期表上，有另一番視覺效果。舉例來說筆者即興藝術地寫了一堆週期表符號如下圖 8-27：

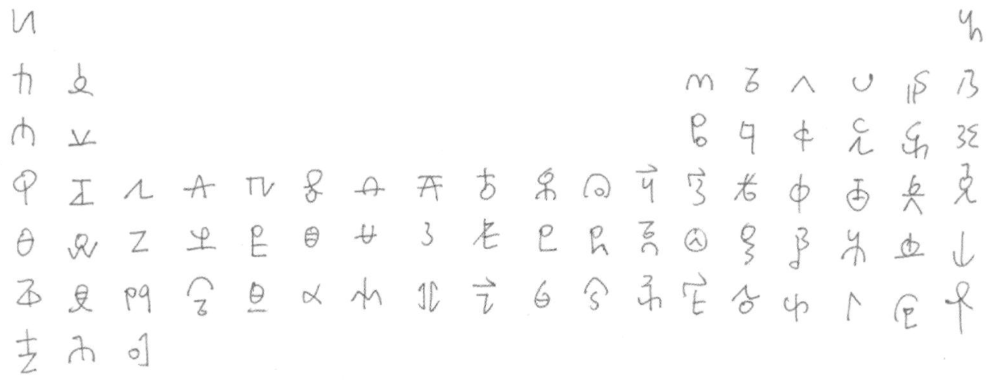

圖 8-27

上圖中大部分字採其中文音邊，比如鈉取形狀似內的符號、鉀用形狀似甲的符號；少部分常用號採其他字邊，比如碳氫氧。炭取石、氫取三く成鏡像 N、氧取倒八成開口向上的 C。

若以這種簡化過的格式去寫化學反應式和結構式，則複雜度和傳統英文差不多，有時也有利於筆記和發音，因爲它們多有中文音邊。

咱再舉一例予簡化操作。下圖 8-28 左側爲三硝基甲苯，右側爲環三亞甲基三硝胺。這些字都用拼筆完成，使總筆畫數少於英文。簡化過程還運用了拼筆與包絡，讓一串咒語似的東西能變成分段的結構。這大大降低了筆記難度。

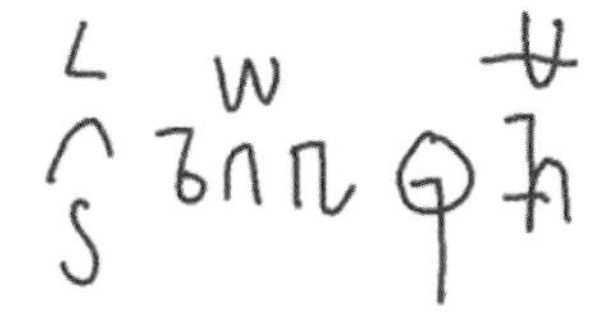

tri nitro toluene

cyclo tri methylene tri nitramine

圖 8-28

本節強調，簡化操作可以用在數學、化學、電腦。很多領域有其特殊規格和符號，有些類似拼筆略帶變化，有些可直接用拼筆替代。當筆畫數接近時，混用替代版和原版就會有可行性。

當簡化原則被用到全科目，那就大大提高流通性於本土文字，不論對中文或台語都很有幫助。也可以培養使用者自行訂義工具規格的能力。

練習（Exercise）

練習 8.1（understanding inductance and emf）

請製作兩個大小尺寸完全相同的線圈如下圖，將它們串連緊靠。圈數尺寸自訂。請先用 LCR 儀表去量測並記錄電感值 L1 介於 A、B 兩點。再用相同方法去量測並記錄電感值 L2 介於 B、C 兩點。最後量測串連電感值介於 A、C 兩點。請說明是否三個量測值的關係合理。

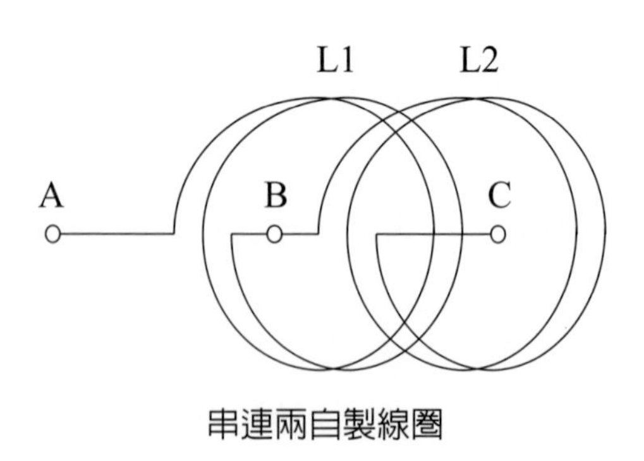

串連兩自製線圈

接著，產生一個交流磁場通過 L1 和 L2（可以靠晃動強磁鐵，或其他更好的方法產生）。並用電表或示波器量測線圈電壓的 rms 值於下圖三種情況。請說明是否三個量測值的關係合理。

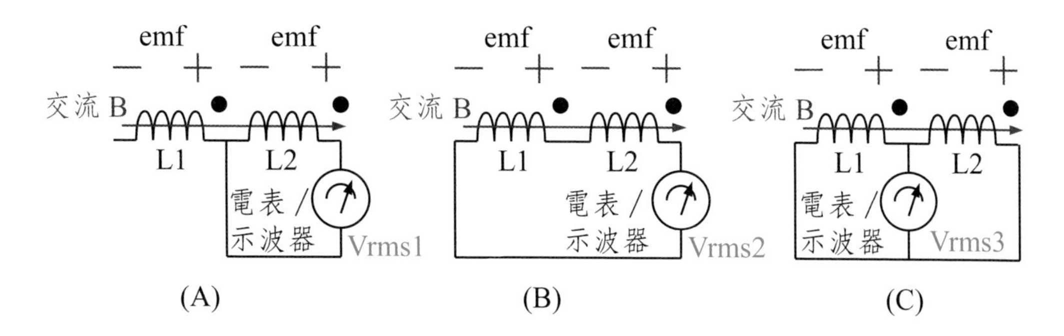

提示 本練習旨在幫助理解電感和法拉第定律造成的非保守場。

練習 8.2（modification of Ampere's law）

假設有一個 LC 諧振腔，振盪頻率爲 1MHz，L 值爲 100uH，首先 (1) 請問 C 值爲何？其次 (2)，假設共振電路中最大電壓爲 100V，請問諧振腔中最大電流值爲何？再者 (3)，若此電容爲平行板電容，且長寬爲 1mm×1mm，則請問最大電通量 D 爲何？此時 (4) 最大 displacement current 爲多大？與先前所得最大電流是否相同？

接著，將震盪頻率改成 100MHz，L 值改成 10uH，請問 (5) 最大 displacement current 爲多大？最後，請問 (6) 此時電感所存最大能量爲何？與先前 L = 100uH 時相比，該所需能量增大或縮小？

提示 回答此題時可考慮 $\omega^2 = 1/(LC)$ 予諧振狀態、CV = Da 予平行電容、$E = 0.5*I^2L$。計算時也可參考 phasor 的概念於附錄 A.6。本練習旨在用共振腔爲題，去對照計算結果自 phasor 法與安培定律。

練習 8.3（application of Gauss law）

假設有一組荷姆霍茲線圈產生均勻 DC 磁場給一霍爾磁感測器 IC 測得一磁場強度 B1 = 1 Gauss。隨後工程師在線圈之間加入一金屬板，並將 IC 貼於其上如下圖所示，並測得另一磁場強度 B2。請問 B1 和 B2 是否有明顯不同？並請解釋原因。

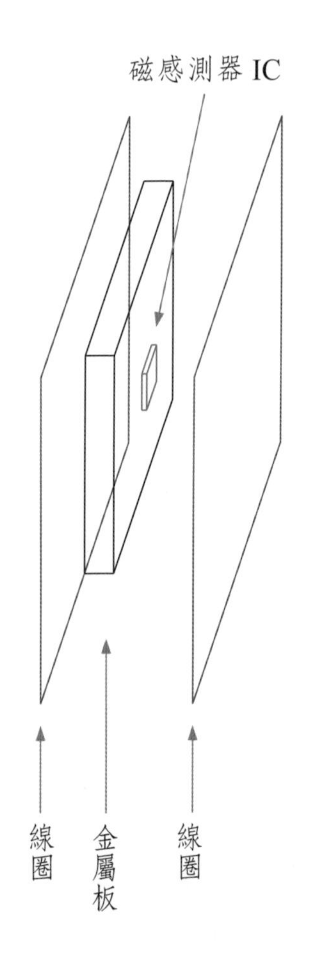

接著，若金屬板中有磁場 H1 通過，且 IC 中有磁場 H2 = 1Oe 通過，請問 H1 和 H2 是否有明顯不同？

提示 此練習旨在複習磁高斯律及其磁場狀態在邊界於不同介質。

練習 8.4（notations of transformers）

下圖展示了 (A)(B)(C)(D) 四種搭配於變壓器圖示和算式予端點電壓。請問何者是正確的？請讀者畫出自己最習慣又正確的組合。

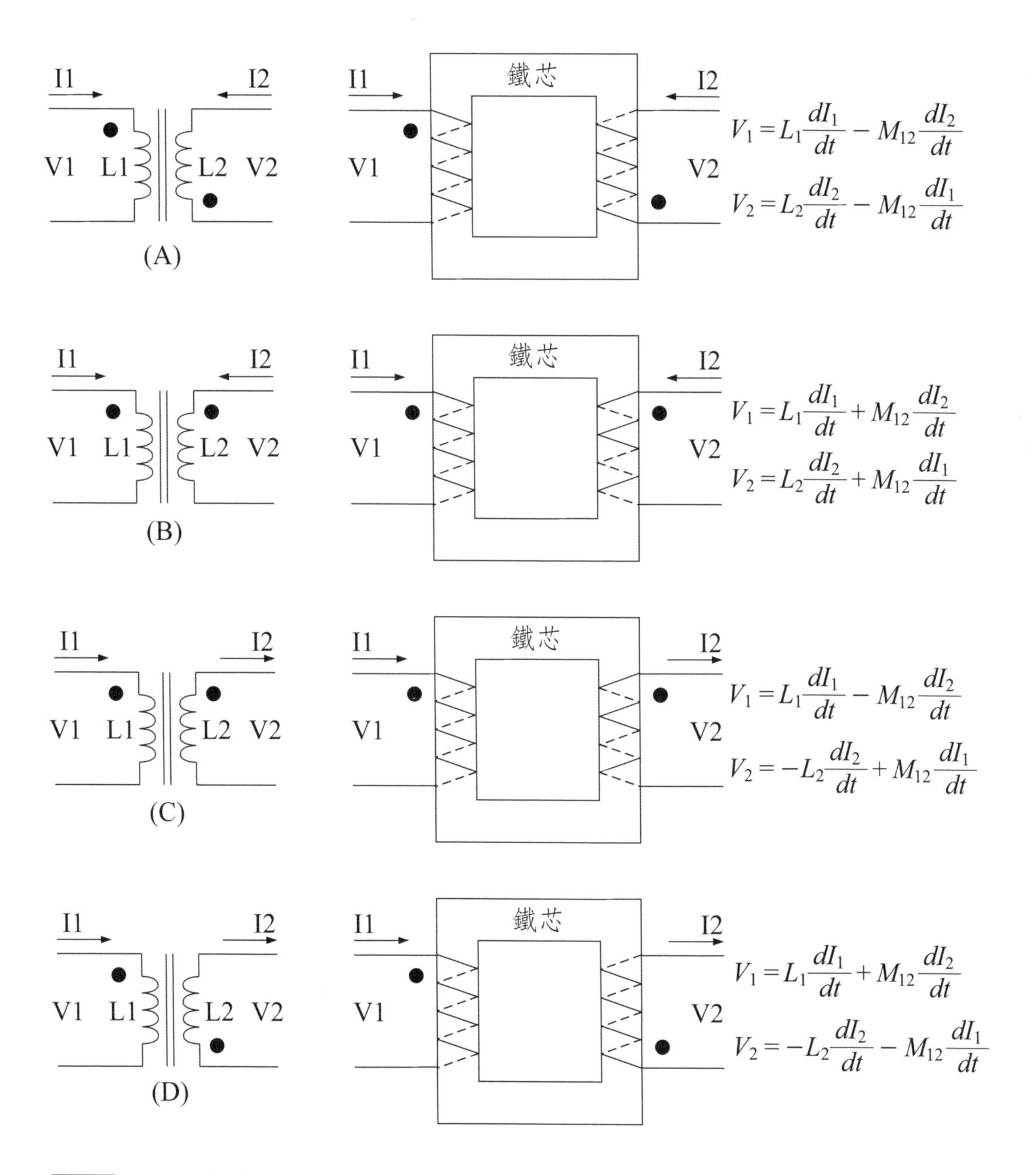

提示 此頁練習旨在幫助理解用法於電感符號，並予筆記註解之用。

文獻目錄

1. D. K. Cheng [Field and Wave Electromagnetics] 1989 書 ISBN0-201-52820-7
2. T. H. Lee [The Design of CMOS Radio Frequency Integrated Circuits] 2000 書 ISBN0-521-63922-0
3. Z. Yang, W. Liu, E. Basham [Inductor Modeling in Wireless Links for Implantable Electronics] 2015 期刊於 IEEE
4. G.Wang, W. Liu, G. Kendir [Design and analysis of an adaptive transcutaneous power telemetry for biomedical implants] 2015 期刊於 IEEE
5. J. W. Nilsson, S. A. Riedel [Electronic Circuits] 1996 書 ISBN0-201-40100-2
6. J. Siegers, V. Domudala [www.vicorpower.com/zh-tw/resource-library/tutorials/dc-dc-tutorials/dcdc-tutorial-2-filter-design] 網頁於 Vicor
7. P. Ripka, M. Janosek [Advances in Magnetic Field Sensors] 2010 期刊於 IEEE
8. 鄭振宗 [Fluxgate and its application to current sensing] 2016 投影片
9. 網頁作者 [www.danisense.com/documentation/flux-gate] 網頁於 DANISENSE
10. 京程 [基本電學] 2013 書 ISBN978-986-330-125-7
11. F. Maloberti [ims.unipv.it/Courses/download/AIC/PresentationN002.pdf] 網頁於
12. 網頁作者 [www.tastones.com/zh-tw/tutorial/capacitors/capacitor-colour-codes/] 網頁於他山教程
13. 網頁作者 [www.token.com.tw/big5/resistor-color-code.htm] 於網頁他山教程
14. R. Ludwig, P. Bretchko [RF Circuit Design Theory and Applications] 2000 書 ISBN0-13-095323-7
15. R. F. Pierret [Semiconductor Device Fundamentals] 1996 書 ISBN0-201-54393-1

第九章

實驗室工作

9.1　基本測試工具（BASIC TESTING TOOLS）

9.2　取得實驗室材料（PROCURING LAB MATERIALS）

9.3　讀規格書（READING SPECIFICATION SHEET）

9.4　在於語言——彈性（ON LANGUAGE-FLEXIBILITY）

練習（Exercise）

驗證設計與產品也是類比工程師的重要工作。電腦輔助設計軟體就像電動玩具。設計師打再多電動也都只是理論。而且，好實驗能生動地歸納理論，對理解和記憶都深具影響。

另外，實驗就像探勘油田一樣，能助發現新價值和寶藏。很多創新都站在實驗基礎上。但，若缺乏規劃，實驗經常像失敗的淘金一樣，一無所獲，還消耗能源。

本章針對重要的實驗概念，給磁感測器類比積體電路工程師一份整理，助設計師產生條理於實驗。

9.1 基本測試工具（BASIC TESTING TOOLS）

磁感測器工程師常面對的實驗內容，正如本書章節主題一般。可包括以下幾個步驟：

壹、取得特性於感知原件，關乎第 1 章。

貳、測得感度於放大過程，關乎第 2 章。

參、初步檢驗感測器 IC 健全性，關乎第 9 章。

肆、確認內部電源正常於感測器 IC，關乎第 3 章。

伍、確認 IC 時鐘正常，關乎第 5 章。

陸、確認 IC 通訊正常，且修調功能正常，關乎第 7 章。

柒、回頭量測 IC 的各項特徵，如操作點和噪聲，關乎第 2、4 章。

捌、其他測試如溫度變異、ESD、EMI、大批量統計等等。

咱按順序來解說。

9.1.1 壹、初測（1-initial test）

在電子實驗室裡，最基本的工具是三用電表。它被用來量電阻、短路開路情況、IC 輸入腳的二極體特性、電壓和電流。精度好些的三用電表可以量得 uA 等級的電流。它可用來初測感知器的電阻，比如霍爾元件和 AMR 元件在 kΩ 等級，TMR 可能到 MΩ 等級，先確定這些無誤，再做更多測試才有意義。

但是，任何儀器都有失靈的可能。爲防此狀況，通常會用另一台儀器做同一量測對照結果。所以，一般工程師會自備一台電表，並用另一台電表抽驗讀數。若兩者結果一致，才開始大量測量。或者，當實驗進行一半，讀數可疑時，工程師也常會拿不同儀器去校對。

因爲電阻值於磁阻元件如 AMR 會改變去反映磁場。所以，磁感測器工程師通常會自備幾個磁鐵，將磁阻感知元件置於磁鐵下，檢查電阻值變化，若無變化，則表示該元件不合預期。這些自備磁鐵最好包括強磁和弱磁。強磁磁鐵可以飽和 AMR 元件，測試飽和情況；弱磁磁鐵可以測試非飽和情況。

很重要的，是量測偏置電壓於感知器電橋。若電橋的電阻值在 M Ω 等級以上，則咱不可忽略儀器負載。很多放大器緩衝級的輸入阻抗也在 MΩ 等級，對電橋形成負載。用高阻值探棒量電壓能緩解這個問題。研發單位通常有專用的 ASIC 放大器或緩衝級去專門量測這類參數；有的放大級直接和感知器處在同一晶粒，或在臨近晶粒，且讓感知器有高阻抗負載，順便提供準確的放大倍數，縮短敏感線路，避免量測誤差；量測時也取多點平均。

9.1.2 貳、量感度（2-measure sensitivity）

對新手論，量測 AMR 感度算是個好入手點。這是相對霍爾元件或 TMR 說的。因爲 AMR 能給出 mV 等級以上的信號，再經小倍數放大即達易測範圍，有助於操作者複習專科或大學電子學科。

首先，霍爾元件感度低，使信號常在 uV 等級，常需使用高倍數放大去鑑別感度。且該元件偏置往往高過有效信號，若再加上參考電壓偏置，就易造成放大結果飽和在實驗時，尤其是當量測需以半橋形態進行時。爲此，較細緻的抵補手段去降低偏置效應往往就成了必要。雖然，咱量測感度主要欲求斜率於電壓對磁場，並不一定得把偏置消乾淨，但是，若允許大偏置存在，有時會造成不便於實驗和判讀。若使用全橋放大去量測感度，實驗者就需要更複雜的放大電路，比如儀表放大器之類，這對學生來說，也是一種實驗上的 overhead cost。

量測者還可直接使用高解析度的 A/D 去量測，但畢竟那要多一套軟硬體支援，且該量測環境還需要完善的抗噪措施。因此，筆者一般都用專門的 ASIC 去量測霍爾元件感度。

其次，TMR 感度高、其信號往往不需放大級即可輕易超越儀器噪聲和其他環境噪聲，自然就談不上運用放大技巧，也就沒機會複習了。

量測 AMR 感度時，可運用第 2 章的放大技巧、同時練習調整偏置、還可同時複習理論配合實作、一邊學習閱讀放大器規格書，整個過程完全沒有浪費功夫。順便，還可以體會一下磁滯特性。

針對 AMR 感度，基本量測工具包括電源供應器、電表、麵包板、荷姆霍茲線圈；最好還能準備高精度電流源、電阻電容集、放大器、示波器和高斯計；連接工具包括鱷魚夾、香蕉頭、彩虹線、單芯線、針腳接頭等；修剪工具包括剪線鉗等。

9.1.3 參、查 IC 生命跡象（3-check IC vital signs）

在一般實驗室裡，若想知道 IC 有沒有功能，則最直接的方式當然是提供電源、量測電流、觀察輸出。這好像咱觀察一個人是否還活著先看他有沒有呼吸、心跳、體溫。若電流為 0，呈現斷路，則 IC 腦死失能；若 IC 電流極大，則 IC 部分或完全失能；若電流合乎預期，則進一步的功能測試才較有意義，否則，測試者可能需要對各個接腳測試阻值和二級體特性。

量測電流有時尤其像量測體溫。有一種測電流設備叫放射顯微鏡 EMMI（emission microscope）。該設備除了能搭配正常顯微鏡功能，還能顯示光芒於那些路徑其含高電流密度。該設備雖不能精確量化電流量，但能定位異常漏電，找出電路熱點。因此，有時量電流就像量測人的體溫，看到人發燒就知道他生病了。

測試 IC 可針對有封裝的 IC 或裸晶。測封裝過的 IC 較能反映實際產品狀況、測試裸晶則較有彈性。

封裝過的 IC 可被直接焊接在 PCB 板上去受測，但此法不利於更換受測品。

運用專用的掀蓋式 IC 插槽可利固定封裝過的 IC、確保純物理性接觸發生於 IC 接腳與插槽引腳、便於測者去更換樣品。插槽本身有上蓋和彈簧提供機械力量予嵌合所需。但一般電子零件商在門市並無多種 IC 插槽庫存，且掀蓋式插槽需搭配封裝，並無多餘引腳可用。比如 SOT-23L 封裝，就三根腳，設計者想多探些測試點也費事。插槽本身也要被焊接在 PCB 板上才好用。因此，工程師通常在成品測試階段才會選用掀蓋式IC 插槽進行測試。

另一種測試裝置叫 COB（chip on board），其運用黏膠去接合裸晶和 PCB 板，再用打線技術連接 PCB 引腳到裸晶的接墊。設計者可安排多個接墊在裸晶上，透過多個 PCB 引腳去探測裸晶內部多點。業界有專門廠商替人製作 COB，其對驗證 IC 於開發階段很重要。COB 也可透過插槽和其他系統連接。同一種規格的 COB 搭配一種插槽可適用裸晶產品於不同腳數。

有的 IC 大廠有設備讓工程師直接用探針接觸裸晶的接墊去測 IC 特性。但是，這種方式成本高，小型 IC 設計商並沒有資源去配置這類實驗室。

總之，測 IC 的生命跡象有點像測燈泡，只是手續複雜些。所需儀器除了三用電表外，有時需搭配微電流儀。三用電表的電流檔位通常只能低到 uA 等級。有些磁感測器平均電流只有 100nA，這時就需要微電流儀去幫助。

對微電流產品來說，樣品耗電可能低於一般電解電容漏電和儀器漏電。常用的電流鉤表也無法勝任這個電流等級。所以，除需運用正確的量測方法和設備，有時設計者還需埋入一些量測電路在設計裡去幫助測量樣品。

9.1.4 肆、查 IC 內電源（4-check IC's internal power）

IC 內部電源電路包括 LDO 和 POR 之類。這類電路常主宰了剩餘電路的表現。這好比空調之於辦公室生產力，若是室內溫度 35 度或 0 下 35 度，但空調失效，則大家都不用辦公了。

量測 LDO 和 POR 首重終值、閥值和暫態反應，因此測量者需能調整外部電源的高低和變化速度。上電速度可快到微秒等級，也可能慢到秒等級。製造可控的上下電斜坡去測試 LDO 和 POR 才能完整地檢測其特性。

若要控制上電斜率，測試工程師可用軟體程式驅動一般電源供應器去控制慢速上電或用離散元件去創造可控電源波形，還可用電源供應器本身的限流功能去搭配前者。

咱若按電源供應器開關，其上電速度常在毫秒等級。若對穩定的電源出口進行熱插拔，則其上電速度常在微秒等級。但，這些上電情況常不太線性，且和環境、機種、外掛電容都有關。這算個好練習去讓入門者想辦法控制並改進上電狀態。

LDO 的兩大 DC 指標是線穩壓（line regulation，這裡簡稱 REGv）和負載穩壓（load regulation，這裡簡稱 REGi）。測 REGv 僅需電源供應器和電表，若兩者皆可程式化，則能自動化，即使不能自動化，設計者也不難抽樣檢測樣品，因爲手動調整電源並記錄輸出不困難。若相同程序需重做在不同溫度，則較費時，但仍可爲。測 REGi 也需電源供應器和電表，但還需可控電流源才比較省時精確。而且，REGi 測量很受測試點影響，需考慮走線阻值才可得正確結果。還好，一般磁感測器的 LDO 沒有嚴苛規格於 REGv 和 REGi，反而是 LDO 的噪聲比較被關心。

LDO 的主要 AC 指標是 PSRR（power supply rejection ratio），這裡簡稱源抗比。有的示波器提供頻率響應測式功能，其提供一弦波小信號輸出、掃描弦波頻率、量測輸入電壓變化，並藉此繪出幅度和相位予輸入出比值在示波器上。這能助測量 PSRR。但，入門工程師可能手邊沒有這種工具。測量時還需好的抗噪環境。

有些實驗技巧能助抗噪，比如運用 BNC 線去縮小電感迴路、用接地的金屬盒去屏蔽電磁波等等。

有個簡單的手機實驗大家可以試試去感覺屏蔽電磁波，看看到底要多厚的金屬才能隔離通訊電磁波。大家可用先用鋁箔紙包覆手機，然後換金屬便當盒密封，最後把便當盒放到蛋捲鐵盒裡，用另一支電話打給屏蔽忒手機，看看到何時手機才無法接通。

甚至，大家可以試試用示波器探針量示波器本身的地，記錄噪聲狀況，然後改變探針纜線的迴路大小再記錄一次，最後把探針纜線整個用鋁箔包覆再各別比較一回。

若示波器無頻率響應功能，咱仍可粗略地探知 PSRR。原則上採以下方法：在 LDO 的電源端產生一 DC+AC 訊號，記錄時域振幅 P1，並用示波器做 FFT 分析後可得基頻參考強度 A1。下一步，在 LDO 輸出接一級 AC 放大級，測放大後的時域振幅 P2，並對放大後的信號做 FFT 分析去所得基頻強度 A2。比較 P1 和 P2，也比較 A1 和 A2，原則上就能測出 PSRR 源抗比於一個頻率，量測於多幾個頻率情況就能畫出整個曲線。整個實驗的關鍵還是低噪的量測環境。

若 LDO 的源抗比低，有時即使不加 AC 放大級也能測到有參考價値的信息。

9.1.5 伍、查 IC 時鐘（5-check IC's clock signals）

時鐘信號是磁感測器的心跳，是重大指標之一之於 IC 健康，也是參考基準予其他信號事件。磁感測器測試工程師經常將主要類比信號和時鐘信號同時顯示在示波器上去確認類比調變過程是否有依設定時序運作。時鐘太快不只增加功耗，甚至還可能因爲快過其他電路的反應時間而損害電性；時鐘太慢則降低資料處理速度。

當測試工程師用探針去探測時鐘信號時，探針本身的電容形成負載。便宜的探針經常有電容大於 10pF。而數位信號的功耗正比於 fCV^2。所以，探測時鐘信號或其他週期信號也能大幅增加系統耗電。若內部電路有較小的供電流能力，則探針的電容負載會弄歪時鐘信號，有時甚至無法達到滿邏輯電位。即使在探點外連接緩衝 IC，也經常要面對 pF 以上的電容負載。因此，設計者通常會針對測試需求多埋些電路去保證時鐘可受測，比如埋入第 7 章所說的 OD/PP 輸出結構，並給予足夠驅動力去利於實驗。而且，針對於其他被週期性取樣的關鍵信號，設計者也會在開發階段埋些電路去處理。讓事後驗證容易進行。

9.1.6 陸、查 IC 通訊（6-check IC's communication）

醫生替人做健康檢查，還得受檢者聽得懂醫師指令。醫生叫受檢者看視力表比上下左右，受檢者還得誠實比劃，醫生才知道該受檢者是否繼續待在眼科還是轉診腦科。測試工程師就像醫生，IC 就像受檢者，醫生和受檢者的互動就像 IC 的通訊模式。

IC 裡的通訊模組，好比一人其能聽懂醫囑，並做出反應。該模組通常僅爲開發或測試者使用，所以不一定完全依照用戶端規格設計。因爲咱知通訊模組通常由測試工程師在可控環境下操作，所以該模組不一定需要能工作在極高或極低溫狀態。但若要該模組協調其他 IC 在眞實應用環境裡協調，那它就必須能可靠於所有規格範圍內。

通訊就像一支雙人舞，若中途跳錯走了拍子，有時得重頭開始。因此，重置功能就很重要。要確保測試者能在測試中途重置參數去重新測量。有時重要到設計者在開發過程中會額外加入一個手動重置的引腳，去確定人和 IC 的雙人舞能正確地開始。

通訊功能的核心之一是寄存器和記憶原件，其負責記住修調狀態，好比健康檢查紀錄表，能給醫生依據去決定下一步該如何。IC 設計者通常會準備一份寄存器表，猶如健檢紀錄表，其不只提示咱有哪些待測項目，上頭的紀錄更反映了 IC 健康狀態。

設計這份寄存器表不是一件隨便的事。寄存器的數量、排序、都能影響 IC 的測試流程和時間、還影響 IC 面積、耗電。因此，通訊模組在設計初期就常須被打量清楚。測試工程師手上也需要這份表去搭配其他測試文件才能了解自己的任務。

但是，通訊功能最終仍需自動化才能供大批量修調生產。因此，工程師必須建立自動化的通訊指令和測試流程，還必須建立測試介面，讓測試工程師保有彈性去擇機中斷、擇項分析。在一般小資本的 IC 公司裡，這類工作可完成於寫程式到 MCU 或 FPGA 裡。這對部分類比設計師不那麼簡單，因爲任何工具技巧都需要時間磨練才能上手，包括程式化 MCU 和製作測試介面在內。而任何設計師的時間資源都有限。

類比工程師通常會求助於系統工程師、數位工程師或測試工程師去完成自動化工作。此時，設計師就有任務去定義測項，定義通訊信號，並向其他協助者說明這些信號的意義。讓他們能幫助建立正確的通訊介面。

有了通訊介面之後，檢查通訊系統的第一件事當然就是問它一個問題，看它會不會回話。磁感測器內有很多類比訊號可供測試，比方穩壓器電壓就是其一，穩定又不怕少許負載，若測試者對晶片說「讓我看看穩壓器輸出」，然後晶片很合作地在測試端給出穩壓器電壓，那麼至少晶片的通訊模組是有生命跡象的。

9.1.7 柒、量主參數（7-measure main parameters）

磁感測器的主要參數包含那些列在規格書的，和沒有列在規格書的。BOP、BRP、ODR、動態區間、解析度等這些都可能受規格書要求，且因此需要被檢測擔保，有時還需要被修調迫其符合規格。這些測試不僅設計者須參與，測試工程師也必須參與。這兩種工程師必須能協調並優化測試流程。設計者也透過測試工程師協助去獲得大批量測試結果，並用該結果去取得統計意義且評估設計效果。

有些參數並沒有被列在規格書內，但仍然相當重要，比如偏置電壓、A/D 的線性度、時鐘的抖動、溫飄於帶隙電路和偏比鏡等等。因爲這些特性直接影響到產品最終能否達標，有些特性甚至可被用來檢驗所在製程角落於晶片。新手工程師往往會從這些項目著手，藉此先熟悉流程和產品，同時鞏固基礎。

然後，新手工程師就利用開會去了解資深工程師如何討論並制訂規格，也順便了解啥腳色於產品歸予自己的測項。

筆者建議類比工程師讓自己身邊有一台專屬的示波器。筆者進入磁感測專用 IC 領域前買了一台平價示波器。一用就是五年，幫了筆者很大忙。

雖然，有螢幕的東西都可能呈現假象，但示波器總是提供即時回饋。它讓筆者能隨時進行量測而不需排隊等儀器。它就像車之於車手一樣，多接觸才會做到人機一體。有個國外教授曾說，現代人因工學的設計講輕鬆還不夠，要做到完全不費力才合格。哲價値於自己擁有一台測試儀器而不需離開座位一事，不只是像把兩隻貓熊關在同一個籠子裡去增加交配機率，還包括避免大動作造成思緒中斷，包括不規律地走來走去找工具和搬實驗設備等等。因為，實驗給人的重要訊息往往是一種因果關係，而一堆無關的動作會淡化這因果關係和事件的連續性，就好像咱第 1 章最後一節講的分鏡效果一般。做實驗很容易讓人看起來很忙但啥都沒完成。而手邊擁有自己專屬的儀器可以減少這類事情發生 —— 尤其針對核心測項，測完立刻在自己位置上記錄並整理結果，一鼓作氣，避免資料涼掉了再來回味猜想。

9.2 取得實驗室材料（PROCURING LAB MATERIALS）

想做實驗得有材料和儀器。有些材料不易被取得，即使找到貨源也需要一週以上才會到貨。設計者必須妥善規劃時間表、並養成良好的記錄習慣才能確保工作效率。比方從國外訂電子零件，或是委託廠商布局洗電路板之類的。甚至有些裝置必須由設計者本身加工在遲於到貨後才能完成。

但是，有些材料能被當日取得，善用這類材料做實驗能大幅加速情報回饋，助設計者走在正確方向，避免浪費時間。

若材料在當日就可被取得，表示實驗在隔日就能被進行，讓設計者早早就得到結論，避免花時間費神左右分析。畢竟節省腦力也是一重要職業技能於設計者。

因此設計者既需知道哪兒可訂貨，亦需知道何處有現貨。

9.2.1 常用材料（often used materials）

工欲善其事，必先利其器。炒菜時，廚師除了要懂菜色還得用順手鍋鏟。一電路工程師也如此，他逛電子商場就像廚師逛超市。為了組裝測試電子設備，工程師需熟悉線材、連接器、開關、焊接設備、抽風設備、照明和放大鏡設備、電源設備、儀表、夾具、收藏盒、板材、切割鑽孔鎖定設備等等、當然也還得包括 IC 和各式離散 LCR 元件。

若一個工程師在實驗開始前就能說出所需線材的尺寸、類別、洞洞板尺寸、種類和麵包板尺寸，那他大約對實驗有些概念。若您看他把巧克力盒打開時，裡頭每一格分類著不同的IC，那您大概可以推測他曾經常自己動手。

儀表則較昂貴相對其他部分。通常有專業需求才會投資。但這些儀表之於電子產業，猶如車床之於機械產業。工程師若對儀表沒有足夠認識，就無法變想法為製造。

從另一個角度說，儀表好像是一個即時的模擬器，它探測眞實世界，演繹出一些可讀的結果，讓人彷彿能見抽象的世界。而電腦上的軟體模擬器也不可或缺。工程師熟練幾款免費的模擬器也相當必要。

設計者必須在設計 IC 之初就先了解自己有哪些材料可用去測得關鍵特性。這些材料包括軟硬韌體。

9.2.2 IC 標號和命名法（IC marking & nomenclature）

想買 IC 首先得報出 IC 型號，好比到五金行買螺絲得指定材質、徑寬、長度、十字或一字等等。但咱報 IC 型號常常省略廠商代碼，而且店家又不一定能記得其製程代碼，所以初學者很可能聽得糊塗，賣家也講得籠統。

比方筆者手頭上有一個反閘寫著標號 SN74HC04AN，但去店家買時通常只需報型號 74HC04 和封裝種類。有些店家抽屜外標籤上甚至只寫 7404。若店家拿出 74LS04，初學者可能一知半解以為反正都是相反器，大概只是養樂多和多多的差別，就買下去了。

歸根究柢還是得先了解標號的命名法。比方上述相反器標號，可以被分成五個部分去讀：SN 74 HC 04 AN。頭部和尾部是廠商特有編號，比如 SN 屬於德州儀器的一種編號；第二部分為產品等級，比如 74 代表商業等級；第三部分描述製程相容和應用性，比如 HC 代表高速 CMOS，若換成 LS 則代表低功率蕭特基；第四部分則是主要功能，比方 04 代表相反器，若換成則 14 代表史密特觸發器。

所以當咱去買 74 系列相反器 IC 時，雖然製造商訊息也有用，但主要功能電性可僅描述於上述二、三、四部分，即一般通稱的型號，因此零買時可只報 74HC04。但，店家可能既不了解 CMOS 和 TTL 有何區別，也不知道買家需求，所以對他來說這顆 IC 就是 74 系列的 7404，初學者要當場自己檢查是否有 HC 字樣。這種謹慎仍舊必要於檢查其他系列的 IC，尤其是不同系列的 IC 有不同的編碼格式，購者需查閱規格書去確定。

IC 廠牌雖非首要事於實驗，但，認識一下能助分類。臺灣雖然也有自己的 IC 品牌造商，比如說友順科技 UTC，其所推出不少常用 IC 都有相容於美規的型號。但是，讀者在電子產品店裡不一定能買到現貨。這問題也發生在國內其他廠牌 IC。筆者曾經到光華商場某店指名要使用某台廠 IC，結果不僅需店家幫我額外訂貨外，還得加些等待時間。支持國貨是好事，但咱還是要了解市面上 IC 現貨牌子，臨時要用才能馬上拿到手 [1][3][2]。

有時同一款 IC 有多個廠家製造，比方那古早味的 741 放大器就有。UA741 爲一產品其源自 Fairchild 公司，LM741 則源自 National Semciconductor 公司。該兩產品上都標示 741，表示同種產品，但字首（prefix）則標示不同廠家名稱，其中 UA 和 LM 字首分屬兩家公司特有。同樣地，先前所說的 74 系列，也有很多公司支援，比如 SN74HC04、MC74HC04、U74HC04 都是相反器 IC、腳位也都相同，只是分別由德儀、摩托羅拉、友順掛牌。

這裡再次強調，購買 IC 時，需留意整串 IC 標號，有時同一顆 IC 前幾碼都相同，但末幾碼標示不同，反映不同電壓範圍。比方有的穩壓器尾碼加上 adj，表示輸出電壓可調，去區隔其和固定輸出電壓的版本。購買者還需不厭其煩地讀規格書確定。

購買者若到電子商店買現貨，有時無法取得 IC 其有標號完全相符於預期，不是廠家編號不對，就是電壓編號不對，甚至還有製程編號不對，有時甚至連包裝形態都和預期不同。因此，出門購買 IC 常常需要有備案。購買者先替同一種 IC 或功能選一兩個備案，讀過規格書，然後先打電話問店家有沒有現貨，再出發購買。到了現場也要檢查標號是否正確。免得日後得多跑一趟。若願意付出等待時間，則可利用網購避免以上尷尬。另一種方法則是直接打電話向原廠要樣品，若該公司爲台廠。

9.2.3 選 IC 包裝（choose IC packages）

IC 包裝能影響成本、電性和實用性，不只是單純的工程問題。就小量實驗來說，考量則偏向容易被抽換、塊頭中等、機械強度好、容易取得補貨等等。

實驗室最簡便的 IC 載體是麵包板和洞洞板。由於兩者都提供插孔予 IC 引腳作爲主要接線方式之一，所以若 IC 引腳能穿孔（常稱 through hole）則實驗手段會更有彈性，如 SIP、DIP、TO 都符合該條件。即使工程師洗了 PCB 板，有時也會預留額外圓孔或 IC 插座予各類長腳元件去插拔。購買 IC 時跟店家說要 DIP14 封裝就表示要 14 根引腳左右各 7 根的 DIP 封裝。下表 9-1 列出幾個實驗室常見的封裝型式。

下表 9-1 中 single、dual、quad 分別代表數字 1、2、4，去分別表示引腳排在單邊、雙邊或四邊；I 代表 inline，指引腳成排；O 代表 outline，指封裝的輪廓外型，其中 TO 類別通常指引腳數較少的元件如各式電晶體，所以用 T 去像徵該類外型。

其他有些包裝歸給表面接合元件（surface mount device，簡稱 SMD），它們通常需經焊接或用 IC 槽施壓才能產生穩定的電性接面於接腳。SOT、BGA、LGA、SOP、TSOP、QFP 都算此類。SMD 的焊接過程有時並不容易。若需解焊，往往需冒險損壞本身和周邊元件，考驗著實驗者手工，包含焊功在內。使用 SMD 元件雖然能固定接點、增加實驗可靠度、但焊接完之後需做導電性測試以防空焊、有時還需要在顯微鏡下做外觀檢查。若經常處理 SMD 元件，則少不了好的焊槍、熱烘槍、焊錫、助焊劑、吸錫帶等等。

SMD 元件常有小體積，搭配 PCB 板可得較小的寄生電感、電容。對高規格的實驗常很有必要。有時爲了單獨檢查一顆 SMD 元件的特性，會使用現成的轉板，去把小小的 SMD 接腳，連接到較粗大的針腳以便實驗。這些轉板在電子用品店裡不少，常給 SOT、SOP、TSOP 這類包裝使用。

9.2.4 善用電子市場（wisely use electronics market）

若您住在台北市，又不時需要電子零件，那您一定聽過八德商圈旁的國際電子城，就在光華商場南面。那附近有數家老字號店面，不少在地下一至

表 9-1

常見譯名	簡寫	全英文名	插到麵包板	插到 IC 座	塞到 IC 槽	焊到洞洞板	焊到常用轉板	焊到客製 PCB
單列直插封裝	SIP	Single Inline Package	o			o		o
雙列直插封裝	DIP	Dual Inline Package	o	o		o		o
鋸齒型直插封裝	ZIP	Zig-zag Inline Package	o			o		o
晶體管外型	TO	Transistor Outline	o	o		o		o
小外型晶體管	SOT	Small Outline Transistor			o		o	o
插針網格陣列封裝	PGA	Pin Grid Array		o				o
球網格陣列封裝	BGA	Ball Grid Array			o			o
平面網格陣列封裝	LGA	Land Grid Array						o
小型封裝	SOP	Small Outline Package			o		o	o
薄小型封裝	TSOP	Thin Small Outline Package			o		o	o
方形扁平封裝	QFP	Quad Flat Package			o			o
塑膠電極晶片載體	PLCC	Plastic Leaded Chip Carrier			o			

三樓。其規模好比 IC 業裡的傳統市場，不賣牛排，但不缺魚肉和水果。

舉常用 IC 爲例，下表 9-2 所列乃常用予學生學習者，且大多可隨到隨選隨購於該電子城。其中價格變化可達倍數，隨時間情況不同，但也有不少維持其價位水平已近十年以上。表中寫「有」者乃依據筆者自己的購買經驗而言。

近年該電子城也賣磁感測器，有些已經被焊在板子上伴引腳予實驗。其中有兩種值得一提，一種爲線性霍爾元件，另一種爲霍爾磁開關。有時包裝上名稱會讓購買者混淆，這時買家就可用手機打光並放大影像，去看清 IC 型號，免得弄錯。這些 IC 有的由該領域大廠提供，可用在實驗做參考。比方若是 IC 標示 3144 那就是磁開關，只提供開、關兩狀態；若標 49E 那就有線性霍爾功能，其輸出電壓線性於輸入磁場。因爲一個電子式高斯計往往要上萬台幣，相較下一個線性霍爾模組可以不到一百元，所以，對初學設計者來說，買個磁 IC 是很划算的投資。

表 9-2

類別	功能	型號	包裝	光華商場國際電子城
數位 IC	NAND	74HC00	DIP	有
	NOR	74HC02	DIP	有
	相反器	74HC04	DIP	有
	史密特觸發器	74HC14	DIP	有
	D 正反器	74HC74	DIP	有
	XOR	74HC86	DIP	有
	4 位元計數器	74HC193	DIP	有
	傳輸閘	74HC4066	DIP	有
電源 IC	穩壓器	LM350	DIP	有
	交換電源控制	MC34063	DIP	有

類別	功能	型號	包裝	光華商場國際電子城
放大器	運算放大器	UA741	DIP	有
	運算放大器	OPA340	DIP	有
	儀表放大器	INA131	DIP	有
比較器	低功耗比較器	LMC7211	DIP	
	高速比較器	AD790	DIP	有
類比轉數位 數位轉類比	平行 A/D	ADC0804LCN	DIP	有
	平行 D/A	DAC-08	DIP	
	串列 A/D	MCP3202	DIP	
	串列 DA	MCP4822	DIP	
電晶體	NMOS	BS170	TO-92	有但常缺
	PMOS	BS250	TO-92	有但常缺
	NPNBJT	2N2222	TO-92	有
	PNPBJT	2N2907	TO-92	

9.3 讀規格書（READING SPECIFICATION SHEET）

IC 的規格書幫助客戶了解產品。但它和一般廣告傳單不同，沒有大特價字樣，也不僅列出主要賣點如固態硬碟標容量和讀寫速度等。因爲若客戶買 IC 產品，則他通常有客製的應用方式，而 IC 規格書就必須替多種情況訂下規範，是一種專業性高的文件，其更複雜於使用手冊予一般電器。

初學者讀 IC 規格書若能掌握幾個重點，則能事半功倍。首先，初學者應了解規格書如何分區，就好像到圖書館要先了解索書號怎用，找得到大項目了，再思考如何變通去找相關內容。IC 規格書通常有幾個重點區域：

1. 描述 / 特色（description/feature）：此區常講產品的製程、適用電壓、產品分類和其與衆不同處。比如 CMOS 製程、耐壓 ±2.5V～±15V、屬於 rail-to-rail 放大器、有極低輸入偏置電壓等等。此區通常爲短文型式。

有時，爲了客戶方便，此區還會在短文後緊接包裝圖和接腳定義於首頁，讓讀者知道 IC 的包裝外型和各腳位編號及名稱。所以對有實驗需求的讀者來說，第一眼先看第一頁的特色和包裝外型是明智的。

2. 最大耐受準位（maximum rating）：此區通常用表格型式，列出最大耐受電壓、溫度等等，其參數若被使用者超標，將可能導致 IC 受損，而非暫時失效而已。在提前於 IC 實驗前，實驗者不妨瞄一眼這欄位，免得不慎報廢心血。

3. 電特性（electrical characteristics）：此區通常有表格型式和曲線圖型式。表格型式處列出電性參數細節，比如頻寬、噪聲、偏置、工作電壓電流、輸入阻抗、輸出速度、解析度等等，讀者看這區就很像檢視營養成分於超市選購維他命時，常會左右推敲一番，甚至算數一番。曲線圖型式的電特性雖然也很重要，但是，有經驗的實驗者往往能略過該區大部分，以其爲次要訊息。但有些圖則不可被忽略。比方有些 IC 需要特定數位信號組合和時序去操作，則該時序圖在實驗時就屬必要。

4. 磁特性（magnetic characteristics）：此區就像前述區於電特性一般，也常有表格型式和曲線圖型式。這部分通常被專有於磁感測器。比方操作點、釋放點、電壓對磁場特性圖、電壓對磁場角度特性圖等等，都是有表很好、有圖更好。

5. 應用資訊（application information）：本區也可有文字敘述和圖形描述，但讀者第一眼通常瞧其圖形部分。一張圖勝過整段文字是這區的特點。本區用圖畫告訴讀者啥組態產生啥功能。咱舉例以規格書於 MC34063A 這顆 DC-DC 轉換器，其反向組態和階升組態分別載於不同應用圖。讀者若不看圖則不易摸索出使用方法。有些應用資訊還包括算式，比如穩壓器電壓作爲函數於電阻值之類的，實驗者使用該 IC 時不可略過該部分。磁感測器 IC 還需要標定敏感軸方向，這部分有時也被畫在應用圖區。

6. 包裝資訊（package information）：包裝資訊有時不只出現在第一頁。有的產品有較罕見的包裝和足印（footprint），需額外做圖去標明尺寸予客戶。另外，有些產品提供多種包裝，也可能需額外篇幅去介紹。就初學者看，只有那些相關於實驗的訊息才是必要的。

綜上所述，當一個初學者想知道是否一顆 IC 能實現所需功能，他通常可以先瞄簡介、包裝和編號，確定 IC 的性質和機構合乎系統需求，然後檢查幾個關鍵電性參數，就可決定是否需要繼續鑽研下去。若參數皆合用，則進一步觀察應用圖，確保實驗材料可被取得，想定實驗方案以及備案。

至於為何規格書如此安排，初學者可從兩個角度去理解。第一個角度乃予工程師／業務，即假設自己要替自己的產品寫規格，然後問自己會怎寫。第二個角度乃予客戶，即假設自己想要購買此 IC 組裝系統去量產，然後問自己想看到哪些訊息。

IC 的架構圖就經常反映一個平衡點予該兩個角度。比方說一個磁開關架構圖，可能畫上霍爾元件全橋、截波記號和比較器三個部件，省略掉放大器、融絲、時序控制和其他特殊電路。因為寫文件的工程師僅提供所需資訊，避免節外生枝，同時保護公司智財。他假設，告訴客戶所擇 IC 用霍爾元件，客戶就對此元件感度有個基本概念，好比掛牌子賣香雞排，大家就知道價錢大概在幾十塊之譜，通常會搭哪些佐料之類的。至於截波技巧，方法很多，常常搭配放大器使用也是同行皆知的事，因此有時被省略。若該產品想用技術特點去增加產品說服力，可能會附上專利號供參考，藉以區隔它和其他產品。

另一方面，產品細節通常是設計者本身才知道，為了爭取客戶，他可能選擇較有說服力的部分去呈現產品。因為很多廠商在尋求供應元件時，會找多家公司去比較產品，而比較的依據，就包括規格書。就好像一間研究所收到許多申請書內含學生們的成績單，不只其中總成績會被比較，個個科目的表現都可能被細細比較，而申請者會設法突顯自己的優勢。

9.4 在於語言——彈性（ON LANGUAGE-FLEXIBILITY）

本章既然講實驗技巧和習慣、還有臨場應對策略，咱就順勢講文理的彈性、辨識度、人因工學等問題。

咱先從視力說起。大家回憶到超市維他命或罐裝產品，想看看成分說明，但那些字都很小，怎辦？只好拉近了瞅瞅。咱看書也是一樣，筆畫變小了咱還想看清只好拉近看或用放大鏡。結果近視一大堆。

大家可以比一比，同一個字型下（標楷體 16 字型），英文字的筆畫間距和中文比起來是不是大多了。比方 a 和劃字。那「a」字腹部上下間距接近 5 倍於兩橫間距在「劃」字裡。5 倍！這令人不禁懷疑臺灣近視特多和字體有無關聯。因爲筆畫密度實在太高，使筆畫間距縮小，導致所需閱讀距離拉近。大家都做過視力測驗吧，那些 c 字間距越來越小時，對視力要求就越高。道理是一樣的。

筆者試著離螢幕六十五公分左右比較「國圍圓」三字於 55% 大小，此時筆者無法辨別何爲該三者，但 abcd 仍清晰可辨。這也點出了拼筆簡化的另一個價值 ── 藉由減少筆畫密度去提高辨識度。即筆畫減少了，但是字變清晰了。這還有一個好處，就是當讀者能將眼睛遠離紙面，讀者就能看到較大的全局，在做數學推導時，比較能數條式子一起思考。

筆者記得從前在公司開會時，經常需要到白板上寫算式畫圖向大家解釋東西，但老是出錯。筆者以爲是因爲怯場，但後來想想筆者臉皮應該沒薄到那種程度。左思右想後發現，原來因爲白板像一張很大的紙面，筆者書寫時離白板很近，導致看見前式不見後式，看見左式不見右式，視覺感不同於自己在桌上計算。即只見局部導致思路也縮在局部，因此容易犯錯。後來筆者寫白板時會適時移動自己和白板間的距離觀看全局，犯錯就變少了。大家可以聯想，這是不是有可能影響到學習呢？若咱的舒適視距離紙張被加大了，是不是能幫助咱思路更周到呢？人家說有些人思考於字句，有些人思考於段落，是否因爲後者視野涵蓋比較廣呢？

咱要強調，簡化方案不是唯一的，是有彈性的。咱雖提了一些基本方法和對照表，但那僅是爲了示範目標、考量方法、和思路。咱從速度切入，說希望能助加速書寫，並提出目標爲將所有中文字都盡可能簡化到五筆畫以內，同時配套相關方法；從語法切入，說希望能增加語序種類去增加效率並對應外文和新思序，同時提出配套關鍵詞彙；現在從辨識度切入，說希望能助加寬視野、保護眼睛。

以筆者的經驗，簡化的速度優勢無庸置疑。簡化讓筆者的筆記速度幾乎加倍，思路回饋速度也加倍。語序彈性也有顯著幫助，因爲咱注意到了把最重要的信息儘早說出、用右分支先說標的再說相關特徵。筆者曾在公司會議時刻意塞入一些新語法去自我練習並且觀察聽衆的接受程度。有些時候故意在投影片標題上嘗試變化，很多手法在本書網頁裡也處處可見，其包括了介系詞前後空格、「的」字後空格等等。這些實驗還持續著。剛開始並不容易，因爲咱需要修改一干習慣其被培養了數十年。

簡化語文和實驗有類似之處，其中彈性和條理對兩者都是成功關鍵。

練習（Exercise）

練習 9.1（familiarizing wire gauges）

(1) 請選一合適的尺寸於下表予銅線並說明理由，使得在 600kHz 下不浪費線材又恰能傳遞足量電流又不大幅增加線材阻值，假設在 60Hz 下銅的集膚深度 * 爲 8.5mm。

WG（wire gauge）	直徑（mm）
20	0.812
21	0.723
22	0.644
23	0.573
24	0.511
25	0.455
26	0.405
27	0.361
28	0.321
29	0.286

WG（wire gauge）	直徑（mm）
30	0.255
31	0.227
32	0.202
33	0.18
34	0.16
35	0.143
36	0.127
37	0.113
38	0.101
39	0.09

(2) 請依據上表選出一款線徑予一般麵包板實驗，說明爲何其用來最爲順手，並給個說法建議何時買單芯線、何時買多芯線、何時買 litz 線。假設一麵包板支援 20～29 號線規（gauge）。

提示 此練習旨在熟悉基本材料於電子實驗。上表中的線規一般被歸類爲 AWG（american wire gauge）。線規不只一種。gauge 一字本身有衡量尺寸的意義。比如替別人買衣服褲子前需要先替他 guauge sizes。再比方兩鐵軌之間的距離被丈量於 track gauage。這些都是生活常識，其更好懂相較所謂的 gauge 在電磁學裡，如 lorenz gauge。

練習 9.2（pick a part according to specification）

(1) 請給一 IC 編號，其所指 IC 能偵測轉軸速於 0～10Hz 如下圖，並引用說明書片段搭配手繪應用圖說明其可完成使命。假設磁鐵在最近距離可產生 100G 的 B 場。

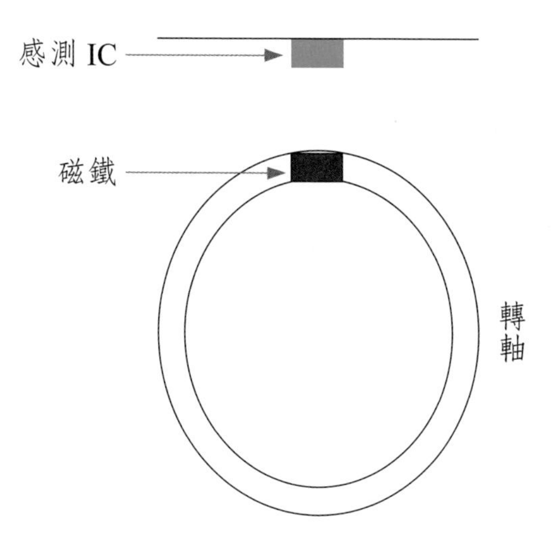

(2) 請再給一 IC 編號，並修改上題條件使待測轉速於 0～1kHz，其餘承上。

(3) 請發揮想像力設計一滑鼠以磁感測器爲核心。請繪圖說明設計關鍵。不需眞動手做出成品。

提示 此練習意在熟悉磁感測器規格書。

文獻目錄

1. 明鄉企業 [www.mesun.com.tw/ic.html] 網頁予零售 IC
2. 今華電子 [www.jin-hua.com.tw] 網頁予各類電子零件，內含分頁予零售 IC
3. 友順科技 [www.unisonic.com.tw/product2.asp?BClass=240] 網頁內含邏輯 IC 規格書

第十章

專利、語言與學習

從第 1 章到第 9 章，本書圍繞著磁感測器做論述。本章有些不同，先講寫一個磁感測器專利起頭做引子，然後漸漸把重心轉移到語言與學習做總結。

本章將提出一個新概念，稱為：「把科技專利變成文化專利」。

10.1 寫個專利（WRITE A PATENT）

10.1.1 為何咱寫專利（why we write patents）

假設讀者熟悉了前 9 章內容，有能力應用內容產生新設計，讀者可能會有需求將新設計寫成專利作爲商業籌碼。即使是一個還未畢業的學生，也可能撰寫專利，當他受建議於指導老師時。

從商業角度看，專利作爲籌碼可以幫助以下行爲：(1) 防止被別人告，保障使用專利技術合法（防守）；(2) 告別人，阻止別人使用專利技術，獲得賠償（進攻）；(3) 收取權利金，或作爲相互授權交換技術的籌碼（交易）；(4) 推銷自己給客戶，爭取資金對股東（宣傳）。

但是寫專利也有風險和成本：(1) 專利內容被閱讀之後，會給競爭對手靈感，找出相似技巧又避開專利範圍，結果不但沒有保護到自己，還提示對手方法去和自己競爭；(2) 專利內容格式和一般論文格式不同，經常需要專業事務所協助，申請者常常需要付出時間和金錢成本讓專利工程師先理解專利內容，然後藉由討論、撰稿、修稿才能完稿；(3) 若申請國外專利，費用會更加昂貴。

專利文件是一種法律文件，往往更甚於它被算作技術文件。因此雖然專利文件必須「完整揭露」它的產業應用性、進步性和新穎性（一般被稱爲專利三要件），但該文件通常只企圖揭露那些部分其構成專利的最簡充分條件，其他部分則省略。

10.1.2 閱讀專利（read patents）

自己寫專利前當然先閱讀別人的專利。通常當大家寫專利時，會希望技術受到保護、但是又不透漏太多細節，所以雖會講出技術特點，但通常很多訣竅會被刻意略過不說。因此專利文件並非完整的技術文件。讀文件時需要先了解專利文結構、然後選重點讀。

專利權可分發明專利權、新型專利權和新式樣專利權專利權三種。

咱先講發明專利。舉磁感測器來說，新霍爾元件製程與配置結構可屬發明、新的偏置消除系統或方法也可屬、新的低噪聲積體電路設計法也可屬、把整個霍爾感測器搭配自行車輪框配置去測車輪轉速也可屬於發明。

上述內容裡，有些發明比較容易被鑑別，有些不容易。比方新的霍爾元件與配置結構，若外觀形狀很特殊，將產品 IC 開封以後有時一眼即可辨認特徵。此時專利的嚇阻力就很明顯，因為模仿容易被查出。有些發明則不容易被鑑別，比如新的低噪聲積體電路設計法，因為積體電路布局變化多，單憑布局外觀往往難以察覺是否運用了該發明技巧。此時專利的嚇阻力就不明顯，防護力和品牌作用意義更大。專利要素主要被反映在「專利範圍」內，在英文裡叫「claim」，但是這部分中文常不易讀。咱舉一段拗口的專利文字為例：

「一種磁性感測器製造方法，其特徵包括：在半導體基板的表面形成霍爾元件的步驟；在鍍敷用基板上形成繩基底導電層的步驟；在所述基底導電層上形成具有磁性收斂板形成用的開口的抗腐蝕步驟；在形成著所述抗蝕劑的狀態下進行電鍍，在所述開口內形成磁性收斂板的步驟；將所述抗蝕劑去除的步驟；將所述磁性收斂板作為遮罩而將所述基底導電層的一部分蝕刻去除的步驟；在所述磁性收斂板上塗佈黏接劑的步驟；利用所述黏接劑將所述半導體基板的背面與形成於所述鍍敷用基板上的所述磁性收斂板貼合的步驟；以及將所述鍍敷用基板自所述基底導電層剝離的步驟。」

（片段 10-1）

讀者可見上述文字不僅很長、而且用大量左分支語法，試問讀者讀完後如何簡短地回報他人啥是這段文字內容？所以，讀專利時需要兩個主要技巧。

第一個技巧類似於讀一般文獻，先看簡介和圖表。因爲這些東西語法與日常習慣類似、圖形也直覺。

第二步則適度進行簡化，比如，加重右分支語法簡化前述專利文字得：

「一種磁性感測器製造方法，其特徵包括：一步驟去形成霍爾元件在……；一步驟去形成導電層於……；一抗腐蝕步驟去形成開口其……；一步驟去形成收斂磁板在……，並進行電鍍於……；一步驟去去除所述抗蝕劑；一步驟去去除蝕刻於……，並作罩遮於……；一步驟去塗佈黏接劑在……；一步驟去利用該黏接劑去貼合兩物，其中一物爲……，另一物爲……；以及一步驟去剝離所述鍍敷用基板自……。」

（片段 10-2）

這種簡化法需要讀者進行於腦中或筆記。該特色在於及早成句、就近修飾、由左向右閱讀單向覆蓋所有關聯層次、由簡入繁、較不需回頭找查關聯且成句所需訊息少。這種簡化方式能讓很多高維度問題降階。咱稍後詳解。

換句話說，若作者本身觀念清楚，但想要讓專利文字難懂，只要先加重左分支語法堆疊內容，再搭配一些非 SVO 語法，即可讓閱讀時間從 O(n) 變成 O(n^2)。舉例來說，片段 10-1 的倒數第二句就有這個特徵。

10.1.3 使用專利用語（use patent terms）

專利文件有些用語有利於釐清標的物。最突出的應該就是「該」（said, the）、「該等」（said, the 複數）和「其中」（wherein）了。

「該」這字表達「前述之」或「所述」，通常指所言於前述專利者。所謂一個專利項指的是一個 claim。專利項有時被稱作請求項，有歷史原因，不在話下。舉例來說，若前兩個專利項說：

「1. 一種半導體裝置，其包括有一第一基板和一第一霍爾元件，其中該第一霍爾元件位於該第一基板之上……。

2. 如專利範圍第 1 項所述的半導體裝置，其中在該第一霍爾元件上有一層第一鍍模……」

（片段 10-3）

上頭第二專利項有個該字，表示其後第一霍爾元件爲第一項所述之第一霍爾元件。若翻成英文，該字可對應 the 或 said。所以有些專利文件一大堆該字。這也是出於省字考量，否則每次都要說「前述之」就很累贅。

片段（10-3）裡還有個「其中」，對應英文的「wherein」。這字代表 in which 或 for which，是右分支句法的得力工具。所以當讀者遇到長串的「的」字於左分支句子，讀者可以善用「其中」這個關鍵字去改變句子成右分支。

比如，片段 10-1 的倒數第二句本來有大量難讀的左分支句如：「利用所述黏接劑將所述半導體基板的背面與形成於所述鍍敷用基板上的所述磁性收斂板貼合的步驟」。但讀者可以把它變成：

「一步驟去利用該黏接劑去貼合兩物，其中一物爲背面於該半導體基板，另一物爲該磁性收斂板，其形成於該鍍敷用基板上」。改句的關鍵就在運用「其中」、和「其」兩字。

10.1.4 文化專利（cultural patent）

專利的作用不只在一般產業，也有文化效果。但這個效果往往被低估。回憶每個年代，新應用和新發明常提供新哲學思維，而且常作爲文化的皇冠。比如造紙術、印刷術、算盤，因爲這些內容象徵進步、領先於當代。同樣的，學術界最高榮耀被稱作諾貝爾獎。諾貝爾是做火藥出名的，且火藥帶來的武力和尊嚴作爲文化標誌是很有力的。另外 Nobel 名字和貴族 noble 很像，這大家大約也可察覺。所以當咱講文化時，用誰發明了啥來區分是很有標誌效果的。好比拍一部電影，大家喜歡看年輕健康有朝氣的角色一樣。若大家一講文化就想到頭髮發白滿臉皺紋的人，那大家興趣就比較低。若是一個能被裱起來，閃閃發亮，像獎牌徽章一樣的東西，大家就覺得高價。這屬於心理作用。

所以若文化工作者希望發掘文化內涵，可往專利裡找，並且做哲學式演繹，而且很容易，必然是新的、進步的、有產業應用性的，因爲那些是專利的要件。當咱問啥是臺灣文化，可能咱希望聽到的是關於啥是臺灣創造的智慧結晶，而不是啥是臺灣的平庸習慣。這時找一找臺灣的專利，肯定就能有源源不絕的題材。很多外國題材也有類似特性。

說歸說，有沒有例子呢？有的，磁感測器技術裡就有文化象徵的影子。比方霍爾元件，常被做成十字形，就可被當成一種西方文化的標示。工程師每天繞著它討論技術問題，但眼睛裡看到的是一個個長得像十字架的符號。這就是把科技用在文化的一種手段，而且是很有防衛性的前進手段。它在防衛的時候可以使用科學的中立性，前進的時候能給人文化的暗示。一個講者可以花一小時跟大家討論磁感測器技術，但是背後的主要意義卻是文化的。這可讓文化傳遞者獲得免責權，因爲它引用了科學的中立和客觀。這種手法在近代是很普遍實用的。

所以以此衍伸，假如今天有個設計運用到菱形符號，它就可被當作文化象徵去對應過年的符號。這種類似春聯的本地文化記號一方面去掉了裡頭複雜的文字，保留了輪廓，簡潔現代，一方面又有晶片的長相，符合臺灣產業生態印象。這就是類似霍爾元件的應用法。當然，要作爲文化標籤，不只是這麼粗糙，還需要更多內涵而且要面面俱到。使得大家日後每次提到該技術，都像是對自己的文化做了獎勵性刺激，達到制約的效果。這其實是很有作用的。

「把科技專利變成文化專利」不是單純的工程技術，而是利用技術成果替心理建設和思想鋪路。當這些成果和作用累積到一個程度，本來不在自身文化範疇的優點就會在無形之中成爲自身的一部分。

10.2 語言（LANGUAGE）

在每章末，咱都講了一些語言相關內容，並點出用簡化為核心，可助中文演化並吸收外文優點。咱打算在這節裡做個整理。

咱在 10.1.3 裡講述右分支敘述常能用較少資訊成句，且可助閱讀。咱多舉個例佐證。

拿統計科裡的 p-value test 為例，其中 p-value 被維基百科翻譯成 p 值，被給出如下有點拗口的定義：「p 值是假說檢定中，假設虛無假設為真時，觀測到至少與實際觀測樣本相同極端的樣本機率」。

筆者相信，即使是理工科背景的，也會覺得上面那話不順。聽的人也可能會問，「有沒有更簡單的說法？」答案其實在上一節就提示了：有，加重右分支份量就得了。比如：「p 值是一種機率，對應那些情況，其極端程度至少相同於實際觀測結果，當虛無假設成立時」。讀者若稍做省略，甚至可以說「p 值機率對應那些情況，其極端程度至少相同於實際觀測結果」。

所以，一個看起來跳躍迂迴的說法，可被改成單向的、簡單的敘述，只要咱換一種語序。這種技巧可以處理大學學科中大部分的問題。若語序弄好了，第一個逗點前就是主要句，以後每增加一個逗點就增加一件訊息，直到句點訊息結束，沒有需要先讀頭、再讀尾，然後倒退讀中間、過程還得憑藉「的」字斷開。

因為中文常規上沒有習慣去用空格介於兩詞間，所以在長句裡，若不使用右分支，將非常難用視覺去區分邊界於各詞間，此導致視覺追蹤順序難以被預測。當讀者遇到一則新的敘述，常需要左右揣摩正確的入手順序，這讓原本已屬未知的新概念產生更多變數。反之，若閱讀時關係順序可以被預知，讀者僅需每次將精力集中在一小範圍內的視覺片段，其構成一個完整的概念，如此就能提綱挈領，不至於感覺觀念散了一地、顧此失彼。

筆者發現這種簡化於語序，是關鍵之一其能讓思考舉重若輕。早早習得相關技能可助省下大量青春。這種技巧在英文裡是自然形成的，無需刻意。但是，在中文裡，使用者必須有知覺地去運用這類技巧。也許某一天，咱的中小學會開始強調這概念，前題是教育者、學生本身、或兩者都有此知覺和企圖去讓中文獲得英文之便。

接下來，咱就要開始整理 1～9 章末節的語言專區。

10.2.1 順序（order）

表達順序反映思維順序。表達幫助思維、思維也幫助表達，兩者相輔相成。有時候特定的表達順序讓人能如數家珍，該順序會幫助記憶、搜尋和判斷。若是一個語言只能循特定方向行進，那就像城市裡一堆單行道，不只動線複雜，還讓新造訪者摸不著頭緒，明明看著地圖要從 A 點到 B 點結果就是到不了。這就好比一件事情難以言喻，肇因於思維受阻。

在本節開端和本書多處，咱已提過左分支和右分支的差異。若咱的語言缺乏右分支的語序，咱必然會缺乏練習於某些思維順序，可能就會造成思維受阻、難以言喻的情況，或是詞不達意、描述失準。這是很不利的。

對工程科目來說，簡化問題至關重要，更需要語言能有效連結各種相關資訊。因此極需語言能涵蓋左右分支語序。這裡簡化不是單單指省字，還包括簡化步驟於思路、產生可預測模式、避免重複動作。當然省字省筆畫確實也是重點，因此咱才會從第 1 章末就介紹單筆號和拼筆字概念。

好語序搭配好文字才容易產生好思維。這概念不難懂。比如英文字因爲編碼簡單，所以早年就有了打字機，加速了資訊傳播、創造和使用。後來還促生了電腦，使人類產生了一種新語言。這也算簡化帶來的好處。想想看，今天咱雖有電腦，但仍沒有機械式中文打字機，爲何呢？因爲中文還不夠簡化。若用拼筆，也許可以產生一種機械式中文打字機，其將會比英文打字機複雜得多。在筆者看來若能做到這步就已經是重大突破。

咱在這應該補充一下語法結構圖，用圖形說明左右分支差異。算是交代皙部分其先前未被明言。咱再次用（片段 10-2）裡倒數第二句做例，並改寫簡化成三種格式於下圖 10-1，其中圖 10-1(A) 反映原始句型。該圖中越高層表領頭關係，下層代表依存關係，因此這圖被稱爲一種依存樹狀圖，圖下方文字則被假設由左至右依序出現。所以，圖 (A) 描述「一運用黏劑去貼合樣品的步驟」這片段語。圖中的 X，代表一個主從單位。

下圖 10-1(A) 中，向左的分支代表依存者在前先出現，領頭隨後出現；向右的分支則代表領頭在前先出現，依存者隨後出現。在該圖中，咱可見七個左分支、五個右分支，且從屬關係有七層之多。不僅如此，若要確立最頂層領頭，必須先聽完七層從屬關係，歷經 13 字。這對聽者來說是個負擔，一旦增加描述予「樣品」兩字、用完整敘述如片段 10-2，咱就需聽更多層才能確立頂層分支關係。

下圖 10-1(B) 依同理建構。但是這回，咱減少了一個左分支，結果就把主從關係降低到五層，少了二層較於 (A)。而且，聽者只要聽過五層內容，就可以確立頂層的主從關係，即聽到第 8 字就確立了啥是頂層領頭，少了 5 字相較 (A) 論。

下圖 10-1(C) 則再減一個左分支、並加一個右分支，得到五個左分支、六個右分支。此時雖然總層數有六層，多一層較於 (B)，但仍少一層較於 (A)。而且，只要聽過二層內容，花 3 字就可確立領頭為何。

在 (C) 裡，「去」字同 to、「伴」字同 with，被當成連接詞 / 介系詞類的詞性，是晢關鍵於成就該句的高右分支比重。因此，本書 6.3 節才會強

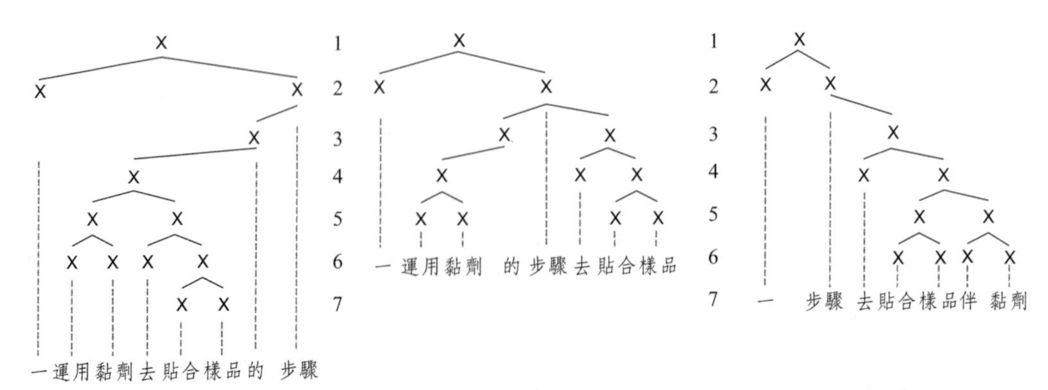

(A) 七個左分支，五個右分支——花七層到頂、共七層

(B) 六個左分支，五個右分支——花五層到頂、共五層

(C) 五個左分支，六個右分支——花二層到頂、共六層

圖 10-1

調連接語和「於」字的重要。

看了這些解釋，讀者大約可了解何以咱先前強調加重右分支比例。上圖三者都含左右分支，但是不同的比例造成不同的效果。咱中文裡很多句子像 (A)(B) 一般，(C) 這種較少，但有時很有用，尤其面對複雜關係特有用。

咱強調，對於同一描述，若能減少總分支數、減少垂直主從層級、縮短到頂層領頭的時間，那這描述一般是較好懂的。因此咱先前也說，簡化語序能讓智商 110 的人處理智商 120 的事；用上圖爲例，好的語序，可以讓僅能處理五層複雜度的人處理七層複雜度的事。這就是簡化且以小搏大的重點之一。

換言之，若想要爲難別人，只要把同一描述搞多層些，就能讓人抓不著門路。而這種事，電腦很在行。只要咱能明確敘述規則，電腦就能將它自動化、做所有排列組合、依要求改變複雜度、找出極値。所以咱都知用電腦訓練智力可以，跟它瞎耗邏輯處理能力則沒有必要。這也告訴大家，有時遇到特聰明的人也無需氣餒，很多時候只是因爲他早早就知道訣竅，且事情沒想像中的難。

大家還可以看看，上圖 10-1(A) 圖中連續向左數最高爲 4，(B) 圖中此數爲 3，(C) 圖中此數爲 2。反觀最高連續右分支數，(A) 圖爲 3、(B) 圖爲 4、(C) 圖爲 5。這也就是爲什麼在仔細計算前，咱光憑聽覺就覺得 (A) 圖比較左分支，而 (C) 圖較偏右分支。

10.2.2 視覺效果（visual effect）

在英文裡，字和字之間有空格，且每字長短不一，所以要挑出特定一字或一群字不難。這屬於視覺效果之一。

中文字並非一字一詞，並非每字間縫隙都分界了前後詞。比方放大兩字間雖有縫隙，但那縫隙前後字都屬同一詞，這對辨識產生挑戰，讀者必須確知放大兩字爲一詞，才區分其主從關係相對於剩下的文字。因此，中文習慣雖把字有效分離了，但把詞都揉成了一團，這給文法分析添了不少麻煩。但是，若擺空格於每兩詞間，中文又顯得零散。爲何呢？咱舉例說明。

就先看這句話「霍爾 元件 運用 洛倫茲 力 去 產生 電壓 差」。空格是擺出來了，但是怎麼好像還是不太對勁呢？理由有兩方面。

首先，這些單詞長度分別爲 2, 2, 2, 3, 1, 1, 2, 2, 1。這些長度重複性很高，而且，都是方塊包絡，非得往內看細節，才能區別長度相同的字。反觀英文版「Hall devices use lorentz force to generate voltage differences」的單字長度分爲 4, 7, 3, 7, 5, 2, 8, 7, 11，其長度變化較明顯，且同長的字包絡也彼此不同，光憑輪廓就能區分兩者。

其次，那比值於文字總長對空白總長是 16/8 於該中文句在上兩段；在該英文句爲 54/8。也就是說，若比照方法辦理，該段中文的文字本體利用率僅 1/3 不到之於英文。這，是一個問題。不僅利用率不高，讓文字看起來鬆散，還缺乏包絡辨識，有諸多不便。

怎辦呢？筆者在本書網頁插圖裡用過一種折衷辦法。那就是，針對部分詞性追加空格，其他則不加。咱現即舉一例比如：

「霍爾元件 運用洛倫茲力 去 產生微小的 電壓差」

（句 1-10.2）

只針對介系詞、連接詞、動詞和所有格這些詞彙去追加空格，其中前兩者在它們的前後兩頭辦追加，動詞在它的前方辦追加，所有格在它的後方辦追加。

這方案有幾點好處。首先，介系詞、連接詞這類詞短，經常僅占一兩字長，卻往往最關鍵，且經常位在口語上的斷點，形成明顯對照於其他片段，其通常都三字長以上。所以介系詞連接詞前後追加空格很合理。動詞前加空格能助區分成句兩要素——主語和謂語，同時把 S 和 V 區隔開。加空格隨所有格後能助區分左分支關鍵字——「的」字，這有助讀者做文法分析，找到分支樹領頭。而且，字空比爲 22/4 於此例。在上頭的句 1-10.2 中，第二個空格左邊，恰恰就是第一個完整句，這其實是很利於閱讀的，讀者可以輕易忽略「去」字後的所有字抓住最重要的訊息。這樣就讓咱能「看頭找動詞、看尾找所有格、看兩邊找連接詞、介系詞」。

或是，咱可以用權宜的方案，不加空格在「的」字後，變成：

「霍爾元件 運用洛倫茲力 去 產生微小的電壓差」

（句 2-10.2）

如此字空比有 22/3。雖然犧牲了「的」字標示，但把空格留給了分支樹上較上層的單元，有提綱挈領的效果，且符合一般口語節奏。

總之咱再說一次結論：「建議選擇性地加空格於特定詞性邊，但非全部」。

筆者認為，這種有效的空格利用很值得鼓勵，能大大增加中文的可讀性、將文法視覺化。

咱先前還提過，中文字缺包絡於橫式寫法。這種視覺現象，在直式裡改觀了。咱不贅述，直接看示範如下圖 10-2。

下圖左側由上到下，由左到右書寫。由於中文字天生自動分單行、雙行和三行。所以，在直式書寫時，若單行靠中間、雙行靠左邊、三行全填滿，包絡自然能出現。下面那段話說的是「霍爾元件運用洛倫茲力去產生微小的電壓差。該壓差經常為微伏等級。放大此等小信號去提高 SNR 是級重要的」。這裡咱採用了權宜的空格方案，在介系詞、連接詞前後空格，且在動詞前空格。

下圖 10-2 右側則採橫式，由左到右由上到下進行。相較直式，橫式有優點也有缺點。首先，人較不容易疲倦於左右掃描觀察，且橫式能配合常用數學習慣和一般閱讀習慣，此為優點。但是，由於缺乏包絡，下圖橫式的視覺特徵不如直式突出。

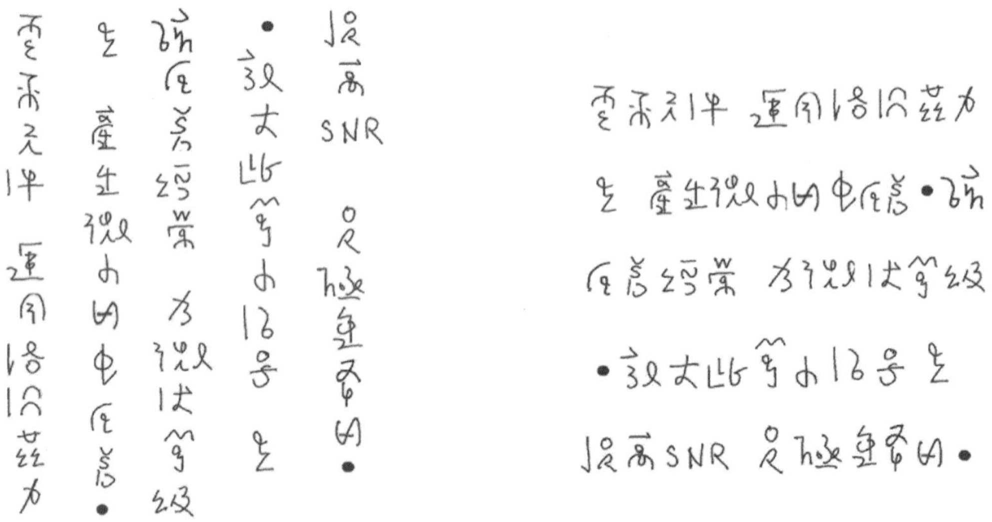

圖 10-2

除非咱要開發一套直式數學（這其實也不難），否則，用橫式敘述搭配橫式算式還是比較自然的。

但是，直式包絡還有其特殊優點。它可讓字尾變型更具特色。比如兒字占中間行，但忒字與化字占左中兩行，總之視覺特徵能幫助突顯詞性。另外，對手機新聞來說，直式文字也有些好處。最後，若要使用連筆技巧，如同草書把諸英文字連起來，由上到下的排列還是比較方便的。而且，若咱將拼筆字的單筆都拆開，咱會發現，一般來說由上到下排列會比較像原字。

10.2.3 音節（syllable）

省字需要從兩方著手，一方面是句型和語序，另一方面就是音節。比如「並且」可縮爲「且」，「但是」可縮爲但，「我們」可縮爲「咱」，「這就是」可縮爲「即」，「對於」、「關於」、「之於」有時都可縮爲「於」。

若咱縮短常用字，則字數於各句就降低於平均。有些字很需要單音節，比如英文裡的 what、where、when、who、how、which、why 等等。這些字裡都只有一個母音。其中 where 和 when 母音相同，但字尾子音不同。但中文每個字都有個母音，所以只要用了兩字，就有兩音節。

如何才能讓這些重要字都變單音節呢？這裡提供幾種方法。第一種方法當然就是直接用單字表達，比如用「啥、哪、旬、誰、怎、腇、何」去對應上述英文。其中旬、腇、何都是硬湊的字，與平常用法不同。「旬」只是取其時間和詢問的諧音去代表 when；「腇」發音爲ㄋㄟˇ，取「哪一」兩字去連音且變音；「何」相當於中文裡的 wh，通常後頭還會再加一字，比如何者代表 which，爲何代表 why，何以代表 how 或 why。

第二種方法是運用字尾連音。一種連音讓兩母音相連獲得滑動母音，變成一個母音。另一種連音退化一母音，只留子音。

先說兩母音相連。比如哪一兩字念成腇，就是先把ㄚ和一兩母音變成滑動母音ㄚㄧ，再退化成ㄞ，再退化成ㄟ。這就成一個音節。再比如「何以」雖爲兩字，但兩母音仍可以滑動連接，所以在發音上，可爲單一音節效果。

現講退化母音。比如咱常說哪兒，本來發音是ㄋㄚㄦ，但咱可以把ㄦ退化成子音，就如同英文發 nar 一般，這樣，「哪兒」兩字只剩一個母音，變成單音節，在拼筆之後，可以變成一個僅四筆的單字。這個過程裡，咱就引入了拼音概念，如第 2 章末所述。

所以，咱有不同方案去處理這些常用字，但，如何擇機而用呢？咱需先考慮用途。這些字有兩用途，第一是作爲提問詞，第二是作爲關係代名詞。咱國中學英文時知道：

「What you did was right.」讓 What 擔任關係代名詞。「What did you do？」讓 What 擔任提問詞。即一字兩用。

但中文呢？咱說「你做的是對的」、「你做了啥」，其中關係代名詞缺乏一般性，無法作爲頭字去運用右分支語法；提問詞呢也落在句後。因英文用語序差異於 you did 和 did you 去區分兩者，所以 What 一字即使不變，也能被快快分出詞性，咱讀句子到第二字就知其功能。

所以，咱試試一綜合方案。

舍你辦是對的替代你做的是對的。（畫線處單音節）

啥兒你辦了？替代你做了啥？（畫線處單音節）

簡單說，當關係代名詞時，啥字變音變形，在拼筆時爲三個單筆，發第三聲。當提問詞時，咱加個兒字，其在簡筆後會被縮減成一單筆且併入前字中，使該詞有五個單筆。

這裡的目標是讓關鍵字能單音節化，且寫法也簡化，類似的方法不少。

10.2.4 雙語（bilingual）

咱改良中文時常拿英文當範本。不論是文法或字形，都有英文的影子。但是，中文終究不會變成英文。在中文被更優化前，咱需要一個已被優化的工具去掌握思路用更全面的方式。這不僅爲了了解自己，也爲了了解別人。

在改良過程中，咱發現了簡化是深奧的關鍵。就像數位電路化簡一般，邏輯化簡是重要基礎於自動合成，因爲能化簡，所以能在有限的資源裡發揮大量功能。英文的優勢於化簡在於其精簡的編碼。這值得咱學習，所以咱提出單筆和拼筆，替中文做第一階段簡化。

當拼筆簡化中文字於每字少於五筆時，拼音特性就開始變得可能。因爲所有音邊都在兩三個單筆內被解決，且所有注音符號都可被對應到唯一單筆，還具有橫向包絡，所以中文就可實現小部分拼音。

而且，一特徵於中文就是詞組音節少。這有利於總結複雜定理，讓長話能被短說。當然，前提是說者選對了語法。因此，說者更要能擇機運用英文語法於中文。

學習別人的語言，不只爲了跟著別人做，還爲了讓別人跟著做。把英語翻譯成中文是把英語思想推向中文讀者。同樣的，當中文產生有用思想，有時也需要推它向英文讀者。

優化中文，相當於優化自己的思想。溫故知新。雙語是未來趨勢，但咱很多底子還是打在中文上的。定期進廠維修一下還是很必要的。

10.3 學習（LEARNING）

咱在 10.2.1 講用語法順序去助快速成句，在 10.2.2 講用視覺輔助加強鑑別力，但啥關聯存在介於上述主題和學習類比設計或其他科目間呢？咱現在就從幾個方向解釋。

讀者會發現本書裡幾乎大部分的電路圖都搭配其特性曲線於其側，這就好像形成一個語句片段說：這電路有那特性。兩者左右或上下並排確保該語句片段盡可能不被跨頁拆成兩個視覺部分。即把最重要的信息快速成句表達。

若左右兩圖爲特性曲線，則儘可能同單位軸排在同一方向，並儘可能省去單位轉換，同時每個圖都有簡短註解，讓每個圖可以自成段落，即使讀者完全不讀上下文，也能看圖說故事。

這些看起來像是枝微末節，但是在大量閱讀時卻很關鍵。對設計也有一個重要啓示，那就是減少在下層做重複交錯的判斷，才能把精力集中在組織上層系統。有個明顯的例子，就是學習第 6 章的 SAR 邏輯電路。若讀者從前沒接觸過相關電路，直接開始推敲起圖 6-22 的正反器運做法，估計推敲了一會兒還是不會很確定電路核心。但是，若先了解 SAR 的數值特徵在圖 6-21，則讀者不僅能理解圖 6-22 的安排，還能發現圖 6-22 並非唯一的方案。因爲若先理解需求再學習手段，讀者就不需檢查每一種邏情況仍能掌握核心行爲。這也是設計和逆向工程的一大差異。

若讀者進了電路設計這行，在閱讀時能靠減少翻頁省去一半時間、靠不用單位轉換再省去一半時間、把字體放大讓閱讀容易省去又一半時間、然後確保先理解需求再學習手段而又省去剩下 90% 的時間，讀者就好比能僅花 1.25% 的時間較於原情況而掌握核心技術。這前後差異往往決定了有無創造力。因爲若沒減化，工程師大部分的時間都將被消耗在冗餘的 overhead，好像做任何環節都有可觀的低消，使他的創造力被稀釋到無法形成化學反應。這呼應了本書的序，其中最後一句說：因爲深奧的基礎在簡化。

這還讓筆者想起一網文提及某英國自由車隊的故事，說車隊負責人請團隊將每個環節提升 1% 的效果，包括使用較合人體工學的座椅和把手，專用的睡眠枕頭等等，最終獲得巨大的進步在競賽中。

舍讓類比電路設計師更有感覺的，應算是調整晶體管尺寸的過程。搜尋每一種晶體尺寸組合去獲得理想工作點很耗時間，但若能先了解調整方向，比如加大尺寸去降低製程偏置、縮小長寬去降低閾值 Vth 等等，則設計就能排除一些情況，使嘗試次數以冪次下降，好像把問題的維度降低了幾層一般。

簡化技巧也是一關鍵之於讀原文書和理解口頭說明。咱用個生活例子解釋。假設，一學子到國外修課寫作業請老外幫他訂正文法，老外在解釋過程提到獨立子句和從屬子句的概念，並解釋到：An independent clause is a clause that can stand by itsef。雖然本國學子們在國內大多聽老師解釋過子句一詞，但不見得每個人出國後都還牢記 clause 一字代表子句，若該詞突然在對話裡冒出來，學子可能會稍頓一下才回神。有些比較單純的學子可能就直接問 What is a clause？接著，此時老外爲了試驗學子的程度，可能就搬出維基百科英文版那一套說：A clause is a constituent that links a semantic predicand and a semantic predicate。若恰好碰上一個工科學生，他可能覺得問了一個詞結果解釋裡又多了三四個新詞如上句底線所標示。這每個新詞都得被解釋於一兩段話，其可能又牽涉另外幾個新詞。若用維基搜尋，那可是一層又一層，一頁又一頁，其翻頁過程，可令學子腦中的記憶斷線好幾回。若該學子主修計算機，還可能會把 predicate 當作一種指令語法於組合語言。一時沒反應過來的話，該學子可能就一邊看著對方的表情，企圖從對肢體語言中查出一些端倪來。

此情此景咱不知在學生時代遇過多少次。但年紀小時，咱可能不很清楚自己爲何一時不知如何應對。咱現就談此問題和解決方法。咱仔細看上一段那句英文解釋予子句一詞，其特點在於，這句子用了許多來自專門領域的抽象詞彙，感覺起來千頭萬緒又無實際形體可琢磨。而且，學子可能一時不清楚劃線處彼此有無依存關係。若學子只看前五個字且不知 constituent 爲何物，則此句似乎越講越模糊，就如一團毛線糾成一團，不知頭在何處。這時若學子能變化語序與詞性去理解，就能助簡化問題。比如把原句變成 A clause is a linkage of a semantic predicand and a semantic predicate, and acts as a constituent. 這裡的策略是，既然學子一開始有那麼多字不懂，但了解整句裡的動詞 link 和 is，那麼就用懂的部分領頭把動詞改成名詞，就先理解 A clause is a linkage 作爲這一團毛線的頭，便於記憶，之後再順勢補述其他部分，而且可以定查字順序於先查 semantic、再查 predicate 和 predicand，最後查 constituent。這個過程中，被先查的不會依賴被後查的去解釋，這樣可以減少腦中的記憶堆疊。若引用維基的中文版去解釋，並且改變語序和詞性，就可以說：「子句常是一連接體於主語和謂語；子句可作爲全句的一部分。」

上述化簡的精髓在於變換語序之後，可以用已知的詞彙起頭做出簡短的結論，有點像在玩掃地雷遊戲，待容易處理的部分都解決了，困難的部分也會隨之變得簡單。

這並非說維基英文版的原句必然較不妥，而是說，變換語序和詞性後能更適切地針對著需求其來自於聽衆孰缺乏專業背景者。

從另一角度說，若一聽衆已經熟知該領域辭彙，則描述順序從上到下往往較爲合適，這好比講電磁學直接講天線應用，而不先講向量微積分；但若一聽衆並不熟悉該領域，則需變換描述順序由下到上，比方先說明何謂散度和旋度再講平面波。也就是說，很多時候咱不懂別人敘述，起因可能是語序利於說者但不利於聽者，若能主動將語序改變爲有利於自己的形態，則聽者常能將解釋降維，舉重若輕。

這裡強調，最佳順序並不是絕對的，而是因熟悉程度而異的，而且也是一種權衡結果予簡化變數和綜觀大局兩者。用更簡單的講法，即在學習細節時，及早針對其意義之於全局去揭開面紗，避免失焦。

文獻目錄

1. 謝國平 [語言學概論 An Introduction to Linguistics] 2016 書 ISBN978-957-14-5469-6

附　錄

本 appendix 的主要作用有兩個：

首先是補述內容支援 chapter1～chapter10。其次是準備一小抄給學生或專業人士。

A.1 一階暫態響應

最常被用到的算式：

$$f_{(t)}=f_{(\infty)}+[f_{(0)}-f_{(\infty)}]e^{-\frac{t}{\tau}} \quad (1\text{-A.1})$$

其中 f(0) 爲初始值（暫態），f(∞) 爲終值（穩態），τ 爲時間常數。

以 RC 電路爲例：

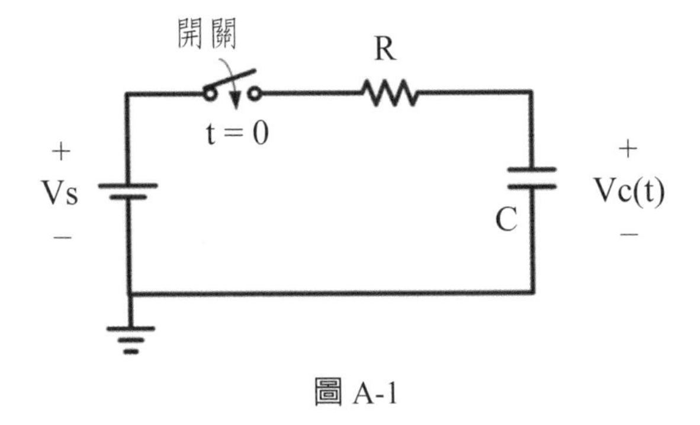

圖 A-1

如上圖 A-1，假設 Vc(0) = 0，且令 Vc(t) 爲所求，則可得：

$$Vc(t)=Vs(1-e^{-\frac{t}{RC}}) \quad (2\text{-A.1})$$

其成立於 $t \geq 0$ 之時。此時對應 1-A.1 式，f(0) = 0 爲初始電壓，f(∞) = Vs 爲終值電壓，τ = RC 爲時間常數。因此所求被表成 2-A.1 式。

以 LR 電路爲例：

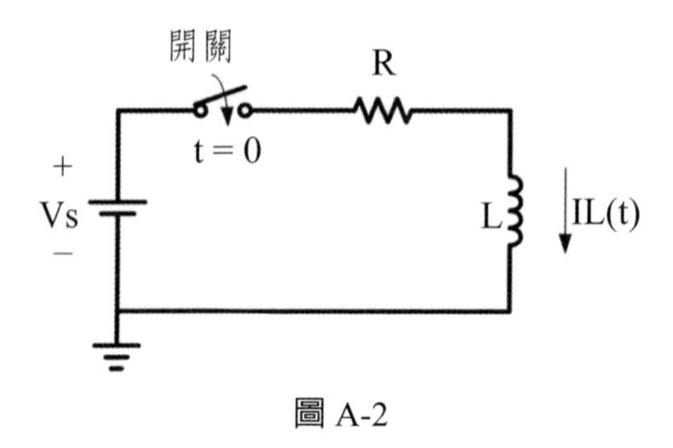

圖 A-2

如上圖 A-2，假設 IL(0) = 0，且令 IL(t) 爲所求，則可得：

$$IL(t) = \frac{Vs}{R}(1 - e^{-\frac{R}{L}t}) \tag{3-A.1}$$

其成立於 t ≥ 0 之時。此時對應 1-A.1 式，f(0) = 0 爲初始電流，f(∞) = Vs/R 爲終值電流，τ = L/R 爲時間常數。因此所求被表成 3-A.1 式。

A.2 用拉氏轉換看一階暫態響應

RC 電路：

以圖 A-1 爲基礎，改電路圖於 t > 0 之時作頻域分析得到圖 A-3：

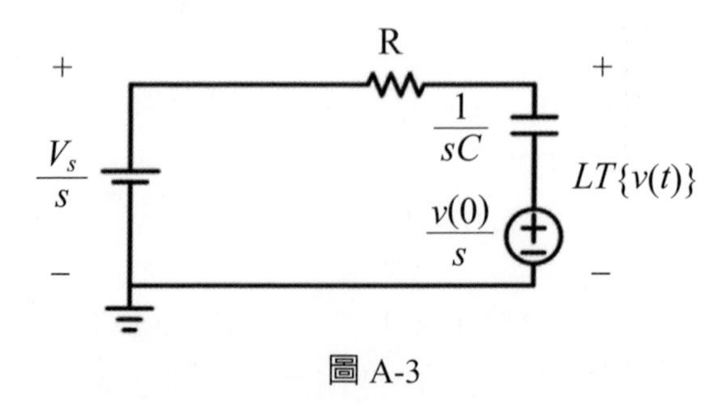

圖 A-3

圖 A-3 修改了圖 A-1 於以下幾點：(1) 原電壓源値被乘上 1/s；(2) 多了一個電壓源其值等於 v(0)/s；(3) 電容值變成 1/sC；(4) 用 LT{v(t)} 作爲頻

域輸出，代表拉氏轉換於 v(t)；(5) v(t) 即原 Vc(t)，爲所求時域輸出。

藉電阻分壓概念，咱算頻域輸出如下：

$$LT\{v(t)\} = \frac{V_s - v(0)}{s} \times \frac{\frac{1}{sC}}{R + \frac{1}{sC}} \times \frac{v(0)}{s} = \frac{V_s}{RC} \times \left(\frac{1}{s}\right)\left(\frac{1}{s + \frac{1}{RC}}\right) \quad (1\text{-A.2})$$

接著假設 v(0) = 0，並進行分式分解得：

$$LT\{v(t)\} = \frac{V_s}{RC}\left(\frac{RC}{s} + \frac{-RC}{s + \frac{1}{RC}}\right) = V_s\left(\frac{1}{s} + \frac{-1}{s + \frac{1}{RC}}\right) \quad (2\text{-A.2})$$

最後把所求做反拉氏轉換得：

$$v(t) = Vs(u(t) - e^{-\frac{t}{RC}}u(t)) = Vs(1 - e^{-\frac{t}{RC}}), \text{ if } t > 0 \quad (3\text{-A.2})$$

這結果是不是相同於 2-A.1 呢？

LR 電路：

以圖 A-2 爲基礎，改電路圖於 t > 0 之時做頻域分析得到圖 A-4：

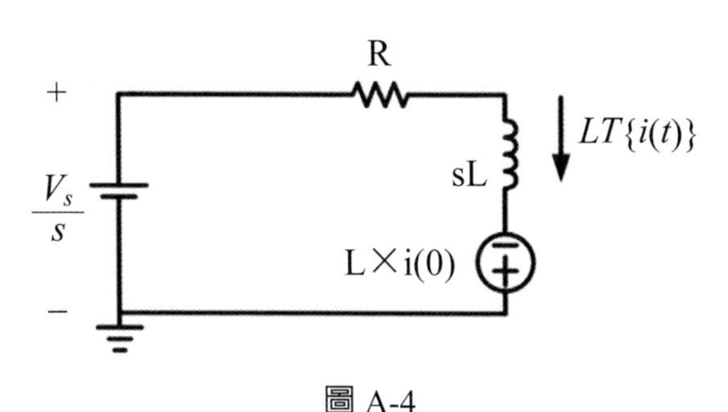

圖 A-4

圖 A-4 修改了圖 A-2 於以下幾點：(1) 原電壓源值被乘上 1/s；(2) 多了一個電壓源其值等於 Li(0)；(3) 電感值變成 sL；(4) 用 LT{i(t)} 作爲頻域輸出，代表拉氏轉換於 i(t)；(5) i(t) 即原 IL(t)，爲所求時域輸出。

藉電流等於電壓除以阻抗，且假設 i(0) = 0，咱算頻域輸出如下：

$$LT\{i(t)\}=\frac{V_s}{s(R+sL)}=\frac{V_s}{L}\left(\frac{1}{s}\right)\left(\frac{1}{s+\frac{R}{L}}\right) \tag{4-A.2}$$

接著進行分式分解得：

$$LT\{i(t)\}=\frac{V_s}{L}\left(\frac{\frac{L}{R}}{s}+\frac{-\frac{L}{R}}{s+\frac{R}{L}}\right)=\frac{V_s}{R}\left(\frac{1}{s}-\frac{1}{s+\frac{R}{L}}\right) \tag{5-A.2}$$

最後把所求做反拉氏轉換得：

$$i(t)=\frac{V_s}{R}(u(t)-e^{-\frac{R}{L}t}u(t))=\frac{V_s}{R}(1-e^{-\frac{R}{L}t}),\ \text{if } t>0 \tag{6-A.2}$$

這結果是不是跟 3-A.1 一樣呢？

一階系統常被用來近似二階系統，前提是若該二階系統的兩極點離得夠遠。尤其在放大器設計中，調整頻率補償之後，咱常能用反應時間於一階系統去近似反應時間於二階系統。著名的公式 t = 0.35/BW 就是立基在一階系統的假設上。

A.3 用微分方程看一階暫態響應

咱在 A.1 給出了常用公式給一階系統，但沒說爲何，現在咱就用微分方程看其因果。

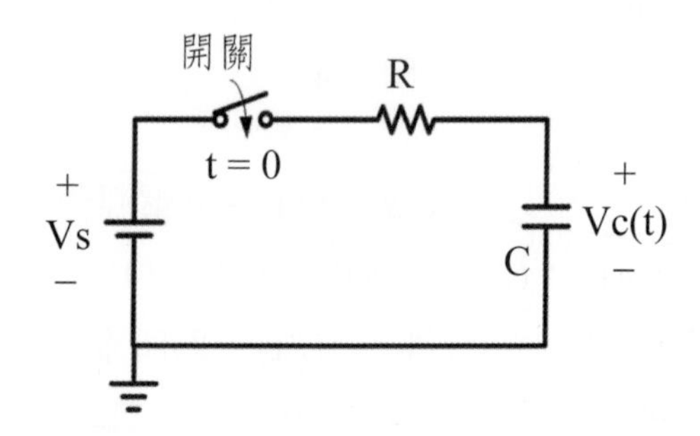

首先，咱重畫圖 A-1 如上，令迴圈電流爲 x，就可用 KVL 寫算式如下予 t > 0：

$$Vs = xR + Vc(0) + \int_0^t \frac{x}{C} dt \qquad (1\text{-A.3})$$

然後對等式左右微分可得：

$$0 = x'R + \frac{x}{C} \qquad (2\text{-A.3})$$

爲解上面的微分方程，咱令：

$$x = he^{\gamma t} \qquad (3\text{-A.3})$$

將（3-A.3）帶回（2-A.3）可得 γ：

$$\gamma = -\frac{1}{RC} \qquad (4\text{-A.3})$$

用上兩式（4-A.3）和（3-A.3）去代回（1-A.3）可解得 h：

$$h = \frac{Vs - Vc(0)}{R} \qquad (5\text{-A.3})$$

於是憑算式（5-A.3）、（4-A.3）、（3-A.3），咱就可得電流 x：

$$x = \frac{Vs - Vc(0)}{R} e^{\frac{-t}{RC}} \qquad (6\text{-A.3})$$

咱又知欲求電壓 Vc 爲：

$$Vc = Vc(0) + \int_0^t \frac{x}{C} dt \qquad (7\text{-A.3})$$

此時把（6-A.3）代入（7-A.3）即可得所欲 Vc(t)

$$Vc = Vs + (Vc(0) - Vs)e^{\frac{-t}{RC}} \qquad (8\text{-A.3})$$

咱用上式去比對式 1-A.1，其被重抄如下：

$$f_{(t)} = f_{(\infty)} + [f_{(0)} - f_{(\infty)}]e^{-\frac{t}{\tau}} \quad (9\text{-A.3})$$

咱發現，Vs 就是終值 $f_{(\infty)}$，Vc(0) 就是初值 $f_{(0)}$，RC 就是 τ。

A.4 用拉氏轉換看二階暫態響應

二階系統轉移函數可表達不同的頻率特徵如低通、帶通、高通及其他種種。但對常處理放大器設計的類比工程師言，最常遇到的，也最被關心的型式如圖 A-5 所示，其中 Ho(s) 為一開路轉移函數之於一放大器，且 Hc(s) 為一閉迴路轉移函數，當該放大器被用在結構屬於單倍增益的負回授結時。圖 A-5 假設放大器有兩個極點，為二階低通系統，故該放大器的閉迴路轉移函數於單倍增益負回授結構中也是二階低通系統。這一點和一階系統很像（在單倍負回授系統中，若開路為一階，則閉迴路也還是一階）。

這有何意義於應用呢？有的，主要有三層：

1. 利用標準式於二階轉移函數予**閉迴路**，工程師不單可算出步階響應予該系統，還可判段反應時間憑於該式的自然諧振頻率及阻尼比，且可用其去判斷有無暫態搖擺於該響應過程在時域，或類比地評估該搖擺程度。（註：類似咱可用時間常數去判斷反應時間予一階系統，但更複雜）

2. 利用標準式於二階轉移函數予**開迴路**，工程師可算出一相位裕度，其應變於阻尼比，且可用該阻尼比去推論最終的阻尼比予閉迴路。

3. 綜合上兩點，工程師就可先算出「相位裕度」憑於模擬器予一近似二階系統，再推論「阻尼比」予開迴路，進而推論阻尼比予閉迴路，最後判斷閉迴路是否穩定及「搖擺程度」於步階響應。（註：工程師常靠經驗直接用相位裕度去判斷搖擺程度，跳過中間步驟。）

這有何意義於單純的數學角度呢？也有的，主要有兩點：

4. 利用二階轉移函數的標準式，工程師可以推斷特徵方程式（由分母決定）的解，區分為互異實根、重根和共軛虛根三種情況於一般回授放大系統，分別對應到過阻尼（$\xi > 1$）、臨界阻尼（$\xi = 1$）和次阻尼（$\xi<1$）三種阻尼態，其又接踵分別對應三種時域解的特徵於不振盪、不振盪但臨界振盪邊緣和振盪（若 $0 < \xi < 1$ 則振盪漸減；若 $\xi = 0$ 則振盪不減）。

5. 振盪特性於特徵方程式的解有相同的特徵之於振盪特性於該系統的步階響應。也就是說，若振盪特性出現於特徵方程式的解，則振盪特性也會出現於步階響應。咱只需利用分式分解再求反拉氏轉換即可看出。

咱接下來針對上面的五點去一一解釋：

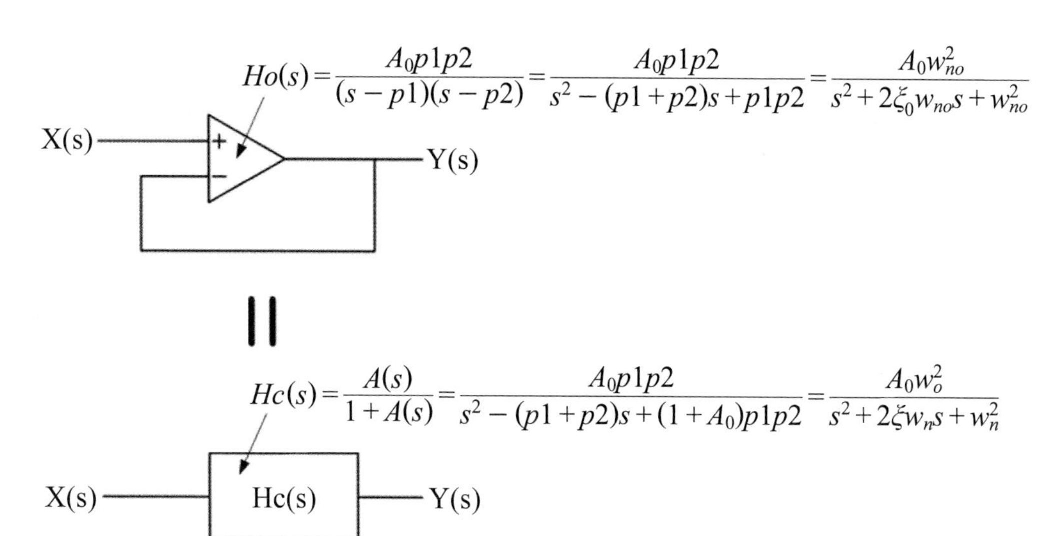

圖 A-5

討論論點 1，承接圖 A-5，輸出於頻域爲：

$$Y = X \times H_c \tag{1-A.4}$$

假設輸入爲步階函數於時域，則輸出於頻域可被分式分爲：

$$Y = \frac{1}{s} \times \frac{w_n^2}{s^2 + 2\xi w_n s + w_n^2} = \frac{1}{s} + \frac{-s - 2\xi w_n}{s^2 + 2\xi w_n s + w_n^2} \tag{2-A.4}$$

將分式轉換成適合反拉氏轉換的型式可得：

$$Y = \frac{1}{s} + \frac{-(s+\xi w_n)}{(s+\xi w_n)^2 + w_n^2(1-\xi^2)} + \frac{-\xi w_n}{(s+\xi w_n)^2 + w_n^2(1-\xi^2)} \quad (3\text{-A.4})$$

假設 $0 < \xi < 1$，則逐項取反拉氏轉換可得輸出於時域：

$$y(t) = LT^{-1}\{Y\} = u(t) - \exp(-\xi w_n t)\cos(w_n\sqrt{1-\xi^2}t)u(t) - \frac{\xi}{\sqrt{1-\xi^2}}\exp(-\xi w_n t)\sin(w_n\sqrt{1-\xi^2}t)u(t) \quad (4\text{-A.4})$$

將第二項和第三項做三角函數變換可得以下步階響應型式：

$$y(t) = u(t)\left(1 - \sqrt{\frac{1}{1-\xi^2}}\exp(-\xi w_n t)\sin(w_n\sqrt{1-\xi^2}t + \phi)\right) \quad (5\text{-A.4})$$

讀者可以自行運用相同的程序去推導其他的狀況於不同的阻尼比之下。

討論論點 2，開始著手計算相位裕度，首先先把開迴路的絕對值表達出，稍後令其爲 1 求當時角頻率：

$$|Ho(s)| = \frac{A_0 w_{no}^2}{\sqrt{(w_{no}^2 - w^2)^2 + (2\xi_o w_{no} w)^2}} \quad (6\text{-A.4})$$

爲了稍後從 180 度減去得相位餘裕，咱把開迴路相位量化：

$$\angle Ho(s) = -\text{atan}\frac{2\xi_o w_{no} w}{(w_{no}^2 - w^2)} \quad (7\text{-A.4})$$

設定相位餘裕的計算條件：

$$|H_o(s)| = 1，且 A_o >> 1 \quad (8\text{-A.4})$$

解得符合條件的角頻率關係：

$$y = \left(\frac{w}{w_n}\right)^2 = 2\xi_o^2\left(\frac{1}{2\xi_o^2} - 1 + \sqrt{1 - \frac{1}{\xi_o^2} + \frac{A_o^2}{4\xi_o^2}}\right) \quad (9\text{-A.4})$$

把上式帶入式 7-A.4 的開迴路相位中，並計算：

$$PM = 180° + \angle H_o = 180 - ATAN\left(\frac{2\xi\sqrt{y(1+A_o)}}{1-y}\right) \qquad (10\text{-A.4})$$

其中 $\xi = \xi_o/\sqrt{1+A_o}$，為閉迴路阻尼算自開回路阻尼。接著，令 Ao = 1000，並做圖得：

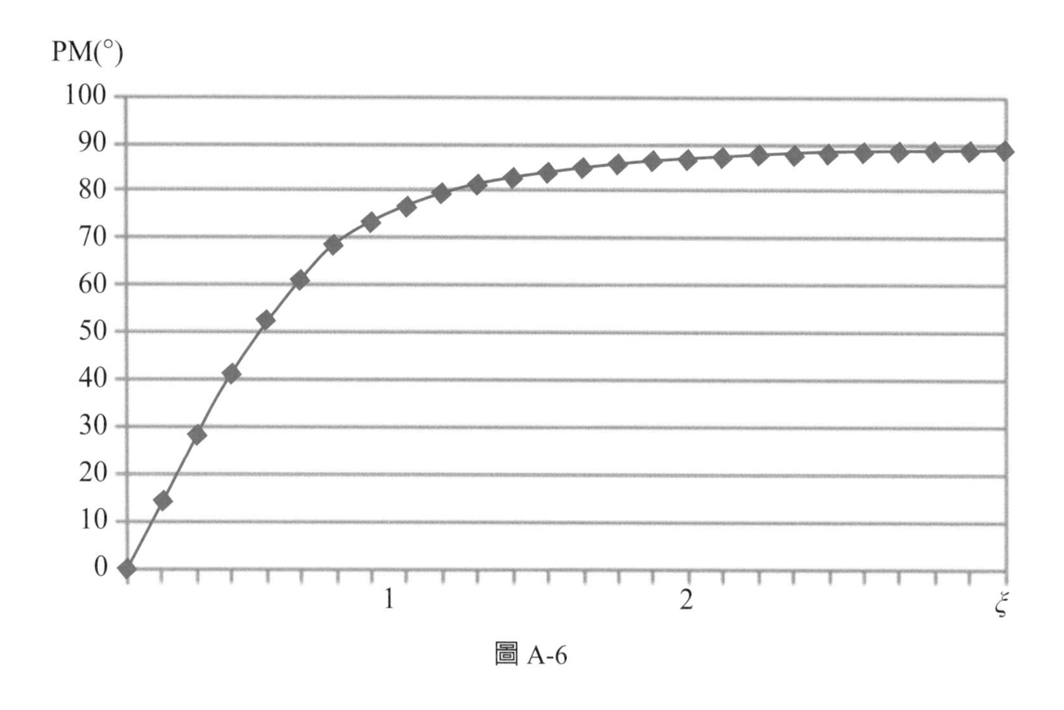

圖 A-6

上式告所咱若阻尼比變大予單純二階放大回授系統，則 PM～90；若阻尼比很小接近 0，則 PM～0。反論之，PM 小 ⇒ 阻尼比小，且論點 1 告訴咱阻尼比小 ⇒ 盪漾包絡大在步階響應，所以綜合二結論，咱可推斷 PM 小 ⇒ 盪漾包絡大在步階響應。

以上推導針對著設計類比放大器而簡化，一般大學部控制系統的課並不以這個特例出發。讀者可用更一般的角度來處理相關的問題。但是對於類比電路設計者而言，所得投資報酬率可能過低若為了設計一個放大器而去複習 Heavisde expansion、reverse Laplace transform、control system 等課程。所以，這裡直接提供一個分析過程，讓讀者容易記憶，至於完整的理論系統則非本處的焦點。

A.5 用微分方程看二階響應

現在咱利用微分方程介紹 RCL 電路的二階系統，並且分析它的頻寬和品質因數（quality factor）於窄頻（narrow band assumption）假設下。

首先咱見圖 A-7，其為一個串連的 RCL 電路。

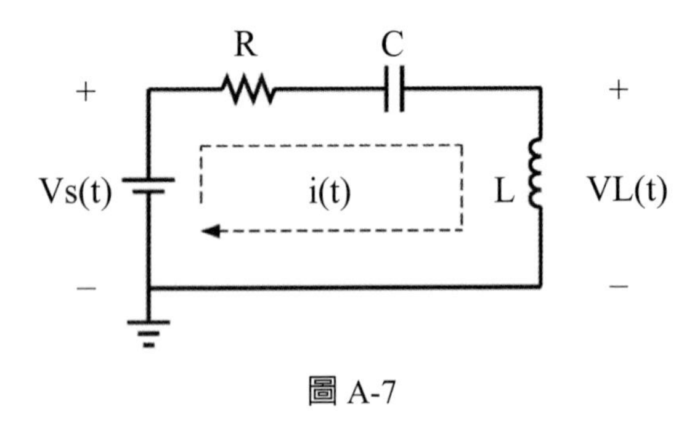

圖 A-7

假設咱欲算迴圈電流 i(t) 於其他參數，則荷希柯夫電壓定律告訴咱：

$$V_s = iR + \frac{1}{C} idt + L\frac{di}{dt} \qquad (1\text{-A.5})$$

將上式兩邊取微分並同除以 L 可得微分方程：

$$\frac{1}{L}\frac{dV_s}{dt} = i'' + \frac{R}{L}i' + \frac{1}{LC} \qquad (2\text{-A.5})$$

假設 Vs(t) 是一個正弦波 = Va*sin(wt)，則該微分方程可被表示成另一個形式：

$$mx'' + cx' + kx = F_0\cos wt \qquad (3\text{-A.5})$$

其中 x(t) = i(t)，w 代表正弦波的角頻率，m = 1，c = R/L，k = 1/(LC)，F0 = Va(w/L)。微分方程式的課程告訴咱，在這個型式下，x 的解可被表示成一加總於通解 xc 予齊次方程和特解 xp（particular solution），其中：

$$xp = A\cos wt + B\sin wt \tag{4-A.5}$$

又其中：

$$A = \frac{(k - mw^2)F_0}{(k - mw^2)^2 + (cw)^2} \tag{5-A.5}$$

$$B = \frac{(cw)F_0}{(k - mw^2)^2 + (cw)^2} \tag{6-A.5}$$

拿 xp 經一番翻三角函數換算之後變成：

$$xp = \rho \frac{F_0}{k} \cos(wt - \alpha) \tag{7-A.5}$$

其中被稱爲放大因子的是：

$$\rho = \frac{k}{\sqrt{(k - mw^2)^2 + (cw)^2}} \tag{8-A.5}$$

另一個比較次要的參數是：

$$\alpha = \tan^{-1} \frac{cw}{k - mw^2} \tag{9-A.5}$$

咱稱此處的特解 xp 爲一種穩態週期解，也就是會持續存在的 i(t) 部分，即使隨著時間增加也如此。至於先前說的 xc 則隨時間增加而消失，被稱爲暫態解。

這一串內容裡最重要的結果有兩點：

1. 穩態週期解也是一個弦波，若強迫輸入 Vs(t) 爲弦波的話。

2. 放大因子是一個函數之於角頻率。

分析放大因子可給我們重要的結論。假如我們配合圖 A-7，沿用先前分析把 m = 1，c = R/L，k = 1/(LC) = w_0^2，F_0 = Va(w/L) 代入放大因子的式子中，放大因子就變成：

$$\rho=\frac{w_0^2}{\sqrt{(w_0^2-w^2)^2+\left(\frac{R}{L}w\right)^2}} \tag{10-A.5}$$

此時若當角頻率等於自振角頻率時（$w = w_0$），放大因子 $\rho = Lw_0/R$，恰等於品質因數 Q。這時 ρ 有個乍看不明顯但是驚人的特徵——它恰恰是圖 A-7 中 VL 和 Vs 的振幅比值。換言之，電感上的電壓 ρ 倍於信號源，因受 RC 諧振加持，如同被放大了一般！

眞的嗎？咱抽驗看看吧。咱知電感電壓可被表示成 Ldi/dt 的型式：

$$VL(t)=L\frac{di}{dt}=L\frac{d}{dt}\rho\frac{F_0}{k}\cos(wt-a) \tag{11-A.5}$$

把 $w = w_0$ 塞進上面的式子裡可得：

$$VL(t)=L\frac{w_0L}{R}\frac{\frac{V_aw_0}{L}}{w_0^2}[-w_0\sin(w_0t-\alpha)]=-\frac{w_0L}{R}V_a\sin(w_0t-\alpha)=-QV_a\sin(w_0t-\alpha) \tag{12-A.5}$$

結果振幅恰是 Vs(t) 的 Q 倍！

咱稍後再提 Q 的原始定義，現先打鐵趁熱，進一步闡述 Q 和 ρ 頻寬的關聯。咱觀察 10-A.5 式，可知 ρ 的分母是：

$$d=\sqrt{(w_0^2-w^2)^2+\left(\frac{R}{L}w\right)^2} \tag{13-A.5}$$

所以在 w = w0 時：

$$d(w_0)=\frac{R}{L}w_0 \tag{14-A.5}$$

咱自行定義能量頻寬的邊角頻率爲所指頻率其讓能量爲 1/2 於中央頻率。該邊角頻率分爲 w_2 與 w_1，對應到頻率 f_2 與 f_1。因此在邊角頻率 w 下，ρ 的分母平方需滿足：

$$d^2(w)=2d^2(w_0) \tag{15-A.5}$$

爲了求 w_2 和 w_1，我們把 15-A.5 式塞回 13-A.5 式得到：

$$(w_0^2-w^2)^2+\left(\frac{R}{L}w\right)^2=2\left(\frac{R}{L}w_0\right)^2 \tag{16-A.5}$$

爲了換上式成二次式，咱令：

$$y=\frac{w^2}{w_0^2} \tag{17-A.5}$$

塞回 16-A.5 式可得：

$$y^2-\left(2-\frac{1}{Q^2}\right)y+1-2\frac{1}{Q^2}=0 \tag{18-A.5}$$

其中 Q 被稍後定義於 5-A.6 式。接著，咱利用咱國中時代所學的配方法處理上式得到如下：

$$y=\frac{2-\frac{1}{Q}\pm\sqrt{\frac{4}{Q^2}+\frac{1}{Q^4}}}{2} \tag{19-A.5}$$

把 f1, f2 塞到 17-A.5 式裡以後得到 y1, y2，再利用 19-A.5 式可得：

$$y2-y1=\left(\frac{f_2}{f_0}\right)^2-\left(\frac{f_1}{f_0}\right)^2\sim\frac{2}{Q} \tag{20-A.5}$$

因此：

$$\left(1+\frac{\Delta f}{f_0}\right)^2-\left(1-\frac{\Delta f}{f_0}\right)^2\sim\frac{2}{Q} \tag{21-A.5}$$

最後

$$\frac{\Delta f_{EBW}}{f_0}=\frac{2\Delta f}{f_0}\sim\frac{1}{Q} \tag{22-A.5}$$

一般的教科書會從別的角度出發把 2Δf 標示成 BW 去做出「中心頻率除以頻寬等於品質因數」這結論。而咱的推導過程裡做了一個假設，就是 Q 值是夠大的，才能在式 19-A.5 中省去四次方的那一項。換言之，咱的近似過程「使用了高 Q 的假設導致窄頻結果」。這假設在使用 RCL 製作功率放大器時是很有用的。

以上咱利用放大因子的分母做分析，關聯了品質因數與頻寬。

A.6 用相角算子（phasor）看穩態響應

在說明合理性之於相角算子（phasor，有些地方被翻譯作相量）的用法之前，咱先來看看該用法有多簡單。

RCL 電路：

若咱在圖 A-7 中給一個弦波作為輸入，求 VL(t)，則該圖就變圖 A-8：

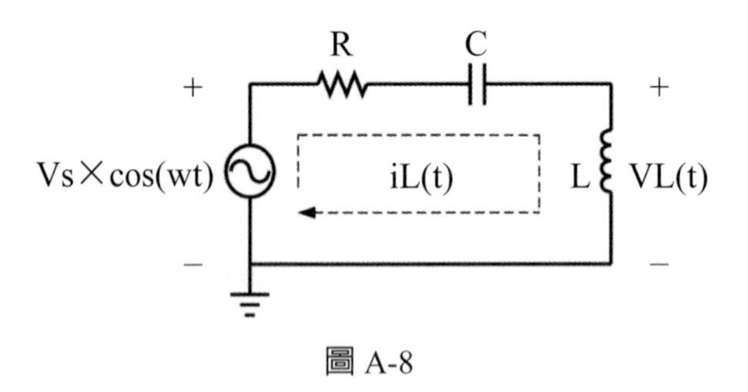

圖 A-8

再把電容電感的阻抗依容值感值表示以 phasor，並讓電源也用 phasor 表示，咱就可得下圖 A-9：

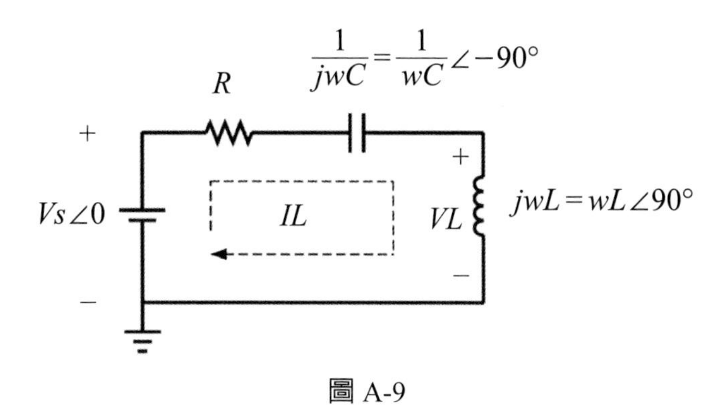

圖 A-9

此時電流相角算子 IL 可被算於電源除以 RCL 總串連阻抗：

$$IL=\frac{Vs\angle 0°}{R+\frac{1}{jwC}+jwL} \tag{1-A.6}$$

電感電壓的相角算子 VL 則可被算於 IL*jwL：

$$VL=IL\times jwL=\frac{Vs\angle 0°\times wL\angle 90°}{R+\frac{1}{jwC}+jwL}=\frac{Vs\times wL\angle 90°}{R+\frac{1}{jwC}+jwL} \tag{2-A.6}$$

若 w = w0 處於共振狀態則咱說：

$$\frac{1}{jw_0C}+jw_0L=0 \tag{3-A.6}$$

因此 VL 於共振情況下就可被算於：

$$VL=\frac{Vs\times w_0L\angle 90°}{R}=Vs\times Q\angle 90° \tag{4-A.6}$$

從上式可見電感上的電壓振幅是 Q 倍於其在電源電壓（呼應了式子 10-A.5，其由微分方程導出），這是因爲共振狀態下：

$$Q=\frac{w_0L}{R}=\frac{1}{Rw_0C} \tag{5-A.6}$$

這種相角算子的算法看來更簡單，相較先前的算法之於微分方程而言。但是，咱到此爲止都只計算電壓電流的相角算子，並沒有把相角算子對應到時域的表達法。所以，我們再舉一個例子運用相角算子換回時域表示法。此例其修改自 102 年公務人員考試試題如圖 A-10，其中所求爲（一）總阻抗（total impedance）ZT。（二）電流 I1，I2，I3。

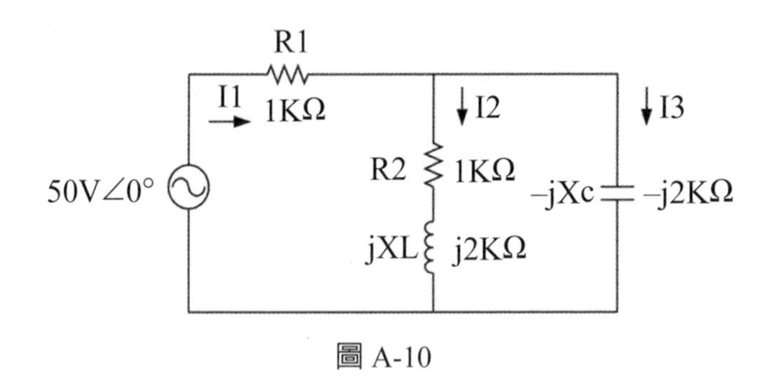

圖 A-10

上圖 A-10 中 XL 代表 wL、Xc 代表 1/(wC)，而且都被賦予數值。題意之總阻抗被算自所包含電路於交流電壓源右側，它的算法爲：

$$Z_T = 1k + \frac{(1k+j2k)(-j2k)}{1k+j2k+(-j2k)} = 5.39\angle -21.8°(\text{k}\Omega) \qquad \text{(6-A.6)}$$

用總阻抗除電壓源可得 I1 的相角算子：

$$\bar{I}_1 = \frac{50\angle 0°}{5.39\angle -21.8°} = 9.28\angle 21.8°(\text{mA}) \qquad \text{(7-A.6)}$$

再依並聯的分流率可得：

$$\bar{I}_2 = 9.28\angle 21.8° \times \frac{-j2k}{1k+j2k+(-j2k)} = 18.56\angle 68.2°(\text{mA}) \qquad \text{(8-A.6)}$$

同理依並聯的分流率還可得：

$$\bar{I}_3 = 9.28\angle 21.8° \times \frac{1k+j2k}{1k+j2k+(-j2k)} = 20.75\angle 85.23°(\text{mA}) \qquad \text{(9-A.6)}$$

以上三個算式表示：

$$I1(t) = Re\{9.28\angle 21.8°\} = 9.28\cos\left(wt + \frac{21.8}{360}\times 2\pi\right) = 9.28\cos(wt + 0.38)$$

（10-A.6）

$$I2(t) = Re\{18.56\angle 68.2°\} = 18.56\cos\left(wt + \frac{68.2}{360}\times 2\pi\right) = 18.56\cos(wt + 1.186)$$

（11-A.6）

$$I3(t) = Re\{20.75\angle 85.23°\} = 20.75\cos\left(wt + \frac{85.23}{360}\times 2\pi\right) = 20.75\cos(wt + 1.487)$$

（12-A.6）

其中 w 爲原電源的角頻率。電流單位爲（mA）。可見待求電流可被簡單地算於相角算子的簡單換算結果。過程完全避開了微分方程和拉氏轉換，且不需運用三角函數的和角公式等等。

A.7 電機工程鬼故事

那是中元普渡當晚。小明離開公司回家，心想今天公司有拜拜，應該不會有問題。一進家門，打開冷氣，想解解熱，卻發現冷氣不動了。小明心裡嘀咕，這冷氣不便宜，怎說壞就壞。小明想檢查線路，就想多開一盞燈照明，可是燈也沒有反應，外頭街上還傳來尖銳的煞車聲。小明想先冷靜一下，打開了電扇，電扇不動，但冷氣卻開機了，難道有業障？難怪最近有被跟蹤的感覺，是因爲經手了機密嗎？小明拿不定主意，開始想起電影裡的諜影幢幢，不知自己是否身陷危機。趕緊拿起電話聽聽。沒有斷線，所以還能求救。

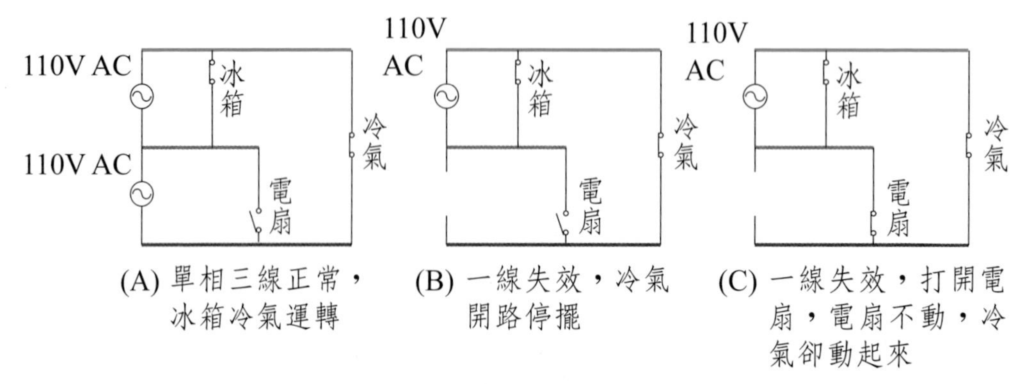

圖 A-11　電機工程的鬼故事

小明坐了下來，將自己家中電器網路畫成如上圖 A-11 的電路圖去分析，終於恍然大悟。原來是因爲家中的一相三線電路壞了一線。也就是幾個水餃黏在了便當蓋上，而不是被鬼吃了（這是另一個鬼故事）。

這故事告訴咱，作爲工程師，還是該了解一下自己家裡的家用電網。常見的冷氣需要 220V 的交流跨壓。110V 以下雖能啓動一些冷氣，但不一定能維持它們運轉順暢。請讀者上網了解何謂一相三線。

還要提醒讀者，110V 和 220V 指的是 rms 值。筆者用示波器和探針測量自家電壓在 110V 插座孔兩端，得到峰對峰值 332V、振幅 166V、振幅的 rms 值是 117V，其接近 110V。讀者可以看看自家電如何，但是請注意安全。

最後請讀者猜猜爲何打開電燈時冷氣和電燈皆無反應。

國家圖書館出版品預行編目資料

磁感測器與類比積體電路原理與應用／吳樂先作. ——初版. ——臺北市：五南圖書出版股份有限公司, 2022.10
面； 公分
ISBN 978-626-343-261-1（平裝）

1.CST: 電子工程 2.CST: 感測器

448.6 111013318

5DM4

磁感測器與類比積體電路原理與應用

作　　者— 吳樂先（58.6）
發 行 人— 楊榮川
總 經 理— 楊士清
總 編 輯— 楊秀麗
主　　編— 高至廷
責任編輯— 張維文
封面設計— 姚孝慈
出 版 者— 五南圖書出版股份有限公司
地　　址：106台北市大安區和平東路二段339號4樓
電　　話：(02)2705-5066　　傳　　真：(02)2706-6100
網　　址：https://www.wunan.com.tw
電子郵件：wunan@wunan.com.tw
劃撥帳號：01068953
戶　　名：五南圖書出版股份有限公司
法律顧問　林勝安律師事務所　林勝安律師
出版日期　2022年10月初版一刷
定　　價　新臺幣640元